Jetzt helfe ich mir selbst

Einbandgestaltung: Luis dos Santos

Bilder/Zeichnungen: Christoph Pandikow, Silke Pandikow, Piaggio & C. S.p.A., Krüger GmbH; PROFI PRODUCTS Germany.

Vielen Dank für die tatkräftige Unterstützung an die Firma MOTO-DROM, Merenberg; Krüger GmbH, Limburg; Piaggio & C. S.p.A. ; Zweirad-Center Meuer GmbH, Diez; PROFI PRODUCTS Germany, Trippstatt; UDO´S Wagenpflege, Elz ;Patrick Walther; Nina Pandikow.
Text und redaktionelle Bearbeitung: Christoph Pandikow, Silke Pandikow,

ISBN 978-3-613-03322-1

1. Auflage 2012

Sie finden uns im Internet unter:
www.motorbuch.de

Herstellung: IPa, D-75417 Mühlacker-Mühlhausen
Druck und Bindung: Druck + Verlag Südwest,
76131 Karlsruhe
Printed in Germany

Vespa, Piaggio & Co

Die Zweitakter 50 – 180 ccm
Vergaser und Einspritzsysteme

Motor buch Verlag

Inhalt

Einleitung

Rechte und Pflichten

Kennen Sie Ihren Roller?

In der Werkstatt

Pflege und Werterhalt

Fit durch den Winter

Fit durch den Sommer

Richtig schrauben

Wartungsarbeiten

Ein Ratgeber stellt sich vor

Hilfe zur Selbsthilfe

Was Sie tun können, wenn der Roller den Dienst verweigert, oder besser noch: Was Sie tun können, damit es gar nicht erst so weit kommt, soll Gegenstand dieses Ratgebers sein. Und auch wenn Sie Fehler vielleicht nicht alle selbst beheben können – wir zeigen Ihnen, wie Sie die Ursache präzise einkreisen können, und zwar ohne Profi-Ausrüstung. So können Sie der Werkstatt wichtige Informationen liefern und kostbare Arbeitszeit für die Fehlersuche einsparen. Manchmal werden Sie erleben, dass auch Werkstätten nicht unfehlbar sind. Sie sehen das dann auf Ihrer Reparaturrechnung, wenn Teile ausgetauscht worden sind, die noch voll funktionsfähig waren.

Tipps und Wissenswertes

Damit Ihnen niemand so schnell etwas vormachen kann, gewähren wir Einblick in die Motorrollertechnik und informieren Sie über Wissenswertes aus der Welt der Roller-Technik. Darüber hinaus erhalten Sie Tipps, die bares Geld wert sind: Der richtige Umgang mit der Werkstatt, falls sie gebraucht wird. Wenn Sie gezielt Reparaturaufträge erteilen können, haben Sie die Werkstattkosten fest im Griff. Sehen Sie die Kapitel als technische Beratung über die Möglichkeiten, die einzelnen Bauteile zu prüfen und so manche Fehlersuche anzugehen. Mit dem vermittelten Wissen können Sie manchen Euro an Neuteilen sparen. Neben vielen kleinen und größeren Reparaturen zeigen wir Ihnen alle wichtigen Arbeiten, die in meiner über 20-jährigen Berufserfahrung im Kfz-Bereich an den Rollern dieser Bautypen vorgekommen sind. Sicherlich werden Sie sich etwas wundern, warum wir nicht schon im Titel die Fahrzeugtypen, für die dieses Buch Anwendung findet, aufgegliedert haben. Der Grund dafür ist, dass sehr viele Motorroller-Typen davon betroffen wären. Viele Marken und artähnliche Bautypen können ebenfalls nach dieser Anleitung betreut werden. Die Liste wäre also niemals vollständig und würde den Umfang nicht rechtfertigen. Lieber stellen wir Ihnen einige Bauteile mehr vor. Eine weitere Besonderheit ist der Schaltplan. Es sind mit Absicht keine Kabelfarben angegeben. Die Farben fallen schon in der gleichen Baureihe eines Fahrzeuges zu unterschiedlich aus.

Einige Bauteile finden Sie auch mit mehreren Anschlussmöglichkeiten. Das dient nicht der Verwirrung, sondern ermöglicht Ihnen, alle derzeit bekannten Varianten wiederzuerkennen. Auch der Störungsbeistand ist sehr umfangreich. Sie können sich denken, dass diese noch um viele Varianten erweitert werden könnte. Allein dieser Teil könnte mehrere Rollerbücher in dieser Stärke füllen.

Sicherheit hat Vorrang

Auch wenn viele der Bauteilprüfungen, die Fehlerbeschreibung und auch der Schaltplan sehr übersichtlich erscheinen, lassen Sie sich bei Arbeiten, die Sie noch nicht durchgeführt haben, grundsätzlich von einem erfahrenen Schrauber über die Schulter blicken. Auch die Arbeiten an der Zündanlage sind aufgrund der hohen Spannungen nicht ungefährlich. Achten Sie immer auf die eigene Sicherheit. Ihre Sicherheit und Zufriedenheit steht bei der Arbeit mit Ihrem Roller und diesem Handbuch an erster Stelle.

Reparaturen in der heimischen Garage

Sollten Sie bereits im Umgang mit Werkzeug geübt sein, werden wir Sie Schritt für Schritt durch die einzelnen Arbeitsgänge führen. Dabei beschränken wir uns in diesem Buch nicht nur auf Wartungs-, Pflege- und leichte Reparaturmaßnahmen, die Sie ohne Weiteres in der heimischen Garage durchführen können. Wir zeigen Ihnen auch den Einsatz von Messgeräten, die Ihre Ausrüstung sinnvoll erweitern. Welche Grundausstattung Sie dafür benötigen, haben wir für Sie gleich am Anfang dieses Buches zusammengefasst. Ein Problem tut sich in Sachen Entsorgung auf: Während Sie aus der Werkstatt Ihren hoffentlich einwandfrei reparierten Roller lediglich abholen müssen, fallen in der Heimwerkstatt natürlich Abfälle an, die Sie fachgerecht entsorgen müssen. In Deutschland können Sie ölgetränkte Lappen, Altöle, Farbreste o. Ä. in einem Schadstoffmobil umweltschonend entsorgen.
Das Recycling von Altmetallen kann sogar neben dem Umweltschutzgedanken noch einen Obolus in die Kaffeekasse einbringen. Altmetalle, nach Material sortiert, werden vom Schrotthändler angekauft.

Damit Sie sich besser zurechtfinden

Damit Sie sich besser zurechtfinden, wenn Sie etwas Bestimmtes in diesem Buch suchen, haben Sie verschiedene Möglichkeiten. Natürlich können Sie auf das vertraute Inhaltsverzeichnis zurückgreifen. Aber auch beim schnellen Durchblättern werden Sie sich leicht zurechtfinden. Den Hinweis, in welchem Kapitel Sie sich bewegen, finden Sie oben links. Dazu die Information, ob es sich in diesem Abschnitt um theoretisches Wissen, konkrete Arbeitsanleitungen oder Vorschläge zur Optimierung handelt. Auf jeder rechten Seite haben wir oben den Bereich dargestellt, der im jeweiligen Abschnitt behandelt wird. Damit können Sie das Buch auch über den Daumen laufen lassen, ohne zuerst im Inhaltsverzeichnis suchen zu müssen.

INFORMATION

Bevor Teile ausgebaut oder etwas auseinandergenommen wird, ist es immer besser, Einzelheiten und theoretische Zusammenhänge zu kennen. Wenn Sie dieses Zeichen sehen, erklären wir Grundlagen über Funktion, Technik und ihre Bedeutung für die ganze Maschine. Oder wir informieren Sie über historische Hintergründe und vermitteln allgemeines Technikwissen. Dieser Abschnitt soll Sie also über die allgemeine Technik Ihres Rollers informieren. Mit dem nötigen theoretischen Wissen im Hinterkopf schraubt es sich viel leichter.

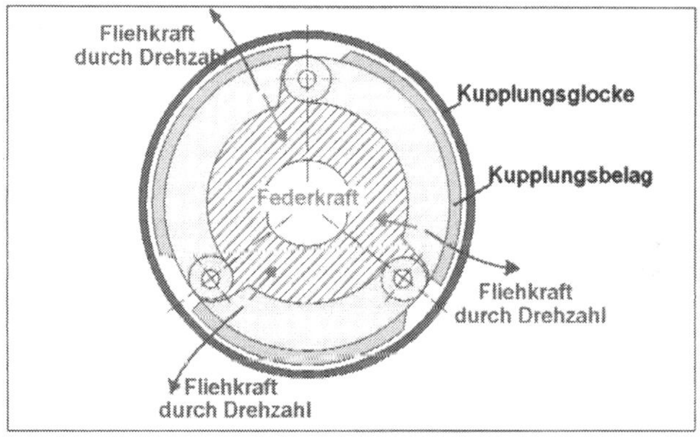

ARBEITSSCHRITTE

Sobald an einem Roller gearbeitet wird, werden Sie dieses Symbol sehen. Auf diesen Seiten erhalten Sie Schritt für Schritt Anleitungen zum Ein- und Ausbau von Teilen. Bei der Auswahl haben wir uns strikt daran gehalten, was in der heimischen Garage noch machbar ist und was nicht. Sie werden überrascht sein, was sich mit wenigen Mitteln doch bewegen lässt. Damit Sie sehen, dass wir uns gerne die Finger für Sie schmutzig machen, haben wir uns bewusst nicht ständig die Hände gewaschen. Wir hoffen, dass die Fotos Ihnen dennoch Appetit auf das Schrauben machen.

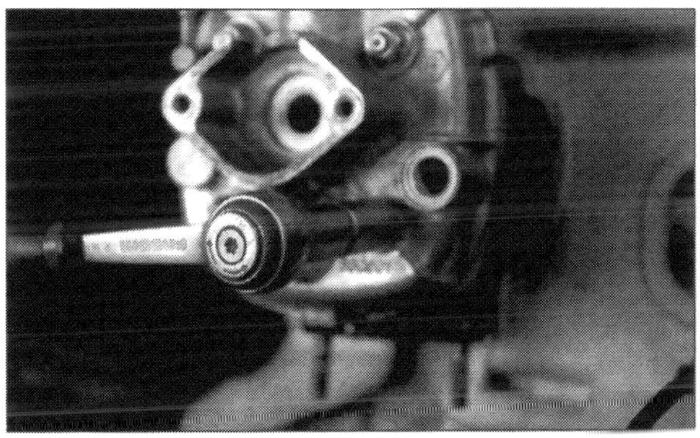

BESSER MACHEN

Unter diesem Label finden Sie Tipps und Ausrüstungen oder Umbauten, die Ihnen den Alltag mit Ihrem Roller deutlich erleichtern können. Natürlich werden wir Ihnen in der Alltagspraxis notwendige und auch erprobte Erweiterungen vorstellen. Diese für die Buchreihe eigentlich typische Sparte wird im Gegensatz zu Technik und Diagnose etwas vernachlässigt. Sie haben sicherlich Verständnis dafür, wenn Sie feststellen, dass wir Ihnen einige wichtige Arbeiten an dem »Hightech«-Zweitakt-Direkteinspritzer DI-Tech (oder Purejet) nachvollziehbar aufbereitet haben.

Rechte und Pflichten

Sie haben einen Roller erworben und sind der Meinung, er ist kaputt oder funktioniert nicht so, wie er sollte? Bevor Sie sich unnötig aufregen, sollten Sie sich zuerst kundig machen, wie es um Ihre Rechte steht. Dann müssen Sie sicherstellen, dass Sie keinem Irrtum unterliegen und es sich hier tatsächlich um einen Mangel handelt.

Was ist ein Mangel?

Vereinfachte Darstellung des § 434 BGB:
Eine Sache ist frei von Mängeln, wenn sie sich für die Verwendung eignet, für die sie gemäß Kaufvertrag gedacht war oder sie sich für die gewöhnliche Verwendung eignet oder die Beschaffenheit aufweist, die man üblicherweise erwarten kann. Das beinhaltet auch Eigenschaften, von denen der Käufer aufgrund von Aussagen, die in der Werbung oder von Mitarbeitern des Verkäufers gemacht wurden, ausgehen kann. Liegt also tatsächlich ein Mangel vor, wie z. B. eine deutlich geringere Höchstgeschwindigkeit als im Prospekt angegeben, sollten Sie sich auf das Gespräch mit dem Kundendiensttechniker vorbereiten und Ihr Recht einfordern. Damit Sie Ihr Anliegen präzise und fachlich richtig an den Mann bringen können, nachfolgend einige Begriffserklärungen und Zusammenhänge:

Gewährleistung, Sachmangelhaftung & Garantie

Garantie und Gewährleistung (Letzteres ist die so genannte Sachmangelhaftung) sind zwei völlig verschiedene und vor allem unabhängige Sachverhalte. Diese beiden Begriffe werden oft umgangssprachlich miteinander verwechselt oder vertauscht. Um nicht missverstanden zu werden, sollten Sie diese Begriffe unbedingt voneinander trennen.

Die Garantie ist eine freiwillige und zusätzliche Leistung des Verkäufers oder Herstellers. Sie kann nach Belieben ausgestaltet oder befristet sein und sie folgt aus einer eigenständigen Vereinbarung im Rahmen des Kaufvertrages bzw. in Verbindung mit dem Kaufvertrag. Die Garantie kann an bestimmte Voraussetzungen geknüpft sein, kann bestimmte Kosten ausschließen und auch die Leistungen einschränken. Dies könnte beispielsweise bedeuten, dass die Garantie nur greift, wenn Sie das Fahrzeug regelmäßig in der dem Händler angegliederten Werkstatt warten lassen und Sie nur die Materialkosten und nicht die Arbeitszeit bei einem Schaden erstattet bekommen. Also sollten Sie sich die Garantiebedingungen vor dem Kauf genau anschauen, um diese später nicht durch ein »Falschverhalten« zu verwirken. Auf Verlangen müssen Ihnen die Garantiebestimmungen, wenn sie Ihnen zugesprochen werden, auch in schriftlicher Form ausgehändigt werden.

Die **Gewährleistung** (Sachmangelhaftung) folgt aus den gesetzlichen Regelungen zum Kaufvertrag. Eine Gewährleistung (Sachmangelhaftung) ist in dem Augenblick gegeben, wenn ein rechtsgültiger Kaufvertrag geschlossen wird. Eine Ausnahme ist nur möglich, wenn die Gewährleistung (Sachmangelhaftung) wirksam ausgeschlossen ist. Ein vollständiger Ausschluss der Gewährleistung (Sachmangelhaftung) im Rahmen eines Kaufvertrags zwischen einem Unternehmer (z. B. Kfz-Händler) als Verkäufer und einer Privatperson als Käufer ist nicht möglich. Die Gewährleistung (Sachmangelhaftung) kann aber z. B. bei Abschluss eines Kaufvertrages zwischen Privatpersonen vollständig ausgeschlossen werden. Dies muss dann aber ausdrücklich und individuell im Kaufvertrag geregelt sein.

Mit dem **Gewährleistungsrechts-Änderungsgesetz** vom 01.01.2007 ergaben sich unter anderem folgende Neuerungen:

- Bei neuen Sachen beträgt die Frist grundsätzlich 2 Jahre ab Datum der Übergabe.
- Bei gebrauchten Sachen kann eine Frist von 1 Jahr vereinbart werden (nicht in allgemeinen Geschäftsbedingungen!), wobei nur Kraftfahrzeuge, die älter als ein Jahr (ab Erstzulassung) sind, als gebrauchte Sachen gelten.
- Innerhalb der ersten sechs Monate hat bei einer Reklamation der Händler zu beweisen, dass die Sache zum Zeitpunkt der Übergabe dem Vertrag entsprach (also keinen Mangel hatte). Nach 6 Monaten hat der Kunde die Beweispflicht (bisher hatte ausschließlich der Kunde die Beweispflicht).

Diese beschriebenen Regelungen, die die Rechte des Endkunden stärken, sind verständlicherweise bei den Rechten und Pflichten der Händler nicht so gut angekommen und diese suchen nach Möglichkeiten, wie sie die Gewährleistung (Sachmangelhaftung) einschränken oder gar ausschließen können. In den letzten Jahren hat darum der Handel mit Bastlerfahrzeugen und Schrottautos massiv zugenommen. In solchen Verträgen werden dann sämtliche Gewährleistungsansprüche (Sachmangelhaftung) ausgeschlossen, obwohl die Fahrzeuge teilweise mit frischer Plakette der Haupt- und Abgasuntersuchung versehen sind. Solche und ähnliche Vorgänge können die Gerichte allerdings recht gut einschätzen und entscheiden meistens zugunsten des Verbrauchers. Ebenso verhält es sich mit den Verkäufen, die »im Auftrag« stattfinden. Ein Händler, der in seinem Namen die aktuelle Hauptuntersuchung und weitere Instandsetzungsarbeiten durchgeführt hat, wird es vor Gericht schwer haben, zu beweisen, dass er den Autoverkauf nur vermittelt hat. Er wird damit auch nicht die gesetzlichen Regelungen beschneiden können. Je klarer die Vereinbarung und je genauer die Fahrzeugbeschreibung, desto geringer ist das Haftungsrisiko. Wir raten Ihnen, einen Musterkaufvertrag für Gebrauchtwagen sowie einen Gebrauchtwagen-Zustandsprüfbericht zu verwenden. Damit lassen sich kostspielige Prozesse und unangenehme Streitigkeiten vermeiden.

Zusammenfassung:
Eine freiwillige Garantie besteht also zusätzlich zur gesetzlichen Gewährleistung (Sachmangelhaftung) und ist im Umfang der Leistungen, im Vergleich zur Gewährleistung (Sachmangelhaftung), meistens eingeschränkt. Allerdings greift sie oft auch noch für Mängel, die erst nach dem Kauf auftreten, was so nicht auf die gesetzliche Gewährleistung (Sachmangelhaftung) zutrifft.

Beispiel Farbabweichung

Farbabweichung kann ein Sachmangel sein. Das Oberlandesgericht Köln hat zu diesem Thema eine wichtige Entscheidung getroffen: Danach gehört die Farbe eines Neufahrzeugs zu den Beschaffenheitsmerkmalen und stellt ein äußerliches Merkmal des Fahrzeugs dar, welches für den Käufer im Rahmen der Kaufentscheidung maßgeblich ist. Ergeben sich Abweichungen im Farbton des bestellten zu dem tatsächlich gelieferten Fahrzeug, so kann der Käufer hierauf grundsätzlich Gewährleistungsansprüche geltend machen. Durch das OLG Köln bestätigtes Urteil des LG Aachen vom 26.04.2005 (Az. 12 O 493/04).

Das Recht der Nachbesserung

Seit dem 01.01.2002 gibt die neue Rechtslage sowohl dem Käufer als auch dem Verkäufer einen Anspruch auf Beseitigung eines Mangels. Anstatt von Nachbesserung spricht jetzt das Gesetz von Nacherfüllung. Grundsätzlich hat der Händler das Recht bis zu drei Mal nachzuerfüllen. Hierbei hat der Verkäufer die zum Zwecke der Nacherfüllung erforderlichen Aufwendungen zu tragen, das sind Transport-, Wege-, Arbeits- und Materialkosten. Zu beachten ist in diesem Zusammenhang, dass der Verkäufer sein Recht einen Mangel nachzubessern behält, auch wenn Reparaturen bereits in einer fremden Werkstatt erfolglos waren. Der Verkäufer muss sich diese Nachbesserungsversuche nicht zurechnen lassen, er kann auf eine Nacherfüllung im eigenen Firmensitz bestehen. OLG Köln vom 14.02.2006 (Az. 20U 188/05).

Wandlung und Preisnachlass

Hat sich ein erheblicher Mangel nach drei Nacherfüllungsversuchen immer noch nicht beseitigen lassen oder fehlen zugesicherte Eigenschaften, haben Sie das Recht auf Wandlung oder Preisnachlass. Dies ist dann auch der Zeitpunkt, an dem Sie einen Rechtsanwalt zu Rate ziehen sollten. Sie werden sich auf jeden Fall eine Nutzungspauschale, die abhängig ist von der genutzten Laufleistung des Fahrzeugs, anrechnen lassen müssen. Eine Wandlung ist grundsätzlich nur dann möglich, wenn sich das Fahrzeug noch im Originalzustand befindet.

Der Kulanzantrag

Nach Ablauf der Gewährleistungszeit und gegebenenfalls der Garantiezeit bleibt Ihnen immer noch die Möglichkeit der Kulanzregelung beim Händler. Die Kulanz bezeichnet im Allgemeinen ein Entgegenkommen zwischen den Vertragspartnern nach Vertragsabschluss. Sie regelt den Ablauf der freiwilligen Reparatur und Serviceleistungen nach Ablauf der gesetzlichen oder individualvertraglichen Gewährleistungsverpflichtungen. Die Kulanzregelung wird in der Regel als Maßnahme zur Kundenbindung dargestellt.

Hinweis: Dieses Kapitel soll nur erste Hinweise geben und erlaubt daher keinen Anspruch auf Vollständigkeit. Obwohl es mit größtmöglicher Sorgfalt erstellt wurde, kann eine Haftung für die inhaltliche Richtigkeit nicht übernommen werden.

Kennen Sie Ihren Roller?

Woran können Sie Ihren Roller erkennen? Natürlich gibt es individuelle Merkmale, die Sie nachträglich verändert haben. Nur der Aufkleber oder das Anbauteil kann bei einem Diebstahl sehr schnell verschwinden. Im Übrigen sollten Sie Ihren Roller nicht nur mit dem serienmäßigen Schloss sichern. Das Zündschloss und die Lenkradsperre bekommen geübte Rollerdiebe innerhalb von 2–3 Minuten auf. Schon oft haben wir es erlebt, dass dann der Roller nur für die Fahrt in die Stadt benutzt wurde und dort angekommen vom Dieb einfach »weggeworfen« wurde. In der Regel ist dann der Schaden deutlich höher als der Zeitwert des Rollers. Ein schön dickes, neongelbes Bügelschloss zeigt schon optisch: »... iss nich! Such dir was anderes!« Gerade wenn ein Diebstahl eingetreten ist, werden die Fahrgestellnummer und das Typenschild wichtig, um beweisen zu können, wem der Roller gehört. Grundsätzlich sollten Sie die Fahrgestellnummer auch beim Kauf des Rollers kontrollieren. Es gab da schon lustige (nicht aus der Sicht der Kunden) Verwechslungskomödien.

Geschichte und Hintergrund

Der Name Piaggio kann bis 1884 zurückverfolgt werden und weist damals eine Sägemühle mit diesem Markenzeichen aus, die Ausrüstungsgegenstände für Schiffe hergestellt hat.
25 Jahre später reagierte Piaggio auf das sich zunehmend vergrößernde Schienennetz mit der Produktion von Eisenbahnwaggons. Anfang der 1930er wurde mit der Produktion von stromlinienförmigen Hochgeschwindigkeitszügen begonnen. 1916 wandelte sich die Produktionslinie kriegsbedingt zu Kampfflugzeugen. Die Firma Piaggio produzierte zunehmend alles, was einen Motor hatte. Nach dem 2. Weltkrieg wurden nun für die Produktionen neue Aufgaben mit ziviler Nutzung gesucht. Heraus kam ein neuer Zweiradtyp, der zum einen den gesamten Zweiradmarkt bis heute beeinflusst und dessen Name als Bezeichnung für eine ganze Produktionslinie noch heute Verwendung findet. Vespa!
Als die ersten Vespas die Straßen in Italien, in Europa und bald auch weltweit befuhren, wurden sie noch belächelt. In der Wandlung vom günstigen Transportmittel zu mehr Ausstattung und zunehmend als Freizeit- oder Zweitfahrzeug genutzt, verwandelte sich das Blechkleid mit seiner selbsttragenden Konstruktion langsam in einen Rohrrahmen mit modularer Bauweise. Die fiel zum einen leichter aus und hatte zum anderen Vorteile in Reparatur und Wartung. Diese Entwicklung startete in Frankreich in den 1980ern und prägte die Erscheinung und Konstruktion über alle Marken bis heute. Piaggio konnte sich diesem Trend nicht entziehen. Das Label Vespa allerdings verblieb bis heute bei den Rollern mit Blechkleid und unverkennbarem, heute noch modernem Retrostyle. Neue Wege mit neuen Marken aus dem Hause Piaggio brachten moderne Motorroller mit automatischem Getriebe und Triebsatzschwinge hervor. Die Erfahrung in Motorenbau und Motorenentwicklung setzte Piaggio so konsequent um, dass heute ein großer Teil der sich auf dem Markt befindlichen Motorroller zumindest mit einem Motor aus dem Hause Piaggio angetrieben wird. So entstanden unter anderen Labels die Fahrzeuge, um die es auch in diesem Buch gehen soll.

Typen und Bezeichnungen

Die Verkaufsbezeichnungen und die Fahrzeugtypenbezeichnungen unterscheiden sie wie auch beim Auto sehr deutlich. Gerade aber eine genaue Bezeichnung ist für die Bestellung von Ersatzteilen unbedingt wichtig. Für unseren Gilera Runner lautet die Verkaufsbezeichnung »Gilera Runner 50 Purejet« und die herstellereigene Typbezeichnung für dieses Modell »C46«. Zusammen mit der Fahrgestellnummer und dem Modelljahr lässt sich der Motorroller genau identifizieren. Die Informationen, die Sie für den Kontakt mit Ihrem Händler bereithalten müssen, finden Sie im Serviceheft und in den Fahrzeugpapieren Ihres Motorrollers.

Powered by Piaggio: Derby Boulevard 50.

Die Fahrgestell-Identifikationsnummer

In den meisten Fällen ist sie auf dem Rahmen eingeschlagen oder einerodiert worden. Drei Stellen bieten sich bei den unterschiedlichen Rollerbauweisen an: Oft finden Sie die Fahrgestellnummer auf dem Tragrohr zwischen Trittbrett und Lenkkopf. In diesem Fall ist im Beinschild innen ein kleiner Deckel zur Kontrolle angebracht worden. Eine weitere Variante ist eine fest verschweißte Plakette, die im Bereich des Trittbrettes von rechts unten zu erkennen ist. In der dritten Version findet sich die Fahrgestellnummer im Bereich des Lenkrohres. Dort gehört sie eigentlich nicht hin, da sie ohne die Demontage der Beinschildverkleidung nicht ersichtlich ist.

Das Typenschild

Das Herstellertypenschild findet sich immer gut lesbar auf der rechten Seite des Fahrzeuges, jedenfalls sollte das so sein. Heute finden sich diese auch mal im Helmfach.

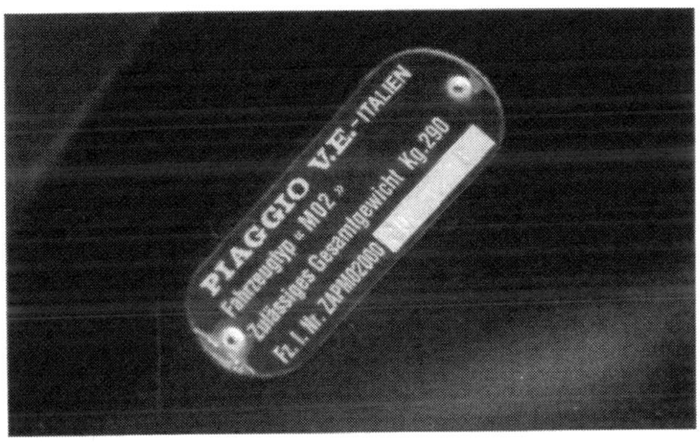

Typenschild auf dem Beinschild innen.

Bei den neuen Rollertypen findet sich ein Aufkleber im Helmfach.

Die Motornummer

Die Motornummer zeigt die fortlaufende Seriennummer Ihres Motors. Sie wurde nur einmal vergeben und kann so als weiteres Identifizierungsmerkmal herhalten. Die ersten Buchstaben und Zahlenkombinationen geben an, um welchen Motortyp es sich handelt. In unserem Fall ist es die »C452 M«, die unseren kleinen Einspritzer ausweist. Diese Nummer kann bei der Teilebeschaffung, aber auch bei der Beschaffung eines Austauschmotors – egal ob neu oder gebraucht – hilfreich sein.

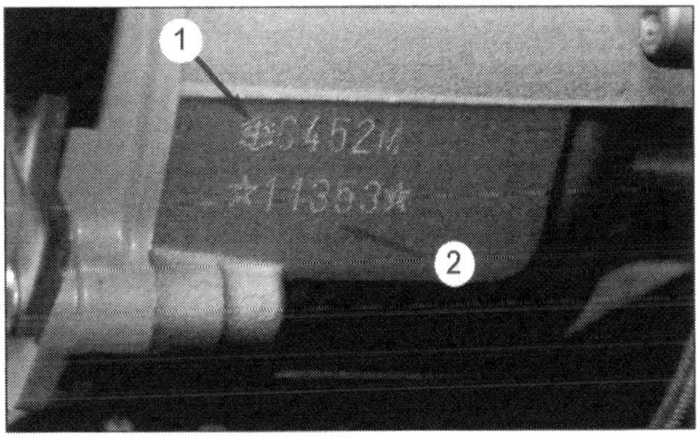

Wenn diese Nummern fehlen, ist die Herkunft des Motors ganz sicher suspekt! 1 Motortyp, 2 Motor-Seriennummer bei Piaggio.

Sonstige Informationen

Gelegentlich verraten kleine Aufkleber auch streng gehütete Geheimnisse, die man sich tunlichst im Serviceheft notieren sollte, bevor diese unleserlich werden. In unserem Fall fand sich die Farbcodierungsnummer, die – wie bei unserem »TPH« wichtig – das Lackieren der Karosserieteile erleichtert.

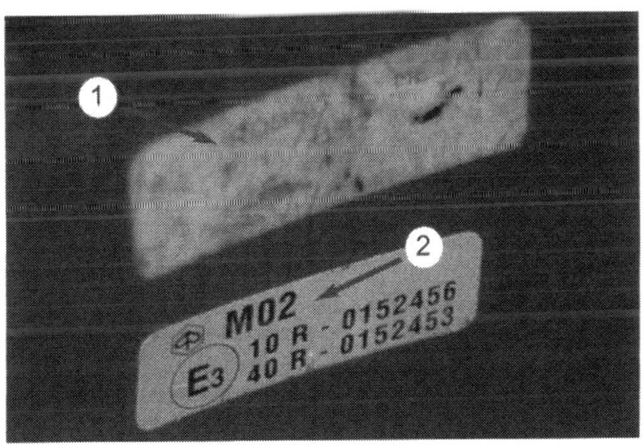

1 Farbcodeaufkleber am TPH, 2 Motorkennzeichnung

Die Zulassungsbescheinigungen

Im Laufe der Jahre ergaben sich mehrere Veränderungen, denen die Importeure auch durch die Ausführung ihrer Fahrzeugpapiere Rechnung getragen haben.

Die BE

Früher war bei fast allen Kleinherstellern die so genannte »BE« üblich (Betriebserlaubnis ... oder besser das Gutachten zur Erlangung einer solchen). Hiermit wurde die Einzelabnahme beim TÜV bestätigt. Die Betriebserlaubnis wurde aber schon immer von der Zulassungsstelle erteilt und mit einem Stempel betätigt.

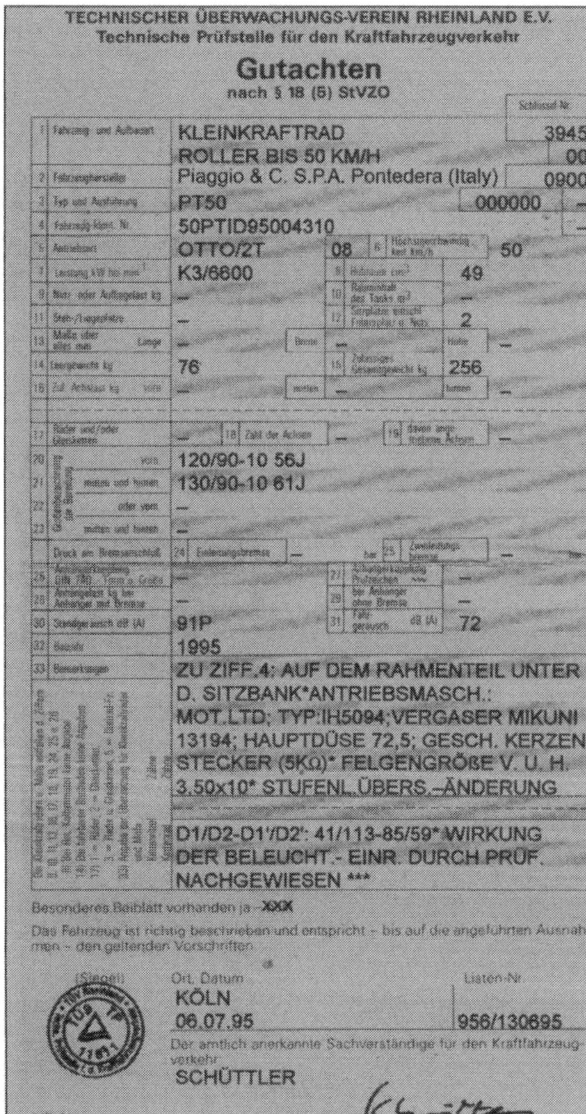

TECHNISCHER ÜBERWACHUNGS-VEREIN RHEINLAND E.V.
Technische Prüfstelle für den Kraftfahrzeugverkehr

Gutachten
nach § 18 (5) StVZO

			Schlüssel-Nr.
1	Fahrzeug- und Aufbauart	KLEINKRAFTRAD ROLLER BIS 50 KM/H	3945 00
2	Fahrzeughersteller	Piaggio & C. S.P.A. Pontedera (Italy)	0900
3	Typ und Ausführung	PT50	000000
4	Fahrzeug-Ident.-Nr.	50PTID95004310	
5	Antriebsart	OTTO/2T	08
6	Höchstgeschwindigkeit km/h	50	
7	Leistung kW bei min⁻¹	K3/6600	
8	Hubraum cm³	49	
9	Nutz- oder Aufliegelast kg	–	
10	Rauminhalt des Tanks m³	–	
11	Steh-/Liegeplätze	–	
12	Sitzplätze einschl. Fahrerplatz u. Notsitze	2	
13	Maße über alles mm: Länge / Breite / Höhe	– / – / –	
14	Leergewicht kg	76	
15	Zulässiges Gesamtgewicht kg	256	
16	Zul. Achslast kg: vorn / mitten / hinten	– / – / –	
17	Räder und/oder Gleisketten	–	
18	Zahl der Achsen	–	
19	davon angetriebene Achsen	–	
20	Bereifung vorn	120/90-10 56J	
21	mitten und hinten	130/90-10 61J	
22	oder vorn	–	
23	mitten und hinten	–	
24	Einleitungsbremse	–	
25	Zweileitungsbremse	–	
26	Anhängekupplung DIN 740, Form u. Größe	–	
27	Anhängerkupplung Prüfzeichen	–	
28	Anhängelast bei Anhänger mit Bremse	–	
29	bei Anhänger ohne Bremse	–	
30	Standgeräusch dB (A)	91P	
31	Fahrgeräusch dB (A)	72	
32	Baujahr	1995	
33	Bemerkungen	ZU ZIFF.4: AUF DEM RAHMENTEIL UNTER D. SITZBANK*ANTRIEBSMASCH.: MOT.LTD; TYP:IH5094;VERGASER MIKUNI 13194; HAUPTDÜSE 72,5; GESCH. KERZENSTECKER (5KΩ)* FELGENGRÖẞE V. U. H. 3.50x10* STUFENL.ÜBERS.-ÄNDERUNG	
		D1/D2-D1'/D2': 41/113-85/59* WIRKUNG DER BELEUCHT.- EINR. DURCH PRÜF. NACHGEWIESEN ***	

Besonderes Beiblatt vorhanden ja – XXX

Das Fahrzeug ist richtig beschrieben und entspricht – bis auf die angeführten Ausnahmen – den geltenden Vorschriften.

(Siegel) Ort, Datum: KÖLN 06.07.95 — Listen-Nr.: 956/130695

Der amtlich anerkannte Sachverständige für den Kraftfahrzeugverkehr: SCHÜTTLER

Altes »BE-Formular«. Die Betriebserlaubnis musste noch von der Zulassungsstelle erteilt werden. Als Eigentumsnachweis ist nach wie vor ein Kaufvertrag erforderlich.

Wahrscheinlich haben 90% der Rollerfahrer das damals übersehen. Wir jedenfalls waren nicht in der Lage eine abgestempelte BE als Muster aufzutreiben. Für die Motorroller gab es dann noch zusätzlich eine Zulassungsbescheinigung in »Grün« zum Mitführen.

Die COC

Die COC (Certificate Of Confirmity), also die Übereinstimmungserklärung des Herstellers oder des Vertreters des Herstellers für den Marktbereich, bestätigt die Übereinstimmung des Fahrzeuges mit dem Musterfahrzeug, für das dieses Gutachten erstellt wurde. Es wird also nur ein Fahrzeug abgenommen und erhält automatisch die Betriebserlaubnis. Der Zustand der weiteren Fahrzeuge wird nur noch bestätigt. Die Form und Größe des Papiers ist nicht vorgegeben. Es darf in der Landessprache oder in Englisch ausgeführt werden. Eine Vorführung beim TÜV für die zulassungsfreien Fahrzeuge ist nicht erforderlich. Amtlich zugelassenen Fahrzeugen wird bei der Zulassung die Zulassungsbescheinigung Teil 1 ausgestellt.

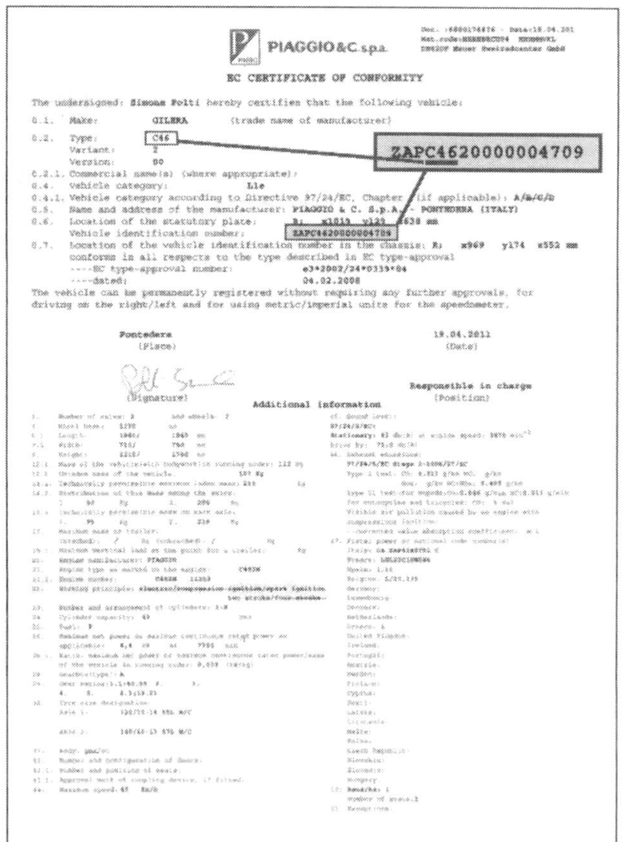

PIAGGIO & C. s.p.a.

EC CERTIFICATE OF CONFORMITY

The undersigned: Simona Folti hereby certifies that the following vehicle:

0.1. Make: GILERA (trade name of manufacturer)

0.2. Type: C46
Variant: 2
Version: 00

0.2.1. Commercial name(s) (where appropriate):

0.4. Vehicle category: L1e

0.4.1. Vehicle category according to Directive 97/24/EC, Chapter (if applicable): A/B/C/D

0.5. Name and address of the manufacturer: PIAGGIO & C. S.p.A. – PONTEDERA (ITALY)

0.6. Location of the statutory plate: R: x1013 y123 z638 mm
Vehicle identification number: ZAPC46200000004709

0.7. Location of the vehicle identification number in the chassis: R: x969 y174 z552 mm

conforms in all respects to the type described in EC type-approval
----EC type-approval number: e3*2002/24*0339*04
----dated: 04.02.2008

The vehicle can be permanently registered without requiring any further approvals, for driving on the right/left and for using metric/imperial units for the speedometer.

Pontedera (Place) — 19.04.2011 (Date)

(Signature) — Responsible in charge (Position)

Additional information

COC im DIN-A4-Format ist eine Bescheinigung über die technische Übereinstimmung des Rollers mit dem Baumuster. Als Eigentumsnachweis ist nach wie vor ein Kaufvertrag erforderlich.

In der Werkstatt

Was braucht die Werkstatt?

Aufgrund der vielen Ausstattungsvarianten und verfügbaren Extras moderner Fahrzeuge ist eine genaue Bestimmung des Fahrzeugtyps nicht immer nur anhand der Fahrgestellnummer möglich. Wenn Sie also eine Werkstatt aufsuchen, die Ihren Motorroller noch nicht kennt, sollten Sie alle Unterlagen mitnehmen. Berücksichtigen Sie auch vorhandenes Zubehör.

Diese Angaben braucht die Werkstatt:

- Hersteller
- Fahrzeugmodell
- Zulassungsdatum
- Motorisierung
- Fahrgestellnummer

Das müssen Sie dabei haben:

- COC

Eine klare Auftragserteilung

Um nicht mit einer Reparaturrechnung konfrontiert zu werden, die weit über dem Erwarteten liegt, sollten Sie der Werkstatt Ihres Vertrauens ein Kostenlimit angeben und darauf bestehen Sie zu kontaktieren, falls es zu unerwarteten Mehrarbeiten kommt. Erteilen Sie Ihren Arbeitsauftrag immer schriftlich, denn mündliche Absprachen sind nur schwer einklagbar und beweisbar. Die Kopie des schriftlichen Arbeitsauftrags in Ihrer Tasche gibt Ihnen die Rechtssicherheit. Dank moderner EDV-Anlagen ist es oft kein Problem, auf die Schnelle einen schriftlichen Kostenvoranschlag zu erhalten. Dieser ist ebenfalls verbindlich und in der Regel noch detaillierter als der Arbeitsauftrag. Beachten Sie bitte: Der tatsächliche Rechnungsbetrag darf bis zu 10% über den geschätzten Kosten liegen, ohne dass es einer erneuten Zustimmung Ihrerseits bedarf. Eine termingerechte Fertigstellung einer Standardreparatur ist heutzutage üblich. Oberste Voraussetzung für ein gutes Arbeitsergebnis in der Werkstatt und einen geringen Geldschwund in Ihrem Geldbeutel ist eine exakte Fehlerbeschreibung mit Angabe des gewünschten Ergebnisses.

Die Fehlerbeschreibung

Nehmen wir einmal an, Ihr Motorroller klappert hin und wieder und Sie möchten dies es in einer Werkstatt beseitigen lassen. Bei unserem jetzigen Beispiel spielt es keine Rolle, ob Sie selbst bezahlen oder an andere Ansprüche stellen. Denn im Vordergrund steht erst einmal ein nicht funktionierender Motorroller, der repariert werden soll, und dem Schaden ist es schließlich egal, wer die Rechnung bezahlt.

Fahrzeugunterlagen griffbereit.

Damit also der Werkstattmeister nicht viele Stunden aufwenden muss, um ein Klappern zu lokalisieren, das eventuell gar nicht dasselbe ist, das Sie meinen, sollten Sie möglichst präzise Angaben machen. Der vorhandene Fehler muss reproduzierbar sein. Das heißt, Sie sollten genau beschreiben, wann der Fehler meistens auftritt.

Eine gute Hilfestellung bieten hier die **W-Fragen**:

Wann tritt das Problem immer auf? »Beim Befahren von Unebenheiten, wie zum Beispiel über die Brücke XY in eine bestimmte Richtung. Bei Temperaturen unter null Grad ist das Klappern am deutlichsten zu hören, die Motortemperatur spielt dabei keine Rolle.«

Wie kann man das Geräusch verstärken oder abschwächen? »Die Geschwindigkeit, mit der man über die Brücke fährt, ist egal, aber man darf kein Gas geben, damit man das Klappern hören kann.«

Wo kommt das Geräusch her? »Es scheint von vorn rechts zu kommen, wenn ich meine Hand auf die Verkleidung lege, kann ich es sogar fühlen.«

Wieso sind Sie nicht schon früher damit gekommen? »Weil das Klappern erst seit ein paar Wochen vorhanden ist.«

Wer hat zuletzt am Fahrzeug geschraubt? »Sie haben hier den letzten Ölwechsel gemacht, ich habe lediglich die Seitenverkleidung lackiert.«

Was haben Sie schon dagegen unternommen? »Ich habe schon alle Schrauben in dem Bereich nachgezogen, aber es hat sich nichts geändert.«

Bei einer präzisen Fehlerbeschreibung können Sie sicher sein, dass der Mechaniker den Fehler schneller eingrenzen kann und auch das Reparaturergebnis für alle Beteiligten einfach und schnell überprüfbar ist. Diese W-Fragen sind mit leichten Abwandlungen auf nahezu alle Mängel anwendbar. Möglicherweise finden Sie das Problem auch selbst, wenn Sie sich die richtigen Fragen stellen. Denn niemand kennt Ihren Motorroller besser als Sie selbst.
Oft sind es Kleinigkeiten, die Sie beiläufig erwähnen, dem Mechaniker aber die richtige Richtung weisen.

Der Ton macht die Musik

Oft treten Streitigkeiten auf, wenn es um Leistungen der Gewährleistung oder Garantie einer Reparatur geht. Auch wenn Sie sich im Recht fühlen und vielleicht auch Recht haben, beachten Sie bitte, dass Sie oft nur mit einem Angestellten sprechen, und dessen Motivation entscheidet in der Regel über die Art und Dauer Ihrer Auftragsabwicklung.
Damit Ihr Anliegen zur vollsten Zufriedenheit bearbeitet wird, sollten Sie die üblichen zwischenmenschlichen Verhaltensregeln einhalten, auch wenn Sie schon eine halbe Stunde in der Warteschlange stehen.
Nicht jeder Zeitpunkt ist gleich gut für einen Werkstattbesuch – der Freitag vor einem langen Wochenende oder Ferienbeginn ist kein so guter Tag. Wir empfehlen Ihnen, sich vorher anzumelden und dem entsprechenden Mitarbeiter eine kurze Schilderung Ihres Anliegens zu geben. Oft kann dieser schon im Vorfeld wichtige Informationen bereitstellen oder auf etwas hinweisen, das Sie nicht vergessen sollten mitzubringen.

Wenn es doch zu Differenzen kommt

Versuchen Sie, den Vorgang noch einmal mit dem Verantwortlichen sachlich durchzugehen, eventuell auch unter Beteiligung des Mechanikers oder Meisters. Dieses Gespräch sollte in einem seperaten Raum stattfinden und nicht vor weiteren Kunden. Für das Unternehmen kann es sehr schädlich sein, wenn laute Streitereien vor der Kundschaft ausgetragen werden, entsprechend wird die Reaktion ausfallen.
Nehmen Sie ruhig sachkundige Verstärkung mit, Ihr Gegenüber wird auch nicht alleine sein. Ein Zeuge kann später sehr wichtig sein. Sollte das Gespräch nicht das gewünschte Ergebnis bringen, haben Sie noch die Möglichkeit, ein Schlichtungsverfahren einzuleiten.
Ein solches Verfahren, welches unter der Regie der jeweils zuständigen Handwerkskammer durchgeführt wird, stellt ein Angebot sowohl an das Mitgliedsunternehmen der Handwerkskammer als auch an dessen Auftraggeber dar, sich außergerichtlich zu einigen.
Ziel eines Schlichtungsverfahrens ist, die Streitigkeiten zwischen dem Handwerker und dem Auftraggeber schnell und unbürokratisch, möglichst durch eine gütliche Einigung, beizulegen.
Sollte dies alles nicht funktionieren, können Sie immer noch den teilweise langwierigen und möglicherweise auch kostspieligen juristischen Weg einschlagen. Soweit sollten Sie es aber nicht kommen lassen.

Pflege und Werterhalt

Straßendreck besteht aus Staub, Schottersteinchen, Salzrückständen und diversen anderen Partikeln, die nicht weniger aggressiv sind. So gesehen macht es natürlich schon hinsichtlich der Korrosion keinen Sinn, den Dreck am Roller zu belassen, bis er von selbst abfällt. Erfahrene Rollerfahrer nutzen die Reinigung für den ersten Kontrollblick, inwieweit sich Schäden an Fahrwerk und Karosserie andeuten. Diese lassen sich im Anfangsstadium nicht nur leicht eindämmen, eine regelmäßige Kontrolle erbringt gerade im Alltag ein hohes Maß an Betriebs- und Funktionssicherheit.

Waschen und Pflegen

Wir haben darum hier die wichtigsten Utensilien zusammengestellt, die Sie beim Waschgang unbedingt parat haben sollten.

Das Grundrüstzeug: Unterschiedliche Pflegesubstanzen sowie die richtige Auswahl an Tüchern, Schwämmen und Bürsten sind zur gründlichen Reinigung unerlässlich.

GEFAHRHINWEISE

Fahrzeugwäsche

Ausnahmsweise gilt dieser Gefahrenhinweis nicht Ihnen, sondern der Umwelt. Den Roller vor der eigenen Haustür zu waschen, ist längst nicht mehr überall erlaubt und das aus gutem Grund: Mit dem Abwasser können gefährliche Stoffe in das Grundwasser gelangen. So zum Beispiel Öl oder Chemikalien, die Sie zum Reinigen verwenden. Auch der Trinkwasserverbrauch ist nicht zu unterschätzen. In Waschanlagen werden diese Stoffe durch Abscheider aufgefangen und das Wasser mehrmals aufbereitet und erneut verwendet. Auch die verschmutzten Lappen sind im Grunde genommen Sondermüll, besonders wenn Sie damit dicke Ölkrusten beseitigt haben. Wir raten Ihnen deshalb, grundsätzlich einen ausgewiesenen Waschplatz aufzusuchen. Am besten einen überdachten, so müssen Sie auch nicht darauf achten, dass die Sonne unter Umständen hässliche Wasserflecken in den Lack brennt und Sie sind unter Ihresgleichen: Fahrzeugliebhaber, die ihr Fahrzeug nicht nur als Fortbewegungsmittel sehen, sondern es mit Hingabe pflegen. Also ein guter Ort für Benzingespräche.

Produkte für die Lackpflege

Es ist wichtig zu wissen, welches Produkt für welchen Einsatzzweck konzipiert ist. Einheitliche Bezeichnungen für eine bestimmte Produktkategorie gibt es nicht. Zum einen ist das so, weil es Überschneidungen in der Anwendung gibt, zum anderen weil keine griffige Bezeichnung nach Norm, wie z. B. beim Motoröl, für Pflegemittel existiert. Immerhin ist aber eine Einteilung in vier Kategorien möglich und üblich:

Wasch-Konservierer

Sie werden wie die Autoshampoos in einer Waschbox nass verarbeitet und sollen aufgrund der enthaltenen Wachsanteile eine Lack konservierende Wirkung haben. Der Lack trocknet zwar schneller und fleckenfreier an, doch von der konservierenden Wirkung ist sehr häufig nur wenig zu spüren.

Polituren

Diese werden mit Baumwolllappen und/oder Watte auf dem trockenen und sauberen Lack und nur ohne direkte Sonneneinstrahlung verarbeitet. Auch wenn der Hersteller auf der Verpackung vermerkt, dass eine Verarbeitung der Politur in praller Sonne möglich ist, sollten Sie es Ihrem Lack zuliebe nicht auf einen Versuch ankommen lassen. Die schleifmittelhaltigen Pflegeprodukte dienen der Lackauffrischung, d. h., es werden ausgekreidete, tote Lackpartikel weggeschliffen, wodurch die gesunde, glänzende Lackschicht an die Oberfläche tritt. Polituren enthalten reinigende und auch pflegende Substanzen. Jeder Hersteller hat aber seine eigene Philosophie, wie die optimale Zusammensetzung auszusehen hat. Da fast jeder Lack abhängig von äußeren Einflüssen unterschiedlich altert, gibt es praktisch für jeden Lack die passende Lackaufbereitung.

Lackreiniger

Das sind sehr scharfe Polituren. Der Schleifkörper-Anteil der Lackreiniger ist höher als bei den Polituren und die chemische Basis weitaus aggressiver. Für schwerere Fälle von Lackverunreinigungen und toten Lacken, wie alter Sprühnebel oder Fremdlack, sind sie unabdingbar. Auch bei leichten Kratzern in den obersten Bereichen können sie vorsichtig angewendet gute Dienste leisten. Auf Neulacken oder frisch lackierten Bereichen sollte man sie nicht anwenden. Lackreiniger benötigen eine Nachbehandlung in Form von Politur und Konservierung.

Lack-Konservierer

Das sind wachs- und wachsersatzhaltige Lackpflegeprodukte mit lang anhaltender Schutz- und Glanzwirkung. Lackreinigende oder auffrischende Stoffe enthalten sie nicht. Die Konservierer sollten immer den Abschluss einer Lackpflegebehandlung bilden.

Insektenentferner

Insektenleichen, die an der Vorderseite im Sommer zu Tausenden aufgefangen werden, sollten Sie möglichst schnell mit heißem Wasser abwaschen, ohne etwa auf dem Lack mit dem Fingernagel zu kratzen. Ein altes Hausmittel ist ein Packen patschnasser Zeitungen, die man über Nacht auf die Rollervorderseite legt und erforderlichenfalls mit angelehnten Latten gegen die Frontseite drückt. Das nasse Papier weicht in einigen Stunden die angetrockneten Fliegenleichen auf, und sie lassen sich am nächsten Morgen in der Regel mit warmem Wasser und Schwamm ohne große Mühe abwaschen. Die nassen Zeitungen dürfen aber nicht auf dem Lack antrocknen, sonst hat man Druckerschwärze auf dem Lack, die sich nur mit Politur beseitigen lässt. Haben Sie zu lange mit dem Reinigen gewartet, gelingt es nicht mehr so einfach mit Wasser und Papier, weil der Eiweißgehalt den Fliegenschleim stark durchhärtet. Sprühen Sie dann einen Insektenentferner auf die verschmutzten Stellen und lassen ihn einige Minuten einwirken.

Die Grundreinigung

Zuerst sollte mit Wasserstrahl, viel Wasser und Bürste das Fahrzeug grob gereinigt werden. Natürlich sind Druckreinigungsgeräte sehr hilfreich, wenn sie sachgemäß eingesetzt werden. Beachten Sie dazu unser Hinweiskästchen auf dieser Seite. Sind der grobe Schmutz und die Ablagerungen entfernt, sollten Sie etwas abwarten, um die Verschmutzungen etwas einzuweichen. Den ersten Arbeitsschritt dürfen Sie nun mit hartem Wasserstrahl oder eben dem sachgerechten Einsatz eines Hochdruckreinigers abschließen.

Die Reinigung mit dem Hochdruckreinigungsgerät darf nur mit Bedacht und Vorsicht durchgeführt werden.

Vorsicht beim Dampfstrahlen

GEFAHRHINWEISE

Ein Dampfstrahler ist an sich eine tolle Erfindung: Heißes Wasser, das unter extrem hohem Druck aus einer Düse schießt, löst fast jede Schmutzkruste. Besonders gut natürlich dicke Ölkrusten an Motor und Getriebe. Hiervon raten wir aber dringend ab. Denn die um den Motor verbauten Elektronikteile können durch die eindringende Feuchtigkeit erheblichen Schaden nehmen. Die Folge könnte ein kostspieliger Austausch dieser Teile sein. Der Motorraum sollte daher nur mit geeigneten, so genannten Kaltreinigern und in Handarbeit oder, noch besser, vom Profi gesäubert werden. Auch für den Kühler ist ein Dampfstrahler Gift. Denn der scharfe Strahl dringt mit großem Druck durch die feinen Lamellen und kann diese deformieren. Bleiben noch die Felgen. Tatsächlich kann der Dampfstrahler hier im Kampf mit Bremsstaub und anderen Verschmutzungen viel bewirken. Meistens reflektieren die Speichen den Strahl jedoch in die Richtung, in der Sie gerade stehen. Und wehe, Sie kommen dem Reifen zu nah! Auch in der Seitenwand moderner Pneus kann der enorme Druck des Wasserstrahls Schaden anrichten. Also wenigstens 50 cm Abstand halten!

Einsatz von Reinigungsmitteln

Im nächsten Schritt wird nun ein Reinigungsmittel zum Einsatz kommen. In der Regel werden schon sehr gute Reinigungsergebnisse erzielt, indem Sie spezielle Motorradreiniger auswählen. Markenware unter diesen Reinigern garantiert ein recht neutrales Verhalten und greift weder Kunststoffe noch die edleren Aluminiumbauteile an. Auch Lösungsmittel können deutliche und langfristig verbleibende Spuren hinterlassen, die sich nur schwer beseitigen lassen. Gerade die Sprühgel-Reiniger müssen etwas anziehen oder auch die verbliebene Verschmutzung anlösen können. Sie können leicht mit einem Fingerwischen feststellen, ob die Verschmutzung schon angelöst worden ist.

Haftgel in der Sprühflasche: Gleichmäßig einsprühen und ausreichend nach Herstellerangabe einwirken lassen.

Schwammarbeit

Die eigentliche Arbeit neben der Vorarbeit mit der Büste liegt im Abschwammen des Rollers. Hier muss mit viel Wasser die angelöste Verschmutzung gründlich abgewaschen werden. Beginnen Sie immer zuerst oben und arbeiten Sie sich nach unten vor. Ziehen Sie die schlecht erreichbaren und versteckten Ecken Ihres Rollers grundsätzlich vor. Achten Sie darauf, dass Sie die Verschmutzungen mit viel Schaum und Wasser abwaschen.

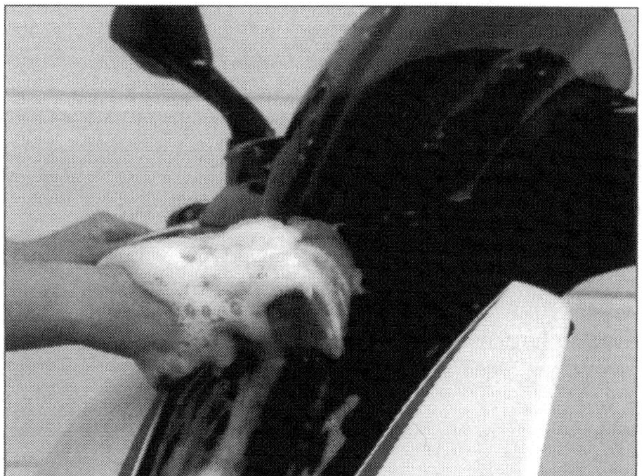

Gründliche Arbeit mit dem Schwamm ist die Voraussetzung für ein gutes Reinigungsergebnis.

Klarspülen und Abledern

Gerade die Oberflächen müssen nun mit viel Wasser abgespült werden. Gehen Sie auch hier grundsätzlich von oben nach unten vor und lassen Sie keine Stelle aus.

Wichtig für die Vermeidung von Wasserflecken ist das anschließende Trocknen. Sehr gute Dienste tut noch immer das gute alte Echtledertuch, um Wasserflecken zu vermeiden.

Oberflächen polieren

Lackflächen polieren

Flächen, die Sie polieren wollen, sollten nicht in der prallen Sonne bearbeitet werden oder schon bereits eine hohe Temperatur aufweisen. Zu stark eingetrocknete oder eingebrannte Politur verursacht vermeidbare Mehrarbeit. Die wichtigste Voraussetzung ist, dass die zu polierenden Flächen sauber und trocken sind. Achten Sie auf Schadstellen oder Kratzer, die Sie besser zuerst herausarbeiten. Tipps hierzu werden wir Ihnen im Rahmen kleinerer Reparaturen am Ende dieses Kapitels vorstellen.

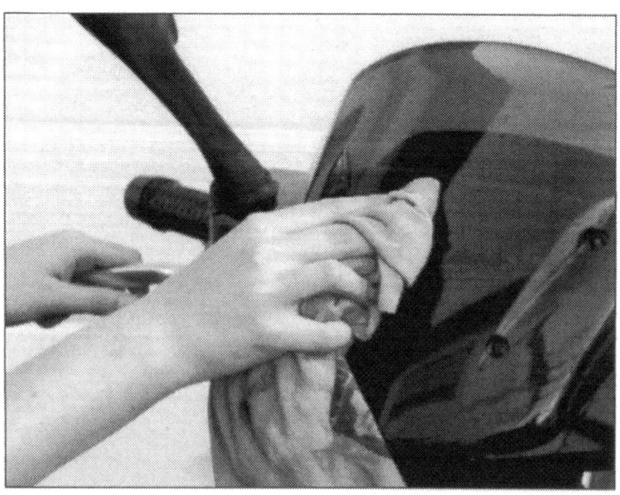

Das Abreiben der Lackflächen mit einen Ledertuch erspart Wasserflecken gerade auf den ebenen Lackflächen.

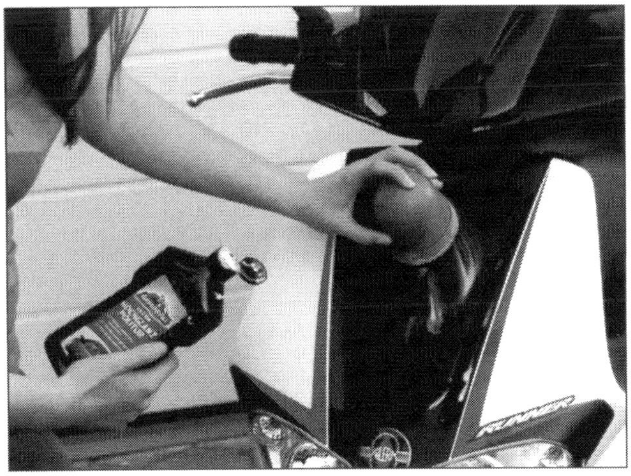

Lackfläche gleichmäßig einreiben und mit einem sauberen weichen Lappen gut abreiben.

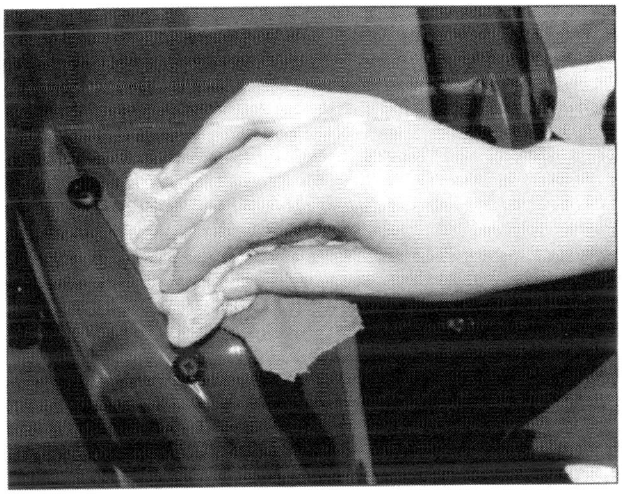

Gleichmäßige und feinfühlige Polierarbeit ist für die Plexiglasauffrischung gefragt.

Größere Kratzer können mit 1000er-Schleifpapier (und feiner) vorgeschliffen werden.

- Tragen Sie Politur gleichmäßig auf die Lackflächen auf. Vermeiden Sie es Politur auf die unlackierten Kunststoffteile aufzutragen. Hier muss sie dann mit viel Aufwand entfernt werden. Ist es passiert, wischen Sie diese Fläche noch vor dem Antrocknen der Politur mit einem sauberen Lappen gründlich ab.
- Lassen Sie die Politur ausreichend (gerade so trocken) anziehen.
- Reiben Sie die Lackflächen mit einem weichen Lappen aus Baumwolle ab. Ein altes T-Shirt oder alte Bettwäsche ist hierfür sehr geeignet!

Kratzer im Kunststoff

Finden sich Kratzer auf einem harten Kunststoff, wie der Streuscheibe der Lampe beispielsweise, können diese mit »Glaspapier«, also einem Schleifpapier mit einer Körnung von ca. 1000, geschliffen und anschließend mit einer Reinigungspolitur poliert werden. Der Kratzer verschwindet meistens vollständig. Diese Methode funktioniert aber nicht bei weicheren Kunststoffen. In der Regel reicht es aber aus, kleinere Kratzer mit einem guten Politurwachs abzudecken. Sie verschwinden dann wenigstens für einen bestimmten Zeitraum. Für diese Reparaturart gibt es aber auch ein Set, in dem alles für die Plexiglas-Kratzerentfernung Benötigte enthalten ist.

- Fläche mit Kratzer gründlich reinigen.
- Kratzer mit Glaspapier (Körnung 1000 und höher) anschleifen, bis er dem restlichen Material angeglichen ist. Vermeiden Sie es, nur in eine Richtung zu schleifen. Besser ist es, die Schleifarbeiten kreisend durchzuführen.
- Waschen Sie die Reparaturstelle gründlich mit Wasser ab.
- Polieren Sie die Reparaturfläche mit einer Reinigungspolitur, bis die geschliffene Fläche wieder zu glänzen beginnt.
- Polieren Sie die Reparaturstelle mit einer Wachspolitur gründlich nach.

Profitipp

PRAXISTIPP

Kurz nach dem Einschäumen und kurz nach dem Klarspülen mit Wasser können Sie, wenn Sie im Besitz eines Kompressors sind, die feinen Spalten und Übergänge ausblasen. Dreckecken, wie beispielsweise typisch für den Zweitakter rund um den Öleinfüllstutzen, können so mit wenig Aufwand blitzsauber werden!

Knick- und Weißstellen im Kunststoff beseitigen

Weiße Stellen sind die Stellen, an denen der Kunststoff so weit verformt wurde, dass eine Materialdehnung erfolgt ist, die sich nicht mehr zurückbilden konnte. Diese Stellen können aber leicht mit Hilfe eines Heißluftföhns gleichmäßig und langsam erwärmt werden.

In der Regel verschwinden dann zumindest die weißen Spuren im Kunststoff. Problematisch sind oftmals auch die Halterungspunkte der Plastikteile. Vermeiden Sie es Haltenasen, die sehr straff in Gummis sitzen, schnell herauszuziehen.

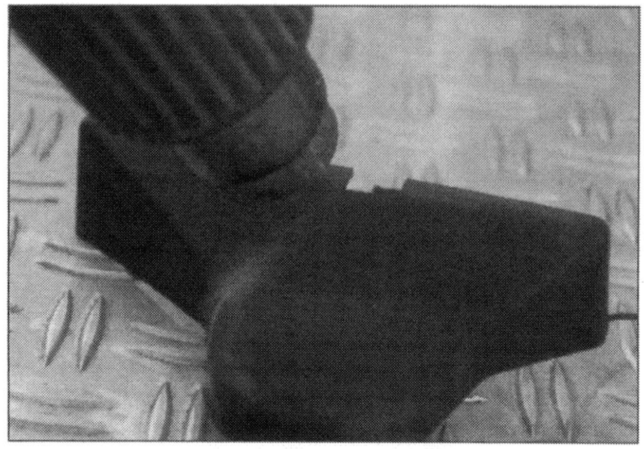

Vorsichtig eingesetzte Wärme kann die Knickstellen nicht nur entlasten, sondern auch alte Farbe wieder sichtbar machen.

Rahmen

Der Rahmen birgt konstruktionsbedingt viele »Hohlräume«. Oftmals werden diese einfach durch einen Stopfen verschlossen. Ganz sicher sind diese Stopfen gut, um das Eindringen von Dreck zu verhindern. Gleichzeitig verhindern sie aber auch das Austreten von Kondenswasser und Wasserrückständen.

Sollten Sie an Ihrem Roller solche Verschlüsse entdecken, entfernen Sie diese regelmäßig und kontrollieren Sie die Hohlräume auf Verschmutzungen und Korrosion.

Korrosionsschutzspray oder Schutzwachs kann gerade in den verdeckten und schlecht zugänglichen Ecken für einen guten Pflegezustand und gängige Schrauben sorgen.

Korrosionsschutz

Der Korrosionsschutz ist gerade für Fahrzeuge wichtig, die ganzjährig im Straßenverkehr eingesetzt werden. Problematisch sind die Stellen, die man im Normalfall nicht einsehen kann. Oftmals befinden sich auch die Kontaktflächen für Masseanschlüsse der elektrischen Anlage im »unsichtbaren« Bereich. Selbstverständlich sollten auch die sonst verborgenen Ecken einmal im Jahr genau inspiziert und (wenn notwendig) ausgebessert werden. Für den Zeitraum dazwischen müssen Möglichkeiten gefunden werden, das Fahrzeug zu schützen und gleichzeitig diese Beschichtung leicht entfernen zu können. Auch hier wird man wieder im Autozubehörmarkt fündig. Ein geeignetes Mittel ist »Motorraum WACHS«. Bitte nicht mit dem Motorschutzlack verwechseln. Es geht nämlich nicht darum eine glänzende Fläche zu schaffen, sondern einige Stellen mit Wachs zu versiegeln, um sie gelegentlich aus dem »Dornröschenschlaf« wecken zu können. Sehr gute Erfahrungen mit diesem Schutzwachs haben wir bei der Einbalsamierung des Motors machen können. Nachdem das Wachs entfernt wurde, glänzte das gute Stück wieder wie neu ... und ohne salzbedingte Flecken.

Ohne Schutzwachs stellt sich bereits nach dem ersten Winter mit Salz und Wasser eine hässliche Patinaschicht auf allen Metallteilen ein.

Aufsprühen: Die Oberfläche sollte gleichmäßig benetzt werden.

Aufnehmen: Der Schmutz wird durch das Pflegemittel angelöst und kann nun mit dem blauen Mikrofasertuch aufgenommen werden.

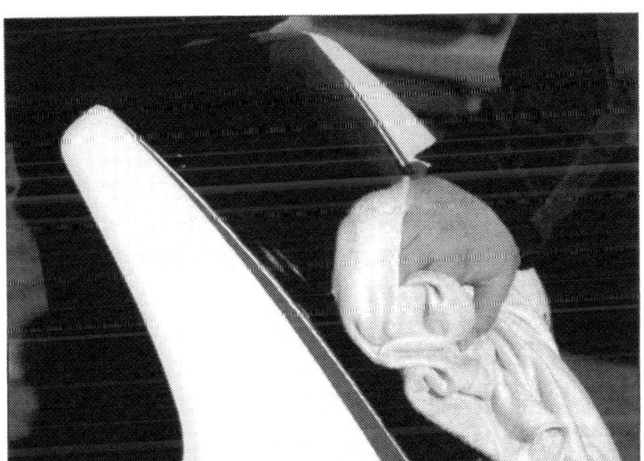

Auf Glanz bringen: Mit dem grünen Mikrofasertuch wird nun die gereinigte Fläche nachpoliert.

WoW – Waschen ohne Wasser

Waschen hat nicht automatisch immer etwas mit Wasser zu tun. Moderne Produkte, die von professionellen Fahrzeugreinigern mitentwickelt werden, weisen erstaunliche Eigenschaften auf. Natürlich werden Sie ab und an die schwer zugänglichen Stellen Ihres Motorrollers mit Wasser und Schaum auswaschen müssen, da führen kein Weg und kein Mittel darum herum. Aber die Fahrzeugreinigung im Alltag kann um ein Vielfaches einfacher und auch aus Sicht der Umwelt unbedenklicher realisiert werden.

Unser regionaler Fahrzeugpfleger entwickelt seine eigenen Produkte und vermarktet diese dann über die eigene Plattform oder im eigenen Geschäft. Die Erfahrungen, die in den Produkten stecken, wirken sich in einfachstem Umgang am Fahrzeug aus. Bei den meisten professionellen Fahrzeugreinigern können Sie die Reinigungsmittel käuflich erwerben und bekommen so manchen Tipp kostenlos beim Einkauf mit auf den Weg. So gesehen sollten Sie ruhig auch mal zum Thema Reinigung eines Motorrollers den Fahrzeugaufbereiter und Fahrzeugreiniger Ihres Vertrauens befragen.
Wir werden Ihnen nun den Umgang mit dem Pflegemittel WoW vorstellen. Die Füllung der Flasche dürfte für ein paar Jahre ausreichen, die Putztücher lassen sich leicht auswaschen. Als Set kostet das Material etwa 40 Euro.

Schritt 1: WoW aufsprühen: Verschmutzungen werden bereits beim Auftragen von der Oberfläche abgelöst.

Schritt 2: Sprühnebel mit dem blauen Mikrofasertuch verreiben und die Verschmutzungen in diesem zweiten Durchgang mit einem Mikrofasertuch aufnehmen.

Schritt 3: Die Lackoberfläche wird in einem dritten Durchgang mit einem weiteren Spezialmikrofasertuch abpoliert.

Gerade wegen der sofortigen Oberflächenversiegelung ist dieser Weg zum sauberen Roller nicht nur schnell mal durchgeführt, die Versiegelung erschwert auch die Neuverschmutzung für einen gewissen Zeitraum. Ein weiterer Vorteil liegt in der Zusammensetzung des Reinigungsmittels. Weder verbleiben weiße Spuren auf rauen Kunststoffapplikationen, noch müssen Schlieren oder Schleier aufwändig nachpoliert werden.

Kunststoffteile lackieren

Lackreparatur mit der Sprühdose

Man muss man zwei grundsätzlich unterschiedliche Lacke betrachten. So genannte Nitro-Lacke, wie die Autolacke gerne genannt werden, unterscheiden sich deutlich von den Kunstharz-Lacken und den 2-K-Lacken, die bei der Autolackiererei verwendet werden. Auch hinsichtlich der Farben gibt es Probleme. Auch wenn die Lacknummern von einigen Rollern bekannt sind, muss die Lacknummer nicht immer den genau passenden Farbton für Ihr Fahrzeug ergeben. Es bleibt also nur, in einem gut sortierten Autozubehörhandel sich eine Spraydose herauszusuchen, die den Farbton so genau wie möglich trifft oder einen Farbton zu wählen, der zum Gesamtbild des Rollers passt und eine Applikation zu schaffen, die den Roller vielleicht sogar verschönert. Es sollte Ihnen von Anfang an klar sein, dass die Lackierung mit der Spraydose die Qualität der werkseitigen Lackierung und der in einer Autolackiererei nie erreicht. Die Anforderungen an den Spraylack sind andere als die, die an den Zweikomponentenlack bei der Fahrzeuglackierung gestellt werden.

Spraydosen-Lacke

Die meisten Lacke aus der Spraydose werden nicht so aushärten können, wie die normalen Autolacke. Alle Komponenten, die für die Farbgebung, Verdünnung und Verarbeitung benötigt werden, müssen in der Spraydose enthalten sein. Natürlich wäre es sehr ungünstig, wenn die Lacke bereits in der Dose aushärten würden. Bis auf den Nachteil, dass sie meistens nicht lösemittelfest sind oder zumindest nicht so widerstandsfähig wie die Zweikomponentenlacke (2-K-Lacke), ermöglichen sie einen recht unkomplizierten Umgang gerade im Bereich von kleineren Reparaturen.

Farbton bestimmen

Die Bestimmung des Farbtones fällt auf den ersten Blick immer recht einfach. Anhand der Farbnummer lässt sich sowohl für das Sprühdosenregal als auch für den Mischlack zur Lackierung leicht der Farbton bestimmen. Dem Lackierer reichen diese Informationen oft nicht aus. Es gibt für viele Farbtöne einige unterschiedliche Abtönungen. Wenn Sie sich Farbe anmischen lassen wollen oder Fahrzeugteile zur Lackierung abgeben, ist es sinnvoll ein Musterstück mit einer geraden Fläche ohne Schäden von mindestens 10 x 20 cm mitzubringen. Natürlich sollten Sie jetzt nicht ein Blech herausschneiden. Das alte Karosserieteil reicht schon aus. Oder Sie stellen Ihr Fahrzeug in der Lackierei vor. Der Lackprofi untersucht den Lack mit einem speziellen Lackscanner und wertet den optischen Eindruck mit Hilfe eines Computerprogramms aus. Für moderne Autolackierereien ist dieses Verfahren mittlerweile guter Standard.

Grundierung und Haftgrund

Je nachdem, wie man den Lackaufbau gestalten will, ist Haftgrund die letzte Aufbauschicht oder die vorletzte vor dem Decklack. In vielen Lackierbetrieben verfährt man weniger zeitraubend und nicht ganz so perfektionistisch: Füllspachtel, schleifen, Spritzfüller, schleifen, Grundierung, schleifen, Decklack. Unabhängig davon, welche Entscheidung gewählt wird, kommt man schwerlich ohne Vorlegelack oder Haftgrund aus. Folgende Arbeitsreihenfolge ist zu empfehlen:
1. Füllspachtel, 2. schleifen, 3. Haftgrund, 4. schleifen, 5. Messerspachtel, 6. schleifen, 7. Decklack, 8. Klarlack (soweit erforderlich).

Haftgrund aus der Sprühdose verarbeiten

- Ist die Verarbeitungstemperatur eher niedrig, bringt man die Sprühdosen in einem Wasserbad auf ausreichend Druck und Temperatur von 4 bis 5 bar bei etwa 25 °C Dosentemperatur.
- Zuerst Haftgrund-Sprühdose tüchtig in der Hand schütteln, bis die Mischkugeln einige Minuten gut hörbar geklickert haben.
- Den ersten Sprühspritzer mit zumeist dicken Tropfen aus dem Steigrohr sollte man abseits auf das Abdeckpapier spritzen.
- Überziehen Sie alle Reparaturflächen und Füllspachtelschichten deckend in mehreren dünnen Schichten. Die Sprühtechnik ist die gleiche wie bei den Lacksprühdosen.
- Obwohl Haftgrund sehr schnell abtrocknet, soll man ihn vor der Weiterarbeit 30 Minuten durchtrocknen lassen, damit alle Lösungsmittelanteile entweichen können.
- Der Haftgrund wird grundsätzlich nicht geschliffen, wenn Messerspachtel darüber gezogen werden soll. Ansonsten bei einer Arbeitsplatztemperatur von mehr als 15 °C nach etwa zwei Stunden Wartezeit die ganze Fläche nass mit 240er- oder 320er-Papier schleifen. Fläche durchtrocknen lassen, eventuell mit einem Heißluftföhn unterstützen. Danach wird nochmals Haftgrund gesprüht.

Basiston und Klarlack

Gerade bei den Metalliclacken kommt es sehr häufig vor, dass der eigentliche Farbton zuerst aufgetragen wird und in späteren Arbeitsgängen mit einem Klarlack versiegelt wird. Diese Kombination gibt es sowohl bei den Autolacken als auch bei den Spraydosen. Einer der Vorteile liegt hier in der Verarbeitung. Gerade bei Metalliclacken muss der Auftrag der Farbe sehr gleichmäßig erfolgen. Unterschiedlicher Spritzdruck sowie unterschiedlicher Abstand zum Bauteil beeinflussen die Lage der metallischen Pigmente im Lack. Dadurch wirkt der Lack stellenweise heller oder auch dunkler. Man spricht dann von »Wolken«. Der Basiston wird beim Trocknen matt. Der Glanz des Lackes wird erst mit dem Klarlack erzeugt. Der Zweischichtlack ermöglicht ein gleichmäßiges Auftragen mit dem Aspekt eines gleichmäßigen Erscheinungsbildes und im Klarlack eine hohe Oberflächengüte.

Unifarbtöne

Im Gegensatz zum Zweischichtlack entstehen Farbton und Oberfläche in einem Arbeitsgang. Auch Metalliclacke sind mittlerweile in dieser Form erhältlich. Der Vorteil liegt in einer kürzeren Verarbeitungsdauer und in der einfacheren Handhabung. Gerade aber hinsichtlich der Wolkenbildung gestaltet sich der Umgang mit diesem Lackmaterial schwieriger.

Temperatur und Sprühdosendruck

Am besten ist es, wir sagten es bereits, wenn die Temperatur mindestens 20 °C, besser etwa 30 °C beträgt. Was die Sprühdosen direkt betrifft, ist das kein Problem. Ein entsprechendes Anwärmen der Sprühdosen hat gerade bei kühleren Außentemperaturen nicht den Zweck des Erreichens einer Mindesttemperatur, sondern es soll den Innendruck auf wenigstens 2,5 bar bei etwa 20 °C oder etwa 3,5 bar bei 30 °C bringen, damit der Lack mit höherem Druck feiner versprüht wird und das als Verdünnung dienende Treibgas schon im Sprühstrahl verdampft. Ist die Sprühdose zu kühl, sprüht nasser Lack auf die Reparaturfläche, es gibt verstärkt herunterlaufende Tropfen und Treibgasbläschen im Lack. Die optimale Sprühdosentemperatur lässt sich vergleichsweise leicht erreichen. Die Arbeitsplatztemperatur dagegen muss man als Heimwerker nehmen, wie sie ist, denn Sie werden kaum eine geheizte Werkhalle zur Verfügung haben, sondern in aller Regel im Freien lackieren müssen. Auch eine Garage wird nur selten dazu brauchbar sein. Sie bietet meist nicht genügend Licht, das man aber beim Lackieren benötigt, um etwaige Fehler schon im Entstehen zu erkennen. Außerdem ist die Gefahr gesundheitlicher Schäden groß, da Sie sicher keine Absauganlage in der Garage haben werden. Nach der Lackierarbeit bekommen Sie dann eventuell Kopfschmerzen durch die verdunstenden Lösemittel. Wenn Sie aber im Winter Ihre mühselig erwärmte Garage aufreißen, weil Sie den Lackdunst darin einfach nicht mehr ertragen können, ist die Temperatur sofort unter dem Optimum. Lackierarbeit in der Garage und bei ungünstiger Außentemperatur ist also am ehesten möglich, wenn man das zu lackierende Teil abmontieren kann und nur dieses in die Garage nimmt. Damit ist dann auch die Bewegungsfreiheit gesichert.

PRAXISTIPP

Sprühköpfe reinigen

Wenn der Sprühkopf trotz Ausblasen nach letztem Gebrauch verstopft ist, wird er nach oben abgezogen und der Schlitz des inneren Sprühkopfröhrchens mit einer Nadel gereinigt.

Ist allerdings die Austrittsöffnung des Sprühkopfes durch vertrockneten Lack erstopft, hilft kein Bohren mehr. Werfen Sie den Kopf weg und nehmen Sie einen anderen aus einer Sammlung, die Sie sich klugerweise angelegt haben. Denn es zahlt sich aus, die Sprühköpfe leerer Sprühdosen aufzuheben, wenn Ihnen der Sprühstrahl besonders gut erschien. Sprühköpfe sind Massenartikel, sollen aber Präzisionsarbeit leisten, was sie durchaus nicht immer schaffen. Haben Sie einen ausreichenden Vorrat gesammelt, können Sie einen »spuckenden« Sprühkopf wegwerfen und durch einen bewährten ersetzen.

Bei lange lagernder Sprühdose kann sich das Steigrohr in der Dose durch abgesetztes Lösungsmittel verstopfen. Dann hilft das feste Eindrücken des Sprühkopfes nicht viel. Besser ist es, einen Schutzhandschuh anzuziehen, die Bekleidung abzudecken, ins Freie zu gehen und bei abgezogenem Sprühkopf mit nicht zu spitzem und nicht zu dickem Nagel die Ventilkugel oben im Steigrohr kurz in die Dose zu drücken. Dose oben weit weg vom Körper halten und den Spritzstrahl möglichst mit dem Schutzhandschuh auffangen.

Ist die Verstopfung aus dem Steigrohr entfernt, Sprühkopf wieder aufdrücken.

Arbeitsplatz, Arbeitszeit, Arbeitsweise

Für eine hausgemachte Ganzlackierung muss der Arbeitsplatz völlig staubfrei und möglichst gedeckt sowie absolut zugfrei sein. Bei den erwünschten Temperaturen werden vor allem im Freien stets allerlei Insekten durch die Luft schwirren. Es müsste am besten eine größere Halle (Werkstatthalle) sein, in der an »unserem« Wochenende die Arbeit ruht. Dann wird vor allem auch kein Staub aufgewirbelt. Der richtige Platz kann bei einer Teillackierung am kompletten Roller eine Lackierbox in der Mietwerkstatt sein. Natürlich tut es auch eine ausreichend große Garage. Diese sollte vor allem aber ausreichend gut belüftet sein, denn keineswegs sollten Sie am Lackdunst ersticken!

Schwierigkeiten bei der Arbeit im Freien

Auf einem kleinen Hof im Freien sind die erforderlichen Bedingungen für einwandfreies Lackieren kaum zu erfüllen. Dennoch wird in Ermangelung von Räumlichkeiten die Arbeit oft auch im Freien stattfinden. Dann allerdings sind Sie ganz erheblich vom Wetter abhängig. Verschaffen Sie sich ein Bild davon, bevor Sie mit Abkleben oder Sprühdosenschütteln beginnen:

- Wie steht es um den Wind, ist etwa Regen angesagt, herrscht feuchter Nebel, ist eine zu starke Sonneneinstrahlung zu erwarten?
- Versuchen Sie nicht, der zu heißen Sonne durch Lackieren unter Bäumen zu entgehen. Von oben rieselt ununterbrochen feiner Staub herunter. Eventuell herabfallender Vogelkot, Baumfrüchte oder Blätter schaffen dem schattigen Platz unter Bäumen nur Nachteile.

Abbaubare Teile entfernen

Vergessen Sie bei einer geplanten Lackierung keinesfalls den zusätzlichen Arbeitsgang Teileabbau. Sie müssen alle Zier- und Anbauteile, Chromstreifen, Markenzeichen und Scheinwerfer abbauen. Falls Sie glauben, sich diese Arbeit sparen zu können, hat man stattdessen mühsames Abkleben der Teile zu leisten, und trotzdem vermeidet man die Farblackflecken auf der Chromzier dadurch fast niemals völlig. Abbauen ist daher die beste Lösung.

Lackieren von Teilflächen

- Zuerst einmal muss der Lackierbereich mit 600er-Wasserschleifpapier angeschliffen werden. Wichtig ist, den Bereich, in dem »beilackiert« und später poliert werden soll, nun sehr vorsichtig anzuschleifen. Nach Möglichkeit sollte die Klarlackschicht nicht durchgeschliffen werden.
- Um nur einen Teilbereich einer Fläche lackieren zu können, müssen die Bereiche, die nicht lackiert werden sollen, abgedeckt werden. Mit Hilfe von Zeitungspapier und Kreppklebeband ist das leicht möglich. Das Problem ist lediglich der Übergang zu der nicht lackierten Fläche. Günstigstenfalls sollte die Reparatur ja nicht mehr erkennbar sein. Um keine »harten« Ränder zu erhalten, wird das Klebeband leicht angestellt. So wird ein ganz bestimmter Bereich nur »angenebelt« und lässt sich später leicht polieren.
- Der Arbeitsbereich für die Lackierung sollte etwas größer gewählt werden als der Schadensbereich selbst. Die Lackierung sollte immer zuerst im eigentlichen Reparaturbereich beginnen. Der etwas größer gewählte Bereich wird zum »Angleichen« benötigt. Es ist nicht erforderlich, schon beim ersten Durchgang eine Abdeckung durch die Farbe zu erreichen. Vielmehr soll eher eine Bindung zum Untergrund hergestellt werden. Erst im zweiten oder dritten Lackiergang wird eine sichtbare Abdeckung der Farbe erreicht.
- Nach einigen Minuten kann nun die nächste Schicht aufgetragen werden. Wichtig ist auch hier, nur den unmittelbaren Bereich der Reparatur zu behandeln. Die umliegende Fläche wird erst nach Erreichen einer ausreichenden farblichen Abdeckung der Arbeitsfläche angenebelt.
- Als Nächstes wird nun der umliegende Bereich bis zum schräg angestellten Klebeband mit einlackiert.
- Wichtig ist, dass außerhalb des Arbeitsbereiches bis zum abgeklebten Bereich immer weniger Lack aufgetragen wird.
- Die Oberfläche im lackierten Bereich sollte eine glatte Oberfläche aufweisen. Die »einlackierten Bereiche« sollten entsprechend der geringeren Lackdicken eine etwas »wellige« Oberfläche aufweisen.
- Dieser Bereich wird nach der Aushärtung entweder mit einer Schleifpolitur glatt geschliffen oder sogar mit Schleifpapier einer Körnung um 1200 der Original- und der Reparaturfläche angeglichen.
- Anschließend werden der reparierte Bereich und die umliegenden Teile beipoliert. Die polierten Flächen müssen abschließend mit einer Wachspolitur versiegelt werden.

Fit durch den Winter

Wer denkt, dass Zweiräder im Winter kein Einsatzgebiet finden, sollte sich mal in den durch Parkplatznot gezeichneten Innenstädten umsehen. Winter wie Sommer stellt die »Vespa« eine angemessene und zugleich kostengünstige Alternative zu den öffentlichen Verkehrsmitteln dar. Dazu kommt noch die Individualität nicht nur im Straßenverkehr.

In diesem Kapitel werden wir die wichtigsten Themenbereiche aufgreifen, die neben den üblichen Wartungsarbeiten oder neben der üblichen Ausrüstung gerade für den Betrieb in Herbst bis Winter erforderlich sind. Sie können mit wenig Aufwand den Winterbetrieb des Rollers erleichtern, ohne dass der Roller Schäden durch die Witterung davonträgt. Dieses Kapitel hat nicht unbedingt mit Fahren bei Schnee zu tun. Vielmehr soll die »O bis O-Regel« den Jahreszeitenwechsel von Oktober bis Ostern umfassen. Nässe, Split, Salz und zuletzt auch Schnee sind leicht zu meistern, wenn man einige wenige Vorbereitungen beachtet.

Winterreifen

Vor wenigen Jahren wäre es noch erstaunlich gewesen, wenn sich mehrere Rollerfahrer gleichzeitig Gedanken über die Reifenumrüstung gemacht hätten. Heutzutage haben die gesetzgebenden Stellen beschlossen, die winterlichen Autofahrten sicherer zu machen. Der Gesetzestext hierzu schließt fast alle Fahrzeuge (mit sehr wenigen Ausnahmen) ein. Die Auswirkung ist unter anderen die Winterreifenpflicht auch für Motorroller.

Im Internet lassen sich heute recht schnell und aktuell die Testberichte und Erfahrungen der renommierten Fahrzeugpresse und vieler privater Verbraucher recherchieren. So lässt sich fast tagesaktuell der Reifen mit bestimmten Eigenschaften und einem bestmöglichen Preis-Leistungs-Verhältnis ermitteln.

Winterreifen haben nicht nur ein etwas gröberes Profil und oftmals auch einen speziellen Profilschnitt. Die Gummimischung wird in der Regel weicher ausgelegt. Gerade die Rollerfahrer, die ihren Roller für den Angelausflug auf der Wiese und auf Feldwegen betreiben müssen, fahren die etwas griffigeren Winterreifen als Ganzjahresreifen durch.

Die regelmäßige Demontage ist aufgrund der mechanischen Belastung auf Reifen und Felge und auch der Kosten für die Montagearbeiten nicht zu empfehlen. Sollten Sie Ihren Roller ganzjährig benutzen, so lassen Sie sich hochwertige Marken-Winterreifen mit M+S-Kennzeichnung montieren. Achten Sie darauf, dass das Reifenprofil noch ausreichend vorhanden ist.

Der Gesetzgeber hat keinen Zeitraum für die Nutzung der Winterreifen vorgeschrieben. Der Gesetzestext schreibt ab dem 04.12.2010 die Nutzung bei schlechten Straßenverhältnissen vor. Bei Fahrtbeginn mit trockener Straße im Januar und dann während der Fahrt einsetzendem Schneefall kann schnell ein Ticket fällig werden.

Für die Winterreifen ist die Kennzeichnung »M+S« zwingend vorgeschrieben. Der Gesetzgeber schreibt zwar eine Mindestprofiltiefe von 1,6 mm vor, diese darf aber als absolute Verschleißuntergrenze gesehen werden. Entsprechend zu dem erhöhten Wasseraufkommen auf der Straße muss der Reifen in der Lage sein, mehr Wasser von der Straße zu befördern. Ist er im Neuzustand mit 7 mm Profil in der Lage etwa 20 bis 30 Liter Wasser in der Sekunde zu verdrängen, nimmt die Wassermenge mit abnehmender Profiltiefe deutlich ab. Ähnliches gilt übrigens auch für die Traktion bei weichem Untergrund wie Matsch und Schnee.

Die Auswahl an Reifen ist groß ... die erforderliche Kennzeichnung M+S wurde aber noch selten vergeben.

Nägel fürs Eis: Spikes ... leider aufgrund des hohen Straßenverschleißes nicht in Deutschland zulässig.

Kühlsystem

Kontrollen am luftgekühlten Motor

Die luftgekühlten Modelle haben keinerlei Regelung, die für eine gleichbleibende Motortemperatur sorgt. Das macht sie zwar etwas weniger verschleißfest, dafür aber deutlich wartungsfreundlicher. Jedenfalls für die Arbeiten rund um das Kühlsystem. Trotzdem sollten Sie regelmäßig nach dem Zustand des Lüfterrades auf dem Generator und den Ablagerungen in Luftführung und den Kühlrippen des Zylinders sehen. Die Ablagerungen sollten regelmäßig entfernt werden, um ein Überhitzen des Motors zu vermeiden.

Kontrollen am flüssigkeitsgekühlten Motor

Zwar werden Sie das Kühlsystem bereits bei jeder Wartung prüfen, aber speziell bei der Vorbereitung auf die kalte Jahreszeit kommt noch ein wichtiger Faktor hinzu. Je kälter der Motor, umso mehr Kraftstoffnebel kondensiert an ihm. Wird der Motor also in »Kaltzustand« betrieben, fällt der Verschleiß entsprechend höher aus. Auch der Kraftstoffverbrauch steigt deutlich. Prüfen Sie neben dem Frostschutzgehalt des Kühlmittels auch die Funktion des im Zylinderkopf verbauten Thermostates.

Achten Sie auch darauf, dass die Kühlmittelpumpe dicht ist. Bei Piaggiomotoren können Sie das recht leicht erkennen. Die Leckflüssigkeit tritt dann auf der linken Motorseite im Bereich des Variomatikdeckels aus. Die Wasserpumpe oder besser gesagt der Motorblock hat eine Entlüftungs- oder dann eben eine Entwässerungsbohrung, die es zulässt, dass durch den Wasserpumpendichtring ausgetretene Kühlflüssigkeit nicht in den Kugellagern stehen bleibt.

Unterschiedliche Kühlmittel

Kühlflüssigkeit soll die Wärmeableitung des Motors ermöglichen, Sie soll gleichzeitig Korrosion eindämmen, Verschmutzungen im Kühlsystem aufnehmen und Dichtringe wie den Wasserpumpensimmering schmieren. Eine der bekanntesten Eigenschaften ist die Frostschutzfunktion. Mit der Zumischung von Kühlmittel kann das Einfrieren des Wassers deutlich verzögert werden.

Im Handel können Sie zwei unterschiedliche Kühlflüssigkeiten erstehen. Speziell ausgewiesen wird in der Regel nur die Flüssigkeit für Aluminiummotoren. Neben der unterschiedlichen Färbung weist diese Kühlflüssigkeit ein Schutzadditiv für Aluminiumkorrosion auf. Besser ist es, das Kühlmittel mit destilliertem Wasser anzumischen. So vermeiden Sie das Einbringen von Kalk und Mineralien aus dem Leitungswasser ins Kühlsystem.

Mischungsverhältnis ist wichtig

Kühlerfrostschutzkonzentrat ist nicht in der Lage Wärme zu leiten. Verwenden Sie zu viel Frostschutzmittel im Kühlwasser Ihres Motorrollers, kann es sein, dass der Motor deutlich wärmer wird, bzw. im Fall der Fälle überhitzt. Die Wärmeleiteigenschaft liegt allein beim Wasser.

Kontrollieren Sie mit einer Frostschutzspindel den Frostschutzgehalt des Kühlwassers gewissenhaft. Füllen Sie nur eine definierte Menge Frostschutzkonzentrat nach. Besser ist es sogar, das neue Kühlmittel für Ihren Motorroller genau nach den Angaben der Kühlmittelhersteller anzumischen. Für die korrekte Dosierung finden Sie eine Tabelle auf dem Kühlmittelkonzentrat-Behälter.

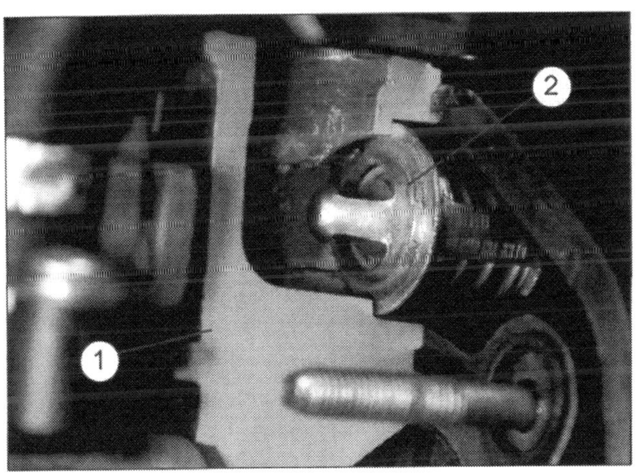

1 Zylinderkopf, 2 Thermostat

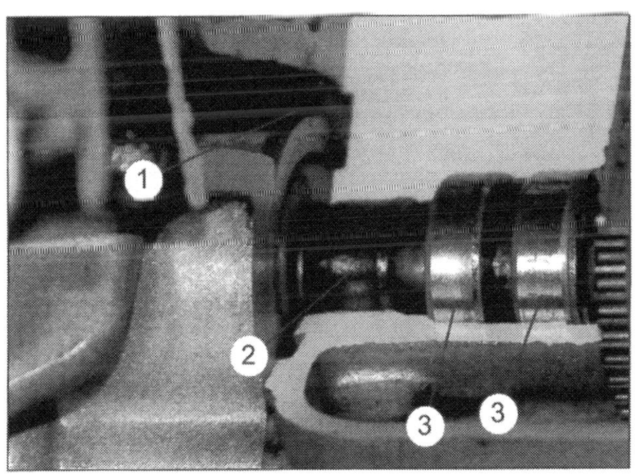

1 Förderrad, 2 Wasserpumpensimmering, 3 Lager der Wasserpumpe.

Schutz vor Korrosion

Eine weitere wichtige Vorbereitung ist der Schutz der unlackierten Metallteile vor Steinschlag und Korrosion. Betrachtet man sich den Bereich des Motorblocks, in dem das Hinterrad läuft, genauer, stellt man schnell fest, dass hier sowohl die Verschmutzungen als auch die Korrosionsspuren deutlich stärker ausgeprägt sind. Das liegt zum einen daran, dass hier der Spritzbereich des Hinterrades beginnt und zum anderen daran, dass dieser Bereich durch Auspuffanlage und Rad schlecht einsehbar ist und somit auch selten gereinigt wird. Auswirkungen durch Einschränkung in der Mechanik hat das natürlich auf die beweglichen Teile wie den Startermotor und auch den Hauptständer. Die Blockteile des Motors werden lediglich zunehmend unansehnlich.

- Als Gegenmaßnahme sollten Sie die Anschlüsse für den Startermotor aber auch die Lagerungen für den Hauptständer regelmäßig überprüfen, nötigenfalls gängig machen und großzügig mit einem guten Sprüh-Kettenfett versehen. Kettenfett ist nicht nur zur Schmierung einsetzbar, sondern verdrängt auch Wasser.
- Zur Konservierung der Motorblockteile und auch des Startergehäuses eignet sich ein Sprühwachs, wie es auch für die Konservierung des Motorraumes beim Auto eingesetzt wird. Verwenden Sie keinen Motorlack.

Regeln für die Batterieeinwinterung

Beim Abstellen von Fahrzeugen außerhalb der Saison oder über den Winter, sollten Sie unbedingt folgende Punkte beachten:

- Prüfen Sie das Batteriegehäuse auf Risse und lassen Sie die Batterie soweit erforderlich, professionell reparieren oder entsorgen Sie sie.
- Reinigen Sie die Oberseite der Batterie, die Polklemmen und die Anschlüsse sorgfältig mit Wasser und Natron, um Schmutz und Feuchtigkeit zu entfernen. Schmutzige oder feuchte Flächen begünstigen die Selbstentladung.
- Die Anschlusskontakte müssen sauber, trocken und leicht eingefettet sein, um sie gegen Korrosion zu schützen.
- Bei herkömmlichen Nassbatterien (nicht wartungsfreien Batterien) die Elektrolytstände prüfen und mit destilliertem Wasser auffüllen, bis der Pegel zwischen der Min- und der Max-Markierung steht.
- Mit einer konstanten, regelmäßigen Ladung kann eine leere Batterie vermieden werden. Wenn Sie in Ihrer Garage oder an Ihrem Lagerplatz einen Stromanschluss haben, können Sie ein »intelligentes« Batterieladegerät verwenden, welches die Ladung überwacht und damit die Batterie in guter Verfassung hält.

Checkliste für den Winter

Kleinigkeiten, die vergessen gehen, können im Fall des Falles viel Ärger oder zumindest einen deutlichen Mehraufwand an Arbeit bedeuten.

- Lichteinstellung und Funktion aller Beleuchtungseinrichtungen.
- Batterieladung und wenn möglich Säurestand prüfen.
- Reifenzustand und Luftdruck.
- Zustand der Sitzbank und des Hebelwerks am Lenker.
- Funktion und Zustand der Bremsen.
- Wassergehalt der Bremsflüssigkeit.
- Frostschutzgehalt und Zustand der Kühlflüssigkeit.
- Korrosionsschutzmaßnahmen an Rahmen, Fahrwerk und Motor treffen.
- Schlösser mit Balistol oder Schlossöl gründlich einölen.

Zusätzliche Ausrüstung

Natürlich benötigen Sie beim Motorroller deutlich weniger Zusatzausrüstung als im Pkw üblich. Sie sollten aber gerade dann, wenn Ihr Roller in der kalten Jahreszeit genutzt wird, einige Ausrüstungsgegenstände im Helmfach bereithalten.

- Handfeger zum Schneefegen auf Sitz, Trittbrett und Tachometer.
- Handtuch zum Trockenreiben der Anzeigen und der Sitzbank.
- Enteiserspray für vereiste Anzeigen oder Lampen.
- Ein Paar warme Handschuhe.
- Warnweste für den Pannenfall.
- Motorradverbandskissen.

Beachten Sie die »Winterreifenpflicht«! Auch ein Roller muss sich der Gesetzeslage anpassen!

Grundausrüstung im Winter: 1 Halstuch, 2 Warnweste, 3 Motorradhelm, 4 Jacke mit Protektoren und Innenfutter, 5 Winterhandschuhe, 6 Hose mit Innenfutter, 7 Motorradstiefel gefüttert.

Ausrüstung frostsicher: 8 Winterhandschuhe gefüttert, 9 Funktionsunterwäsche, 10 Wintergesichtsschutzmaske.

Regenschutzkleidung als Alternative: 11 Schutzhelm, 12 Handschuhüberzieher, 13 Schuhüberzieher.

Zweckmäßige Kleidung

»Wer Krafträder oder offene drei- oder mehrrädrige Kraftfahrzeuge mit einer bauartbedingten Höchstgeschwindigkeit von über 20 km/h führt sowie auf oder in ihnen mitfährt, muss während der Fahrt einen geeigneten Schutzhelm tragen...«, das ist die Aussage des Gesetzgebers und die Mindestanforderung der Bekleidung auch auf dem Motorroller.
Ein Motorroller ist zwar meistens deutlich langsamer als ein Motorrad, die Unfallfolgen allerdings fallen oft nicht geringer aus. Auch bei kleinen Stürzen macht es einen Unterschied, ob man nun wochenlang mit schmerzenden und juckenden Schürfwunden kämpfen darf oder einfach eine Jacke oder Hose ersetzen muss. Bei einem Unfall sind die Wirbelsäule, Schultern, Ellbogen und die Knie neben dem Kopf besonders stark gefährdet. Sichere Motorradbekleidung ist mit modernen, viskoelastischen Protektoren ausgestattet. Diese vermindern das Risiko Knochenbrüche oder Gelenkschäden zu erleiden. Für den Schutz der Wirbelsäule gibt es Rückenprotektoren in der Kleidung, zum Umschnallen oder in Form von Westen. Querschnittlähmungen zählen zu den schlimmsten Verletzungen bei einem schweren Zweiradunfall.

Die Anforderungen an die Bekleidung (1-10) ist sehr vielfältig und speziell. Hinsichtlich Sicherheit kann kein normales Alltagskleidungsstück auch nur annähernd die Erfordernisse erfüllen. Motorradjacken und Motorradhosen haben neben ihrer Schutzfunktion im Falle eines Sturzes auch die wichtige Aufgabe, den Zweiradfahrer warm zu halten. Ein unterkühlter Fahrer ist unkonzentriert und macht schneller Fehler.

Moderne Multifunktionskleidung ist in der Regel wasserdicht. Ist diese Eigenschaft nicht ausreichend vorhanden, kann ein Regenkombi Abhilfe schaffen. Er wird im Bedarfsfall, also dann, wenn eine Regenfahrt ansteht, über die normale Motorradbekleidung gezogen und hält das Regenwasser ab. Ergänzend zum Regenkombi sollten auch Überzieher für die Schuhe (13) und die Handschuhe (12) verfügbar sein.

Ein klarer Nachteil gegenüber der zweifelsohne teureren Mutifunktionskleidung liegt im erforderlichen weiten Schnitt der Überziehbekleidung. Gerade bei schnellerer Fahrt kann flatternde Kleidung sehr stören. Die Regenbekleidung kann die normale Motorradschutzbekleidung nicht ersetzen.

Einwintern des Motorrollers

Auch das »Nichtbenutzen« Ihres Motorrollers im Winter bedeutet Vorbereitungsarbeit. Schließlich wollen Sie das kommende Frühjahr grundsätzlich nicht mit Problemen verbringen, die Sie schon zum Zeitpunkt der Einwinterung längst erledigt haben könnten. Auch wenn Sie die notwendigen Inspektionen und Reparaturen bei Ihrem Händler durchführen, ist es sinnvoll, diese in oder kurz vor der Einwinterung in Angriff zu nehmen. Oftmals ist die Werkstattauslastung der Zweiradhändler zum Ende des Jahres geringer. Die meisten Zweiradfahrer »vergessen« ihren fahrbaren Untersatz über den Winter geflissentlich und fallen dann in großer Zahl mit den ersten warmen Sonnenstrahlen in den Werkstätten ein.

Wahl des Abstellplatzes

Der Zustand des Rollers sollte sich eigentlich während der Lagerzeit nicht verschlechtern. Einen großen Einfluss auf Korrosionsbildung haben der Abstellplatz und natürlich auch die Vorbereitung auf den Abstellplatz. Beachten Sie folgende Punkte für den Einlagerungsstellplatz des Motorrollers:

- Regendicht und von unten trocken.
- Sicher vor Laub und Schneeverwehungen.
- Sicher vor Mardern und anderen Nagern.
- Außerhalb des Rangierbereiches von Pkw oder anderen Fahrzeugen.
- Abstellen nur in Räumen, die für das Abstellen von Kraftfahrzeugen geeignet sind.

Weiterhin sollten Sie den Roller so parken, dass sich im Laufe des Winters nicht andere Gegenstände, die nur kurz mal abgestellt werden müssen, auf und um den Roller herum ansammeln.

Die richtige Abdeckung

Natürlich eignen sich auch Wolldecken und weiche Teppiche zum Abdecken Ihres Motorrollers. Einen ausreichenden Schutz vor Staub erreichen Sie aber eher mit einer professionellen Abdeckhaube für Motorroller. Diese können Sie für etwa 20 Euro bei Ihrem Zweiradhändler erstehen. Achten Sie darauf, dass die Abdeckhaube außen gummiert und wasserdicht und innen mit Vlies ausgekleidet ist.

Batterie fit halten

Ein hartnäckiges Gerücht ist es, dass eine Batterie länger hält, wenn der Roller während der Lagerzeit ab und an mal laufen gelassen wird. Dazu allerdings muss der Roller einige Zeit laufen und es reicht in der Regel nicht aus, den Motor kurzfristig zu betreiben. Im Kapitel »Arbeiten an der elektrischen Anlage« gehen wir speziell auf die Batterieentladung und auf Dauerladegeräte ein. Diese Anschaffung kann die Funktionssicherheit der Batterie deutlich länger aufrechterhalten. Wird der Roller in einer trockenen Garage eingelagert, die nicht frostsicher ist, sollten Sie die Batterie in jedem Fall ausbauen und frostsicher lagern. Gerade entladene Batterien mit geringer Säuredichte können durch Frost Schaden nehmen und in einigen Fällen sogar aufplatzen. Achten Sie für die Wintereinlagerung auf folgende Punkte:

- Das Batteriefach ist sauber.
- Der Entlüftungsschlauch der Batterie ist richtig verlegt und eventuell austretende Flüssigkeit kann nicht auf Teile des Rollers tropfen.
- Das Batteriegehäuse ist sauber.
- Das Batteriegehäuse ist unbeschädigt.
- Die Batteriepole sind korrosionsfrei.
- Die Verschraubungen der Polanschlüsse sind korrosionsfrei und unbeschädigt.
- Der Flüssigkeitsstand der Batterie steht zwischen Minimum und Maximum.
- Die Batterie ist frisch (mit einem Ladegerät) aufgeladen.

Kleine Checkliste für den Nichtbetrieb und die Einwinterung (Standzeiten)

- Wartungen und TÜV-Termine vor dem Abstellen einplanen und wenn möglich durchführen lassen.
- Kraftstofftank und Gemischtank vollständig auffüllen.
- Roller gründlich reinigen und mit Konservierungsspray behandeln.
- Luftdruck der Reifen leicht absenken.
- Auspuffauslass mit einem Korken verschließen.
- Roller auf dem Hauptständer abstellen. Auf diese Art werden die Reifen entlastet.
- Batterie ausbauen und Batteriekasten und Anschlusskabel reinigen und leicht einfetten.

Fit durch den Sommer

Nicht für alle Rollerfahrer ist die warme Jahreszeit der Saisonbeginn. Einige fahren zumindest »fast« das ganze Jahr hindurch. Allen gemein ist aber, dass die Zweiräder mit wenig Aufwand und etwas Vorbereitung die Fahrten mit Tempo und Hitze schadlos überstehen sollen. Natürlich auch und gerade dann, wenn es um die Freizeit geht.

Winterschlaf beenden

Das Frühjahr steht vor der Tür und auch der letzte eingewinterte Roller muss seinen Winterschlaf beenden und startklar gemacht werden für den Alltags- oder Freizeitbetrieb im Sommer. In diesem Kapitel geben wir Ihnen Tipps, wie Sie Ihren Piaggio-Roller wieder startklar machen und wie Sie ihn über den Sommer betriebsfertig halten.

- Liegen TÜV-Termine oder eine Wartung an?
- Roller gründlich waschen und die Spritzbereiche mit etwas Schutzwachs neu versiegeln.
- Luftdruck der Reifen kontrollieren und soweit erforderlich nach Herstellervorgaben auffüllen.
- Soweit verbaut, bitte den Korken aus dem Auspuffauslass entfernen.
- Funktion von Bremsen und Gaszug prüfen.
- Den Batteriesäurestand prüfen und die Batterie aufladen, falls erforderlich.
- Batterie einbauen und Batteriekasten und Anschlusskabel reinigen und Batteriepole im Übergang von Pol zum Gehäuse mit Batteriepolfett leicht einfetten. Es ist ein häufiger Irrtum, dass nach einem Start mit Überbrückungskabeln und einer anschließenden längeren Fahrt die Batterie durch die Lichtmaschine wieder vollständig aufgeladen wird. Dies ist nicht der Fall; der Generator lädt die Batterie nicht vollständig. Nach dieser ersten Fahrt muss die Batterie geladen werden; anderenfalls ist sie sehr schnell wieder leer.
- Flüssigkeitsstand von Kühlmittel, Bremsflüssigkeit und Zweitaktöl kontrollieren und wenn erforderlich auffüllen.
- Motor langsam warm laufen lassen. Lichtanlage auf Funktion prüfen.
- Führen Sie eine Probefahrt durch. Prüfen Sie hierbei die Bremswirkung und das Fahrverhalten Ihres Motorrollers kritisch.

Praktische Ausrüstung

Die Ausrüstung Ihres Rollers sollten Sie auch sehr bewusst angehen. So stehen Ihnen für den Fall des Falles auch Mittel zur Selbsthilfe zur Verfügung.

Fahrzeugdaten und sonstige Informationen

Sie sind vom Gesetzgeber verpflichtet Ihre Fahrzeugpapiere, Ihre Versicherungsbestätigung und Ihren Führerschein mitzuführen. Der Führerschein findet meist noch Platz im Geldbeutel, die Fahrzeugunterlagen aber werden oft im Helmfach des Fahrzeuges gelagert und werden im Laufe der Jahre unleserlich. Bei den kleinen Hubraumklassen ohne amtliche Zulassung sollten Sie sich den Versicherungsschein kopieren und die Kopie mitführen. Diese Unterlagen müssen schließlich von April bis März lesbar bleiben. Auch beim Fahrzeugschein der großen Roller kann man auf diese Art verfahren. Anzumerken ist hier aber, dass diese Vorgehensweise zwar den Zustand der Unterlagen deutlich verbessert, aber nicht konform zur Gesetzgebung ist. In der Regel haben die Polizisten aber ein Einsehen. Gelegentlich müssen Sie aber auch die Originalunterlagen dann in der Wache vorweisen und werden ermahnt die Originale mitzuführen.

Verbandskissen

Das Verbandskissen für Motorräder ist eine abgespeckte Variante der Autoverbandskästen. Angepasst an den beschränkten Stauraum bei Zweirädern wurde unter der DIN 13167 ein Motorradfahrerverbandskissen zusammengestellt. Zwar ist das Mitführen noch nicht Pflicht, macht aber Sinn, um zumindest für einen möglichen eigenen Unfall notwendiges Verbandsmaterial zur Verfügung zu haben.

Warnweste

Warnwesten signalisieren immer »Achtung, ein Hindernis oder Gefahrpunkt«. Sicherlich werden Sie deutlich besser gesehen, wenn Sie die Weste bereits während der Fahrt tragen. Andererseits: Wird das Straßenbild mit den Leuchtwesten überschwemmt, geht die Warnwirkung langsam aber sicher unter. Für einige Länder ist das Tragen in der Pannensituation außerhalb des Fahrzeuges schon Pflicht, bei einspurigen Fahrzeugen ist es aber gerade dann sinnvoll, wenn man unbeleuchtet liegen geblieben ist und sich selbstständig wieder »auf die Räder« helfen will.

Reifenpannenset

Bei allen modernen Piaggio-Rollern sind einteilige Aluminiumfelgen verbaut, die mit schlauchlosen Reifen ausgerüstet sind. Opas Reifenreparaturset mit Schlauchflicken hilft hier dann leider nicht mehr weiter. Es gibt aber zwei weitere Varianten, die im Falle eines Plattfußes weiterhelfen können. Der Reifenpilot enthält eine Latexmischung und ein Druckgas. Durch das Betätigen des Auslöseknopfes wird die Latexmischung in den Reifen gepresst und bildet einen Film, der sich nach und nach verdichtet. Das Druckgas reicht aus, um den Reifen zu füllen. Es handelt sich um

Reifenpilot als Pannenhilfespray.

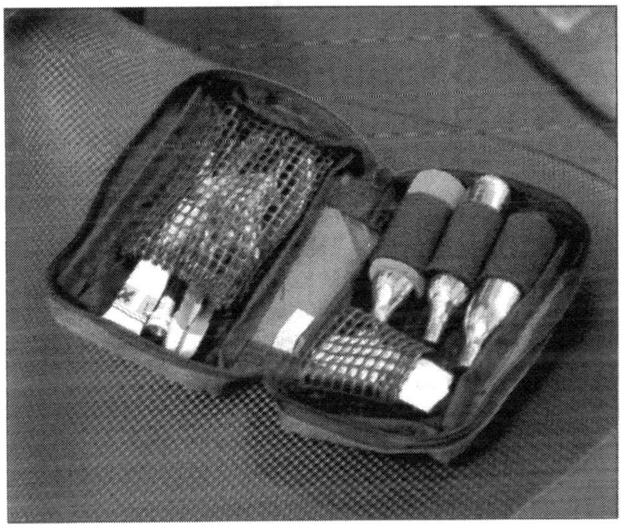

Ausrüstung des Reifenreparatursatzes.

Ausrüstung und Bordwerkzeug.

eine Notreparatur, die baldmöglichst an der nächsten Werkstatt nachgebessert werden sollte.

Ein weiteres Reparaturset bietet die Möglichkeit Schäden in der Profilfläche des Reifens, z. B. durch einen eingefahrenen Nagel, vor Ort sachgerecht zu reparieren. Hier werden Dichtfäden eingezogen und mit dem Reifengummi verklebt. Auch bei diesem System stehen Kartuschen mit Druckgas zur Verfügung, die das Aufpumpen des Reifens ohne Hand- oder Fußpumpe ermöglichen.

Pannen und Bordwerkzeug

Das bereits serienmäßig vorhandene Bordwerkzeug ist nur für Kleinreparaturen im Notfall ausgelegt. Wer ein ganzes Werkzeugarsenal erwartet, wird verwundert die kleine Werkzeugtasche öffnen. Sie können gerade mal ein Rad demontieren und die Zündkerze wechseln. Die meisten anderen Arbeiten fallen mit dem Kleinwerkzeug zumindest schwer.

In der Regel benötigen Sie auch kaum Werkzeug im Betrieb der Piaggio-Roller. Sinnvoll allerdings ist es, das originale Bordwerkzeug um einen Lappen und ein kleines etwa 15 x 15 cm großes Teppichstück zu erweitern. So können Sie sich zumindest mit einem Knie am Boden abstützen, um einen Blink unter die Verkleidung werfen zu können.

Täglicher Kurzcheck vor der Fahrt

Ein paar wenige Handgriffe können Sie vor bösen Überraschungen während der Fahrt bewahren oder sie zumindest zum großen Teil vermeiden. Sie werden feststellen, dass die meisten Schritte problemlos fast im Vorbeigehen oder zumindest mit wenig Aufwand durchzuführen sind. Schnell entwickeln Sie ein »Prüfsystem für den Fahrtantritt«.

Prüfposition	Kontrolle
Reifenluftdruck	Vorgeschriebener Luftdruck
Reifenprofil	Min. 1,6 mm Profiltiefe
Reifenschäden	Schnitte und Ausbrüche
Auf- und Abblendlicht	Funktion
Blinker	Funktion
Rücklicht	Funktion
Bremslicht	Funktion
Bremse vorne und hinten	Funktion
Befestigung Gepäck	Fest verzurrt bzw. verschraubt.
Dichtheit Motor	Öl- oder Kühlmittelverlust

Bekleidung im Sommer

Die Kleidung darf im Sommer auch nicht zu heiß sein, weil ein überhitzter Fahrer ebenfalls in seiner Entscheidungsfähigkeit eingeschränkt ist. Das Tragen schützender Stiefel, die mindestens über den Knöchel reichen sollten, ist integraler Bestandteil der Schutzbekleidung auch von Rollerfahrern. Springerstiefel, Chopper-, Western- und andere Boots sind zum Motorrollerfahren genauso wenig geeignet wie Turnschuhe, Badelatschen oder luftige Sandalen. Es gibt beim Motorrollerfahren viel zu tun für die Hände: Gas, Bremse, Licht, Blinker, Hupe, Startknopf und die Bedienung von Visier und der Belüftung am Helm.

Der Schutz vor Wind und Wetter ist ebenso wichtig wie der Unfallschutz. Sicherlich bietet der Jethelm (1) einen geringeren Schutz als ein Integralhelm, ist aber gerade bei hohen Temperaturen deutlich komfortabler.

Klimamembrane (3) und luftdurchlässige Applikationen (2) machen die leichten Sommerjacken auch thermisch sehr bequem, bieten aber mit ihren Protektoren den erforderlichen Schutz im Fall des Falles. Funktionsunterwäsche übernimmt den Schweißtransport von der Haut weg und hinterlässt kein klebriges Gefühl auf der Haut. Trotz mehr Kleidung wird der gefühlte Hitzestau in der Motorradkleidung deutlich verbessert.

Die Anforderungen an die Sicherheit im Zusammenspiel mit luftigem Aufbau des Handschuhs (4) machen einen Materialmix erforderlich. Leder ist als Material sinnvoll, es bietet ein gutes Griffgefühl und eine hohe Abriebfestigkeit, um mit der Punktbelastung fertig zu werden. Textile Applikationen sind atmungsaktiv und sorgen für hohen Tragekomfort. Auch im Sommer benötigen die Knöchelreihe auf der Oberhand und der Handballen, mit dem man sich evtl. bei einem Sturz versucht abzustützen, besonderen Schutz. Hier kommen oft Kunststoff- oder sogar Laminateinsätze aus Glasfaser oder Carbon zum Einsatz.

Rollerfahren macht erst mit der passenden Ausrüstung richtig viel Spaß. Schützen Sie sich vor Witterungseinflüssen und möglichen Unfällen. Unabhängig von der Fahrstrecke oder dem Hubraum des Motorrollers. »Grad mal eben« und »gaaanz langsam« reichen schon für ernste Verletzungen aus.

Grundausrüstung für Sicherheit auch bei großer Hitze: 1 leichter Jethelm, 2 durchlässige Applikation, 3 Klimamembran.

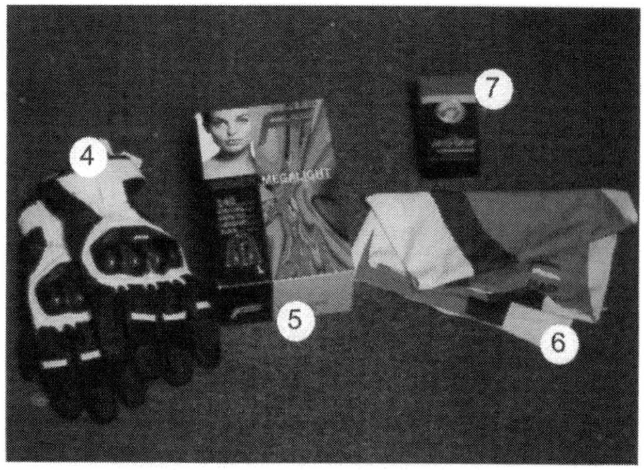

Ausrüstung schweißsicher: 4 Sommerhandschuhe, 5 Funktionsunterwäsche »Sommer«, 6 leichtes Halstuch, 7 leichte Gesichtsmaske.

Kleine Helferlein auf Tour: 8 Gegensprechanlage bis 300 m, 9 Unterlagplatte für den Seitenständer, 10 Visierpflege, 11 Visierreiniger.

Urlaub und Reise

Gerade im Ausland ist die Absicherung auch im Falle des Unfalls oder auch nur einer Panne sehr wichtig. Große Autofahrervereine wie der ADAC oder der AVD bieten Schutzbriefe an, die eine Absicherung auch im Ausland garantieren. Auch über einige Kraftfahrtversicherer kann ein solcher Schutzbrief beantragt und abgeschlossen werden.

ADAC-Schutzbrief

Nein, Schutzbriefe sind nicht für Weicheier oder Warmduscher. Sie sind gerade heute eine sinnvolle Ergänzung des Reisegepäcks. Eine Panne kann im Ausland erhebliche Kosten verursachen. Wer bereits einen Abschleppdienst finanziell kennen gelernt hat, kann sich sicherlich noch an die nicht gerade günstig ausgefallene Rechnung erinnern. Gehen Sie ruhig davon aus, dass der freundliche Abschlepper in Frankreich oder Italien Ihnen auch keinen Freundschaftsrabatt anbieten wird. Ein Schutzbrief, der vertraglich die Kosten regelt und dafür sorgt, dass Ihr Roller auch tatsächlich wieder bei Ihnen zu Hause oder einer Werkstatt Ihres Vertrauens landet, ist dann Gold wert.
Betrachten wir uns einige aus unserer Sicht sinnvolle Inhalte, die Ihnen ein Schutzbrief bieten sollte. Ein Vergleich der unterschiedlichen Anbieter fällt Ihnen dann wesentlich leichter.

Fahrzeug-Rücktransport

Fällt Ihr Fahrzeug im Ausland aus und kann vor Ort nicht oder erst wesentlich später repariert werden, sollte durch den Schutzbrief der Rücktransport zu Ihrem Wohnsitz organisiert und bezahlt werden. Zusätzliche Leistungen wie Abschlepp- und Einstellkosten sollten auch abgedeckt sein.

Fahrtkosten nach Fahrzeugausfall

Sollten Sie aufgrund einer Panne oder eines Unfalls liegen bleiben oder Ihr Fahrzeug ist gestohlen worden, sollte der Schutzbrief die Kosten für die Bahnfahrt zum Zielort und zurück, zum Schadensort oder zurück zu Ihrem Wohnsitz übernehmen. Die Kosten für ein Mietfahrzeug sollten dann für die Dauer des Fahrzeugausfalls, max. bis zu 7 Tage, übernommen werden.

Übernachtung nach Fahrzeugausfall

Natürlich kann bei einer Panne oder nach einem Unfall auch schnell eine außerplanmäßige Übernachtung die

Pannenhilfe mit Schutzbrief verläuft entspannt im Falle eines Falles. Auch der Abtransport ist kein Problem.

Kasse belasten. In der Regel tragen die Schutzbrieforganisationen dann die Kosten für die zusätzliche Hotelübernachtung für Sie und alle Insassen des Fahrzeugs.

Abschleppen und Bergung

Für das Abschleppen oder die Fahrzeugbergung nach einem Unfall fallen schnell erhebliche Kosten an. In der Regel ist auch dies eine Leistung der großen Schutzbrieforganisationen.

Hilfe bei verlorenen oder defekten Fahrzeugschlüsseln

Den Schlüssel am Strand verbuddelt oder sonst wie verloren? Gerade bei den großen Organisationen wie dem ADAC werden auch solche schon kuriosen Vorfälle berücksichtigt und die Kosten hierfür übernommen.

Ersatzteilversand

Gerade in den abgelegenen Winkeln dieser Erde sind nicht unbedingt alle notwendigen Ersatzteile immer greifbar. Um die Urlaubszeit nicht ins Ungewisse zu verlängern, wird sogar der Ersatzteilversand für solche Fälle auch weltweit organisiert.

Reiseausstattung

Das Nachrüsten von Topcases beim Motorroller ist heute üblich und muss auch aufgrund der recht detaillierten Anleitungen und Zubehörsätze nicht genauer beschrieben werden. Geht es um den praktischen Nutzen eines Topcases, muss nicht diskutiert werden. Kleinzeugs oder Bekleidung rein, Deckel zu, abschließen – schon ist man fertig fürs Büro oder auch den

gemütlichen Bummel durch die Altstadt. Das Case ist am Roller fest und der Inhalt einigermaßen diebstahlsicher verstaut. Darüber, inwieweit der von Fahrzeugdesignern gestalte optische Eindruck gestört wird, kann selbstverständlich gestritten werden. Für die größere Ausfahrt reicht das Ladevolumen der großen Cases nicht aus. Zudem ist die zulässige Belastung der Gepäckträger durch den Fahrzeughersteller beschränkt.
Da aber tatsächlich einige Rollerfahrer den Roller auch für größere und auch mehrtägige Ausfahrten nutzen, muss es Möglichkeiten geben, die Beladung auch für einen Roller sinnvoll zu gestalten. Fündig wird man schnell bei der vielfältigen Auswahl guter Fachhändler für die Zusatzausrüstung von Motorrädern.
Gerade die universellen Taschensysteme lassen sich oft völlig problemlos auch am Roller befestigen. Durch Kombination mehrerer Taschen lässt sich ein Ladevolumen realisieren, welches dem großer Tourenmotorräder entspricht. Mit wenigen Handgriffen ist das originale Design des Rollers wieder hergestellt oder das Reisegepäck sicher verstaut.

PRAXISTIPP

Gepäckverteilung

Achten Sie auf das zulässige Gesamtgewicht des Rollers. Verstauen Sie schwere Gepäckstücke grundsätzlich möglichst tief unten im Gepäcksystem.

Nutzen Sie das Helmfach Ihres Motorrollers. So beeinflussen Sie das Fahrverhalten geringfügiger!

Drei Zimmer, Küche, Bad ergeben etwa 100 Liter Gepäckraum: 1 Navi am Spiegel, 2 Rucksack, 3 Gepäckrolle, 4 Seitentaschen.

Befestigung ohne Gepäckträger an den Haltegriffen und über die Verzurrösen des Gepäcksystems.

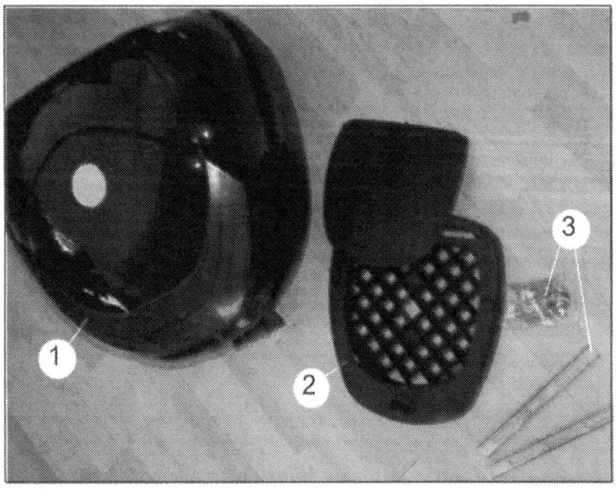

Anbauset für ein abnehmbares Topcase: 1 Topcase, 2 Halteplatte mit Abdeckung, 3 Material für die Befestigung am Gepäckträger.

Praktisch: Mit wenigen Handgriffen wird das Gepäcktaschensystem zum Trolley und erleichtert den Gepäcktransport zum Hotel.

Richtig schrauben

Bei der Arbeit an Kraftfahrzeugen geht es nicht darum, etwas irgendwie zu zerlegen. In der Regel wird man keine Schraube an seinem Fahrzeug drehen, solange es läuft, nicht gewartet oder eben verbessert (getunt) werden muss. Es kann sehr viel Arbeit einsparen, die Tipps und Vorschläge in diesem Kapitel genauer zu betrachten und in Sachen Ausrüstung und grundsätzlicher Arbeitsweise eventuell den einen oder anderen Hinweis anzunehmen.

Ausrüstung der Werkstatt

Viele von uns Schraubern müssen gerade zum Anfang ihrer Kariere mit der Garageneinfahrt oder einem Behelfunterstand zufrieden sein. Einigen wenigen steht eine Garage oder ein Schuppen zur Verfügung. Die glücklichen Nutzer einer komplett eingerichteten Werkstatt werden auf die meisten Werkzeuge, die in diesem Kapitel angesprochen werden, zurückgreifen können.

Werkzeug	Wozu?	Preis ca.
Ratschenkasten	Allgemein	50 bis 200 Euro
Schraubendrehersatz	Zum Schrauben lösen	30 Euro
Schonhammer	Das Klopfeisen mit Schonausrüstung	15 Euro
Handlampe	Fürs Licht im Dunkeln bei der Montage	15 Euro
Taschenlampe	Fürs Licht im Dunkeln in engen Ecken	15 Euro
Gabelschlüsselsatz	Zum Lösen fester und weniger gut erreichbarer Schrauben	50 Euro
Tester Zündanlagen	Überprüfung der Zündanlage und deren Komponenten	1.000 Euro
Motortester gebraucht	Überprüfung von Zündanlage und Elektrik	500 Euro
Kompressionsprüfer	Prüfen der Motorfunktion	30 bis 200 Euro
Bügelmessschraubenset	Prüfen von Zylinder, Kolben und Wellen	50 bis 200 Euro
Innenmessgerät	Prüfen von Zylinder und Kolben	50 bis 200 Euro
Multimeter	Universalgerät fürs Elektrische	25 bis160 Euro
Drehmomentschlüssel	Um die Schrauben RICHTIG anzuziehen	50 bis 300 Euro
Messschieber	Für die kleine Messung zwischendurch	25 Euro
Auffangwanne	Für alles, was abläuft, tropft oder aufgefangen werden muss	5 Euro
Spitzzange	Die Fingerverlängerung bei wenig Platz	15 Euro
Wasserpumpenzange	Zum Drücken, Ziehen und Festhalten	17 Euro
Federzange	Für Ständer und Bremsenfedern	17 Euro
Seitenschneider	Zum Kürzen von Kabeln, Zügen und Kabelbindern	15 Euro
Polradabzieher	Zur sachgemäßen Demontage des Polrades	15 Euro
Klauenabzieher	Für alles, was sonst abgezogen werden muss	35 Euro
Schlosserhammer 100g	Das Klopfeisen für den Normalfall	5 Euro
Schlosserhammer 500g	Das Klopfeisen für hartnäckige Fälle	5 Euro
Hebekran	Anheben des Motorrollers beim Motor oder Gabelausbau	150 Euro
Ringschlüsselsatz	Zum Lösen fester und gut erreichbarer Schrauben	60 Euro

Multimeter

Das Multimeter, oder besser gesagt das Multifunktionsmessgerät, ist ein Werkzeug, das gerade bei der Fehlersuche und der Beurteilungen von Funktionszuständen sehr wichtig ist. Der Umgang mit ihm erscheint nur auf den ersten Blick sehr schwierig. Anhand einiger Messungen am Fahrzeug kann der Umgang mit ihm schon bei der Inspektion eingeübt werden. Einfache und in der Messqualität ausreichende Geräte sind durchaus schon um 20 Euro zu erstehen. Die wichtigsten Funktionen liegen in der Durchgangs-

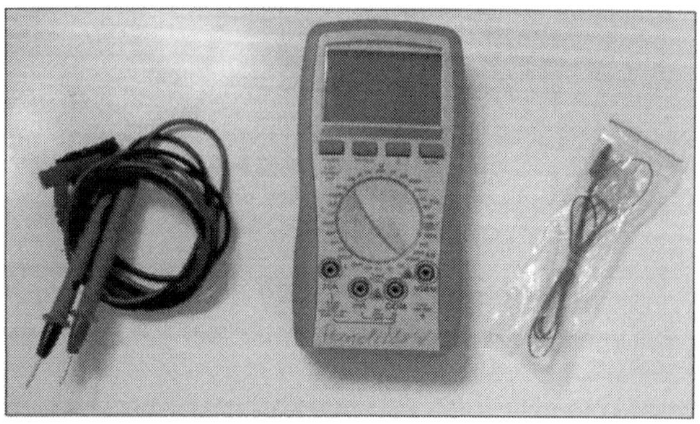

Klein, handlich und universell.

prüfung, der Widerstandsmessung und der Spannungsmessung. Modernere Geräte sind zudem noch in der Lage, die Temperatur mittels einer speziellen Sonde zu erfassen. Diese Funktion kann die Motorreparatur im Bereich der Montage deutlich erleichtern.

Messschieber

Der Messschieber wird zur Beurteilung oder Größenbestimmung bei der Vergaserreparatur, an der Variomatik und als »Schätzeisen« beim Ausmessen des Zylinders verwendet. Auf den genauen Umgang mit diesem Messgerät wird bereits schon im Bereich der Verschleißmessung am Zylinder genauer eingegangen.

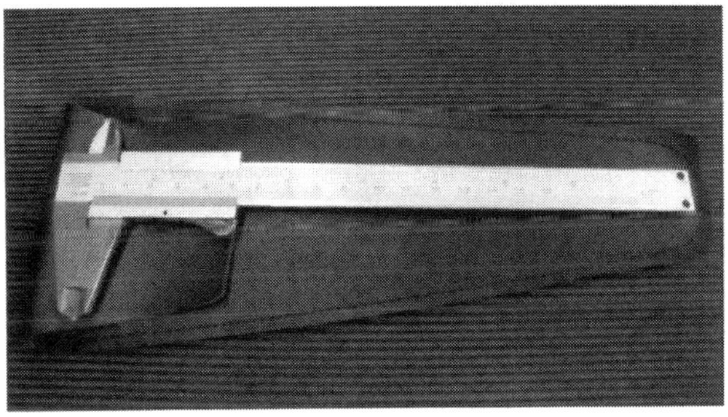

Zum Messen und Schätzen.

Innenmessgerät

Das Innenmessgerät besteht eigentlich aus einem Satz, der in den meisten Fällen die erforderliche Messuhr bereits mit einschließt. Mit diesem Messgerät wird der Zylinderverschleiß erfasst. Gleichzeitig stellt der Umgang mit dem Innenmessgerät so etwas wie den eigentlichen Sinn des Messens dar. Messen, so sagt man, sei vergleichen. Und gerade beim Messen mit dem Innenmessgerät wird eben das Zylindermaß mit dem angegebenen Grundmaß verglichen.

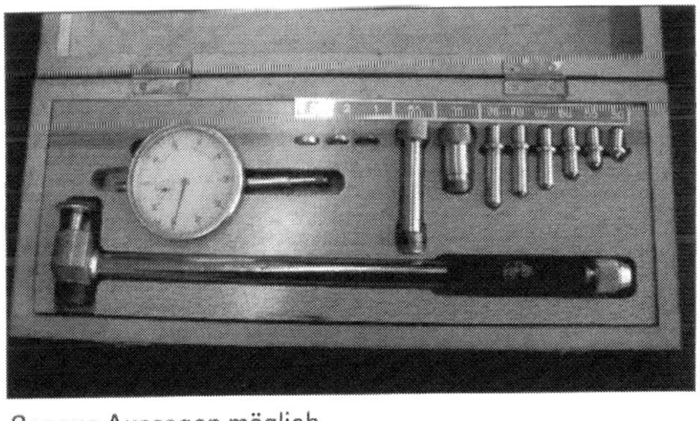

Genaue Aussagen möglich.

Ratschenkasten

Gerade beim Piaggioroller sollten in dem Knarrenkastenset auch vernünftige Inbusnüsse vorhanden sein. Die fummelige Schrauberei mit dem Winkelschlüssel entfällt und der Einsatz einer Ratsche spart so Zeit und Nerven. Die Lizenzbaumotoren sind in den meisten Fällen mit 8-mm-Maschinenkopfschrauben ausgerüstet. Hier sind eben die kleineren Knarrennüsse gefragt.

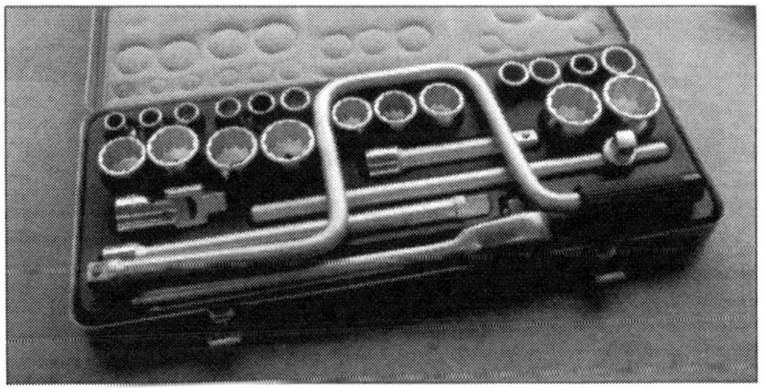

Schrauber-Set.

Drehmomentschlüssel

Weil die Gehäuseteile aus Aluminium-Magnesium Material gefertigt sind, ist es zu empfehlen, die Schrauben mit Hilfe des Drehmomentschlüssels anzuziehen.
Sollte doch einmal eine Schraube abreißen, gibt's Tipps in dem Kapitel »Reparaturen und Montagearbeiten«.

Die richtige Kraft zum Schrauben.

Schraubendreher

Gerade bei den Schraubendrehern stellt sich die Qualität der Werkzeuge sehr schnell heraus. Nichts ist ärgerlicher, als eine halbe Stunde unnötig an dem Herausbekommen einer Schraube arbeiten zu müssen, die durch »Runddrehen« eines Schraubendrehers beschädigt wurde. Schraubendrehersätze sollten gerade für den KFZ-Bereich nicht in günstiger Qualität angeschafft werden. Gehärtete Klingen und ergonomische Griffe sollten sie haben und natürlich in benzinfester Ausführung vorliegen. Aber auch hier ist es nicht unbedingt notwendig, mehr als 20 Euro für einen kompletten Satz auszugeben.

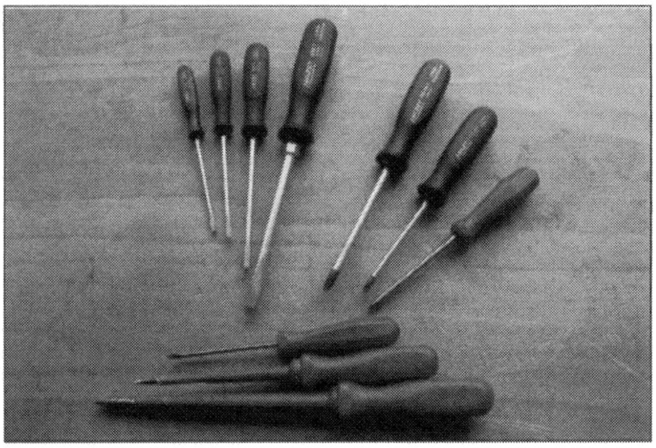

Immer den Passenden.

Ring-Maulschlüsselset

Sicherlich wäre es erstrebenswert, sowohl Ringschlüssel als auch Maulschlüssel und Gabelschlüssel in allen denkbaren Varianten zur Verfügung zu haben. Für den Heimbedarf und als Einstieg für die Schrauber unter uns sollte ein kombinierter Ring-Maulschlüssel ausreichen. So können sowohl schwerer erreichbare Schrauben festgehalten, als auch mit dem Ringschlüssel (zur eigenen Sicherheit) Schrauben mit hohem Drehmoment angezogen oder gelöst werden. Ebenso wie bei den Schraubendrehern ist es wichtig auf gute Qualität zu achten, da ein ungenauer Schlüssel sehr viel Arbeit verursachen kann, wenn eine Verschraubung durch einen ungenauen Schlüssel »rundgedreht« ist.

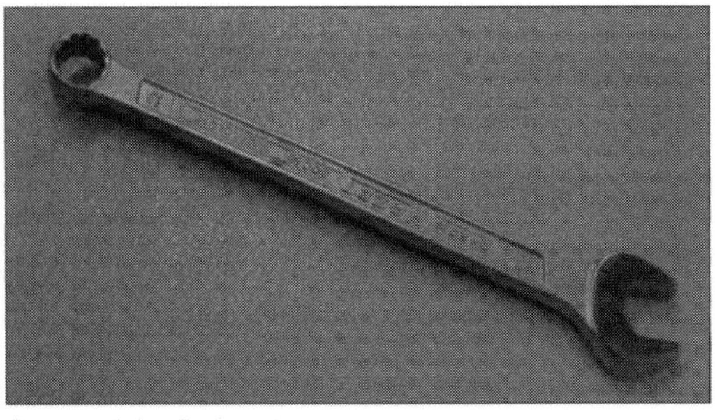

Besser nichts Billiges kaufen.

Auffangwanne

Eine gute Auffangwanne kommt meist aus dem Automobilbereich. Sie sollte ausreichend elastisch sein und natürlich öl-, benzin- und verdünnungsfest. Weitere recht wichtige Merkmale sind die Ausgussecke und selbstverständlich eine Ablage in der Mitte der Wanne. Gelegentlich kann man eine solche Wanne schon für unter 5 Euro im Autozubehörmarkt erstehen.

... da muss es rein!

Schonhammer

Der Schonhammer wird zum Trennen der Motorgehäuse sowie für so manche Arbeit benutzt, wo etwas mit einem kleinen »Schlag« in Bewegung gesetzt werden muss, ohne dass etwas beschädigt werden darf. Hierfür reicht ein Hammer einer kleineren Gewichtklasse um 100 g aus. Die Schlagseiten sollten mit hartem Kunststoff bestückt sein, um so wenig wie möglich zu federn, aber bestmöglich vor Beschädigung zu schützen.

Vorsichtig und schonend.

Zangen

Für die Montage und Demontage werden unterschiedliche Zangen benötigt.

Zangen für alle Fälle: Spitzzange: Wird beispielsweise für die Demontage der Kolbenklipse benötigt. Wasserpumpenzange: Für die Demontage der Zylinderstehbolzen sehr hilfreich. Federzange: Vereinfacht die Demontage der Ständerfedern erheblich. Seitenschneider: Um Splinte zu entfernen oder auch um Kabel und Kabelbinder zu kürzen. Elektro-Kombizange: Zum Abisolieren der Kabel und zum Quetschen der Steckverbinder. Abisolierzange: Für die professionelle Abisolierung.

Teppichmesser

Auch hier stehen viele Aufgaben für dieses Werkzeug an. Neben dem Einschneiden von Schrumpfschläuchen eignet sich die Klinge sehr gut, um Dichtungsreste zu entfernen. Zu empfehlen ist ein Messer mit sogenannten Abbrechklingen. Am besten ist es, ein Gehäuse aus Metall zu verwenden. Die Kunststoffvariante reicht aber auch aus.

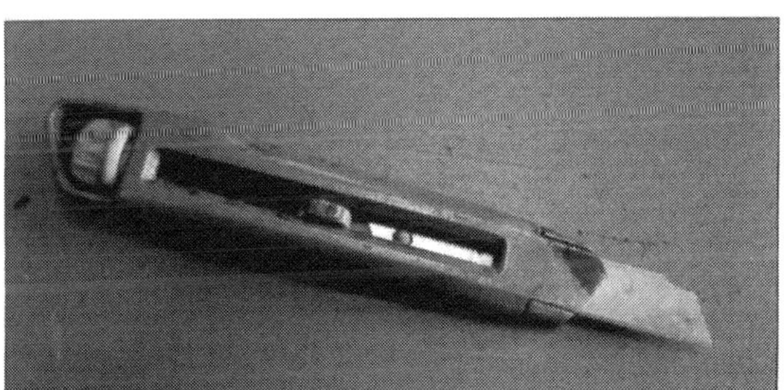

Vorsichtig und schonend.

Schaber

Ein Dreieckschaber ist auch sehr gut für die Entfernung von Dichtungsresten geeignet. Ein alter Schraubenzieher kann recht leicht zum Flachschaber umgebaut werden.

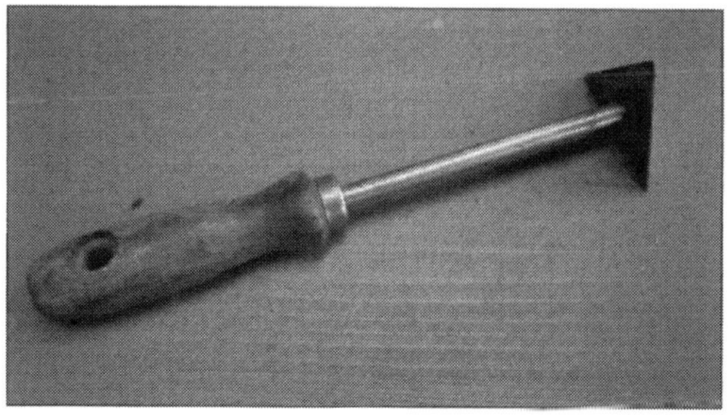

Dichtungen müssen hiermit weichen …

Döschen und Deckelchen

Ein riesiges Chaos steht an, wenn ein Motorroller zerlegt werden muss. Da gibt es viele verschiedene Schrauben, Muttern und Clipse, die alle zwar sehr ähnlich aussehen, aber nicht unbedingt so ohne weiteres austauschbar sind. Abhilfe können hier kleine Kunsthoffbehälter leisten, die im Haushalt eigentlich entsorgt werden. Wiederverschließbare Döschen von Gummibären bis zu Hunde-Snacks bieten Aufbewahrungsboxen, die aufgrund des festverschließbaren Deckels auch mal umfallen dürfen. Die meisten oder zumindest einige der Behälter sind nicht lösungsmittelfest. Um zu vermeiden, dass der sauber verpackte Vergaser am nächsten Morgen in einer undefinierbaren Kunststoffmasse liegt, muss getestet werden, welche Stoffe der Behälter verträgt. Oder es dürfen eben keine Lösungsmittel oder Bauteile mit Lösungsmittel in den Boxen gelagert werden, in denen noch Lösungsmittelrückstände festgestellt werden.

Damit nichts verloren geht!

Lappen

Für die Montage und Reinigungsarbeit eignen sich am besten fusselfreie Leinentücher. Die wichtigste Eigenschaft neben der Eigenschaft nicht zu fusseln ist die Saugfähigkeit. Alte Bettwäsche, Geschirrtücher, Handtücher oder auch Unterwäsche lassen sich auch sehr gut hierfür verwenden.

Sauberkeit und Schutz.

Spezialwerkzeug

Spezialwerkzeug ist bei vielen Bauteilmontagen auch schon beim Roller unabdingbar. Natürlich hat ein »Kolbenstopper« nichts in der Werkzeugkiste zu suchen. Es macht einfach keinen Sinn, einen Kolben der Belastung auszusetzen, der eventuell bei einer festsitzenden Schraube einwirken könnte. Man kann nicht ausschließen, dass Kolben, Pleuel oder Kurbelwelle beschädigt oder verzogen werden. Um den Motor zu blockieren, gibt es Spezialwerkzeug, mit dem die Demontage leicht möglich ist, ohne den Motor oder seine Bauteile zu beschädigen.

Hilfreich und nicht unbedingt teuer!

Lüfter Gegenhalter:
Wenn Arbeiten an der Variomatic oder am Anlasserfreilauf durchgeführt werden sollen, ist der Abzieher nicht wegzudenken. Die Kräfte, die beim Lösen der Mutter entstehen, werden vom Gegenhalter aufgenommen. Ein Nachbau lohnt sich bei Preisen von ca. 10 Euro nicht.

Lima Gegenhalter / Polradgegenhalter:
Auch für die Lichtmaschine gibt es einen Spezialschlüssel, um beim Lösen oder Befestigen der Mutter das Polrad oder Rotor festhalten zu können.

Polradabzieher:
Auch für das Abnehmen des Polrades (Rotor) gibt es Spezialwerkzeug. Die Kurbelwelle ist konisch aufgebaut und zusätzlich noch mit einem Keil gegen Verdrehen gesichert. Ohne den Abzieher lässt sich das Polrad nicht von der Kurbelwelle abnehmen. Für einen Universalabzieher ist nicht genug Platz im Gehäuse und zudem wird das Polrad außen belastet und könnte so verzogen werden. Der Abzieher muss ein passendes Gewinde aufweisen.
Auch hier sind die Kosten im Zubehör so gering, dass sich eine Eigenproduktion nicht rechnet.

Gehäuseabdrücker:
Der Gehäuseabdrücker ist ein Hilfswerkzeug, das die Kurbelwellendemontage wesentlich erleichtert. Im Zubehörhandel lässt sich ein universal Kurbelwellenausdrücker für etwa 100 Euro erstehen. Der Gehäuseabdrücker soll die Kurbelwelle aus dem Motorgehäuse drücken. Sicherlich geht das auch mit einem Schonhammer, sieht aber nicht halb so elegant aus.

Planplatte und Schleifpapier:
Sollte der Zylinderkopf einmal verzogen sein, ist es erforderlich den Zylinderkopf »plan« zu schleifen. Um die Schleifarbeiten am Zylinderkopf durchführen zu können, wird lediglich eine nicht leicht verformbare Platte als Schleifebene benötigt. Die Größe sollte etwa 20 auf 30 cm groß sein. Entsprechendes Schleifpapier sollte für den Vorschliff eine Körnung von 80 und für den Feinschliff von 240 haben. Zwischen dem Vor- und dem Feinschliff kann durchaus 150er-Papier verwendet werden. Alle Schleifpapiersorten gibt es als Papierbogen. Man kann das Schleifpapier länger benutzen und zudem verknittert es nicht so leicht, wenn man die leinenverstärkten Papierbögen verwenden.

Hebebühne

Eine sogenannte Motorradhebebühne erleichtert die Arbeit am Motorroller ganz erheblich. Zwar gibt es »Selbstbau-Geräte«, die mit wenigen Euro und einem Wagenheber selber gebaut werden können, aber mit den Profigeräten sind sie nicht zu vergleichen. Wichtig ist, dass zum einen der Roller zu befestigen ist und zum anderen sich die Bühne problemlos und ruckfrei bedienen lässt.

Der Traum der Schrauber.

Teilewaschgerät

Wie der Name schon sagt, wird dieses Gerät zur Reinigung von Teilen benötigt. Es besteht aus einem Vorratsbehälter, in dem ein spezieller Reiniger mit guten Löseeigenschaften für Fette und Öle enthalten ist.

Sauberkeit muss kein Zufall sein.

Mittels einer Pumpe werden diese Reinigungsmittel durch einen Schlauch durch einen Hohlpinsel gedrückt. Der Pinsel übernimmt die mechanische Reinigung, der Reiniger löst die Verschmutzungen und spült sie wieder in den Behälter. Gute Reinigungsgeräte haben einen Schlammfang, in dem die Grobpartikel und andere Überreste aufgefangen werden und nicht erst in den Vorratstank gelangen.

Betriebsmittel

Betriebsmittel sind die Stoffe, die zwar nicht zum Motorroller selber gehören, aber für den Betrieb unbedingt benötigt werden. Diese Betriebsmittel sollten auch schon in der Hobbywerkstatt bevorratet werden.

Getriebeöl:
Das Getriebeöl befindet sich im Radgetriebe. Das Radgetriebe hat ein abgeschlossenes Gehäuse und muss aufgrund der hohen Kräfte, die durch Antrieb und Rad entstehen, mit einem speziellen Öl versorgt werden. SAE 20W40 wird bei den meisten der Hersteller vorgeschrieben. Wie bei den großen Motorrädern handelt es sich hierbei um ein Viertakt-Motorenöl. Die Einfüllmengen werden in der Regel auf dem Block »erhaben« eingegossen und liegen bei ca. 0,11 Liter. 1 Liter dieses Öls kann also gut für neun Ölwechsel reichen. Es besteht also kaum ein Grund auf ein möglichst billiges Öl auszuweichen.

Zweitaktöl:
Die Piaggio-Motoren und deren Nachbauten, um die es in diesem Buch geht, sind Zweitaktmotoren und benötigen Gemischschmierung. Bei den meisten Motorrollern auf dem Markt sind heutzutage Gemischpumpen verbaut. Die Gemischpumpen setzen dem Kraftstoff im Vergaser eine ganz bestimmte Menge Öl zu. Natürlich gibt es einen Vorratsbehälter, der mehrere Tankfüllungen benötigt, bis er leer ist. Das Zweitaktöl wird zum einen zum Nachfüllen des Reservetanks benötigt, zum andern aber auch, um dem Kraftstoff im Tank eine bestimmte Menge Öl zufügen zu können, wenn durch Arbeiten an der Gemischpumpe oder an den Zuleitungen Luft in die Leitungen gelangt sein könnte. Ein gutes Öl mit guten Mischeigenschaften gehört also wie Werkzeug in die Werkstatt.

Fette:
Viele Bauteile des Motorrollers müssen geschmiert werden. Die Anforderungen an die Schmierfette sind

sehr vielfältig. Im Grunde genommen kann man sich aber für den Motorroller auf ein gutes Lagerfett beschränken.

Dichtungsmassen:
Nicht jede Dichtungsmasse ist für alle Anwendungen im KFZ -Bereich geeignet. Eine Besonderheit findet sich gerade beim Zweitaktmotor. Bei den hier beschriebenen Piaggio-Typen wird mit Flüssigdichtmasse das Kurbelgehäuse abgedichtet.
Die Anforderungen an die Dichtmasse liegen nicht nur bei der Eigenschaft der Benzinfestigkeit. Sie muss auch der dauernden, wechselnden Belastung durch Vorverdichten und Ansaugen gewachsen sein. In der Regel findet man diese Eigenschaften bei Flächendichtmassen wie »DIRKO«, die es in jedem Autozubehörladen zu kaufen gibt. Viele Flächendichtmassen sind entweder nicht ausreichend benzinfest oder aber halten den Belastungen auf Dauer nicht stand.
Die Arbeiten mit dem Dichtmittel müssen sehr gründlich vorbereitet und durchgeführt werden. Ein Fehler bei der Verarbeitung würde eine erneute Demontage des Motors erforderlich machen. Die richtige Verarbeitung wird im Kapitel »Arbeiten am Motor« ausführlich beschrieben.

Weißes Kettenfett:
Ein vielseitiges Hilfsmittel für diverse Schmierstellen ist weißes Sprühkettenfett. Es ist es sehr schleuderfest, da es ja eigentlich für Motorradketten ausgelegt ist, und aufgrund der zielgenauen Sprühköpfe auch leicht an schlecht erreichbare Stellen anzubringen. Zudem hindern die Korrosionsschutzeigenschaften, die eigentlich für die Motorradkette ausgelegt waren, auch beispielsweise den Hauptständer am Rosten. Die wasserabweisenden Eigenschaften ergeben noch einen zusätzlichen Aufgabenbereich für das Sprühfett. Nachträgliches Abdichten von Steckerkombinationen und Massekontakten ist selbstverständlich genauso leicht möglich.

Kraftstoff:
Auch ein Kanister mit Kraftstoff sollte in der Werkstatt bereitstehen. Nicht nur als Treibstoff, auch zum Reinigen und zum Entfernen von Aufkleberresten ist der Kraftstoff sehr gut geeignet. Oftmals wird die Frage gestellt, welcher Kraftstoff denn im Roller gefahren werden müsse. An den Tankstellen sind drei Kraftstoffsorten mit unterschiedlicher Klopffestigkeit im Angebot. Die höheren Anforderungen an die Klopffestigkeit werden aber eher von hochverdichtenden Viertaktmotoren erfüllt. Bei Zweitaktern kommt das sogenannte »Klingeln«, also eine verfrühte Kraftstoffentzündung aufgrund der niedrigeren Verdichtung und der daraus resultierenden niedrigeren Temperatur, eigentlich nicht vor.

Gesundheit

Die Arbeiten an dem Roller an sich erscheinen zuerst einmal gar nicht gefährlich. Natürlich ist jedem klar, dass man einen Motor nicht in geschlossenen Räumen laufen lassen soll. Neben dem Abgas entstehen aber noch andere Gefahren, die einem vor der Arbeit am Fahrzeug zumindest bewusst sein sollten. Schadstoffe dringen auch schon über die Poren in die Haut ein. Deutlich sichtbar wird das, wenn »Bremsenreiniger« zum Einsatz kommt. Bei häufiger Verwendung wird die Haut schnell spröde und reißt ein. Das ist nicht nur unangenehm, sondern ein ganz sicheres Zeichen für die Schädigung der Haut. Abhilfe schafft da schon eine einfache Hautschutzsalbe. Die Poren der Haut werden verschlossen und Schadstoffe können nicht mehr eindringen. Des Weiteren erleichtert gut einmassierte Hautschutzsalbe auch unter den Fingernägeln die Handreinigung erheblich.
Gerade am laufenden Motor muss der Einsatz von leicht brennbaren Materialien wie Bremsenreiniger oder Kraftstoffen sehr vorsichtig erfolgen. Für Überprüfungen, wie beispielsweise solche der Dichtheit des Ansaugsystems, kommt man ohne diese brennbaren Hilfsmittel auch nicht aus.

Säuren:
Im Regelfall kommt man eigentlich nicht mit Batteriesäure in Kontakt. Wenn jedoch eine neue Batterie befüllt werden muss oder an einer Batterie Wartungsarbeiten durchgeführt werden sollen, muss man besondere Vorsicht walten lassen.

Bremsflüssigkeit:
Die Bremsflüssigkeit wird als brandfördernd, sehr giftig und reizend eingestuft. Anhand dieser für die Arbeitssicherheit gemachten Aussagen wird eigentlich schon klar, dass auch dieser eigentlich harmlos erscheinende Stoff recht gefährlich sein kann, wenn man nicht entsprechend mit ihm umgeht. Beim Bremsflüssigkeitswechsel ist es schon oft vorgekommen, dass die alte Flüssigkeit in einer Getränkeflasche zur Entsorgung aufbewahrt wird. Alte Bremsflüssig-

keit ist oftmals sehr dunkel bis schwarz und kann somit leicht mit Cola oder anderen Getränken verwechselt werden. Mit einer entsprechenden Getränkeflasche und einer nicht vorhandenen oder schlecht lesbaren Beschriftung ist ein Unfall vorprogrammiert. Als Aufbewahrungsbehälter für alte Bremsflüssigkeit eignet sich am besten ein verbrauchter Behälter Bremsflüssigkeit. Der Schriftzug »ALT« stellt dann sofort klar, um was es sich handelt. Bremsflüssigkeit darf übrigens nicht ins Altöl gekippt werden. Unter Umständen wird das Altöl zu Sondermüll, der dann teuer entsorgt werden muss.

Reiniger:
Als Reinigungsmittel werden oftmals Nitroverdünnung oder Benzin verwendet. Diese Stoffe sind nicht nur leicht entzündlich und gesundheitsschädigend, sondern können auch die Gummiteile des Motorrollers angreifen. Der Einsatz am Motor ist aufgrund der ölgebundenen Verschmutzung sicher nicht ganz abzuwenden. Man sollte den Einsatz von diesen lösemittelhaltigen Stoffen sehr gezielt und überlegt durchführen. Die Reinigungsarbeiten sollten immer in gut belüfteten Räumen durchgeführt werden.

Dichtmassen:
Wie auch bei den Reinigern kann man recht schnell riechen, dass die Dichtmasse auch Lösungsmittel enthält. Auch hier ist dann auf ausreichende Belüftung zu achten. Angebrochene Tuben sollten sofort verschlossen werden, benutzte Lappen am besten sofort entsorgt.

Aussichten und Optimierung

Die beschriebenen Werkzeuge stellen eher die Minimalausstattung einer Schrauberwerkstatt statt. Wer häufiger mit Motorrollerreparaturen zu tun hat oder sich einfach genauer mit der Technik befassen möchte, sollte seine Werkstattausrüstung langsam so ausbauen, dass jegliche Diagnose und Einstellung möglich ist.

Oszilloskop

Sicherlich ist es nicht Aufgabe dieses Buches, sich mit der Zukunft der Zweiradtechnik auseinander zusetzen. Beschreibt man die Einrichtung einer Schrauberwerkstatt, und damit auch den Arbeitsplatz, an dem sicherlich so manche der hier beschriebenen Arbeiten nachvollzogen werden, muss es erlaubt sein, sich einige Gedanken zur zukünftigen Aufgabe der Schrauberwerkstatt und ihrer Ausrüstung machen zu dürfen. Zunehmend wichtiger wird die Auswertung von Signalen und Ausgabewerten. In nicht allzu ferner Zukunft werden auch die Motorroller aufgrund der steigenden Anforderungen durch die strengeren Abgasnormen mit elektronischen Einspritzsystemen ausgerüstet sein. Modulierte Spannungen nennt man die Gleichspannungen, die in hoher Frequenz ein- und ausgeschaltet werden und somit eine teilweise Betätigung von Bauteilen ermöglichen. Die Auswertung ist ohne Oszilloskop gar nicht möglich. Für Multimeter ist die Schaltfrequenz viel zu hoch. Man benötigt nicht unbedingt ein teures Oszilloskop; sogar mit recht günstigen Speicheroszilloskopen lassen sich sehr gute Messergebnisse erzielen.
Bei Pkw und Lkw sind diese elektronischen Einspritzsysteme mittlerweile Standart. Bei Motorrad und Roller werden sie kommen, genauso wie eine rechnergesteuerte Lichtanlage. Der Schrauber von morgen muss gerüstet sein. Natürlich sind zuerst einmal recht einfache Systeme zu erwarten. Ganz sicher aber ist, dass noch so manche Träne den Piaggio-Systemen mit ihrer Funktionssicherheit und der recht einfachen Fehlersuche nachgeweint werden wird. Diese hat sich aber auch schon beim chinesischen Viertaktmotor deutlich verändert.

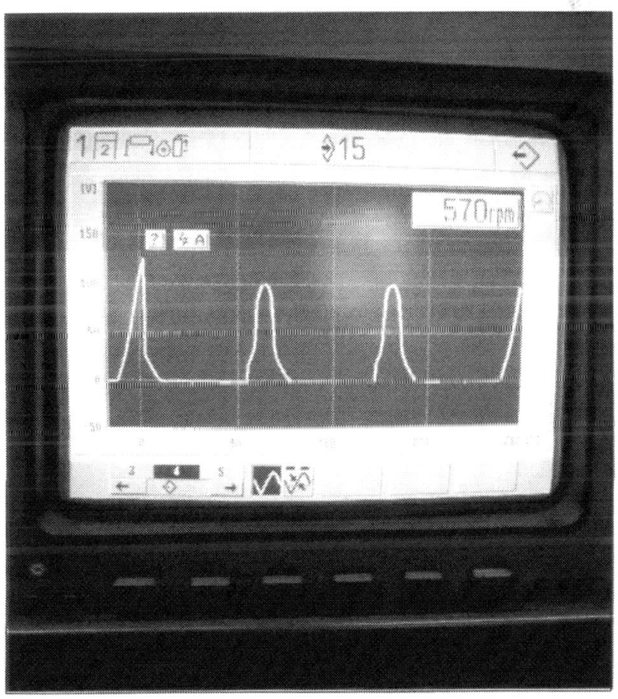

Ein Signalbild sagt mehr als tausend Worte ...

Abgastester

Seit diesem Jahr ist sie ja schon für die großen Krafträder vorgeschrieben: die »Krad AU«. Sie ist aber nur schwer beim Motorroller durchführbar. Eine Überwachung des Abgasverhaltens und vor allem die Diagnose wird mit zunehmend besser werdendem technischem Stand bei den Gemischaufbereitungssystemen immer wichtiger.

CO-Werte sind ein wichtiger Indikator bei der Einstellung.

Testgeräte

CDI- und Komponenten-Tester sind meist sehr teuer und finden recht selten Anwendung in der Werkstatt. Zudem sind die Preise für die Zündsteuergeräte in den letzten Jahren so erheblich gesunken, dass die Anschaffung eines speziellen Testers nur schwer zu rechtfertigen ist. Alle anderen Geräte, die am Zündsteuergerät angeschlossen sind, lassen sich wie die Verdrahtung selber recht leicht mit dem Multimeter überprüfen.

Klare Aussagen helfen Fehler zu finden ...

Ultraschallreinigungsgerät

Das Ultraschallgerät ist ein Reinigungsgerät, in dem die Reinigungsflüssigkeit in hochfrequente Schwingungen gebracht wird. So werden anhaftende Schmutzpartikel von den Bauteilen gelöst. Oftmals wird als Reinigungsbad einfaches Leitungswasser verwendet. Zum Teil ist es aber auch möglich, spezielle Reiniger in das Gerät einzufüllen. Hier sind die Herstellerempfehlungen zu beachten. Sind die Ultraschallgeräte auch beheizbar, wird eine noch etwas höhere Reinigungswirkung erzielt.

Porentief rein ...

Drehmomente beachten

Um eine notwendige Verbindungs-Haltekraft ausüben zu können, muss eine Schraube (Mutter) in dem ihr zugeordneten Innengewinde (Außengewinde) mit einem bestimmten Anziehdrehmoment festgezogen werden. Nur damit ist garantiert, dass die durch die Schraube (Mutter) zueinander verspannten Bauteile ausreichend fest sind und sich die Schraubverbindung nicht von alleine löst.

- Werden Schrauben/Muttern zu leicht angezogen, besteht die Gefahr, dass sich die Schraubverbindung lockert.
- Werden Schrauben/Muttern zu fest angezogen, werden ihre Gegengewinde »weich«; gefühlt ist die Schraubverbindung »fest«. Spätestens im Betrieb lockert sie sich und fällt ab.
- Werden Schrauben/Muttern bei der Montage zu fest angezogen, reißen bzw. brechen dabei aber (noch) nicht, dann aber spätestens im Betrieb.

Schraube/Mutter M6	6 bis 10 Nm
Schraube/Mutter M8	15 bis 20 Nm
Schraube/Mutter M10	30 bis 40 Nm
Schraube/Mutter M12	55 bis 70 Nm
Schraube/Mutter M14	85 bis 100 Nm
Schraube/Mutter M16	120 bis 140 Nm

Tipp: Profis zeichnen jede Schraube/Mutter, die sie mit dem vorgeschriebenen Drehmoment angezogen haben, mit einer Farbmarkierung. Sollte sich eine Schraubverbindung wider Erwarten öffnen, sieht man das an den zueinander verdrehten Farbstrichen!

Die richtige Länge

Stahlschrauben, die in Aluminium gedreht werden, müssen mindestens mit der Länge des doppelten Schraubendurchmessers in das Innengewinde eingeschraubt werden (M6 also 12 mm).
Noch besser ist die zweieinhalbfache Länge (bei M6 also 15 mm).

- Wenn man keine Schrauben in der passenden Länge bekommt und nur solche, die 5 mm zu kurz oder 20 mm zu lang sind, dann lieber die zu langen kaufen und auf passende Länge kürzen. Lohn der (Säge-)Arbeit ist ein nicht ausreißendes Gewinde!

- Wenn Schmutz oder Reste von Schraubenkleber an der Schraube haften, diese mit einer Messing-bürste reinigen. Eine scharfe Stahlbürste reißt die Oberflächen des Gewindes auf!

Bei jeder Schraube, die wieder montiert werden soll, ihr Gewinde begutachten: Ist das Gewinde defekt, ist die Schraube reif für die Mülltonne. Am besten, man nimmt grundsätzlich neue Schrauben und Muttern.

Verschiedene Muttern und Scheiben

- Unterlag- oder Wellenscheiben sollen zwischen Stahlmuttern und Aluminium gelegt werden, das verbessert die Flächenpressung und schont das Alu.
- Eine Federscheibe, auch »Sprengring« genannt, verhindert durch ihre beiden Zacken bis zu einem gewissen Maß das Lösen der Verbindung – grundsätzlich nur bei Stahl auf Stahl verbauen!

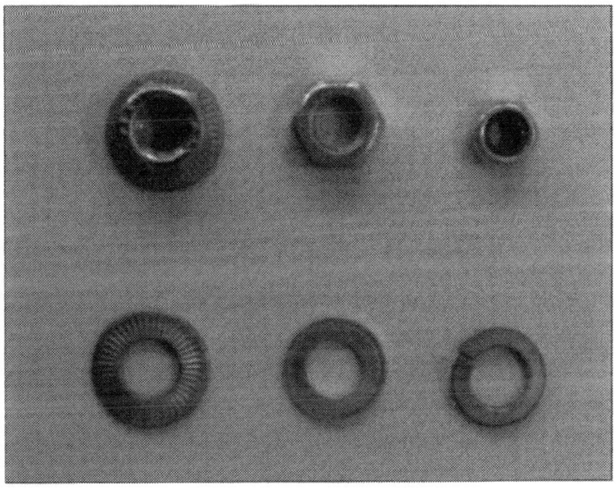

***Kleine Auswahl:** Für jede Befestigung gibt es die richtige Mutter und Unterlagscheibe.*

***Das passt:** Nur mit einem maßhaltigen Schlüssel kann eine Schraube erfolgreich gelöst werden.*

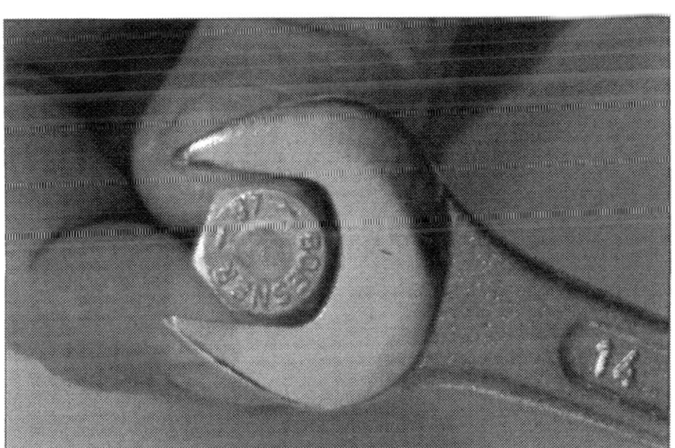

***Das geht schief:** Wer in Ermangelung des richtigen Schlüssels zum nächstgrößeren greift, hat anschließend Kummer.*

- In die Stoppmutter ist ein Kunststoff-Sicherungsring eingesetzt, der die Mutter auf dem Schraubgewinde »verklemmt« und damit sichert. Stoppmuttern sollen nur einmal verwendet werden.
- Stahlmuttern mit fest angefügter Feinzahnscheibe sind eher selten, sie werden ohne zusätzliche Unterlegscheibe auf Alu oder Stahl verschraubt. Nach mehrmaliger Verwendung ist die Verzahnung »platt«, sichert also nicht mehr richtig.

Verrostete Schraubverbindungen lösen

Bevor Sie eine festgerostete Mutter bzw. Schraube lösen, befreien Sie die überstehenden Gewindegänge von Schmutz und Rost. Andernfalls wird nämlich die Reibung auf den Gewindeflanken so groß, dass Sie die Mutter regelrecht abwürgen müssen oder Ihnen kurzerhand der Gewindebolzen abschert.

- Säubern Sie das überstehende Gewinde mit einer Drahtbürste und sprühen es anschließend mit Rostlöser ein.
- Bei Schnellrostlösern drehen Sie die Mutter meist sofort los, ...
- ... andere Rostlöser (Öl, Petroleum, Diesel, etc.) lassen Sie erst einige Zeit einwirken.

Beschädigte Muttern lösen

- Wenn Sie mit dem Gabelschlüssel eine Sechskantmutter rund gedreht haben oder die Anlageflächen bereits vom Rost zerfressen sind, ist Gewalt häufig das letzte Mittel.
- Bei kleineren Muttern hilft ab und zu noch eine stabile Gripzange. Häufig lässt sich damit noch der angefressene Sechskant greifen und die Mutter dann lösen.
- Hilft das nicht weiter, sprengen Sie die Mutter mit einem scharfen Meißel. Werkstätten setzen bei widerspenstigen Exemplaren häufig einen Muttersprenger ein.
- Gut zugängliche Muttern können Sie – entlang des Gewindes – mit einer Metallsäge aufsägen.
- Als letzte Möglichkeit bleibt der Trennschleifer.

Inbus- und Vielzahnschrauben

- Ehe Sie ein Werkzeug ansetzen, befreien Sie das Sackloch des Schraubenkopfes von Schmutz.
- Zum Lösen solcher Schrauben eignen sich am besten Steckeinsätze mit langem Sechskant bzw. Vielzahn.
- Im Gegensatz zu gebräuchlichen Winkelschlüsseln (bei denen die Kraft immer schräg ansetzt) vertragen Steckeinsätze auf der Adapterseite auch einen Hammerschlag. Der Schlag – im Notfall sogar direkt auf den Schraubenkopf – lockert meistens die Schraube ein wenig und erleichtert das Lösen.

Schlitz- und Kreuzschlitzschrauben

- Schon nach relativ kurzer Zeit können Schrauben so fest sitzen, dass Sie einen normalen Schraubendreher damit schlichtweg überfordern. Bei Kreuzschlitzschrauben kommt erschwerend hinzu, dass der Schraubendreher auch bei starkem Gegendruck aus dem Kreuzschlitz wandert. Folge: Schon nach wenigen Versuchen ist der Schraubenkopf vermurkst und die Schraube wird zum Problem.
- »Festgebackene« Schrauben versuchen Sie zunächst mit einem knackigen Hammerschlag auf den Schraubenkopf zu lösen – selbstverständlich dürfen Sie diese Möglichkeit nicht anwenden, wenn das Material des Untergrunds dabei zerstört wird (z.B. bei Glas oder Kunststoff). Dadurch trennen sich oft schon die Gewindegänge. Wenn Sie den Schraubenkopf nicht direkt mit dem Hammer erreichen, setzen Sie einen passenden Schraubendreher mit stabilem Griff an und traktieren die Verbindung mit Schlägen auf den Griff.
- Häufig reicht das schon und die oft nur am Kopf korrodierte Schraube löst sich und lässt sich dann normal ausschrauben.

Stehbolzen lösen

- Stehbolzen (Gewindestange) bieten einem Schraubenschlüssel meist keine Anlagefläche. Mit einem so genannten Stehbolzenausdreher können Sie auf dem Stehbolzen eine provisorische Schraubmöglichkeit schaffen.
- Schweißen Sie zum Lösen eine Mutter auf dem überstehenden Bolzengewinde fest oder kontern Sie zwei Muttern gegeneinander.
- Zum Lösen gekonterter Muttern setzen Sie den Schraubenschlüssel immer an der unteren Mutter an. Zum Festziehen nutzen Sie grundsätzlich die obere Mutter.

Abgerissene Schrauben ausbohren

Ist die Schraube abgerissen, bleiben nicht mehr viele Möglichkeiten. Eine davon ist das Ausbohren, denn fest steht: Das verbliebene Teil muss raus. Die Gefahr, dabei das Gewinde zu beschädigen, ist groß. Lassen Sie sich also Zeit bei dieser Operation. Nur so können Sie das Gewinde erhalten.

- Geben Sie zunächst einen Körnerschlag exakt in die Mitte des Schraubenstumpfs.
- Bohren Sie den Stumpf an: Bis Schraubengröße M 8 schafft das ein so genannter Kernlochbohrer. Als Kernloch wird der Durchmesser einer Schraube ohne Gewindeflanken bezeichnet. Bis zur Schraubengröße M 6 gilt die Faustregel: Gewindedurchmesser multipliziert mit 0,8. Beispiel: Verschraubung M 6 x 0,8 = Kernlochdurchmesser 4,8. Bei Schrauben, die größer sind als M 8, sollten Sie mit einem dünneren Bohrer vorbohren. Zur Kühlung unbedingt Bohrwasser oder Öl verwenden
- Die in den Gewindegängen verbliebenen Metallreste können Sie anschließend mit einer Reißnadel oder Stabmagneten entfernen. Falls nicht, schneiden Sie das Gewinde vorsichtig nach. Der Gewindeschneider entfernt dabei die Reste des alten Bolzens.

Gewinde schneiden

Leichtmetall hat eine geringere Festigkeit als etwa Stahl, demzufolge reißen Gewinde hier besonders leicht aus. Solange um das alte Gewinde herum noch genügend Materialsubstanz vorhanden ist, können Sie ein größeres Gewinde einschneiden. Andernfalls lassen Sie in der Fachwerkstatt eine Gewindebuchse einsetzen. Neue Gewinde schneiden Sie in drei Stufen. Die entsprechenden Gewindeschneider heißen daher Vorschneider (ein Ring am Schaft), Mittelschneider (zwei Ringe am Schaft) und Fertigschneider (ohne bzw. drei Ringe am Schaft).

Ein Fall für den Schrott: Verrostete oder beschädigte Schrauben sollten Sie niemals wieder verwenden.

- Drehen Sie die Gewindeschneider unter ständigem Ölen nacheinander in das vorgebohrte Kernloch ein und aus.
- Um die Schneider nicht abzureißen, nehmen Sie immer nur kleine Vorwärtsdrehungen (max. 1/8 des Umfangs) vor. Drehen Sie danach den Schneider immer so weit zurück, bis die Schneidspäne abbrechen und der Schneider nicht mehr klemmt.

Gewindereparatur

Es gibt viele Gründe, warum ein Gewinde nicht mehr in der Lage ist, das vorgesehene Anzugsdrehmoment zu halten.
Grund 1: Häufiges Lösen und Anziehen führt zum Verschleiß im Gewinde, und, je nach Häufigkeit der Benutzung, zur Zerstörung.
Grund 2: Die zum Teil recht weichen Aluminiumguss-Legierungen sind in dieser Beziehung besonders problematisch und anfällig.
Grund 3: Schrauben oder Muttern werden mit zu großen Anziehdrehmomenten angezogen.
Grund 4: Durch Korrosion (»Rost«) zwischen Schraube und Bauteilwerkstoff kommt es zum »Festbacken« der Schraube. Beim Versuch, die Schraube zu lösen, wird das Mutterngewinde zerstört.
Zerstörte Gewinde können mit geringem Aufwand und Kosten einfach und zuverlässig repariert werden, indem das defekte Innengewinde ausgebohrt und ein aus gewickeltem Draht bestehender Gewindeeinsatz eingedreht wird. Verschiedene Hersteller bieten dieses Verfahren in Fachgeschäften an.
Diese »Repairkits« in den Abmessungen von M2 bis M36 kosten ca. 40 Euro und enthalten:

- Kernlochbohrer mit dem Kernloch-Gewindedurchmesser für das neue Gewinde
- Gewindebohrer
- Einbauwerkzeug – das ist eine Einbau-Gewindespindel mit einem kleinen Ansatz vorne
- 20 Drahtgewindeeinsätze aus hoch korrosionsbeständigem Stahl der Legierung 1.4301 (Festigkeit mehr als 1.400 N/mm2)

Und so wird damit ein Gewinde repariert:
1. Schritt: Wenn der Rest einer abgebrochenen Schraube im alten Gewinde steckt: Sichtbaren Schraubenrest ankörnen, mit einem scharf geschliffenen Bohrer, der 0,5 mm kleiner ist als der alte Gewinde-Nenndurchmesser (Beispiel M6: Bohrer 5,5 mm), das abgebrochene Gewindestück vorsichtig ausbohren.

2. Schritt: Mit dem im Reparatursatz befindlichen Bohrer das beschädigte Gewinde komplett ausbohren. Der Bohrerdurchmesser entspricht dem Kerndurchmesser des neuen Aufnahmegewindes für den Drahtgewindeeinsatz.
3. Schritt: Aufnahmegewinde für den Drahtgewindeeinsatz mit dem beiliegenden Gewindebohrer schneiden.
Wichtig: Damit keine Späne in Gewindebohrungen hineinfallen, den Gewindebohrer vor dem Gewindeschneiden in Fett eintauchen, dann bleiben die Späne am Gewindebohrer haften.
4. Schritt: Gewinde reinigen, z.B. mit Druckluft ausblasen. Unbedingt alle Späne entfernen!
5. Schritt: Drahtgewindeeinsatz mit der Einbauspindel montieren. Dieses ist sehr einfach, der Drahtgewindeeinsatz wird mit der Spindel wie eine Schraube in das vorbereitete Aufnahmegewinde eingedreht.
6. Schritt: Nach der Montage des Drahtgewindeeinsatzes dessen Mitnehmerzapfen abbrechen.

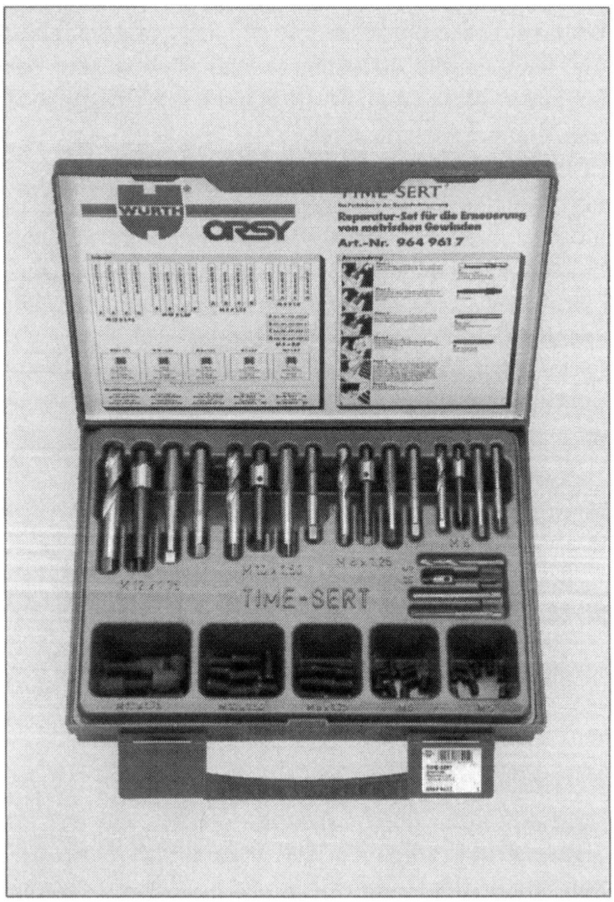

Helfer in der Not: *Mehrere Hersteller bieten Gewinde-Reparatursets an.*

Schrauben ist gefährlich

GEFAHRENHINWEIS

Ob nun reines Hobby oder beruflich: Das Schrauben birgt gewisse Risiken. Vom kleinen Kratzer bis hin zum tödlichen Unfall ist schon alles vorgekommen. Beachten Sie daher stets folgende Grundregeln:

- Benutzen Sie nur hochwertiges Werkzeug!
- Schrauben Sie möglichst immer von sich weg!
- Sichern Sie angehobene Lasten lieber doppelt!
- Sorgen Sie für ausreichende Belüftung!
- Tragen Sie wann immer möglich Schutzkleidung!
- Das gilt ganz besonders für die Augen!
- Wenden Sie niemals Gewalt an, meist gibt es eine andere, elegantere Lösung für das Problem!
- Sorgen Sie dafür, dass immer jemand in der Nähe ist, der Ihnen in Notfällen helfen kann!

Dass Essen, Trinken und offenes Licht sowie Zigaretten am Arbeitsplatz nichts verloren haben, setzen wir als selbstverständlich voraus. Lagern Sie aber auch keine Flüssigkeiten in Trinkflaschen. Selbst an destilliertem Wasser kann ein Mensch sterben! Und zu guter Letzt: Legen Sie sich zur Sicherheit einen Verbandskasten und einen Feuerlöscher bereit.

Tipp: Zapfenwerkzeug zuvor in etwas Fett tauchen, ganz in den Drahtgewindeeinsatz einführen, mit einem kleinen Hammer einen leichten Schlag auf das Zapfenwerkzeug geben und den abgebrochenen Mitnehmerzapfen aus dem Drahtgewindeeinsatz entfernen.

Wichtig: Bei der Reparatur von Durchgangsbohrungen muss dringend darauf geachtet werden, wo der abgebrochene Mitnehmerzapfen hinfällt, damit er z.B. bei Arbeiten am Motor nicht nicht zwischen empfindliche Motorenmechaniken gerät!

Eine solche Gewindereparatur ist innerhalb von zehn Minuten ohne Schweißaufwand erledigt. Nach der Reparatur ist das Gewinde um ein Vielfaches belastbarer als das Originalgewinde.
Das Gewinde wurde nicht etwa »geflickt«, sondern seine Qualität wurde deutlich verbessert: Der Drahtgewindeeinsatz besteht aus Edelstahl und macht so das Gewinde verschleißfester und korrosionsbeständiger. Zukünftige Wartungsarbeiten können diesem Gewinde nichts mehr anhaben.

Wartungsarbeiten

Funktionssicherheit und Qualität müssen kein Zufall sein. Gerade die Piaggio s stehen eigentlich für diese positiven Aspekte. Ohne Wartung und Pflege allerdings wird auch der beste Roller Ausfallerscheinungen zeigen. Gut gewartete Exemplare sind aber durchaus nach mehreren Jahrzehnten und einigen 10.000 km noch im Alltagsbetrieb eingespannt und auch beim Verkauf sehr wertstabil.

Flüssigkeiten

Wie man aus dem Inspektionsplan entnehmen kann, gibt es Intervalle, bei denen die Flüssigkeiten gewechselt werden müssen. Auch wenn der Roller nur wenig bewegt wurde, verlieren beispielsweise die Additive im Öl langsam ihre Wirkung. Deshalb sollten gerade bei Fahrzeugen, die recht häufig stehen, zumindest einmal im Jahr die Öle gewechselt werden.

Einfahrkontrolle bei 1000 km oder 4 Monate nach Kauf des Fahrzeuges Alle anderen Inspektionen sind bei Erreichen von **weiteren 5000 km** fällig. Alle **12 bzw. 24 Monate** fallen zusätzliche Arbeiten an. Bei **geringen Laufleistungen** ist die Inspektion für **5000 km 1x / Jahr** durchzuführen.	Bemerkung	**Die Einfahrkontrolle** nach 4 Monaten oder bis 1000 km	**5000 km** oder **12 Monaten**	**10.000 km** oder **24 Monaten** und bei **50.000 km**	**15.000 km** und **45.000 km**	**20.000 km** und **40.000 km**	**25.000 km,35.000 km** und **55.000 km**	**30.000 km**	**60.000 km**
Getriebeöl	API GL3 80W90	W	K	W	K	W	K	W	W
Bremsflüssigkeit	DOT 4	K	K	W	K	K	K	K	K
Kühlflüssigkeit	-25 °C Alu-Mot.	K	K	W	K	K	K	K	K

Filter und Siebe

Filter haben eine sehr wichtige Aufgabe. Der Kraftstofffilter hilft das Vordringen von Schmutz und Abrieb, der durchaus beim Tanken in den Tank gelangt, bis zum Vergaser zu verhindern. Gelegentlich haben die Benzinfilter auch Behälter, in denen das Wasser im Kraftstoff abgeschieden wird. Ist das nicht der Fall, darf ruhig mal ab und an der Ablaufhahn am Vergaser geöffnet werden, um eventuell vorhandene Wasseransammlungen aufzulösen. Der Luftfilter soll das Eindringen von Partikeln aus der Ansaugluft in den Motor verhindern und so den Motor vor übermäßigem Verschleiß schützen.

Einfahrkontrolle bei 1000 km oder 4 Monate nach Kauf des Fahrzeuges Alle anderen Inspektionen sind bei Erreichen von **weiteren 5000 km** fällig. Alle **12 bzw. 24 Monate** fallen zusätzliche Arbeiten an. Bei **geringen Laufleistungen** ist die Inspektion für **5000 km 1x / Jahr** durchzuführen.	Bemerkung	**Die Einfahrkontrolle** nach 4 Monaten oder bis 1000 km	**5000 km** oder **12 Monaten**	**10.000 km** oder **24 Monaten** und bei **50.000 km**	**15.000 km** und **45.000 km**	**20.000 km** und **40.000 km**	**25.000 km,35.000 km** und **55.000 km**	**30.000 km**	**60.000 km**
Luftfilter	Schaumkissen	W	R/W	R/W	R/W	R/W	R/W	R/W	R/W
Kraftstofffilter	8mm Siebfilter	K	-	W	-	W	-	W	-
Ölfilter (soweit verbaut)	Filtersieb	K	-	W	-	W	-	W	-

K = Kontrollieren, W = Wechseln, R = Reinigen, Ö = Ölen oder Schmieren, N = Nachziehen

Messungen beim Warmlauf

Nun beginnt tatsächlich die »heiße Phase«. Ab hier sollten die Prüfungen abgeschlossen sein, an denen ein direkter Kontakt mit dem Motor unvermeidlich ist. Arbeiten Sie erst die Punkte ab, die an den heißesten Stellen liegen.

Einfahrkontrolle bei 1000 km oder 4 Monate nach Kauf des Fahrzeuges Alle anderen Inspektionen sind bei Erreichen von **weiteren 5000 km** fällig. Alle **12 bzw. 24 Monate** fallen zusätzliche Arbeiten an. Bei **geringen Laufleistungen** ist die Inspektion für **5000 km 1x / Jahr** durchzuführen.	Bemerkung	**Die Einfahrkontrolle** nach 4 Monaten oder bis 1000 km	**5000 km** oder **12 Monaten**	**10.000 km** oder **24 Monaten** und bei **50.000 km**	**15.000 km** und **45.000 km**	**20.000 km** und **40.000 km**	**25.000 km,35.000 km** und **55.000 km**	**30.000 km**	**60.000 km**
Vergasereinstellung	Co & Leerlauf	K	K	K	K	K	K	K	K
Zündungseinstellung	15°-34°KW (Verstellung)	K	K	K	K	K	K	K	K
Batterieladung	13-14,5 V	K	K	K	K	K	K	K	K
Zündkerze	NGK C7HSA	K/W	K/W	K/W	K/W	K/W	K/W	K/W	K/W

Dichtheit

Durch die steigende Temperatur des Motors werden auch Öle dünnflüssiger. Es lässt sich deutlich leichter eine Leckage ausmachen. Sehen Sie sich auch die Anschlüsse zum Vergaser und die zu den Anbauteilen wie Benzinschlauch und Benzinhahn genauer an. Undichte Stellen können schnell zu einem Problem werden. Sie können einen Schaden ankündigen.

Einfahrkontrolle bei 1000 km oder 4 Monate nach Kauf des Fahrzeuges Alle anderen Inspektionen sind bei Erreichen von **weiteren 5000 km** fällig. Alle **12 bzw. 24 Monate** fallen zusätzliche Arbeiten an. Bei **geringen Laufleistungen** ist die Inspektion für **5000 km 1x / Jahr** durchzuführen.	Bemerkung	**Die Einfahrkontrolle** nach 4 Monaten oder bis 1000 km	**5000 km** oder **12 Monaten**	**10.000 km** oder **24 Monaten** und bei **50.000 km**	**15.000 km** und **45.000 km**	**20.000 km** und **40.000 km**	**25.000 km,35.000 km** und **55.000 km**	**30.000 km**	**60.000 km**
Getriebeöl	API GL3 80W90	W	K	W	K	-	K	-	W
Bremsflüssigkeit	DOT 4	K	K	W	K	K	K	K	K
Kühlflüssigkeit	-25 °C Alu-Mot	K	K	W	K	K	K	K	K
2 Taktmotoröl	Tank&Leitungen	K	K	W	K	K	K	K	K
Kraftstoffanlage	Zufuhr/Ablauf/ Druck	K	K	W	K	K	K	K	K
Unterdruckschläuche	PRI Hahn usw	K	K	W	K	K	K	K	K

K = Kontrollieren, W = Wechseln, R = Reinigen, Ö = Ölen oder Schmieren, N = Nachziehen

Kontrollen

Die folgenden Arbeiten können durchaus während der Warmlaufphase durchgeführt werden. Meist reicht ein Blick auf die entsprechenden Bauteile oder sie sind leicht zu erreichen und zu bedienen, während der Motor läuft. Auch die Karosserie sollte bei einer Inspektion genauer unter die Lupe genommen werden. Fehlende oder lose Schrauben können schnell einen größeren Schaden verursachen und können sehr leicht entdeckt werden.

Einfahrkontrolle bei 1000 km oder 4 Monate nach Kauf des Fahrzeuges Alle anderen Inspektionen sind bei Erreichen von **weiteren 5000 km** fällig. Alle **12 bzw. 24 Monate** fallen zusätzliche Arbeiten an. Bei **geringen Laufleistungen** ist die Inspektion für **5000 km 1x / Jahr** durchzuführen.	Bemerkung	**Die Einfahrkontrolle** nach 4 Monaten oder bis 1000 km	**5000 km** oder **12 Monaten**	**10.000 km** oder **24 Monaten** und bei **50.000 km**	**15.000 km** und **45.000 km**	**20.000 km** und **40.000 km**	**25.000 km,35.000 km** und **55.000 km**	**30.000 km**	**60.000 km**
Bremsbeläge vorne	min 1,5 mm	-	K	K	K	K	K	K	K
Bremsbeläge hinten	min 2,0 mm	-	K	K	K	K	K	K	K
Gasbowdenzug	Zustand	K	K	K	K	K	K	K	K
Bremsleitungen	Zustand	-	-	-	-	-	-	W	W
Bremshebel	Schmieröl	Ö	Ö	Ö	Ö	Ö	Ö	Ö	Ö
Reifendruck	1,8 Bar	K	K	K	K	K	K	K	K
Reifenzustand	min 1,6mm Profiltiefe	K	K	K	K	K	K	K	K
Felgenzustand	Zustand	K	K	-	K	K			
Tachoantrieb und Tachowelle	Schmieröl	-	Ö	Ö	Ö	Ö	Ö	Ö	Ö
Sitz der Schrauben	s.Wartungsdaten Sammlung	K	-	K	-	K		K	K
Radlagerspiel	NL GI 1-2 Lagerfett säurefrei	K	K	K	-	-	-	K	K
Lenkkopflagerspiel	NL GI 1-2 Lagerfett säurefrei	K	K	K	-	K	-	K	Ö
Korrosionskontrolle Rahmen	Zustand	K	K	-	-	-	-	K	K
Korrosionskontrolle Motor	Zustand	K	K	-	-	-	-	K	K
Elektrische Anlage	Funktionstest	K	K	K	K	K	K	K	K
Lichttest	Funktionstest	K	K	K	-	K	-	K	K
Befestigung Helmfach	Zustand	K	K	K	-	K	-	K	K
Befestigung Sitzbank	Zustand	K	K	K	-	K	-	K	K
Schrauben Trittbrett innen	Zustand	K	K	K	-	K	-	K	K
Schrauben Beinschild außen	Zustand	K	K	K	-	K	-	K	K
Schäden an Kunststoffteilen	Zustand	K	K	K	-	K	-	K	K
Tachoanzeige	Zustand	K	K	K	-	K	-	K	K
Funktion aller Kontrollleuchten	Zustand	K	K	K	-	K	-	K	K
Alle Schalter	Zustand	K	K	K	-	K	-	K	K
Funktion Helmfachschloss	Funktion	Ö	K	Ö	Ö	K	Ö	Ö	K
Gängigkeit Zündschloss	Funktion	Ö	K	Ö	Ö	K	Ö	Ö	K
Funktion Lenkradschloss	Funktion	Ö	K	Ö	Ö	K	Ö	Ö	K
Antriebsriemen Gemischpumpe	Zustand	-	-	-	-	W	-	-	W
Antriebsriemen Variomatik	Zustand	-	-	-	-	-	-	W	W
Variorollen	Zustand	-	-	W	W	W	-	W	W

K = Kontrollieren, W = Wechseln, R = Reinigen, Ö = Ölen oder Schmieren, N = Nachziehen

Probefahrt

Die Probefahrt gibt dem Mechaniker die Möglichkeit, die Funktionen und das Verhalten des Fahrzeugs und seiner Bauteile zu überprüfen. Fehlfunktionen können meist recht gut erkannt werden. Die Belastungen, die auf das Fahrzeug bei der Probefahrt einwirken, sind sicherlich in einigen Punkten härter als die Belastungen, die das Fahrzeug im Alltag zu bestehen hat. Trotzdem sollte die Probefahrt immer unter dem Aspekt der größtmöglichen Sicherheit und Sorgfalt durchgeführt werden, um Unfälle oder Schäden zu vermeiden.

Einfahrkontrolle bei 1000 km oder 4 Monate nach Kauf des Fahrzeuges Alle anderen Inspektionen sind bei Erreichen von **weiteren 5000 km** fällig. Alle **12 bzw. 24 Monate** fallen zusätzliche Arbeiten an. Bei **geringen Laufleistungen** ist die Inspektion für **5000 km 1x / Jahr** durchzuführen.	Bemerkung	**Die Einfahrkontrolle** nach 4 Monaten oder bis 1000 km	**5000 km** oder **12 Monaten**	**10.000 km** oder **24 Monaten** und bei **50.000 km**	**15.000 km** und **45.000 km**	**20.000 km** und **40.000 km**	**25.000 km,35.000 km** und **55.000 km**	**30.000 km**	**60.000 km**
Anfahren: Kupplung beurteilen	ca.3000 1/min	K	K	K	K	K	K	K	K
Reaktion Variomatik hergab	Schaltverhalten	K	K	K	K	K	K	K	K
Reaktion Variomatik bergauf	Schaltverhalten	K	K	K	K	K	K	K	K
Wirkung Hinterradbremse	Funktion	K	K	K	K	K	K	K	K
Wirkung Vorderradbremse	Funktion	K	K	K	K	K	K	K	K
Geräusche Stotterbremse	Geräusche Lenkungsspiel	K	K	K	K	K	K	K	K
Fahrwerk, Stoßdämpfer,		-	K	-	-	K	-	K	K
Lenkung Slalom	Funktion	K	K	K	K	K	K	K	K
Tachoanzeige	Funktion	K	K	K	K	K	K	K	K
Funktion der Kontrollleuchten	Funktion	K	K	K	K	K	K	K	K
Funktion der Schalter	Funktion	K	K	K	K	K	K	K	K
Höchstgeschwindigkeit	25 / 45 km/h	K	K		K		K	K	K
Vibrationsgeräusche am Fahrzeug	hör-und fühlbar	K	K	K		K		K	K
Leerlaufdrehzahl warm	1500-2000 1/min	K	K	K	K	K	K	K	K
Leerlaufdrehzahl kalt	2000-2800 1/min	K	K	K	K	K	K	K	K

K = Kontrollieren, W = Wechseln, R = Reinigen, Ö = Ölen oder Schmieren, N = Nachziehen

Nach der Probefahrt

Natürlich muss zum Abschluss jeder Inspektion auch der Roller nach einer erfolgreichen Wartung aussehen. Die Reinigungen, zumindest von dem Schmutz und den Fingerabdrücken, die durch die Arbeit entstanden sind, gehören zu einer guten Arbeit hinzu. Eventuell fallen Probleme oder Fehler durch die Inspektion auf. Diese Reparaturen oder Nachbesserungen sollten umgehend erfolgen, um die Betriebssicherheit und den Wert des Fahrzeugs möglichst lange zu erhalten Kontrollieren Sie folgende Punkte die wir in der nachfolgenden Checkliste aufgeführt haben.

- Dichtheit Motor Ablassschrauben und Block.
- Dichtheit Bremsanlage Anschlüsse und Bremsgeräte.
- Dichtheit Kraftstofftank Leitungen, Filter, Tank und Vergaser.
- Dichtheit Kraftstoffanlage Leitungen, Filter, Tank und Vergaser.
- Dichtheit Stoßdämpfer Gabelsimmerringe, Stoßdämpfer hinten.
- Sauberkeit des Fahrzeugs.

Wartungsarbeiten an der Batterie

Säurestand prüfen

Der Flüssigkeitsstand einer Batterie ist an der Gehäuseseite zu erkennen. Am einfachsten ist es, wenn man die Batterie mit einer Lampe von hinten anleuchtet. Dann ist der Flüssigkeitsstand leicht durch die Gehäusewand durchschimmernd zu erkennen. Grundsätzlich sollte der Flüssigkeitsstand zwischen der Minimal- und der Maximalmarkierung stehen. Bei Überfüllung kann Batteriesäure austreten. Bei Unterfüllung stehen die Bleiplatten nicht mehr vollständig in der Batteriesäure und die Batterie verliert an Leistungsfähigkeit, da die trockenen Zellenflächen nicht zur Verfügung stehen.

Säuredichte prüfen

Diese Prüfung ist nur bei Batterien möglich, deren Zellen mit Verschlussstopfen verschlossen sind. Diese Stopfen werden mit einer Spitzzange entfernt und dann kann mit dem Säureheber Säure aus der Batteriezelle angesaugt werden. Es muss so viel Säure entnommen werden, dass der Messkolben im Inneren frei schwimmt. Anhand der Säureskala auf dem Prüfer kann der Ladezustand der Batterie abgelesen werden. Je weiter eine Batterie entladen ist, umso geringer fällt der Messwert für die Säuredichte aus.

Ruhespannung prüfen

Die Prüfung der Ruhespannung der Batterie erfolgt üblicherweise mit einem Multimeter. Die Ruhespannung ist ein Indikator für den Ladezustand der Batterie. Sie wird bei abgeschalteter Zündung und stehendem Motor gemessen. Auch sollten einige Stunden vergangen sein, nachdem der Motor das letzte Mal gelaufen ist. Grundsätzlich erzeugen Generator und Regler eine höhere Spannung, die auch nach dem Abschalten des Motors noch an der Batterie messbar ist. Bis sich diese Ladung ausgeglichen hat, dauert es erfahrungsgemäß etwas.

- Öffnen Sie die Sitzbank.
- Legen Sie die Batterie frei.
- Stellen Sie Ihr Multimeter auf einen Messbereich von 20 V ein.
- Schließen Sie den »COM-Anschluss« an den Minusanschluss der Batterie an.
- Schließen Sie den Messanschluss des Multimeters an den Plusanschluss der Batterie an.
- Lesen Sie den Messwert ab und werten Sie ihn nach der obenstehenden Tabelle aus.

12,24 V	Ladekapazität ist kleiner als 50%
12,50 V	Ladekapazität liegt bei etwa 80%
12,65 V	Ladekapazität ist größer als 80%

Nach dem gleichen Prinzip arbeitet eine Ladungskontrollanzeige für die Markendauerladegeräte. Entsprechend der Ladespannung wird eine LED-Leuchte am Steckkontakt zum Ladegerät ausgelöst. Die Auswertung erfolgt bei den meisten LED-Leuchten in drei Stufen:

Rote LED leuchtet	Ladekapazität ist kleiner als 60%
Gelbe LED leuchtet	Ladekapazität liegt zwischen 60% und 80%
Grüne LED leuchtet	Ladekapazität ist größer als 80%

Wartungsarbeiten am Fahrwerk

Radlagerspiel prüfen

Die Prüfung des Radlagerspiels kann recht schnell und bei der regelmäßigen Überprüfung des Reifenluftdrucks erfolgen.

- Stellen Sie den Motorroller auf dem Hauptständer ab.
- Nehmen Sie das Rad oben und unten fest in die Hand.
- Versuchen Sie das Rad seitlich zu kippen.
- Sie sollten kein Spiel feststellen können. Ist dies doch der Fall, muss der Zustand von Achse und Radlagern geprüft werden.

Luftdruck kontrollieren

- Stellen Sie den Motorroller auf dem Hauptständer ab.
- Drehen Sie die Ventilschutzkappe vom Ventil ab.
- Drücken Sie einen Reifendruckprüfer auf das Ventil auf.
- Lesen Sie den Reifendruck ab. Passen Sie den Reifendruck dem Beladungszustand an. Beachten Sie die Bedienungsanleitung Ihres Fahrzeuges genau. Als Faustregel können Sie einen Reifendruck von 1,5 bis 1,8 bar für Vorderrad und Hinterrad annehmen.

Ölen und Schmieren

Bewegliche Teile schmieren

Alle Bauteile, die sich drehen und bewegen, unterliegen dem Verschleiß. Je besser diese Verschleißstellen gepflegt werden, umso funktionssicherer und langlebiger bleiben diese Teile.

Schmierstelle	Schmierstoff
Zündschloss	Schlossöl oder Kriechöl
Helmfachschloss	Schlossöl oder Kriechöl
Seitenständer	Sprühfett, Kettenfett
Hauptständer	Sprühfett, Kettenfett
Bremswelle Trommelbremse	Sprühfett, Kettenfett
Bremshebel am Lenker	Sprühfett, Kettenfett
Bremszug am Bremshebel	Sprühfett, Kettenfett

- Reinigen Sie die Schmierstelle von Ablagerungen und alten Schmiermittelresten.
- Lassen Sie die gereinigten Schmierstellen abtrocknen.
- Tragen Sie ein geeignetes neues Schmiermittel auf.
- Wischen Sie die anliegenden Teile mit einem sauberen Lappen ab.

Züge und Wellen pflegen

Bis auf die Tachowelle, die regelmäßig am Tachoantrieb neu geölt werden sollte, sind die Züge wartungsfrei ausgelegt. Der Eintrag von Öl kann zu verstärkten Schmutzeinlagerungen führen. Klemmende Züge sollten sofort erneuert werden. Der Gaszugteiler (Gasschieber oder Drosselklappe und Gemischpumpenzug) kann durch Auseinanderziehen zerlegt werden, indem man zuerst an Drosselklappe oder Gasschieber und an der Gemischpumpe den Zug ausgehängt.

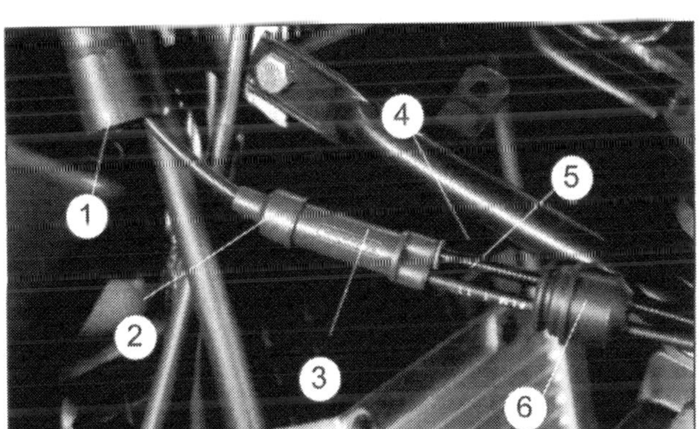

1 Schutzhülle, 2 Kappe, 3 Gehäuse, 4 Gaszug, 5 Gemischpumpenzug, 6 Kappe Schutzhülle

Wartungsarbeiten am Antrieb

Ölkontrolle am Radgetriebe

Der Flüssigkeitsstand des Radgetriebes ist entweder durch eine verbaute Kontrollschraube auf der Radseite (A und 9) oder einen Peilstab (B und 8) zu kontrollieren.

- Für die Kontrolle des Ölstandes mit der Kontrollschraube muss diese herausgedreht werden. Das Getriebeöl sollte nun gerade so herauslaufen. Über diese Schraube wird auch das Getriebeöl nachgefüllt.
- Die Peilstabvariante ermöglicht die Kontrolle durch das Herausdrehen des Peilstabes. Der Ölstand sollte zwischen Minimum und Maximum liegen.

Ölwechsel am Radgetriebe

- Drehen Sie die Ablassschraube heraus.
- Öffnen Sie die Kontrollschraube (oder den Peilstab).
- Lassen Sie das Getriebeöl in einen geeigneten Behälter ablaufen und geben Sie es zur fachgerechten Entsorgung ab.
- Ersetzen Sie die verbaute Dichtung an der Ablaufschraube gegen eine neue.
- Füllen Sie gerade so viel Öl ein, dass Sie entweder die Markierung Maximum am Peilstab erreichen oder, wie in der Variante »B« dargestellt, das Öl aus der Einfüll- und Kontrollschraube gerade so herausläuft.
- Drehen Sie das Rad zwei bis drei Mal herum und kontrollieren Sie den Ölstand erneut.
- Erneuern Sie bei der Kontrollschraubenvariante den Dichtring.
- Reinigen Sie das Getriebegehäuse von Ölrückständen.

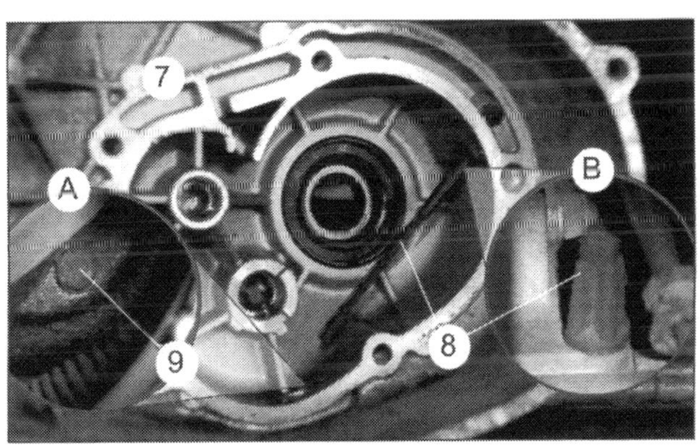

A Kontrollschraubenvariante, B Peilstabvariante, 7 Getriebegehäuse, 8 Peilstab, 9 Kontrollschraube (oben) oder Ablassschraube (unten)

Wartungsdatensammlung

Drehmomente am Motor	50 cm³ Luft	50 cm³ H_2O	80 cm³ Luft	125–180 cm³ Luft	125–180 cm³ H_2O
Kickstarterhebel	12–13 Nm	12–13 Nm	12–13 Nm	12–13 Nm	12–13 Nm
Starter am Gehäuse	12–13 Nm	12–13 Nm	12–13 Nm	12–13 Nm	12–13 Nm
Auspuff am Zylinder (6 mm oder 8 mm)	12–13 Nm	12–13 Nm	12–13 Nm	11–13 Nm	24–27 Nm
Auspufftopf am Krümmer	12–13 Nm	12–13 Nm	12–13 Nm	22–24 Nm	22–24 Nm
Auspufftopf am Motorblock	22–24 Nm	22–24 Nm	22–24 Nm	24–27 Nm	24–27 Nm
Kurbelgehäusehälften	12–13 Nm	12–13 Nm	12–13 Nm	12–13 Nm	12–13 Nm
Gebläserad auf Generatorrotor	3–4 Nm	3–4 Nm	3–4 Nm	3–4 Nm	3–4 Nm
Generatorrotor	40–45 Nm	40–45 Nm	40–45 Nm	48–52 Nm	48–52 Nm
Zylinderkopf/Zylinder Befestigungsschrauben	10–11 Nm	10–11 Nm	10–11 Nm	20–22 Nm	20–22 Nm
Rad Wasserpumpe Gemischpumpenwelle	4–5 Nm	4–5 Nm	4–5 Nm	4–5 Nm	4–5 Nm
Zündkerze	35–40 Nm	35–40 Nm	35–40 Nm	35–40 Nm	35–40 Nm
Laufspiel Zylinder und Kolben (in mm)	0,045-0,055	0,047–0,061	0,035-0,045	0,040-0,050	0,040-0,050
Stoßspiel Kolbenringe (in mm)	0,10–0,25	0,10–0,25	0,10–0,25	0,2–0,35	0,2–0,35
Höhenspiel Kolbenringe (in mm)	0,05–0,07	0,05–0,07	0,05–0,07	0,05–0,07	0,05–0,07
Kolben Standard (in mm)	39,95 +/–0,01	40,011–40,018	46,495–46,525	Hersteller	Hersteller
Kolben 1. Übermaß (in mm)	40,15 +/–0,01	40,211–10,218	46,695–46,725	Hersteller	Hersteller
Kolben 2. Übermaß (in mm)	40,35 +/–0,01	40,411–40,418	46,895–46,925	Hersteller	Hersteller

Drehmomente am Antrieb	50 cm³ Luft	50 cm³ H_2O	80 cm³ Luft	125–180 cm³ Luft	125–180 cm³ H_2O
Variomatikgehäusedeckel	11–13 Nm	11–13 Nm	11–13 Nm	11–13 Nm	11–13 Nm
Kupplungsglocke	40–45 Nm	40–45 Nm	40–45 Nm	48–52 Nm	48–52 Nm
Variator	40–45 Nm	40–45 Nm	40–45 Nm	48–52 Nm	48–52 Nm
Anfahrkupplung	45–50 Nm	45–50 Nm	45–50 Nm	45–50 Nm	45–50 Nm
Zentralmutter Hinterrad	90–100 Nm	90–100 Nm	90–100 Nm	90–100 Nm	90–100 Nm
Schrauben Ölstand und Ölablass	11–13 Nm	11–13 Nm	11–13 Nm	11–13 Nm	11–13 Nm
Ölfüllmenge Getriebeöl (SAE 85 W 90)	65 cm³–85 cm³	65 cm³–85 cm³	65 cm³–85 cm³	65 cm³–85 cm³	65 cm³–85 cm³

Drehmomente an der Karosserie	50 cm³ Luft	50 cm³ H_2O	80 cm³ Luft	125–180 cm³ Luft	125–180 cm³ H_2O
Federbein vorne	20–30 Nm	20–30 Nm	20–30 Nm	20–30 Nm	20–30 Nm
Zentralmutter Vorderrad	75–90 Nm	75–90 Nm	75–90 Nm	75–90 Nm	75–90 Nm
Radschrauben an Nabe	20–27 Nm	20–27 Nm	20–27 Nm	20–27 Nm	20–27 Nm
Bremsscheibe an Nabe	5–7 Nm	5–7 Nm	5–7 Nm	5–10 Nm	5–10 Nm
Lenkerbefestigung	45–50 Nm	45–50 Nm	45–50 Nm	45–50 Nm	45–50 Nm
Konter-Nutmutter Steuerlager	50–60 Nm	50–60 Nm	50–60 Nm	50–60 Nm	50–60 Nm
Bremsschlauch an Zange	15–25 Nm	15–25 Nm	15–25 Nm	15–25 Nm	15–25 Nm
Bremszylinder an Lenker/Rahmen	7–10 Nm	7–10 Nm	7–10 Nm	7–10 Nm	7–10 Nm
Bremsschlauch an Handbremszylinder	8–12 Nm	8–12 Nm	8–12 Nm	8–12 Nm	8–12 Nm
Entlüftungsschraube	10–12 Nm	10–12 Nm	10–12 Nm	10–12 Nm	10–12 Nm
Bremszange an Träger	20–25 Nm	20–25 Nm	20–25 Nm	20–25 Nm	20–25 Nm
Blechschrauben (in Blechklammern)	Handfest	Handfest	Handfest	Handfest	Handfest
Kunststoffschrauben	Handfest	Handfest	Handfest	Handfest	Handfest
Stufenschrauben M6	4–7 Nm	4–7 Nm	4–7 Nm	4–7 Nm	4–7 Nm
Flachkopfschrauben M6	4–6 Nm	4–6 Nm	4–6 Nm	4–6 Nm	4–6 Nm
Maschinenschrauben M5	2–3 Nm	2–3 Nm	2–3 Nm	2–3 Nm	2–3 Nm
Innensechskantschrauben M5	2–3 Nm	2–3 Nm	2–3 Nm	2–3 Nm	2–3 Nm

Montagearbeiten am Motor

In diesem Kapitel erläutern wir Funktionen rund um den Motor, stellen Ihnen die Montagearbeiten dazu vor und zeigen Reparaturmöglichkeiten auf. Sie werden sehr schnell feststellen, dass unser Autorenteam kein Teil am Roller gelassen hat, um Ihnen die Technik näher zu bringen.

Der Zweitaktmotor

Gerade bei Piaggio ist es erstaunlich, dass der Einspritzmotor als schwer zu verstehen empfunden wird, während die Vergaserschwester der Vespa einfacher verstanden wird. Zumindest in Sachen Motortechnik sind beide Zweitaktmotoren, die nicht nur in vielen Details baugleich sind, sondern auch gleich funktionieren. Auch wenn der Name »Zweitakter« darauf schließen ließe, dass dieses Motorkonzept mit nur zwei Takten auskommt, stimmt es nicht. Im Grundsatz muss jeder Verbrennungsmotor dem Rhythmus der vier Takte folgen. Der Name »Zweitakter« kam so zustande, dass er von den vier Arbeitstakten jeweils zwei zeitgleich ausführt. Das ist deshalb möglich, da er nicht nur die Volumenänderung oberhalb der Kolbenbodenfläche nutzt, sondern unterhalb der Kolbenbodenfläche mit Hilfe eines gasdichten Kurbelgehäuses arbeitet. Daraus resultiert auch ein wichtiger Vorteil des Zweitaktmotors: Er benötigt nur eine Kurbelwellenumdrehung für ein komplettes Arbeitsspiel.

Betrachten wir die Vorgänge unter dem Kolbenboden mal getrennt von den Vorgängen über dem Kolbenboden.

Unter dem Kolbenboden

Der blaue Teilkreis, der auf der Kurbelwelle abgebildet ist, zeigt den Teil der Umdrehung der Kurbelwelle, in dem der Motor Frischgas ansaugt. Hierfür müssen die Überströmkanäle und der Auslasskanal durch den Kolben verschlossen sein. Durch die Raumvergrößerung, die durch die Kolbenbewegung im Richtung OT verursacht wird, entsteht ein Unterdruck im Kurbelgehäuse. Die Einlassmembranen werden aufgedrückt und Frischgas strömt ein. Sobald der Kolben den OT erreicht hat und den Weg nach UT beginnt, wird der Raum unter dem Kolbenboden durch die Abwärtsbewegung des Kolbens wieder kleiner. Solange aber der Kolben den Überströmkanal nicht freigegeben hat, kann das Frischgas nicht entweichen. Das Frischgas wird nun zum ersten Mal zusammengedrückt. Diesen Vorgang nennt man »Vorverdichten«.

Über dem Kolbenboden

Der orange gekennzeichnete Bereich stellt die Vorverdichtung bei der Kurbelwellendrehung dar. Nachdem der Überströmkanal durch den Kolben verschlossen worden ist, wird durch die Kolbenbewegung in Richtung OT der Raum über dem Kolbenboden verkleinert. Das Frischgas wird nun verdichtet und kurz vor OT gezündet. Durch die Verbrennung wird der Kolben in Richtung UT getrieben. Sobald der Kolben den Auslaskanal freigibt, wird mit Hilfe des einströmenden Frischgases das Abgas »hinausgespült«. Ein großer Nachteil von Zweitaktmotoren findet sich gerade im »offenen Gaswechsel«. Die Bezeichnung »offener Gaswechsel« ist auf die Besonderheit des Motorkonzeptes zurückzuführen. Beim Ausspülen des Abgases ist

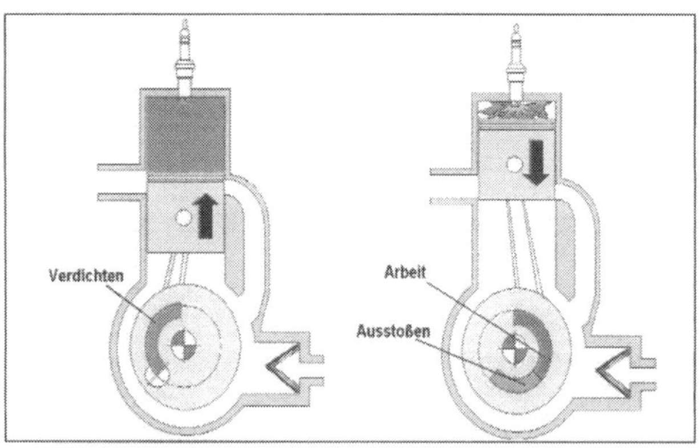

Über dem Kolben.

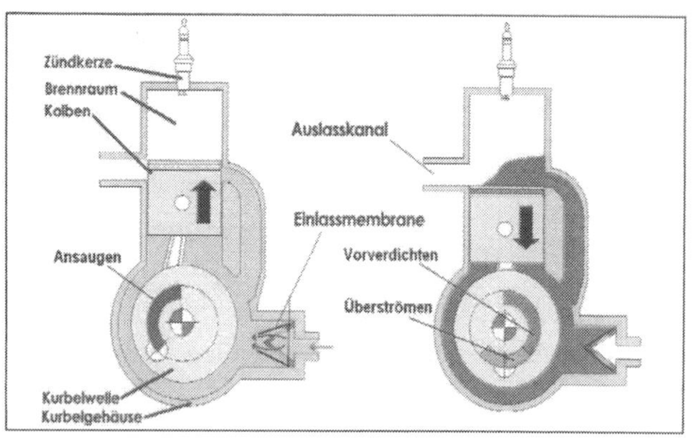

Unter dem Kolben.

neben dem Überströmkanal auch der Auslasskanal offen. Theoretisch wäre es möglich, durch den Motor hindurchzusehen. Natürlich ist die Zeichnung vereinfacht dargestellt. Ein moderner Zweitaktmotor hat bis zu acht Überströmkanäle, die so angeordnet sind, dass eine schnelle Zylinderfüllung und somit ein schneller Gaswechsel gewährleistet ist. Unterschiedliche Drehzahlen und unterschiedlicher Gegendruck durch die Auspuffanlage ergeben nicht in allen Lastzuständen optimale Füllungszustände des Zylinders.

Prüfen der Motormechanik im eingebauten Zustand

Die Verdichtung eines Motors ist eine der wichtigsten Funktionen, die für den Motorlauf erforderlich sind. Durch Verschleiß an Zylinder, Kolben und Kolbenringen tritt zunehmend ein Druckverlust auf. Zu geringer Kompressionsdruck bewirkt, dass der Kraftstoff nicht richtig vergast wird. Das wiederum bewirkt eine schlechte oder oft auch keine Zündung und Verbrennung des Kraftstoffluftgemisches. Oftmals findet sich hier der Fehler für schlecht anspringende Motoren, gerade in der kalten Jahreszeit.

- Demontieren Sie die Zündkerze.
- Ziehen Sie den Verbindungsstecker zum Generator ab. So können Sie die Zündung und im Fall des Einspritzers auch die Einspritzanlage stilllegen. Sie riskieren so keinen elektrischen Schlag.
- Setzen Sie den Kompressionsdruckprüfer mit einem passenden Adapter in das Zündkerzengewinde ein.
- Drehen Sie den Gashebel auf Vollgas. Eine geschlossene Drosselklappe bewirkt eine geringere Füllung des Motors und sorgt dann oft auch für einen geringeren Kompressionsdruck.
- Betätigen Sie den Starter und lassen Sie den Motor etwa zwölf Umdrehungen mit dem Startermotor laufen. Die Messung wird entweder bei Erreichen des Höchstdruck oder nach zwölf Umdrehungen beendet und ausgewertet.
- Nehmen Sie die Messkarte aus dem Druckschreiber heraus und lesen Sie den Druck ab.

Sie sollten einen Druck von etwa 7 - 12 bar ablesen können. Liegt der erreichte Druck deutlich darunter (z. B. 5 bar), muss die Motormechanik genauer untersucht werden.

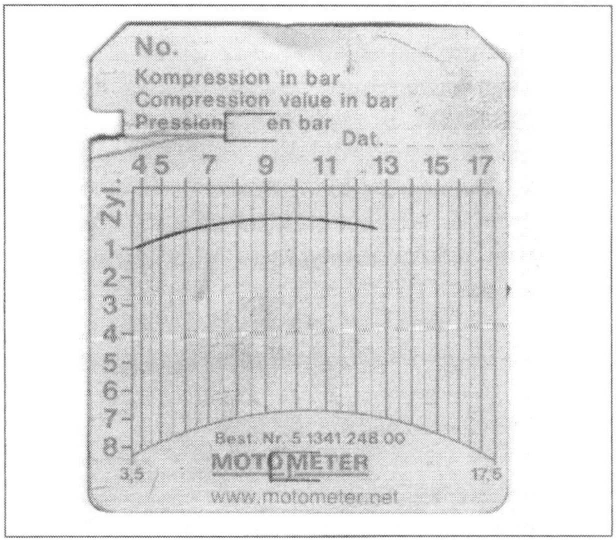

Sehr hoher Kompressionsdruck von einem frisch überholten 180 cm³-Gilera Runner. Der Druck wird sich im Laufe der Betriebszeit aber recht schnell auf etwa 10 bar einpendeln.

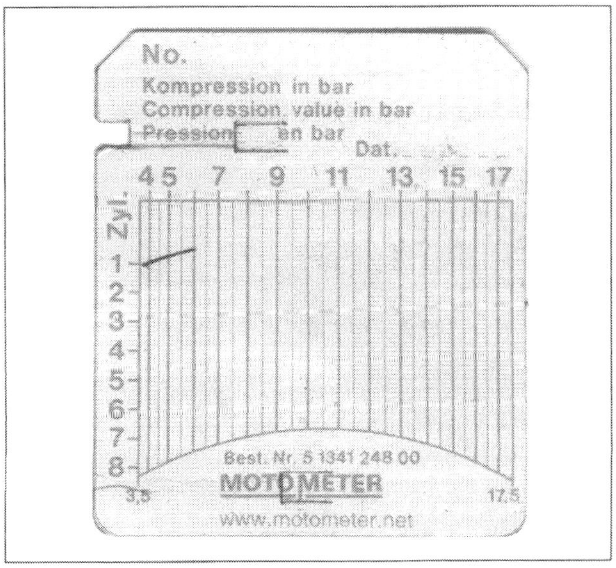

Der Druck neigt sich dem Ende zu. Oftmals bedeutet ein Kompressionsdruck um 5 bar dann schon deutliche Startschwierigkeiten.

Ausbau des Motors

Der Ausbau des Motors fällt bei einem Roller deutlich leichter, als man es zuerst erwartet. Aufgehängt ist er lediglich an drei Punkten. Zwei davon sind die Motorenaufhängung vorne und eine weitere das Federbein hinten. Im Gegensatz zum Motorrad fehlt dem Roller nach dieser Demontage allerdings ein Rad und oft auch der Hauptständer. Aus diesem Grund muss nicht nur die eigentliche Demontage oder Montage vorbereitet werden, sondern auch die Lagerung des Rollers in der Reparaturzeit. Ist es nicht möglich in der Reparaturzeit den Motorroller auf dem Hauptständer stehen zu lassen, kann die Lagerung durchaus auf einem Pflasterstein unter dem Motorträger erfolgen. Allerdings muss dafür gesorgt werden, dass der Roller nicht seitlich wegkippt.

- Stellen Sie den Motorroller auf dem Hauptständer ab.
- Klemmen Sie die Batterie ab.
- Ziehen Sie die elektrischen Verbindungskabel zum Generator und zum Anlasser ab.
- Ziehen Sie das Zündkabel ab.
- Lassen Sie bei wassergekühlten Modellen das Kühlwasser ab.
- Ziehen Sie den Zulaufschlauch zur Variomatik ab.
- Demontieren Sie den Zulauf und Rücklaufschlauch des Kühlsystems zum Motor.
- Demontieren Sie die Gemischpumpe und legen Sie diese mit angeschlossenen Schläuchen zur Seite.
- Bei Fahrzeugen mit hydraulischen Bremssystemen lösen Sie den Bremssattel und die Bremsschläuche aus ihren Halterungen oder legen Sie das System beiseite, ohne dass Sie die hydraulischen Leitungen öffnen oder die Bremse betätigen.
- Bei Fahrzeugen mit einer Trommelbremse hinten demontieren Sie den hinteren Bremszug und legen ihn beiseite.
- Demontieren Sie den Luftfilterkasten und den Luftführungsschlauch zum Vergaser oder zum Drosselklappenteil.
- Demontieren Sie den Vergaser bzw. das Drosselklappenteil.
- Lösen Sie die obere Befestigungsschraube des Stoßdämpfers (4).
- Legen Sie ein Brett unter das Hinterrad, welches in seiner Stärke etwa dem Platz zwischen Hinterrad und Boden entspricht, wenn der Roller auf dem Hauptständer steht.
- Drücken Sie den Roller hinten etwas herunter und drehen Sie die Befestigungsschraube heraus.
- Entlasten Sie den Roller langsam, bis er wieder sicher steht.
- Lösen Sie die beiden Befestigungsschrauben der Motorhalterung unten.
- Nehmen Sie die beiden Befestigungsschrauben der Motorlager unten heraus.
- Heben Sie den Motor vorne etwas an und nehmen Sie den Motor heraus.

Die Montage erfolgt sinngemäß in umgekehrter Reihenfolge dieser Beschreibung.

- Achten Sie darauf, dass Kabel und Schläuche oder Bowdenzüge beim Hineinheben oder Anziehen des Motors nicht gequetscht werden.
- Prüfen Sie das Brems- und Kühlsystem auf Funktion.

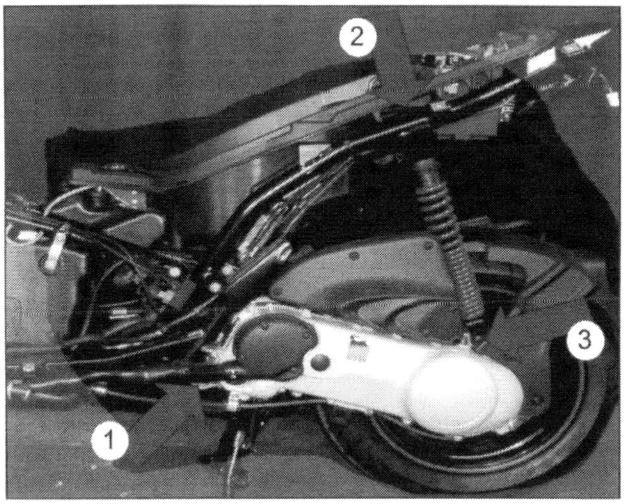

1 Motorlager unten (rechts und links), 2 Stoßdämpferbefestigung oben, 3 Stoßdämpferbefestigung unten am Motorblock

Ansicht von oben: 4 Stoßdämpferbefestigung oben

Austausch der Motorlager

Die Silentbuchsen an Motorlager und Stoßdämpfer haben zwei eigentlich gegensätzliche Aufgaben zu bewältigen. Zum einen muss die Radführung sehr präzise erfolgen und darf bei Lastwechselsituationen annähernd keine Veränderung hinsichtlich Spur und Sturz zulassen. Zum anderen sollen aber keine Schwingungen und Vibrationen vom Motorlauf auf den Rahmen und die Karosserie übertragen werden. Sollten die Lagerbuchsen ausgeschlagen oder anderweitig beschädigt sein, merkt man das meist recht schnell daran, dass das Fahrzeug beim Lastwechsel in eine Richtung zieht. Beim Bremsen oder beim Beschleunigen wird die Triebsatzschwinge belastet. Wenn die Lagergummis unterschiedlich ansprechen, hat das zur Folge, dass die Triebsatzschwinge schief drückt. Das wiederum kann eine Spuränderung an der Hinterachse mit den entsprechenden Auswirkungen zur Folge haben. Stark ausgeschlagene Buchsen melden sich durchaus mit lautstarkem »Rappeln« zu Wort.

Einbaulage der Motorlager am Motorblock.

Prüfen der Motorlager

Die Silentbuchsen lassen sich am besten überprüfen, wenn sie im montierten Zustand unter Belastung beobachtet werden.

- Stellen Sie den Motorroller auf den Hauptständer.
- Lassen Sie eine zweite Person den Motorroller mit der Hand festhalten.
- Versuchen Sie den Antriebsblock (Motor) nach rechts und links zu drücken.
- Sehen Sie sich hierbei die Motorlager genau an.

Treten Risse im Gummi auf oder stellt sich heraus, dass das Gummi bereits von der Stahlhülse abgelöst ist, muss die Buchse dringend ersetzt werden.

Ausgerissene Motorlager sind oft nur bei genauem Hinsehen unter Belastung erkennbar.

Ausbau der Motorlager

Die Motorlager lassen sich am einfachsten mit einem Hilfspresswerkzeug montieren und demontieren. Hierzu wird das Lager mit einer Schraube und einer passenden Unterlagscheibe in eine Hülse gepresst, die genauso lang ist wie das Motorlager. Für die Montage wird nun das Lager mit einer Unterlagscheibe, die genau auf den äußeren Rand des Motorlagers passt, in den Motorblock eingezogen.

- Stellen Sie den Motorroller auf den Hauptständer.
- Demontieren Sie zuerst die eine Seite des Motorlagers und pressen Sie es wie gezeigt heraus.
- Setzen Sie das neue Motorlager auf dieser Seite mit leichten Hammerschlägen in die Bohrung im Motorblock ein.
- Pressen Sie das neue Motorlager auf dieser Seite zuerst wieder ein.
- Achten Sie darauf, dass die Motorlager exakt gerade eingezogen werden.
- Führen Sie nun den Wechsel für die zweite Seite durch.

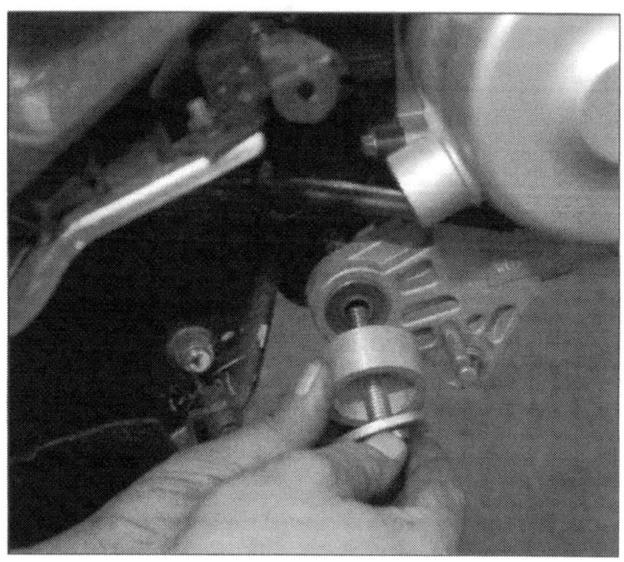

Einzughülse mit Unterlagscheibe zur Motorlagermontage.

Montagearbeit am Motorblock

Störung	Was kann das sein?	Was muss ich tun?
A Roller zieht beim Beschleunigen nach einer Seite	**1** Motorlager einseitig zu weich **2** Motorlager lose **3** Motorlager ausgeschlagen	Motorlager prüfen, ggf. beidseitig ersetzen.
	4 Motorhalter lose	Motorhalter prüfen, ggf. beidseitig Lagerung ersetzen.
	5 Motorhalter defekt	Motorhalter prüfen, ggf. ersetzen.
B Motor wird bei beladenem Motorroller lauter	**1** Motorlager einseitig zu weich **2** Motorlager ausgeschlagen	Zylindersatz und Kompressionsdruck prüfen. ggf Zylindersatz erneuern.
	3 Motorhalter defekt	Motorhalter prüfen, ggf. ersetzen.
C Auspuffkrümmer schlägt am Motorhalter an	**1** Motorlager ausgeschlagen	Motorlager prüfen, ggf. beidseitig ersetzen
	2 Motorhalter defekt	Motorhalter prüfen, ggf. ersetzen.
D Kompressionsdruck zu gering	**1** Zylindersatz defekt	Zylindersatz und Kompressionsdruck prüfen. ggf Zylindersatz erneuern.
	2 Motordichtung defekt	Motor zerlegen und Dichtungen erneuern.
	3 Kurbelwellensimmerring defekt	Kurbelwellensimmeringe prüfen und ggf. ersetzen.

Zylindersatz und Motorblock

Kolben, Kolbenringe und natürlich auch der Zylinder selbst gehören auch bei Piaggio zu den Verschleißteilen des Motors. Bei regelmäßiger Kontrolle können Schäden durch verschlissene Kolbenringe und Ablagerungen vermieden werden. Auf den nächsten Seiten werden Sie die erforderlichen Reparaturschritte kennen lernen und durch die erforderlichen Montagearbeiten begleitet.

Demontage des Zylinders

Um den Zylindersatz zu demontieren, ist es nicht zwingend erforderlich den Motor auszubauen. Grundsätzlich muss bei einer Montage im eingebauten Zustand besonders darauf geachtet werden, dass keine Fremdkörper in das Kurbelgehäuse eindringen. Wenn der Zylindersatz durch einen Kolbenfresser oder Ähnliches beschädigt worden ist, sollte das Kurbelgehäuse in jedem Fall zerlegt werden. Schon kleinste Teile können einen Motorschaden verursachen.

Demontage des Zylinders

- Demontieren Sie den Generator (wird im Arbeitsschritt Generator ausbauen näher beschrieben).
- Demontieren Sie den Variomaten (wird im Arbeitsschritt Arbeiten an der Variomatik näher beschrieben).
- Demontieren Sie die Auspuffanlage.
- Demontieren Sie die Leitbleche für die Kühlluft.
- Drehen Sie den Motor auf OT.
- Demontieren Sie die Zylinderkopfmuttern (4).
- Ziehen Sie den Zylinderkopf ab (5).
- Nehmen Sie die Zylinderkopfdichtung heraus.
- Ziehen Sie nun den Zylinder ab.
- Stecken Sie einen Lappen in das Kurbelgehäuse des Motors. Somit wird verhindert, dass ein Kolbenclip oder andere Bauteile unbeabsichtigt im Motorblock verschwinden.
- Demontieren Sie einen Kolbenclip. Nehmen Sie die Seite, an die Sie am besten herankommen.
- Drücken Sie den Kolbenbolzen aus dem Kolben heraus.
- Nehmen Sie den Kolben ab.

Montage des Zylinders

Egal ob nun der Zylinder ersetzt oder nur neue Kolbenringe oder ein neuer Kolben montiert wurden, beachten Sie folgende wichtige Grundsätze:

- Reinigen Sie die demontierten Teile gründlich von Dichtungsresten und Verschmutzungen.
- Prüfen Sie grundsätzlich, ob alle Teile, die Sie wieder verwenden möchten, in Ordnung sind. Sie ersparen sich so unnötige Montagearbeiten und den einen oder anderen Euro für das Montagematerial.
- Verwenden Sie grundsätzlich neue Dichtungen.
- Verbauen Sie niemals bereits schon mal verbaute Kolbenclips.

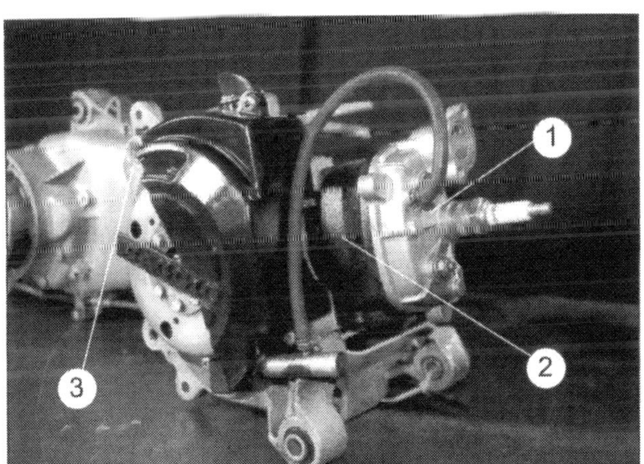

1 Zylinderkopf, 2 Zylinder, 3 Motorblock

4 Zylinderkopfschrauben, 5 Zylinderkopf

Zylinder vom Kolben vorsichtig abziehen.

Pleuellager einsetzen und dann mit etwas Öl versorgen!

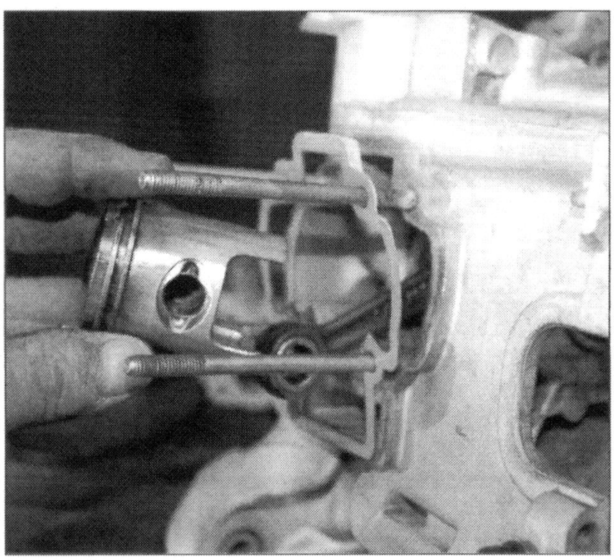

Kolbenmontage mit vormontiertem Kolbenclip.

- Achten Sie darauf, dass die Kolbenringe sauber neben den Ringnasen liegen.
- Legen Sie eine neue Zylinderfußdichtung ein.
- Legen Sie das Pleuellager oben in den Pleuel ein.
- Geben Sie ein paar Spritzer Öl in das Pleuellager oben, um eine Schmierung in den ersten Umdrehungen zu gewährleisten.
- Montieren Sie einen Kolbensicherungsclip im Kolben vor.
- Schieben Sie den Kolbenbolzen so weit in die Bohrung im Kolben ein, dass Sie den Kolben noch über das Pleuellager schieben können.
- Legen Sie zur Sicherheit einen Lappen in das Kurbelgehäuse ein. Sie können so leicht vermeiden, dass Ihnen der zweite Kolbenclip bei der Montage ins Kurbelgehäuse fällt.
- Montieren Sie den Kolben so, dass die Kolbenringnasen mit den Kolbenringöffnungen nach oben zum Einlass zeigen.
- Halten Sie den Kolben so, dass der Kolbenbolzen sich durch das Pleuellager einschieben lässt.
- Schieben Sie den Kolbenbolzen so weit ein, dass er an dem vormontierten Kolbenbolzenclip anliegt.
- Montieren Sie nun den zweiten Kolbenbolzenclip. Nehmen Sie den Lappen wieder aus dem Kurbelgehäuse heraus.
- Spritzen Sie einige Spritzer Öl in den Zylinder und verteilen Sie das Öl gleichmäßig auf die Lauffläche des Zylinders.
- Drücken Sie die Ringe mit den Fingern zusammen und schieben Sie den Zylinder auf den montierten Kolben auf.
- Prüfen Sie den Zustand des Zylinderkopfes und reinigen Sie die Dichtfläche des Zylinderkopfes penibel.
- Prüfen Sie den Zustand und die Funktion des Thermostaten im Zylinderkopf.

- Prüfen Sie den Zustand und die Funktion des Temperaturfühlers im Zylinderkopf.
- Verwenden Sie grundsätzlich eine neue Zylinderkopfdichtung.
- Setzen Sie den Zylinderkopf auf.
- Ziehen Sie die Zylinderkopfschrauben gleichmäßig an.

Die weitere Montage erfolgt in umgekehrter Reihenfolge in Abhängigkeit davon, ob Sie für diese Arbeiten den Motor des Rollers ausgebaut oder den Zylinderwechsel im eingebauten Zustand durchgeführt haben.

Prüfen Sie in jedem Fall vor der ersten Probefahrt die Funktion und die Entlüftung der Gemischpumpe.

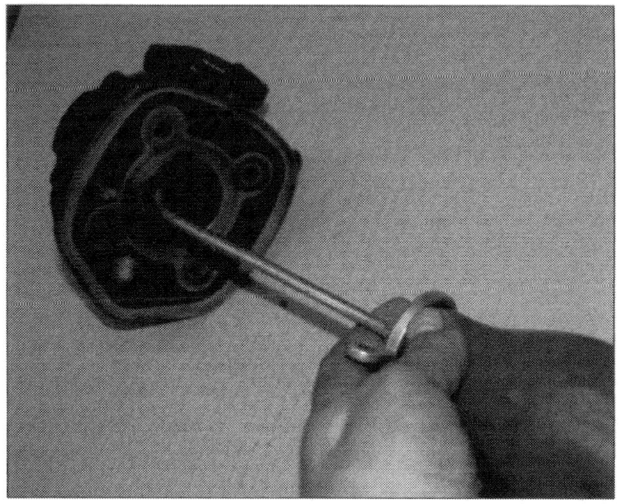

Lebenswichtig für die ersten Umdrehungen ist etwas Schmieröl an der Zylinderlaufbahn.

Verschleißmessung am Zylinder

Der Zylindersatz gehört zu den stark belasteten Teilen des Motors. Liegt die Nenndrehzahl bei 6000 Umdrehungen pro Minute, bewegt sich der Kolben 12.000-mal auf- und abwärts im Zylinder. Trotz Schmierung entsteht natürlich ein entsprechender Verschleiß an Zylinder und Kolben. Der Verschleiß sorgt dafür, dass die Abdichtung zwischen Kolben und Zylinder verloren geht. Damit werden das Kaltstartverhalten, der Leerlauf und meist auch die Motorleistung negativ beeinträchtigt. Auch wenn es heute schon die Zylindersätze zu recht moderaten Preisen zu kaufen gibt, rechnet sich das Ausmessen dieser Verschleißteile allemal. In vielen Fällen ist es meist schon ausreichend, die Kolbenringe zu ersetzen. So kann durchaus der eine oder andere Euro eingespart werden.

Verschleißmessung am Zylinder

- Reinigen Sie die demontierten Teile gründlich von Dichtungsresten und Verschmutzungen.
- Montieren Sie das Innenmessgerät entsprechend zu dem Nenndurchmesser Ihres Zylinders.
- Gleichen Sie den Innenmesser in einer Bügelmessschraube auf den Nenndurchmesser ab (Nullstellung Messuhr). Führen Sie den Innenmesser in den Zylinder ein.
- Messen Sie zuerst alle drei Ebenen in der Drehrichtung der Kurbelwelle. Hier sollte der größte Verschleiß feststellbar sein. Messen Sie dann alle drei Ebenen in der Achsenrichtung der Kurbelwelle.
- Notieren Sie sich die Messwerte in einer Tabelle und vergleichen Sie Ihre Messungen mit den Sollmaßen unter dem Oberbegriff »Wartungsdatensammlung«.

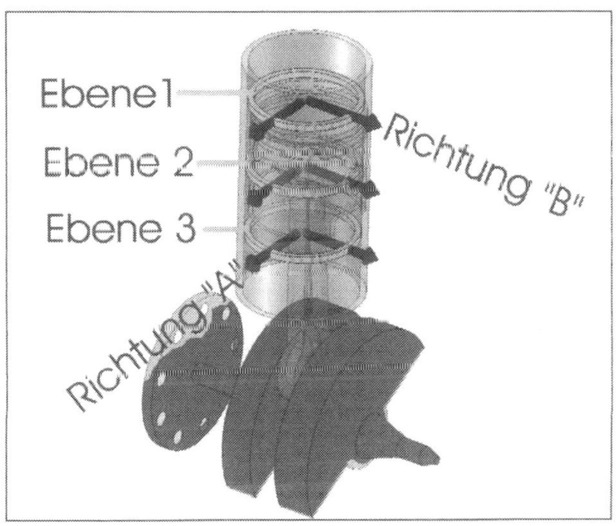

Richtung A ist die Messrichtung in Drehrichtung des Motors. Richtung B ist die Messrichtung in Achsenrichtung der Kurbelwelle. Ebenen 1-3 beschreiben die Höhe, in der die Messungen erfolgen sollen.

Verschleißmessung am Kolben

Aus dem Zylindermaß und dem Kolbenmaß können Sie das Laufspiel ermitteln oder es mit den »Wartungsdaten« vergleichen.

- Messen Sie den Durchmesser des Kolbens etwa 25 mm unter dem untersten Kolbenring am Kolbenhemd mit einer Bügelmessschraube.

- Ziehen Sie das Kolbenmaß vom Zylindermaß ab. Die Differenz nennt sich Laufspiel und sollte etwa 0,047 mm nicht unterschreiten. Mehr als 0,061 mm darf das Laufspiel nicht betragen. Hier steht dann der Wechsel von Kolben und/oder dem Zylindersatz an.

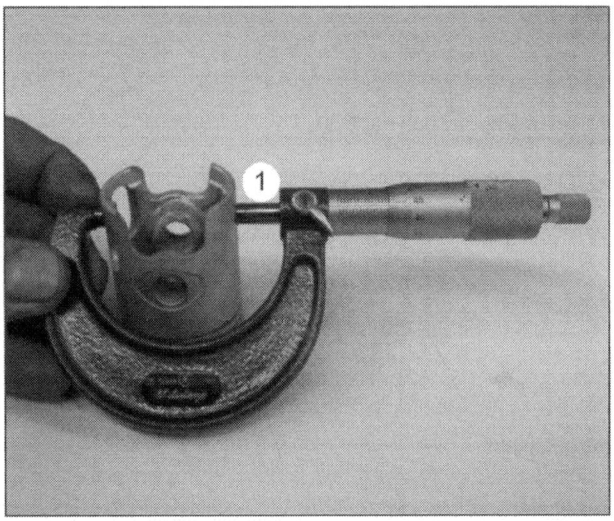

Messung des Kolbendurchmessers nach Vorschrift: 25 mm von der Kolbenringnut nach unten zum Kolbenhemd (1).

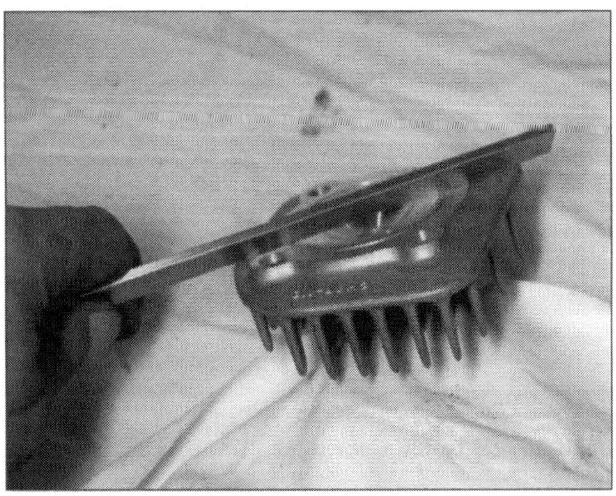

Vier Anlagestellen werden für die Beurteilung der Fläche benötigt.

Planfläche am Zylinderkopf

Für die Beurteilung der Planfläche ist es erforderlich mit einem Planlineal oder Haarlineal die Ebene des Zylinderkopfes zu bewerten.

- Halten Sie das Planlineal in zwei Richtungen diagonal über den Zylinderkopf. Beurteilen Sie den Lichtspalt oder messen Sie den Abstand zwischen Planlineal und Zylinderkopf.

- Halten Sie das Planlineal in zwei Richtungen parallel zu den Zylinderbolzenbohrungen und beurteilen oder ermessen Sie den Abstand zwischen Zylinderkopf und Haarlineal.

Stellen Sie einen Verzug in einer Richtung fest, sollten Sie den Zylinderkopf ersetzen. Das Planschleifen ist für die Piaggiomotoren nicht vorgesehen, gerade bei den wassergekühlten Motoren aufgrund der Dichtungsnuten im Zylinderkopf auch nicht durchführbar.

Stoßspiel der Kolbenringe

- Legen Sie den zu prüfenden Kolbenring (1) gerade in den Zylinder (2) ein.

- Ertasten Sie mit einer Fühlerlehre (3) den Platz zwischen den beiden Ringenden. Die Fühlerlehre sollte mit leichtem aber fühlbarem Widerstand eingeschoben werden können.

Das Stoßspiel muss zwischen 0,10 mm und 0,25 mm betragen. Wird das Stoßspiel größer, muss der Kolbenring ersetzt werden.

Höhenspiel der Kolbenringe

- Legen Sie den zu prüfenden Kolbenring (1) gerade in die Kolbennut (4) ein.

- Ertasten Sie mit einer Fühlerlehre (3) den Platz zwischen Kolben und Kolbenring. Die Fühlerlehre sollte mit leichtem aber fühlbarem Widerstand eingeschoben werden können.

Das Höhenspiel muss zwischen 0,03 mm und 0,06 mm betragen. Wird das Höhenspiel größer, muss der Kolbenring oder der Kolben ersetzt werden.

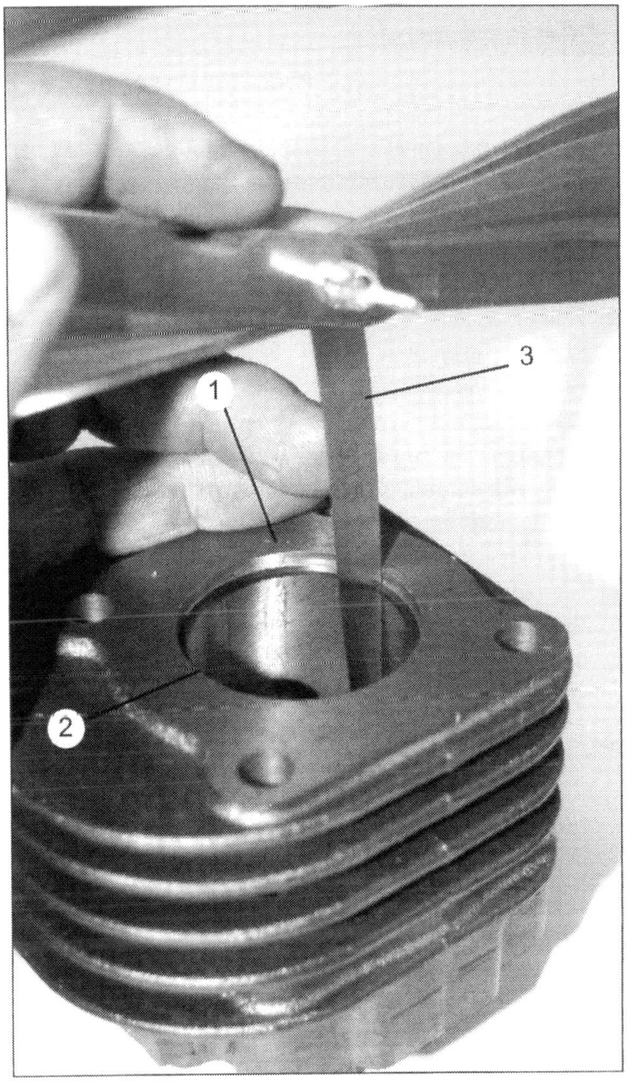

Prüfung des Stoßspiels eines Kolbenrings im Zylinder.
1 Kolbenring, 2 Zylinder, 3 Führerlehre

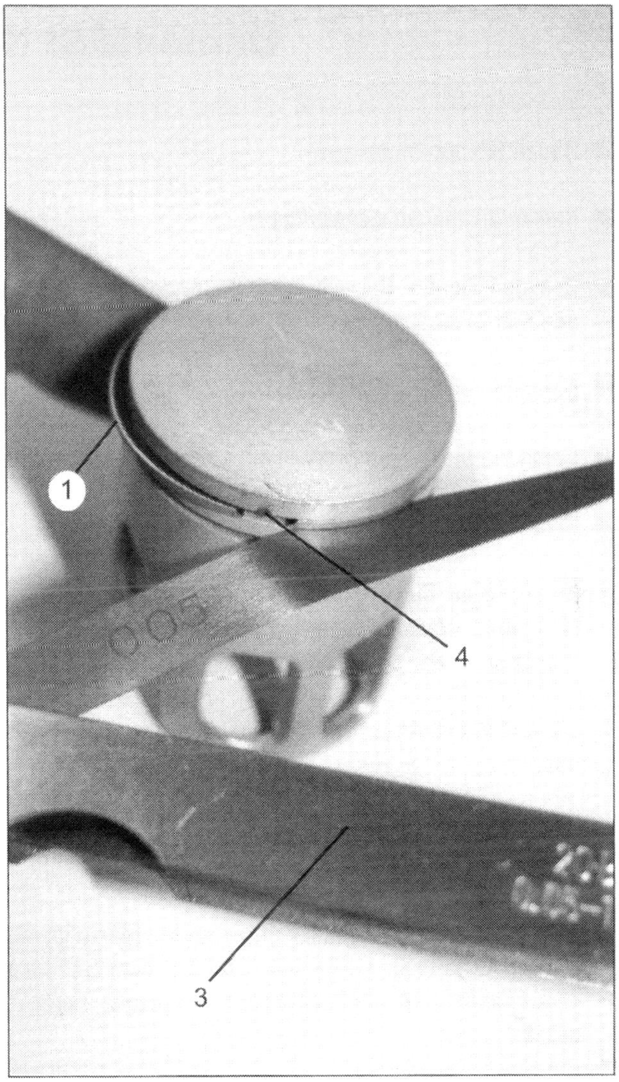

Prüfung des Höhenspiels eines Kolbenrings im Kolben.
1 Kolbenring, 3 Führerlehre, 4 Kolbenringnut

Demontage des Motorblocks

- Bauen Sie den Motor aus.
- Stellen Sie ihn auf die Werkbank.
- Reinigen Sie den Bereich um den Zylinder und die beiden Kurbelgehäusehälften sehr gründlich.
- Demontieren Sie den Zylindersatz.
- Demontieren Sie den Generator.
- Demontieren Sie den Variomaten auf der Kurbelwelle.
- Demontieren Sie das Antriebsrad der Gemischpumpe und der Wasserpumpe und den dazugehörigen Antriebsriemen.
- Bauen Sie den Ansaugstutzen und die Ansaugmembran aus.
- Lösen Sie die Blockschrauben (1) und drehen Sie sie heraus.
- Drücken Sie den Motorblock auseinander. Hierzu ist ein spezieller Abzieher (2) hilfreich, der auf dem Gehäuse verschraubt wird und dann die Kurbelwelle herausdrückt.
- Schlagen Sie die im Motorblock verbliebenen Kurbelwellenlager mit einer passenden Ratschennuss aus dem jeweiligen Gehäuse heraus.

In der Regel verbleiben die Lager im Motorgehäuse und müssen dann gesondert mit einem Durchschlag oder eben einer passenden Ratschennuss herausgeschlagen werden. Lager, die auf der Kurbelwelle sitzen, müssen mit einem speziellen Lagerabzieher abgezogen werden. Die Lager mit Hammer und Meißel von der Kurbelwelle zu schieben, bedeutet zwei Risiken für die Kurbelwelle: Die Welle kann durch den Meißel beschädigt oder durch die Hammerschläge verzogen werden.

- Drücken Sie die Kurbelwellensimmerringe von innen nach außen heraus.
- Reinigen Sie die Dichtflächen des Motorblocks und den Motorblock selbst im Bereich der Montagearbeiten rund um die zweite Blockhälfte und den Zylinder sehr gründlich.
- Prüfen Sie die Bauteile, die wieder verwendet werden sollen, gründlich auf Schäden. Die beiden Kurbelwellenseitenlager müssen auf jeden Fall ersetzt werden.
- Bei wassergekühlten Varianten sollten Sie die Gelegenheit nutzen und die Wasserpumpe erneuern.
- Für die luftgekühlten Modelle sollte die Lagerung des Gemischpumpenantriebs genau unter die Lupe genommen werden und bei Schäden gleich mit erneuert werden.

1 Blockschrauben unter dem Generator im rechten Gehäuseblock.

Positionierung des Abziehers auf dem Motorblock, 2 Abzieher.

Hilfskonstruktion für das Auspressen der rechten Blockhälfte.

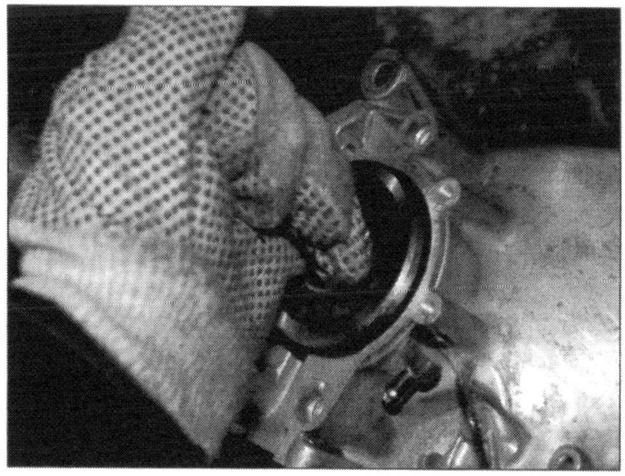

Nach dem Erhitzen des montierten Lagers: Schnell die Kurbelwelle einschieben!

Erwärmen und Überwachung des Anheizvorgangs für die Montage.

Dirko: Silikondichtmasse für die Blockabdichtung, Pasten sind ungeeignet.

Montage des Motorblocks

Vor der Montage von Kurbelwelle und Motorblock müssen alle Bauteile gründlich gereinigt und die Dichtungsreste entfernt werden. Der Trick für eine schadfreie Montage stammt aus der Physik. Materialien wie Metalle dehnen sie unter Wärmezufuhr aus.

- Um die Kurbelwellenlager bei der Montage nicht zu beschädigen, wird der Motorblock so weit erwärmt, dass sich die Lagerbohrung aufweitet. Bei ca. 90 bis 95 °C kann das Kurbelwellenlager einfach mit der Hand eingeschoben werden. Die Hand sollte man mit einem Leder- oder Textilhandschuh schützen, um keine Verbrennungen zu erleiden. Die Temperatur lässt sich sehr einfach mit dem Multimeter erfassen und überwachen.
- Nachdem beide Motorblockhälften mit den neuen Lagern versehen worden sind, werden die neu eingebauten Lager auf ca. 90 bis 95 °C erwärmt. Die Lager dehnen sich unter der heißen Luft aus und ermöglichen, die Kurbelwelle von Hand einzusetzen. Wichtig hierbei: Einbaurichtung beachten (Lichtmaschinenseite = Keilnut; Variomatikseite = geriffelt)! Am einfachsten ist es, wenn man zuerst die Variomatikseite erwärmt und dann die Kurbelwelle auch in diese Seite einbaut.

- Bevor die zweite Blockhälfte erwärmt und aufgesetzt wird, muss die Dichtmasse auf die bereits vormontierte Blockhälfte aufgetragen werden. Wichtig hierbei ist es, eine Dichtmasse zu wählen, die druck-, temperatur- und benzinfest ist. Zumeist sind sie auf Silikonbasis hergestellt.

- Sobald das Lager und der Motorblock die Temperatur erreicht haben, werden die beiden Motorblöcke zusammengeschoben und verschraubt. Die Wartezeit nach dem Erwärmen muss sehr kurz gehalten werden. Auch das eigentliche Einschieben der »kalten« Bauteile, wie der Kurbelwelle und der Lager, muss sehr zügig und am besten mit einem Ruck erfolgen, da die Temperatur des Blocks schnell an die zu montierenden Bauteile abgegeben wird.

- Zu guter Letzt müssen die Überstände der Dichtmasse entfernt oder verstrichen werden. Gerade im Bereich des Kurbelgehäuses und im Einlass können sie stören.

- Es sollte auf jeden Fall kontrolliert werden, ob die Kurbelwelle ohne Simmerringe leichtgängig ist. Sollte das nicht der Fall sein, kann mit einem leichten Setzschlag auf die beiden Wellenseiten nachgeholfen werden.

Simmerringe im Kurbelgehäuse

Die Montage der Simmerringe an der Kurbelwelle muss grundsätzlich so erfolgen, dass zum einen die Kurbelwelle nicht beschädigt und zum anderen der Simmerring die genaue Einbauposition noch gerade erreicht.
Für die Montage in Fachwerkstätten gibt es hier Spezialwerkzeuge, die Ihnen allerdings als Schrauber nicht unbedingt zur Verfügung stehen.

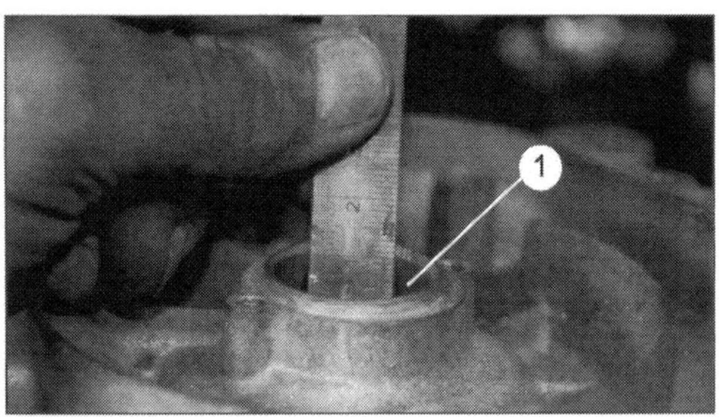

12 mm tief versteckt ist die richtige Position für den Simmering der Generatorseite (1).

Demontage mit dem Montagehaken
Diese Demontageart ist für den Simmerringwechsel bei montiertem und eingebautem Motor vorgesehen. Hier gibt es als Spezialwerkzeug einen Haken, welcher zwischen Dichtlippe und Kurbelwelle hindurchgedrückt wird und dann um 90° verdreht den Simmerring von hinten greift und das Herausziehen ermöglicht.

- Legen Sie den zu wechselnden Simmerring frei.

- Stecken Sie den Montagehaken zwischen Simmerring und Kurbelwelle ein.

- Verdrehen Sie den Haken und ziehen Sie den Simmerring heraus.

Demontage mit dem Durchschlag
- Bauen Sie den Motor aus.

- Demontieren Sie die Kurbelwelle und die Kurbelwellenlager.

- Schlagen Sie den Simmerring mit einem Durchschlag gerade und Seiten wechselnd nach außen heraus.

Bündig eingebaut ist die richtige Position des Simmerings auf der Variomatikseite.

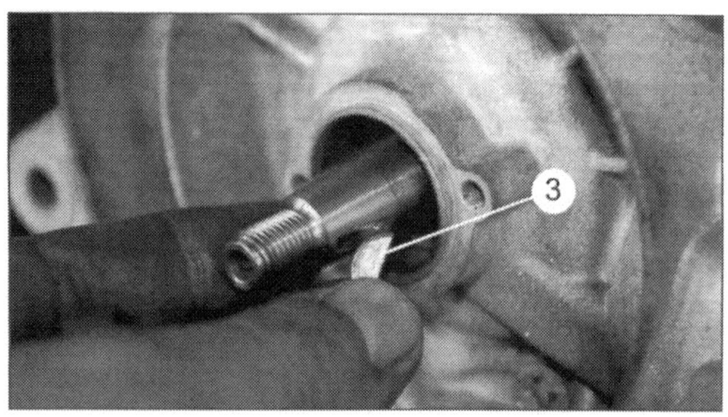

Die Scheibenfeder (3) (Keil) für den Generatorrotor muss vorher raus.

Montage mit einem Rohrstück

- Ölen Sie den Simmerring an den Dichtflächen und an der Dichtlippe leicht ein.

- Entfernen Sie auch kleinere scharfkantige Anbauteile des Motors.

- Setzen Sie den Simmerring gerade an und schlagen Sie ihn dann mit einem gerade noch leicht in das Gehäuse passendes Rohrstück ein.

Der Simmerring für die Generatorseite (1) muss 12 mm von der Oberkante montiert werden. Für die Variomatikseite (2) ist der Simmerring »bündig« verbaut.

Motorteile aus dem Zubehör

Ein Vorteil der Piaggio-Modelle liegt schon darin, dass es eigentlich kein Teil mehr gibt, das sich nicht in diversen Internetshops zu kaufen oder aus privater Hand erwerben lässt. Ob neu oder gebraucht, oft ergibt sich aus der Teilelieferung aus dem Zubehör eine kräftige Ersparnis gegenüber dem Originalteil. Die Aufschlüsselung und die Verwendung der Teile sind in den meisten Fällen völlig unproblematisch. Mit etwas Glück erwischt man beispielsweise ein Zylinderset um 35 Euro. Über die Überarbeitung muss bei diesem Preis dann nicht mehr nachgedacht werden.

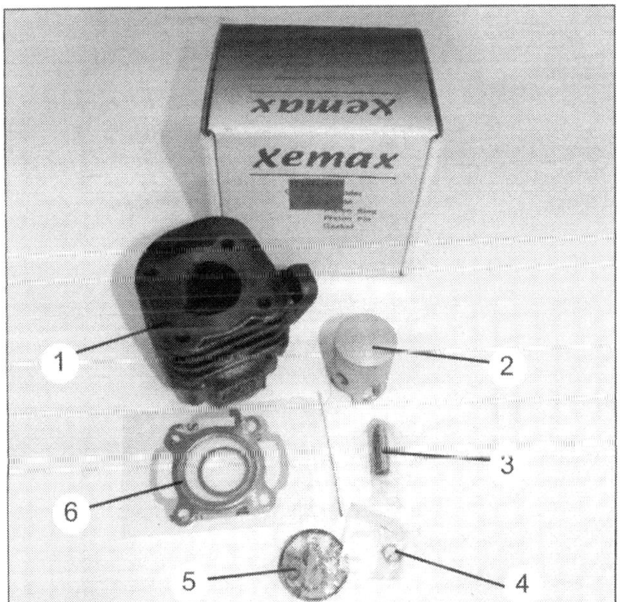

1 Zylinder, 2 Kolben, 3 Kolbenbolzen, 4 Kolbenbolzensicherung, 5 Kolbenringe, 6 »Topend«-Dichtungssatz mit Kopf-, Fuß- und Auspuffdichtung

Ersatzteile in Original-Abmessung

Nachbauzylinder sind heute keine Besonderheit mehr. Da bei den meisten Piaggiomotoren die gleichen Zylindersätze zum Einsatz kommen können, ist es für Zylinderhersteller auch interessant neben dem Motorenhersteller Piaggio die Ersatzteilversorgung umzusetzen. Die große Anzahl der Modelle und der Fahrzeuge, die sich noch in Betrieb befinden, begründen eine große Nachfrage, mit einiger Konkurrenz unter den Zylinderherstellern weltweit. Die Auswirkung werden Sie als Nutzer schnell feststellen. Für 35 Euro dürfen Sie sich den originalen Zylinder vielleicht mal ansehen. Liefern kann ihn der Piaggio-Händler für den Preis leider nicht. Schon gar nicht komplett mit Kolben, Kleinteilen und allen Dichtungen.

Tuningteile im Straßenverkehr

Schon immer gab es für die Piaggio's alles für den Rennsport, was benötigt wird, um Ihren Piaggio in Renntrimm zu bringen. Beachten Sie aber immer die Zulassungsbestimmungen für Ihren Roller. Ein 50-cm³-Motor mit einem 70-cm³-Satz ist kein 50-cm³-Motor mehr, sondern fällt in die Fahrzeugklasse bis 125 cm³. Der Betrieb im Straßenverkehr ist dann oft: Fahren ohne Führerschein und Fahren ohne Versicherungsschutz. Zudem besteht für Ihr umgebautes Fahrzeug keine Betriebserlaubnis, die auf das Fahrzeug zutrifft. Der Betrieb ist somit nicht zulässig. Rennkurbelwellen weisen oft eine etwas höhere Festigkeit auf. Oft wird auch die Vorverdichtung durch Volumen verkleinernde Kunststoffteile erreicht. Auch das gehört schon in den Bereich der technischen Verbesserungen, die die Eigenschaft des Rollers verändern. Die rechtlichen Auswirkungen werden immer strenger. Tuning ist kein Kavaliersdelikt. Verlangt die Versicherung aufgrund der technischen Veränderung eine Rückzahlung, wird es teuer.

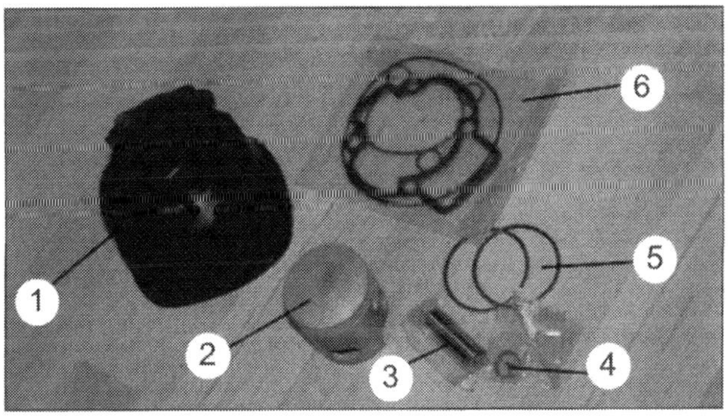

1 Zylinder, 2 Kolben, 3 Kolbenbolzen, 4 Kolbenbolzensicherung, 5 Kolbenringe, 6 »Topend«-Dichtungssatz mit Kopf- und Fußdichtung

STÖRUNGSBEISTAND

Zylindersatz und Motorblock

	Störung	Was kann das sein?	Was muss ich tun?
A	**Motor springt nicht an**	**1** Kompressionsdruckverlust	Kompressionsdruck messen (lassen).
		2 Kurbelgehäuse undicht	Kurbelgehäuse und Kurbelwellensimmerringe auf Schäden oder Undichtigkeit prüfen.
		3 Zylinderkopfdichtung defekt	Kopfdichtung prüfen, gegebenenfalls erneuern (lassen), Kühlsystem abdrücken (lassen).
		4 Zylinderkopf defekt	Zylinderkopf prüfen, gegebenenfalls erneuern (lassen), Kühlsystem abdrücken (lassen).
		5 Kolbenringe verschlissen	Kolbenringe überprüfen und den Zylinderverschleiß überprüfen (lassen).
		6 Kolben beschädigt **7** Zylinder beschädigt	Zylindersatz auf Beschädigungen überprüfen (lassen). Wichtig: Stellen Sie die Ursache fest!
B	**Zündkerze ist sehr nass**	**1** Zu viel Gemischöl im Zylinder und im Kurbelgehäuse	Zylinder und Kurbelgehäuse trockenlegen und Gemischschmierungsanlage auf Leckagen überprüfen (lassen).
		2 Zu viel Kraftstoff im Zylinder	Zylinder und Kurbelgehäuse trockenlegen und Gemischbildungsanlage auf Leckagen überprüfen (lassen).
		3 Kompressionsdruck zu gering	Zylindersatz auf Beschädigungen überprüfen (lassen). Wichtig: Stellen Sie die Ursache fest!
		4 Zylinderkopfdichtung defekt	Kopfdichtung prüfen, gegebenenfalls erneuern (lassen), Kühlsystem abdrücken (lassen).
C	**Motor wird zu heiß**	**1** Kühlwasserstand zu niedrig	Kühlwasserstand auffüllen und auf Wasserspuren achten, gegebenenfalls das Kühlsystem abdrücken (lassen).
		2 Kühler zugesetzt	Kühler prüfen, gegebenenfalls erneuern.
		3 Thermostat defekt	Thermostat prüfen, gegebenenfalls erneuern (lassen).
		4 Zylinderkopfdichtung defekt	Kopfdichtung prüfen, gegebenenfalls erneuern (lassen), Kühlsystem abdrücken (lassen).

Zylindersatz und Motorblock

	Störung	Was kann das sein?	Was muss ich tun?
D	**Motor läuft sehr rau im Leerlauf**	**1** Kurbelwellenlager defekt	Temperaturfühler prüfen, gegebenenfalls erneuern.
		2 Wasserpumpenlager defekt	Verkabelung und Anschlüsse mit dem Schaltplan prüfen, gegebenenfalls erneuern.
		3 Zylindersatz defekt	Messuhr im Tachometer prüfen (lassen), gegebenenfalls erneuern.
E	**Motor lässt sich nicht drehen.**	**1** Antriebsriemen gerissen	Variomatik und Antrieb prüfen und gegebenenfalls beschädigte Teile erneuern (lassen).
		2 Kickstarter defekt	Kickstarter und Umsetzerritzel prüfen und gegebenenfalls beschädigte Teile erneuern (lassen).
		3 Startermotor (Anlasser) defekt	Startermotor prüfen (lassen), gegebenenfalls defektes Teil der Startanlage gegen ein Neuteil ersetzen.
		4 Batterie leer	Batteriespannung prüfen, gegebenenfalls aufladen.
		5 Zylinder defekt	Zylindersatz auf Beschädigungen überprüfen (lassen). Wichtig: Stellen Sie die Ursache fest!
		6 Motor mit Benzin vollgelaufen	Zylinder und Kurbelgehäuse trockenlegen und Gemischschmierungsanlage auf Leckagen überprüfen (lassen).
		7 Kurbelwelle defekt **8** Kurbelwellenlager defekt	Kurbelwelle und Kurbelwellenlager auf Beschädigungen überprüfen (lassen). Wichtig: Stellen Sie die Ursache fest!

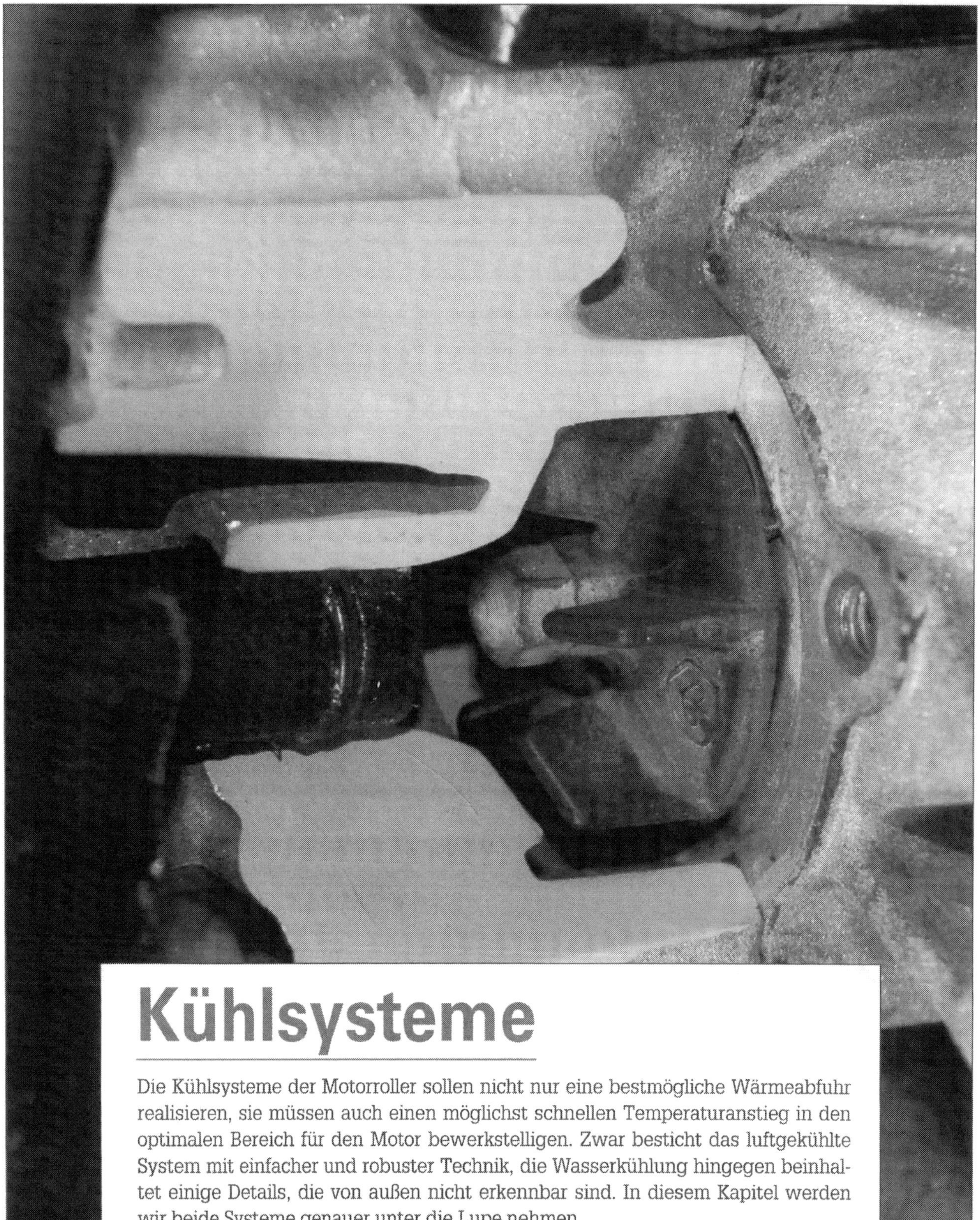

Kühlsysteme

Die Kühlsysteme der Motorroller sollen nicht nur eine bestmögliche Wärmeabfuhr realisieren, sie müssen auch einen möglichst schnellen Temperaturanstieg in den optimalen Bereich für den Motor bewerkstelligen. Zwar besticht das luftgekühlte System mit einfacher und robuster Technik, die Wasserkühlung hingegen beinhaltet einige Details, die von außen nicht erkennbar sind. In diesem Kapitel werden wir beide Systeme genauer unter die Lupe nehmen.

Luftgekühlte Motoren

Bei den luftgekühlten Motoren ist das Kühlsystem noch recht einfach aufgebaut. Ein auf dem Lichtmaschinenrotor aufgeschraubter Ventilator bläst bzw. saugt Luft durch das Gitter in der Gebläseabdeckung an. Die Zylinderhaube leitet die Luft über den Zylinder und sorgt für eine Ableitung der warmen Luft nach unten. Dieses Prinzip nennt sich Zwangsluftkühlung oder »forced air cooling«. Die Motoren dieser Bauweise werden meist mit »AC«-Motoren bezeichnet. »AC« steht dann für »aircooled«, also luftgekühlt.
Ein deutlicher Nachteil liegt darin, dass dieses Kühlsystem nicht geregelt wird. Es ist für einen mittleren Temperaturbereich ausgelegt und lässt sich eigentlich fast nicht auf veränderte Bedingungen, wie größere Temperaturen im Tuningbereich oder große Kälte abstimmen.

Wassergekühlte Motoren

Ist kein Thermostat verbaut, ist auch ein wassergekühlter Motor im Kühlsystem ungeregelt. Der Thermostat hat die Aufgabe, die Temperatur im Zylinder möglichst schnell auf die optimale Temperatur von ca. 90 °C zu bringen. Solange die Temperatur noch nicht erreicht ist, bleibt der Thermostat geschlossen und das Wasser kann nicht zum Kühler gelangen. Wird die Temperatur größer, öffnet sich der Thermostat langsam und ermöglicht dann den Zufluss zum Kühler. Sinkt die Temperatur am Zylinder wieder ab, verschließt sich der Thermostat und versperrt den Weg zum Kühler. Die Regelung erfolgt stufenlos. Das Öffnen und Schließen des Thermostats erfolgt innerhalb mehrerer Minuten und kann recht gut mit einem einfachen Versuch, der »Thermostatprüfung«, beobachtet werden.

Kühlluftführung und Gebläserad prüfen

Im Laufe der Betriebszeit lagern sich Staub, Blätter und andere Verschmutzungen an Zylinder und den Teilen der Luftführung ab. Die Überhitzung des Motors wird nicht überwacht. Die Prüfung der Luftführung muss also regelmäßig erfolgen.

- Demontieren Sie die Zylinderkopfabdeckung.
- Demontieren Sie die seitliche Gebläseabdeckung.
- Prüfen Sie das Gebläserad auf Schäden.

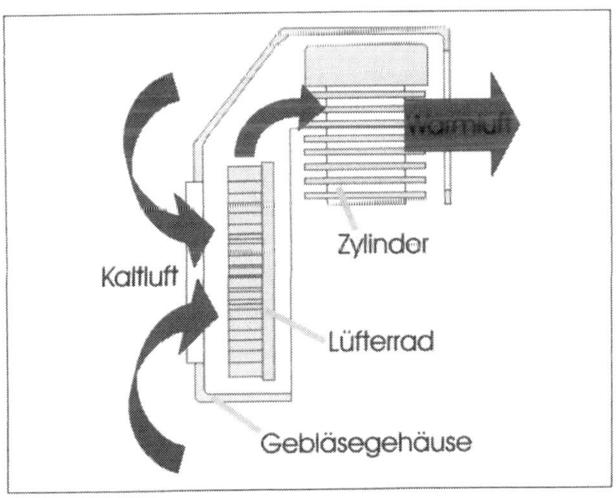

Kühlluftkreislauf an der Gebläsekühlung.

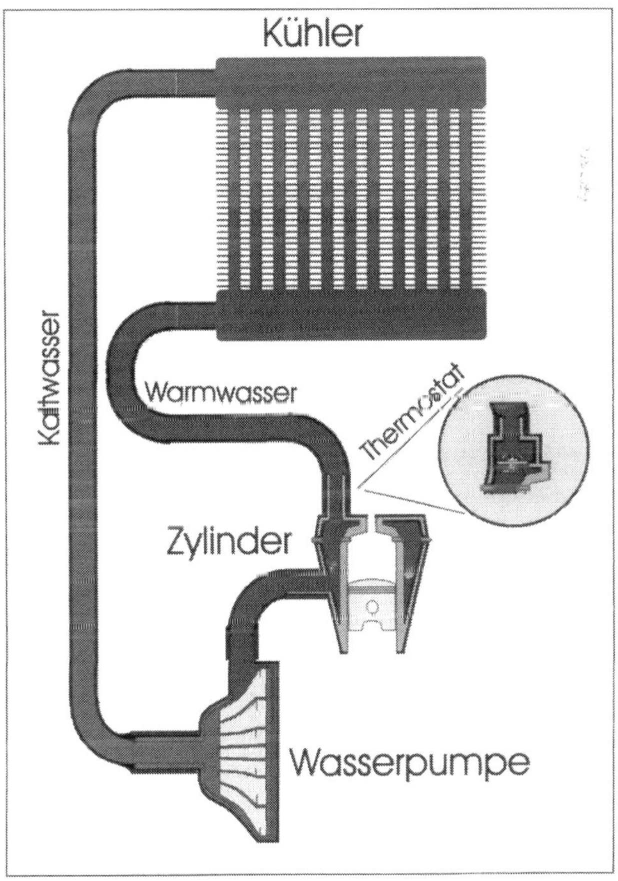

Wasserkreislauf am Motorroller.

Thermostat prüfen

Für den Versuch wird ein Topf auf eine Herdplatte gestellt. Der Thermostat muss nun so in dem Topf aufgehängt werden, dass er vollständig mit Wasser bedeckt ist. Natürlich sollte man dafür sorgen, dass man den Thermostat gut beobachten kann. Die Wassertemperatur wird mit einem Thermometer überwacht. Die meisten Multimeter sind bereits in der Lage dazu. Auf dem Thermostat ist in den meisten Fällen die Öffnungstemperatur angegeben. Wird die Öffnungstemperatur erreicht, sollte sich der Thermostat deutlich geöffnet haben.

- Demontieren Sie den Zylinderkopf.
- Bauen Sie den Thermostaten aus.
- Hängen Sie den Thermostaten wie gezeigt in ein Wasserbad.
- Erhitzen Sie das Wasser und beobachten Sie den Thermostaten.

Versuchsaufbau: Die Öffnung beträgt durchaus 4 - 6 mm und ist deutlich zu erkennen. Sollte der Thermostat nicht öffnen, muss er sofort ersetzt werden.

Typisch Piaggio: Die Befestigung des Thermostaten erfolgt mit zwei Sicherungsschrauben. Die eine Schraube muss gerade gelöst, die andere muss zur Thermostatmontage etwa 3 mm herausgedreht werden.

Temperaturschalter prüfen (Kontrolllampe)

Der Temperaturschalter ist immer dann verbaut, wenn Sie im Tachometer keine Temperaturanzeige vorfinden. Es wird lediglich bei Überschreiten eine Warnlampe ausgelöst.

- Demontieren Sie den Temperaturschalter.
- Hängen Sie den Temperaturschalter, wie bereits beim Thermostat gezeigt, in ein Wasserbad.
- Schließen Sie ein Ohmmeter an den Temperaturschalter an.
- Erhitzen Sie das Wasser und beobachten Sie den angezeigten Widerstandswert des Multimeters.

Der Widerstand sollte im »kalten« Zustand unendlich groß sein. Bei etwa 90 °C ändert sich der Widerstand schlagartig auf 0 Ω. Ist das nicht der Fall, muss der Temperaturschalter ersetzt werden.

Temperaturfühler prüfen (Anzeige)

Für den Versuch wird ein Topf auf eine Herdplatte gestellt. Der Thermostat muss nun so in dem Topf aufgehängt werden, dass es vollständig mit Wasser bedeckt ist. Natürlich sollte man dafür sorgen, dass man den Thermostat gut beobachten kann.

- Demontieren Sie den Temperaturfühler.
- Hängen Sie den Temperaturfühler, wie bereits beim Thermostat gezeigt, in ein Wasserbad.
- Schließen Sie ein Ohmmeter an den Temperaturschalter an. Bei einpoligen Varianten ist das Gewinde der Masseanschluss.
- Erhitzen Sie das Wasser und beobachten Sie den angezeigten Widerstandswert des Multimeters.

Der Widerstand sollte im »kalten« Zustand, also bei etwa 20 °C, 3500 Ω bis 4000 Ω betragen. Während der Erwärmung bis auf etwa 85 °C sinkt der Widerstand bis auf 400 Ω ab. Wichtig ist es hier, den gleichmäßigen Anstieg feststellen zu können. Kurze Ausreißer machen den Ersatz des Fühlers erforderlich. Der Verlauf des Widerstandes während der Erwärmung lässt sich sehr gut mit einem Oszilloskop überwachen. So bleiben auch kleine »Macken« nicht unentdeckt. Ein Musterbild hierfür finden Sie auf der nächsten Seite.

Temperaturfühler prüfen (Anzeige beim Einspritzer)

Die Besonderheit liegt hier darin, dass die Tachoanzeige das Signal nicht vom Fühler direkt erhält. Die Signalspannung wird vom Motorsteuergerät wiedergegeben. Der Sensor im Zylinderkopf liefert einen Meswert, der auch für die Anzeige im Tachometer, aber hauptsächlich für die Anpassung des Warmlaufes der Einspritzung benötigt wird.

- Demontieren Sie den Temperaturfühler.
- Hängen Sie den Temperaturfühler, wie bereits beim Thermostat gezeigt, in ein Wasserbad.
- Schließen Sie ein Oszilloskop an den Temperaturschalter an. Die Anschlussfolge ist nebensächlich, da es sich um einen Widerstand handelt, der keinen Kontakt zur Masse hat. Stellen Sie das Oszilloskop auf einen Messwert von 5000 Ω und einen Messzeitraum von 60 Sekunden.
- Erhitzen Sie das Wasser und zeichnen Sie den angezeigten Widerstandswert in der Multimeterfunktion des Oszilloskops auf.

Der Widerstand sollte im »kalten« Zustand, also bei etwa 20 °C, 3500 Ω bis 4000 Ω betragen. Während der Erwärmung bis auf etwa 85 °C sinkt der Widerstand bis auf 400 Ω ab. Wichtig ist es hier, den gleichmäßigen Anstieg feststellen zu können. Kurze Ausreißer machen den Ersatz des Fühlers erforderlich. Der Verlauf des Widerstandes während der Erwärmung lässt sich sehr gut mit einem Oszilloskop überwachen. So bleiben auch kleine »Macken« nicht unentdeckt.

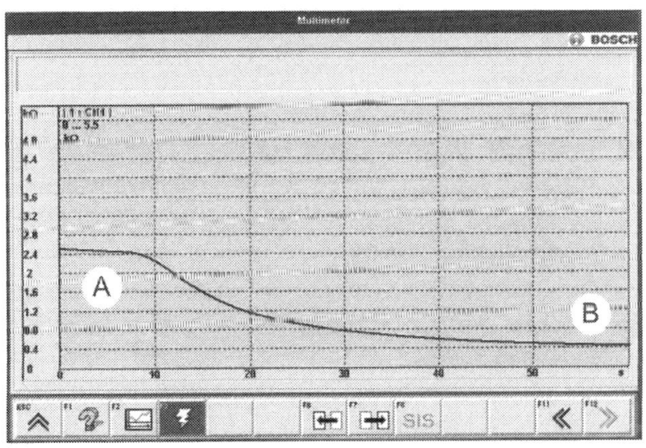

Ein NTC (negativ temperature coeffizient) ist ein so genannter Heißleiter. Je größer die Temperatur wird, umso kleiner wird sein Widerstand. Auch die Piaggio-Temperaturfühler zeigen diese Charakteristik: A 2500 Ω bei etwa 20 °C Raumtemperatur, B 400 Ω bei etwa 80°Celsius.

Wasserpumpe wechseln

Undichtigkeiten an der Wasserpumpe fallen bei den Piaggiomotoren immer auf der Variomatikseite auf. Meistens erkennen Sie den defekten Simmerring oder ein defektes Lager am Austritt von Kühlwasser am Variomatikdeckel.

Für die Demontage muss der Motorblock zerlegt werden. Nur so ist es möglich, die verbaute Anlaufscheibe der Wasserpumpe richtig zu verbauen.

- Lassen Sie das Kühlwasser ab.
- Bauen Sie den Motor aus.
- Demontieren Sie den Variomatikdeckel.
- Demontieren Sie die Gemischpumpe und das Halteblech für die Gemischpumpe sowie die Zahnriemenabdeckung.
- Nehmen Sie den Zahnriemen ab und ziehen Sie gleichzeitig das Antriebsrad (9) von der Wasserpumpenwelle (3) ab.
- Demontieren Sie den Sicherungsring (4) und die darunter liegende Unterlagscheibe (8).
- Zerlegen Sie den Motorblock. Diese Arbeiten werden für die Demontage der Kurbelwelle im Detail behandelt. An dieser Stelle möchten wir Sie an diesen Arbeitsschritt verweisen.
- Halten Sie die Wasserpumpenwelle mit einem SW 7-Schlüssel fest und drehen Sie das Wasserpumpenrad rechtsherum mit einem SW 8-Steckschlüssel ab (ACHTUNG! LINKSGEWINDE!).
- Drücken Sie die Wasserpumpenwelle in Richtung Variomatik heraus.
- Drücken Sie den Wasserpumpensimmerring aus dem Gehäuseblock heraus.
- Fetten Sie den Rand mit etwas Lagerfett ein.

1 Wasserpumpenrad, 2 Anlaufscheibe Wasserpumpenrad, 3 Wasserpumpenwelle, 4 Sicherungsring, 5 Antriebsrad Wasserpumpe, 6 Wasserpumpensimmerring, 7 Lager Wasserpumpe, 8 Unterlagscheibe, 9 Antriebsriemen Wasserpumpe

3 Wasserpumpenwelle, 4 Sicherungsring, 8 Unterlagscheibe

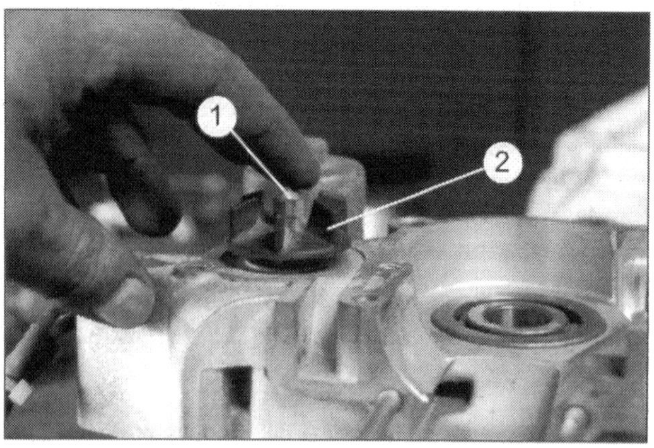

1 Sechskant auf dem Wasserpumpenrad, 2 Wasserpumpenrad

- Drücken Sie den neuen Wasserpumpensimmerring mit einer auf den Rand passenden Ratschennuss in den Motorblock ein. Er sollte etwa 1 mm vor der Gehäusekante zum Wasserpumpenrad montiert werden.

- Montieren Sie die Lager der Wasserpumpe auf die Wasserpumpenwelle. Die Lager lassen Sie mit einem passenden Rohrstück oder einer Ratschennuss, die auf den Lagerinnenkranz drücken, mit sanfter Gewalt auf die Welle aufschieben.

- Fetten Sie die Wasserpumpenwelle im Bereich des Wasserpumpensimmerrings und der Lagerstellen im Motorblock mit etwas Lagerfett ein und schieben Sie diese unter leichter Drehbewegung in den Block ein.

- Legen Sie die Unterlagscheibe auf der Variomatikseite ein und montieren Sie den neuen Sicherungsring.

- Montieren Sie nun die Anlaufscheibe hinter dem Wasserpumpenrad und das Wasserpumpenrad. Verwenden Sie einen Reparatursatz, wird auch ein neues Wasserpumpenrad mitgeliefert.

- Halten Sie die Wasserpumpenwelle mit einem SW 7-Schlüssel fest und drehen Sie das Wasserpumpenrad linksherum mit einem SW 8-Steckschlüssel an (ACHTUNG! LINKSGEWINDE!).

- Ziehen Sie die Verschraubung handfest an. Die Anwendung von Schraubensicherungsmittel ist nicht vorgesehen!

WISSENSWERTES

Wasserpumpenmontage mit Spezialwerzeug

Für die Montage in der Werkstatt stehen Piaggio-Spezialwerkzeuge zur Verfügung, die eine Demontage des Motorblocks nicht erforderlich machen:

020620Y	Halte- und Blockierwerkzeug für das Wasserpumpenrad
020169Y	Montageschlüssel für die Wasserpumpenwelle
020209Y	Demontagehaken für den Wasserpumpensimmering
020168Y	Schlagdorn zur Simmerringmontage

Hier wird der Motorblock mit dem Heißluftföhn im Bereich der Wasserpumpenlager erwärmt und dann die Welle gegen das Gewinde im Wasserpumpenrad herausgedrückt bzw. hineingezogen.

Montagerichtungen für den Ein- und Ausbau (roter Pfeil Einbaurichtung, grüner Pfeil Demontagerichtung) der Wasserpumpe.

Frostschutz prüfen

Wichtig ist die regelmäßige Kontrolle des Kühlwasserstandes im Ausgleichsbehälter. Wie der Name schon sagt, dient dieser Behälter als Reservoir. Es ist deswegen völlig normal, dass der Pegel bei heißem Motor höher liegt, als bei kaltem Motor. Gemessen wird immer im kalten Zustand. Wird das Kühlsystem neu befüllt, sollten Sie immer eine Mischung aus kalkarmen Wasser und Frostschutzmittel einfüllen. Als Kühlmittelzusatz kann das VW-Frostschutzmittel G12 Plus (lilafarben) verwendet werden.

- Öffnen Sie den Kühlwasserdeckel.
- Saugen Sie Frostschutzmittel aus dem Ausgleichsbehälter mit dem Frostschutzprüfer auf und lesen Sie den Messwert ab. Er sollte einen Frostschutzgehalt von 25 °C aufweisen.
- Füllen Sie den Ausgleichsbehälter im Kaltzustand nicht ganz bis zum Maximum auf. Das Kühlwasser dehnt sich bei Erwärmung aus und somit steigt auch der Pegel im Ausgleichsbehälter für das Kühlmittel.

Achten Sie auch auf den Verschmutzungsgrad des Kühlmittels. Kühlmittel dient nicht nur als Frostschutzmittel, sondern übernimmt auch die Schmierung der Wasserpumpe und den Korrosionsschutz der Motorteile und bindet in gewissen Maßen die Verschmutzungen im Kühlsystem.

Kühlsystem

STÖRUNGSBEISTAND

	Störung	Was kann das sein?	Was muss ich tun?
A	Kühlwasserstand fällt ständig	1 Wasserverlust	Auf Wasserspuren achten, das Kühlsystem abdrücken (lassen).
		2 Deckel Ausgleichsbehälter undicht	Auf Wasserspuren achten, ggf. Deckel Ausgleichsbehälter ersetzen.
		3 Zylinderkopfdichtung defekt	Kopfdichtung prüfen, gegebenenfalls erneuern (lassen), Kühlsystem abdrücken (lassen).
		4 Zylinderkopf defekt	Zylinderkopf prüfen, gegebenenfalls erneuern (lassen), Kühlsystem abdrücken (lassen).
		5 Wasserpumpe defekt	Kühlsystem abdrücken (lassen), auf Wasserspuren im Variomatikdeckel achten, Wasserpumpe ersetzen.

Kühlsystem

	Störung	Was kann das sein?	Was muss ich tun?
B	**Kühlwasser wird zu heiß**	**1** Kühlwasserstand zu niedrig	Kühlwasserstand auffüllen und auf Wasserspuren achten, gegebenenfalls das Kühlsystem abdrücken (lassen).
		2 Kühler zugesetzt	Kühler prüfen, gegebenenfalls erneuern.
		3 Thermostat defekt	Thermostat prüfen, gegebenenfalls erneuern (lassen).
		4 Zylinderkopfdichtung defekt	Kopfdichtung prüfen, gegebenenfalls erneuern (lassen), Kühlsystem abdrücken (lassen).
C	**Temperaturwarnleuchte geht nicht (Vergasermodelle)**	**1** Temperaturschalter defekt	Temperaturschalter prüfen, gegebenenfalls erneuern.
		2 Kabel defekt	Verkabelung und Anschlüsse mit dem Schaltplan prüfen, gegebenenfalls erneuern.
		3 Leuchte im Tachometer defekt	Leuchte prüfen, gegebenenfalls erneuern.
D	**Temperaturanzeige geht nicht (Vergasermodelle)**	**1** Temperaturfühler defekt	Temperaturfühler prüfen, gegebenenfalls erneuern.
		2 Kabel defekt	Verkabelung und Anschlüsse mit dem Schaltplan prüfen, gegebenenfalls erneuern.
		3 Messuhr im Tachometer defekt	Messuhr im Tachometer prüfen (lassen), gegebenenfalls erneuern.
E	**Temperaturanzeige geht nicht (Einspritzmodelle)**	**1** Temperaturfühler defekt	Temperaturfühler prüfen (lassen), gegebenenfalls erneuern.
		2 Kabel defekt	Verkabelung, Anschlüsse mit dem Schaltplan prüfen, gegebenenfalls erneuern.
		3 Motorsteuergerät defekt	Ausgangssignal des Steuergerätes messen (lassen), gegebenenfalls Motorsteuergerät erneuern.
		4 Anzeige im Tachometer defekt	Tachometer prüfen, gegebenenfalls erneuern.

Schmierungssystem

Das Bauprinzip ist für alle Zweitakter aus dem Hause Piaggio fast gleich. Über einen kleinen Zahnriemen wird die Gemischpumpe von der Kurbelwelle angetrieben. Nach jahrzehntelanger Erfahrung hat sich dieses Konzept als zuverlässig und trotz – oder auch gerade wegen – des Zahnriemens als extrem wartungsfreundlich und funktionssicher herausgestellt.

Die Gemischpumpe

In den Piaggio-Modellen sind kleine Kolbenpumpen verbaut, deren Fördervolumen von der Motordrehzahl und der Gaszugstellung abhängig ist. Die »Lasterfassung« über den Gaszug erlaubt eine geringere Grundfördermenge für das Zweitaktöl. Diese wiederum bewirkt, dass sich weniger Ablagerung in Auspuff und Zylinder bilden und ein grundsätzlich besserer Abgaswert erreicht werden kann.

1 Gemischöltank, 2 Gemischpumpe (auf der linken Seite)

3 Zulaufschlauch, 4 Druckschlauch, 5 Halbrad für die Seilzugbetätigung, 6 Befestigungsschrauben

Gemischpumpe demontieren

- Demontieren Sie den Variomatikdeckel und den Variomat.
- Hängen Sie den Betätigungszug (5) für die Gemischpumpe aus.
- Drehen Sie die beiden Befestigungsschrauben (6) der Gemischpumpe heraus.
- Nehmen Sie die Gemischpumpe ab.
- Ziehen Sie den Zulaufschlauch (3) und die Druckleitung (4) zusammen mit der Gummieinlageplatte aus dem Motorblock heraus.

Soll die Gemischpumpe ausgebaut werden, muss der Zulaufschlauch mit einem eingeschobenen Schraubendreher abgedichtet werden. Für die Wartungsarbeiten am Antriebsriemen oder an der Wasserpumpe reicht es aus, die Gemischpumpe mit den Schläuchen zur Seite zu legen.

Die Montage erfolgt sinngemäß in umgekehrter Reihenfolge.

- Achten Sie darauf, dass der Antriebszapfen der Gemischpumpe richtig in das Antriebsrad eingelegt werden kann.

Gemischpumpenantriebsriemen wechseln

- Demontieren Sie den Variomatikdeckel.
- Bauen Sie den Variomat aus.
- Bauen Sie die Gemischpumpe aus.
- Demontieren Sie die Halteplatte (8) der Gemischpumpe und den Zahnriemenschutz.
- Ziehen Sie das Antriebsrad (9) der Gemischpumpe gerade von der Wasserpumpenwelle ab. Gelegentlich ist es erforderlich, das Ritzel (10) auf der Kurbelwelle mit abzuziehen.
- Nehmen Sie den Antriebsriemen ab.

Die Montage erfolgt in umgekehrter Reihenfolge.

- Achten Sie auf die Leichtgängigkeit der Wasserpumpenwelle bzw. der Lagerwelle bei luftgekühlten Motorvarianten. Schäden an den Lagern können zu einer klemmenden Welle führen und Schäden am Antriebsriemen verursachen.
- Beachten Sie die Grundeinstellung der Gemischpumpe.
- Reinigen Sie die Zahnräder für den Riemenantrieb gründlich.

6 Befestigungsschrauben Abdeckung und Gemischpumpe, 7 Befestigungsschraube Halteplatte, 8 Halteplatte

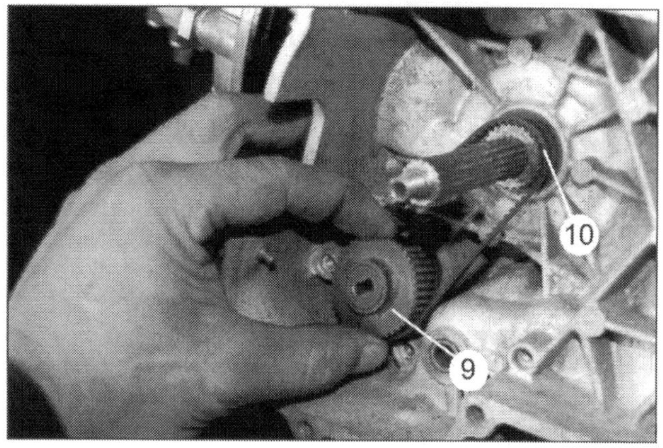

9 Antriebsrad, 10 Antriebsriemen

Gemischpumpe entlüften

Dieser Arbeitsschritt ist immer dann erforderlich, wenn die Gemischpumpe demontiert wurde oder der Gemischöltank so weit leer gefahren wurde, dass die Zulaufleitung bereits Luft gezogen hat. Grundsätzlich sollten Sie den Roller mit einer Tankfüllung 1:50-Gemisch im Benzintank befüllen.

- Demontieren Sie den Variomatikdeckel.
- üllen Sie den Gemischöltank auf.
- Drehen Sie die Entlüftungsschraube (B) aus der Gemischpumpe (A) heraus (siehe nächste Seite).
- Legen Sie einen Lappen unter die Gemischpumpe in das Motorgehäuse ein.
- Lassen Sie so lange Gemischöl ablaufen, bis keine Luftblase mehr aus der Schraubenöffnung austritt.
- Montieren Sie die Entlüftungsschraube.
- Montieren Sie den Variomatikdeckel.

Grundeinstellung der Gemischpumpe prüfen

- Öffnen Sie den Gummideckel im Variomatikdeckel.
- Kontrollieren Sie, ob das Halbrad für die Seilzugbetätigung sich spielfrei bewegt.
- Achten Sie darauf, dass sich die Markierung auf dem Halbrad mit der Markierung auf dem Pumpengehäuse deckt, wenn der Gasgriff unbetätigt ist. Ist das nicht der Fall, muss der Zug am Motorblock eingestellt werden.

Funktionsprüfung der Gemischpumpe

- Lassen Sie den Motor im Leerlauf laufen.
- Ziehen Sie den Druckschlauch der Gemischpumpe am Vergaser bzw. am Kurbelgehäuse ab.
- Zählen Sie die Sekunden zwischen dem Abtropfen des Gemischöls. Es sollte etwa alle 3 - 4 Sekunden ein neuer Tropfen festgestellt werden können.

A Entlüftungsschraube mit Unterlagscheibe aus Dichtungspapier. Ziehen Sie die Schraube immer mit sehr viel Gefühl an. Beschädigen Sie nicht die Papierdichtung unter der Entlüftungsschraube.

Das Abziehen des Zahnriemenritzels von der Kurbelwelle erleichtert die Reinigung und Zahnriemenmontage.

Die Markierungen auf dem Pumpengehäuse und auf dem Halbrad müssen bei unbetätigtem Gasgriff im Leerlauf übereinstimmen. Der Gaszug darf aber kein Spiel haben. Das Halbrad muss gleichmäßig durch den Gaszug betätigt werden.

STÖRUNGSBEISTAND

Schmierungssystem

	Störung	Was kann das sein?	Was muss ich tun?
A	**Abgas qualmt blau**	**1** Kraftstoff zu alt oder fettiges Gemisch	Kraftstoff erneuern.
		2 Zweitaktöl falsche Viskosität? Richtiges Öl?	Zweitaktöl erneuern (wichtig: altes Öl aus der Pumpe laufen lassen!).
		3 Rückschlagventil in Pumpe oder Kurbelgehäuse defekt	Rückschlagventil am Vergaser und oder Pumpe prüfen (lassen) und eventuell erneuern.
		4 Einstellung der Gemischpumpe falsch **5** Fördermenge der Gemischpumpe fehlerhaft	Gemischpumpe einstellen oder bei manchen Modellen erneuern (lassen).
B	**Auspuff setzt sich zu**	**1** Verschmutzungen von außen wie Erde o. Ä. sind am Endrohr erkennbar	Untersuchen Sie, ob sich Erdwespen im Auspufftopf eingenistet haben (nein, ... das ist kein Witz!).
		2 Ölrückstände haben den Auspuff zugesetzt	Prüfen, ob sich Ölrückstände gebildet haben. Gegebenenfalls Auspuff erneuern.
		3 Ölrückstände haben sich im Motor angesammelt	Abgestandene Öl- und Kraftstoffreste aus dem Kurbelgehäuse entfernen.
		4 Einstellung der Gemischpumpe falsch **5** Fördermenge der Gemischpumpe fehlerhaft	Gemischpumpe einstellen oder bei manchen Modellen erneuern (lassen).
C	**Im Kurbelgehäuse steht zu viel Gemischöl**	**1** Roller stand sehr lange unbenutzt	Abgestandene Öl- und Kraftstoffreste aus dem Kurbelgehäuse entfernen.
		2 Rückschlagventil in Pumpe oder Kurbelgehäuse defekt	Rückschlagventil am Vergaser und/oder Pumpe prüfen (lassen) und eventuell erneuern.
		3 Schwimmernadel ist undicht, das Kurbelgehäuse läuft mit Benzin voll	Vergaser prüfen und reinigen, eventuell defekte Teile ersetzen.

Schmierungssystem

	Störung	Was kann das sein?	Was muss ich tun?
D	**Öl tropft aus dem Motor**	**1** Vergaser, Benzinhahn oder Schläuche undicht	Prüfen Sie die Kraftstoffzufuhr auf Undichtheit.
		2 Das Öl tropft aus der Variomatikseite	Prüfen Sie das Getriebe und die Gemischpumpe auf Ölverlust.
		3 Der Druckschlauch zwischen Gemischpumpe und Vergaser ist undicht **4** Der Anschlussschlauch zum Mischöltank ist undicht	Schellen und Schlauch prüfen, gegebenenfalls erneuern.
E	**Öl läuft aus der Verkleidung heraus**	**1** Der Anschlussschlauch zum Mischöltank ist undicht	Schellen und Schlauch prüfen, gegebenenfalls erneuern.
		2 Anschlussstück am Gemischöltank ist undicht	Anschlussstück, Tankstutzen des Gemischöltanks und die Dichtung des Stutzens prüfen und gegebenenfalls erneuern.
F	**Antriebsriemen der Gemischpumpe gerissen**	**1** Wasserpumpe ist schwergängig (wassergekühlte Motoren)	Lagerung und Dichtheit der Wasserpumpe prüfen und gegebenenfalls erneuern.
		2 Wasserpumpenlager sind defekt (wassergekühlte Motoren) **3** Lagerwelle des Antriebsrads ist schwergängig (luftgekühlte Motoren)	Lagerung der Welle prüfen und gegebenenfalls erneuern.
		4 Antriebsrad der Gemischpumpe oder Ritzel auf der Kurbelwelle ist beschädigt	Beschädigte Zahnräder für den Riemenantrieb ersetzen.
		5 Fremdkörper sind mit über den Antriebsriemen gelaufen und haben ihn zu stark gespannt	Variomatik zerlegen und variomatikseitiges Motorgehäuse gründlich reinigen.

Gemischaufbereitungssysteme

Gemischaufbereitung bedeutet Kraftstoff für den Motor gebrauchsfertig zu machen. Die Gemischaufbereitung an den Piaggiomotoren ist ein interessantes und gleichzeitig aufwändiges Thema. Neben der konventionellen Gemischaufbereitung mit einem Vergaser wurde und wird auch heute noch ein spektakuläres Einspritzsystem verbaut. Um die Funktion und die Arbeit mit den Systemen geht es in diesem Kapitel. Die Messtechnik spielt hier eine sehr gewichtige und unersetzliche Rolle.

Der Vergaser

Der Vergaser hat nicht die Aufgabe den Kraftstoff zu vergasen, wie man bei der Bezeichnung annehmen könnte. Er soll lediglich den Kraftstoff so fein wie möglich zerstäuben. Diese feinen Tröpfchen werden vom Motor angesaugt und erst im Laufe des Arbeitsspiels tatsächlich vergast.
Die Basis für seine Funktionsweise ist das »Venturi-Prinzip«. Die am Düsenstock vorbeiströmende Luft erzeugt im Düsenstock einen Unterdruck. Dieser verursacht, dass der Kraftstoff in den Luftstrom hineingerissen wird. Hierbei verstäubt er recht fein und wird vom Motor zusammen mit der Luft angesaugt. Alle verbauten Vergaser der beschriebenen Zweitaktmotoren weisen ein getrenntes Leerlauf-, Betriebs- und Kaltstart-System auf. Es finden sich dann auch drei verschiedene Bedüsungen in jedem Vergaser. Die Düsensysteme arbeiten aber in bestimmten Übergangsbereichen miteinander und sind voneinander abhängig. Man kann sich leicht vorstellen, dass eine erforderliche Umbedusung auch beim Motorroller meist nur mit einiger Erfahrung und viel Arbeitseinsatz zu bewältigen ist.

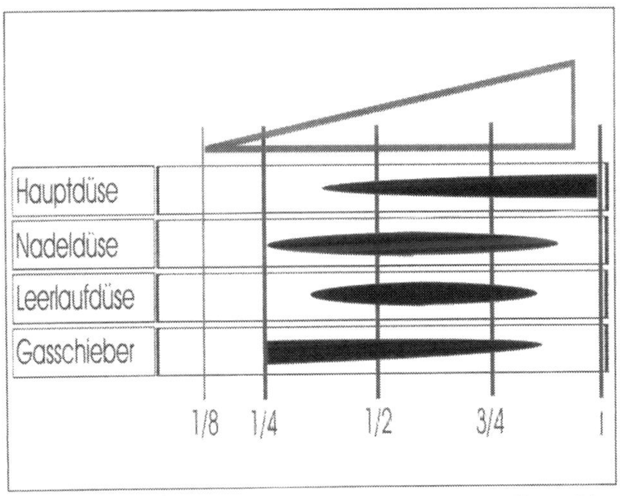

Wirkungsbereiche der Aufbereitungssysteme: 1 Gasschieberstellung, 2 Düsenart

Dellorto-Vergaser in Teilen
Typischerweise für einen italienischen Rollerhersteller sind »Dellorto«-Vergaseranlagen verbaut. Hier zeigt sich ein deutlicher Unterschied zwischen den Vergasertypen für die 4-Taktmotoren und denen für die 2-Taktmotoren. Betrachten wir den Vergaser, der an den meisten 2-Taktmotoren eingesetzt wird.

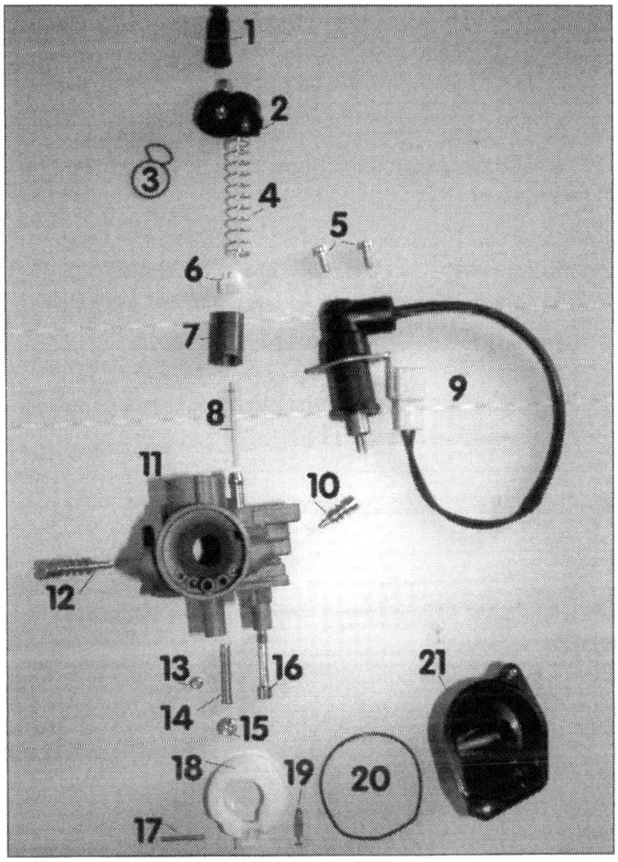

1 Gummitülle, 2 Deckel Schiebervergaserturm, 3 Dichtung, 4 Schieberfeder, 5 Schrauben, 6 Nadelfixierung, 7 Schieber, 8 Schiebernadel, 9 Kaltstartventil, 10 CO-Schraube, 11 Vergasergehäuse, 12 Leerlaufschraube, 13 Leerlaufdüse, 14 Mischrohr Hauptdüse, 15 Hauptdüse, 16 Chokedüse, 17 Lagerachse Schwimmer, 18 Schwimmer, 19 Schwimmernadel, 20 Dichtung, 21 Schwimmerkammer

Standard Vergaserdüsen als Anhaltspunkt

Bauart	**50 ccm-Motor**	**125 ccm-Motor**
Hauptdüse	65	82,5
Nadeldüse	FA 211	D8/426
Leerlaufdüse	34	35
Gasschieber	13840.40.64	13685.40.64

Ausbau des Vergasers

- Schalten Sie den Motor aus.
- Demontieren Sie den Deckel im Helmfach.
- Legen Sie den Stecker zum Kaltstartventil frei und ziehen Sie ihn ab.
- Lösen Sie die Schellen an Benzin- und Unterdruckschlauch und ziehen Sie diese vom Vergaser ab.
- Demontieren Sie den Deckel des Vergaserschieberturms und nehmen ihn komplett mit Schieberfeder und Vergaserschieber heraus.
- Lösen Sie die Schellen vom Ansaugstutzen und vom Ansauggummi zum Luftfilter.
- Ziehen Sie das Ansaugummi zum Luftfilter vom Vergaser ab.
- Ziehen Sie den Vergaser aus dem Ansaugstutzen heraus.
- Ziehen Sie eventuell verbaute Ablaufschläuche vom Vergaser ab.
- Halten Sie den Vergaser gerade und nehmen Sie ihn heraus.
- Lassen Sie über einem geeigneten Auffangbehälter den Vergaser leer laufen.
- Decken Sie den Ansaugstutzen und das Luftführungsrohr mit einem sauberen Lappen ab oder stecken Sie jeweils einen sauberen und fusselfreien Lappen hinein.

Der Einbau erfolgt sinngemäß in umgekehrter Reihenfolge.

- Achten Sie darauf, dass weder in den Ansaugstutzen noch in die Luftführung zum Luftfilter Verschmutzungen oder andere Verunreinigungen oder sogar Kleinteile hineinkommen dürfen.

Vergaser zerlegen

Legen Sie sich einen geeigneten Behälter zurecht, in den Sie die Einzelteile des Vergasers ablegen können. Am besten ist dieser Behälter verschließbar. So ist die Gefahr Kleinteile zu verlieren recht gering.

- Demontieren Sie den Vergaser (Bild auf Seite 93).
- Lassen Sie über einem geeigneten Auffangbehälter den Vergaser leer laufen.
- Drücken Sie die Schieberfeder (4) mit dem Vergaserschieber (7) in den Schieberturmdeckel (2).
- Hängen Sie den nun aus dem Vergaserschieber (7) heraustretenden Gaszug aus dem Vergaserschieber aus.
- Nehmen Sie nun den Vergaserschieber ab.
- Entnehmen Sie aus dem Vergaserschieber (7) die Nadelfixierung (6) und die Schiebernadel (8).
- Demontieren Sie als Nächstes die beiden Schrauben (5) und nehmen Sie das Kaltstartventil (9) ab.
- Drehen Sie die beiden Verschraubungen an der Schwimmerkammer (21) lose und nehmen Sie die Schwimmerkammer ab. Die Schrauben verbleiben in den Bohrungen der Schwimmerkammer.
- Entfernen Sie vorsichtig mit einem kleinen Schraubendreher die Dichtung (20) der Schwimmerkammer.
- Ziehen Sie die Lagerachse (17) des Schwimmers heraus und nehmen Sie den Schwimmer (18) zusammen mit der Schwimmernadel (19) ab.

- Drehen Sie nun die Leerlaufdüse (13), die Hauptdüse (15) und die Chokedüse (16) heraus.
- Drücken Sie das Mischrohr (14) mit einem passenden Durchschlag von oben aus dem Schieberturm heraus.
- Drehen Sie die Leerlaufeinstellschraube (12) und die CO-Abgasschraube heraus.
- Legen Sie alle Teile sorgfältig in einem sauberen und am besten verschließbaren Behälter ab.

Die Montage erfolgt in umgekehrter Reihenfolge.

- Achten Sie auf den genauen Sitz der Dichtungen (3) und (20) (Bild auf Seite 93).
- Prüfen Sie den Zustand des Schwimmernadelventils (19) und des Schwimmernadelsitzes im Vergasergehäuse (11).

Vergasertypkennzeichnung

Die Dellorto-Vergaseranlagen werden nach Bauformtyp und Querschnittgröße ausgewiesen. In unserem Fall handelt es sich um einen »PHVA« mit einem Querschnitt von 12 mm.

Mikuni-Vergaser zerlegen

Die Arbeiten am Mikuni-Vergaser unterscheiden sich nicht oder nur geringfügig zu den Arbeiten an den Dellortomodellen. Auch die hubraumstärkeren Varianten sind lediglich mit größeren Vergasern ausgerüstet. Auch hier lassen sich keine wesentlichen Unterschiede für Wartung und Demontage feststellen.

Die Vergasertypkennzeichnung finden Sie auf der rechten vorderen Vergaserseite.

22 Chokedüse, 23 Schwimmer, 24 Leerlaufdüse, 25 Hauptdüse.

Vergaser abstimmen

Abstimmarbeiten am Vergaser werden eigentlich nur dann erforderlich, wenn sich etwas im Ansaugsystem verändert hat. In den meisten Fällen soll der Anbau eines Tuningvergasers eine deutliche Leistungssteigerung ergeben. Ein weiterer Fall liegt in der zunehmenden Undichtigkeit des Motors oder auch an einer Beschädigung am Vergaser selbst. Der Vergaser ist in der Regel sehr genau für die Typzulassung des Motorrollers beschrieben. Jede Veränderung bedeutet den Verlust der Betriebserlaubnis. Nicht einmal eine minimale Veränderung der Düsengröße ist zulässig. Der Einbau eines größeren Vergasers kann recht schnell zu Schäden durch mangelhafte Gemischölschmierung zur Folge haben. Schließlich erhöht sich die Fördermenge der Ölpumpe durch den Vergaserumbau nicht.

Zusammenhang von Luftfilter und Vergaserdüsen

Der Vergaser bereitet den Kraftstoff zum Kraftstoff-Luftgemisch auf, indem er die durch den Vergaser strömende Luft nutzt, um den Kraftstoff in den Mischdüsen mitzureißen. Der Kraftstoff wird dann zu feinen Tropfen zerstäubt und vom Motor als Nebel angesaugt.
Wird nun der Strömungswiderstand des Luftfilters verändert, verändern sich gleichzeitig auch die Druckverhältnisse im Vergaser. Natürlich wird auch der Unterdruck in den Mischrohren etwas geringer und somit wird weniger Kraftstoff zu der Ansaugluft zugemischt. Die Folge ist ein mageres Gemisch, welches deutlich heißer verbrennt und durch den entstehenden Wärmezuwachs können leicht Schäden an Kolben und Zylinder entstehen. Jede Veränderung kann eine nachteilige Auswirkung haben. Grundsätzlich dürfen Sie auch davon ausgehen, dass Tuningbauteile, die für die Piaggio-Roller in jeder Bauform und Größe geliefert werden, auch einiges an Abstimmarbeiten erforderlich machen. Gerade im Bereich der Gemischbildung kann eine falsche Abstimmung schnell fatale Folgen haben. Betrachten Sie das Schaubild am Anfang dieses Kapitels, können Sie erkennen, in welchen Lastbereichen eine Vergaserdüse arbeitet. Sie können aber auch erkennen, dass eben nicht eine Düse für einen bestimmten Lastbereich zuständig ist. Vielmehr überlagern die Düsen sich in unterschiedlichen Lastbereichen gegenseitig. Die Änderung einer Düse wirkt sich also durchaus in mehreren Bereichen aus. Eine Feinabstimmung eines Vergasersystems sollten Sie also eher einem erfahrenen Händler überlassen oder, besser noch, die werkseitig festgelegten Parameter nicht verändern.

Vergaserabstimmung für den Hausgebrauch

Grundsätzlich können Sie aber eine Aussage treffen, ob und inwieweit der Vergaser zu fett oder zu mager läuft. Diese Aussagen helfen Ihnen auch bei der Fehlersuche, wenn beispielsweise der Motor Ihres Rollers im kalten oder im warmen Zustand schlecht anspringt oder auch kein Gas annimmt. Treffen Sie zuerst einige Vorbereitungen für die nachfolgenden Prüfungen:

- Reinigen Sie den Vergaser und die Düsen des Vergasers gründlich.
- Prüfen Sie, ob ausreichend Kraftstoff zum Vergaser läuft.
- Vergewissern Sie sich, dass der Kraftstoff noch verwendbar ist und nicht seine Brennfähigkeit durch Überlagerung verloren hat.
- Der höhere Alkoholanteil im Kraftstoff kann einen erhöhten Wassereintrag zur Folge haben. Prüfen Sie den Kraftstoff auf seinen Zustand und Wassereinlagerungen.
- Demontieren Sie das Wartungsfach und drücken Sie während des Motorlaufs den Ansaugschlauch zum Luftfilter mit der Hand zu.
- Beobachten Sie, ob sich die Gasannahme verschlechtert oder verbessert, wenn Sie den Lufteinlass durch das Zudrücken reduzieren. Bei einer Verbesserung läuft der Motor zu mager.
- Stellen Sie eine Verschlechterung fest, läuft der Motor zu fett.
- In beiden Fälle müssen die Bedüsung des Vergasers verändert und/oder die Bauteile der Gemischaufbereitung bis hin zu den Kurbelwellensimmerringen überprüft werden.

Einstellungen am Vergaser

Einige Parameter lassen sich am Vergasersystem noch abstimmen. Diese Arbeiten sollten aber grundsätzlich nur mit Bedacht und fundiertem Wissen erfolgen.

Leerlaufdrehzahl einstellen

- Lassen Sie den Motor warm laufen.
- Kontrollieren Sie den CO-Wert mit dem Abgastester.
- Stellen Sie die Leerlaufdrehzahl mit der Einstellschraube am Schieberturm (1) auf etwa 1500 1/min bis 2000 1/min ein. Die Drehzahl muss so gewählt werden, dass der Motor im Standgas noch läuft, und in der Warmlaufphase (erhöhte Motordrehzahl!) das Hinterrad gerade so und ganz leicht antreibt.
- Lassen Sie den Motor abkühlen und kontrollieren Sie die Einstellung erneut.

CO im Leerlauf einstellen

- Lassen Sie den Motor warm laufen.
- Kontrollieren Sie den CO-Wert mit dem Abgastester.
- Stellen Sie den Abgaswert mit der Einstellschraube am Schieberturm (2) auf etwa 2 - 3 Volumenprozent CO ein.
- Lassen Sie den Motor einige Minuten mit gelegentlichen Gasstößen weiterlaufen und kontrollieren Sie die Messung erneut.

1 Leerlaufeinstellschraube: Beim Eindrehen steigt die Drehzahl an, 2 Leerlauf CO-Schraube: Beim Herausdrehen wird das Gemisch magerer.

Schiebernadel einstellen

Die Schiebernadel stellt das Zumessungskennfeld für die Hauptdüse dar. Grundsätzlich ist die Schiebernadel und damit auch das Kennfeld des Vergasers »verschiebbar«. Hängen Sie den Clip höher, wird das Gemisch magerer werden. Wird der Clip tiefer eingehängt, wird das Gemisch über den Arbeitsbereich »Teillast« und »Volllast« fetter. Grundsätzlich sollten Sie diese Veränderungen nur durchführen, wenn Sie Erfahrungen mit dem Abstimmen von Vergaseranlagen haben. Vermeiden Sie im Normalfall die Demontage des Clips oder merken Sie sich die Einbauposition.

Schwimmereinstellung prüfen

Die Einstellung des Schwimmers ist nicht vorgesehen. Der Kraftstoffpegel sollte etwa 2/3 der Schwimmerkammer füllen. Ist das nicht gegeben, sollten Schwimmer und Schwimmernadel durch Neuteile ersetzt werden.

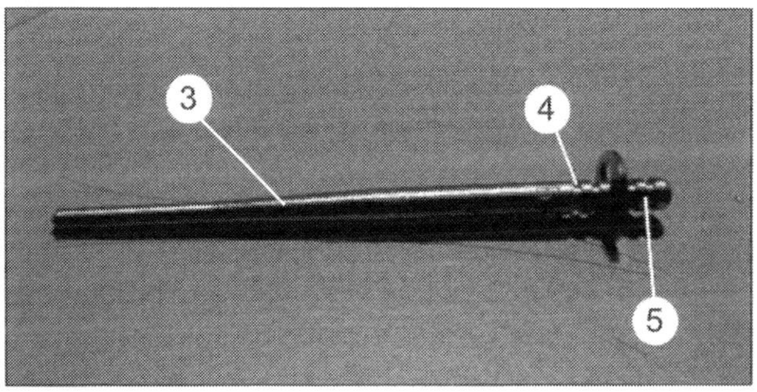

3 Schiebernadel, 4 Ringnuten zum Verstellen der Kennfelder, 5 Sicherungsclips für die Schiebernadel

Der Schwimmer steht in etwa parallel zur Gehäusefläche.

Vergaser reinigen

Gehäusereinigung außen

Grundsätzlich lassen sich alle Reinigungsarbeiten in einem Ultraschallbad durchführen. Grobe und lose Verschmutzungen sollten aber auch bei dieser Methode zuerst »von Hand« abgewaschen werden.

- Bauen Sie den Vergaser aus.
- Entfernen Sie vor der Demontage lose Ablagerungen von Hand.
- Legen Sie den Stecker zum Kaltstartventil frei und ziehen Sie ihn ab.
- Waschen Sie das Vergasergehäuse von außen gründlich mit einem harten Pinsel, am besten über einem Waschtisch ab. Vermeiden Sie es, das Gehäuse mit einer Drahtbürste zu bearbeiten. Hier wird das Gehäuse sehr schnell verkratzt.
- Hartnäckige Verschmutzungen können oft gelöst werden, wenn der Vergaser für einige Stunden in Kraftstoff eingelegt wird.

Schwimmerkammer und Ablagerungen

In der Schwimmerkammer können sich im Laufe der Betriebszeit starke Ablagerungen bilden. Im Rahmen der Vergaserreinigung sollten auch diese entfernt werden. Neben dem harten Pinsel eignen sich Wattestäbchen sehr gut, um Ablagerungen aus der Schwimmerkammer abzureiben.

Düsen und Kanäle

- Bauen Sie den Vergaser aus.
- Demontieren Sie alle Düsen inklusive der Mischdüse für die Hauptdüse.
- Legen Sie die Düsen zuerst in Kraftstoff ein.
- Blasen Sie dann die Kanäle der Düsen gründlich mit Luft durch.
- Betrachten Sie die Bohrungen in den Düsen gegen das Licht. Achten Sie darauf, dass alle (auch die Querbohrungen) im vollen Durchmesser frei sind.
- Ist die Schiebernadel von Ablagerungen betroffen, reiben Sie diese mit Pappe ab. Verwenden Sie kein Schleifpapier und auch kein Schleifvlies. Die Form der Schiebernadel stellt das Kennfeld dar, mit dem die Kraftstoffzumessung an die entsprechende Schieberstellung angepasst wird.
- Stecken Sie einen Ölzetteldraht durch die Düsen (0,3 bis 0,5mm) und lösen die Schmutzung mechanisch ab.

Zuerst müssen die äußeren Verschmutzungen abgelöst werden. Die Reinigung auf dem Waschtisch erspart einige »Sauerei« auf der Werkbank.

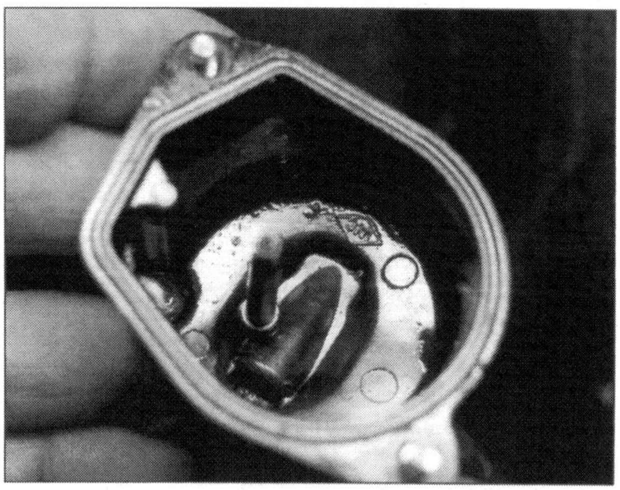

Achten Sie genau auf die Ecken! Die Ablagerungen müssen wie auch die losen Partikel gründlich entfernt werden. Korrosionsspuren können bei den Piaggio-Rollern nicht aus dem Tank kommen. Der Tank ist aus Kunststoff. Gereinigt werden muss er dann trotzdem.

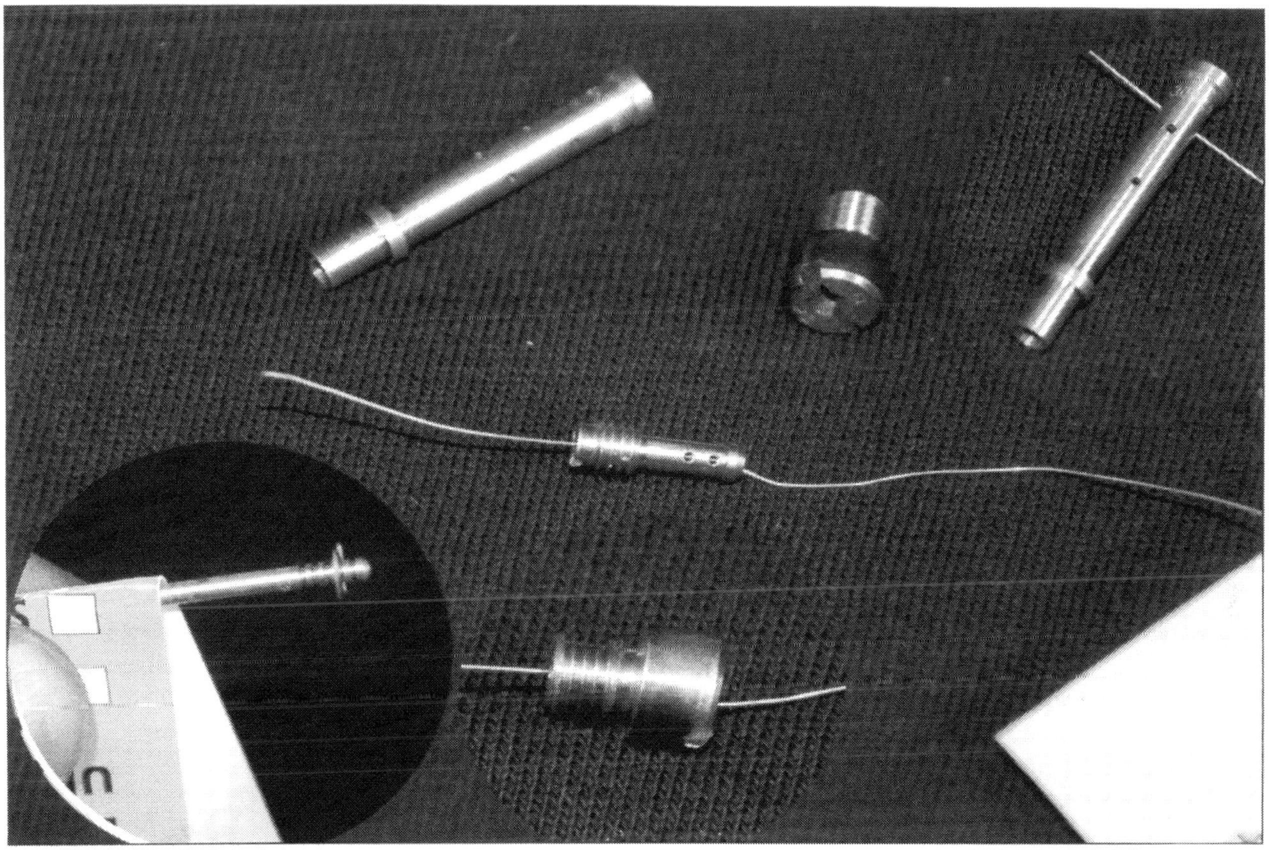

Reinigen, Polieren und Durchstechen sind genau so wichtig wie die Kontrolle der Arbeit nach der Reinigung sowie Umsicht und Feingefühl, um Schäden an der Düse zu vermeiden.

Kaltstartregler am Vergaser

Der Kaltstartregler des Vergasers hat die Aufgabe, neben dem Hauptkanal im Vergaser zusätzlich Kraftstoff und Luft zuzugeben. In den meisten Fällen wird dann in der Warmlaufphase die Leerlaufdrehzahl angehoben. Mechanischer Verschleiß ist bei diesem Bauteil eigentlich nicht anzutreffen. Wie bei vielen anderen Bauteilen am Roller ist Korrosion auch ein Problem am Kaltstartregler. Weiterhin brechen auch schon mal die Kabel am Gehäuse ab. Die Funktionsweise dieses Bauteils ist denkbar einfach. Im Kaltzustand wird der Kaltstartschieber angehoben. Ein elektrisches Heizelement wird, während der Motor läuft, vom Lichtstrom versorgt und beheizt ein Dehnstoffelement. Dieses Dehnstoffelement dehnt sich aus und schiebt den Kaltstartschieber auf den Sitz im Vergaser. So wird dann sowohl die Zusatzluft als auch der Zusatzkraftstoff abgeregelt, und der Vergaser läuft wieder über das normale Leerlaufgemischsystem.

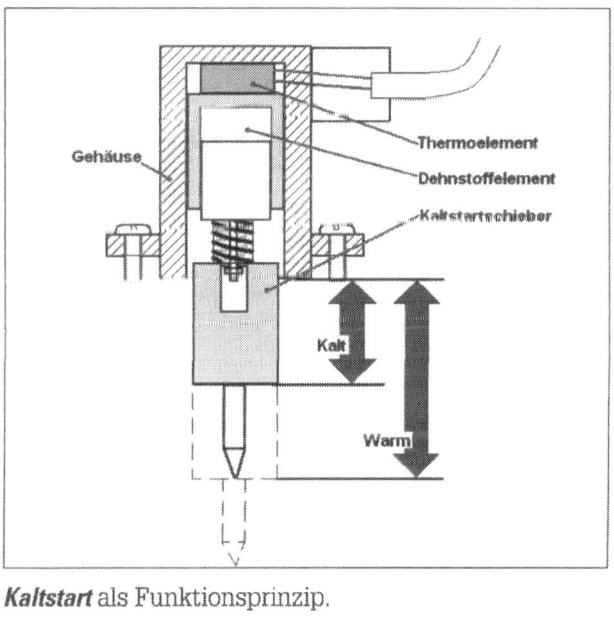

Kaltstart als Funktionsprinzip.

Demontage des Kaltstartreglers

- Schalten Sie den Motor aus.
- Demontieren Sie den Vergaser.
- Ziehen Sie die Schutzkappe des Kaltstartreglers ab.
- Drehen Sie die Befestigungsschrauben am Kaltstartregler heraus.
- Ziehen Sie den Kaltstartregler nach oben heraus.

Die Montage erfolgt in umgekehrter Reihenfolge.

- Achten Sie auf den richtigen Sitz des Kaltstartreglers im Vergaser.
- Ersetzen Sie die Dichtring des Kaltstartreglers.
- Prüfen Sie die Funktion des Kaltstartreglers.

Funktionsprüfung im eingebauten Zustand

Um die Funktion im eingebauten Zustand überprüfen zu können, ist es erforderlich, dass der Ansaugschlauch zum Luftfilter demontiert ist. Zudem muss der Motor kalt und der Roller für mindestens eine Stunde nicht in Betrieb gewesen sein.

- Starten Sie den Motor. Nun wird auch Luft durch die Bypassbohrung im Vergasergehäuse gesaugt.
- Verschließt man diese Bohrung dicht mit einem Finger, wird die Leerlaufdrehzahl sofort abfallen. Gelegentlich geht auch der Motor aus.
- Lassen Sie den Motor warm laufen.
- Verschließen Sie wiederum die Bypassbohrung mit einem Finger. Im Warmzustand, nach einigen Minuten Laufzeit des Motors, wird dieselbe Prüfung keine Veränderung der Leerlaufdrehzahl ergeben.

Natürlich kann so keine Aussage über die Abdichtung des Kaltstartschiebers für den Kraftstoffkanal getroffen werden. Die Abdichtung sollte am demontierten Kaltstartregler in Augenschein genommen werden.

Spannungsmessung an den Anschlüssen

Die Voraussetzung für die Funktion des Kaltstartreglers ist die elektrische Stromversorgung.

- Schalten Sie den Motor aus.
- Demontieren Sie den Deckel im Helmfach.
- Schließen Sie jeweils einen Nadelabgreifer auf die Kontaktlaschen des Temperaturfühlers an.
- Schließen Sie Ihr Multimeter an die Nadelabgreifer an (COM-Anschluss und U/R/I-Anschluss).
- Stellen Sie Ihr Multimeter auf einen Messbereich von 20 V (AC) ein.
- Lesen Sie den Messwert ab.

Bei laufendem Motor sollte eine Wechselspannung von ca.10 V - 15 V anliegen.

Verschließen der Bypassbohrung für die Zusatzluft im Warmlaufbetrieb oder beim Kaltstart.

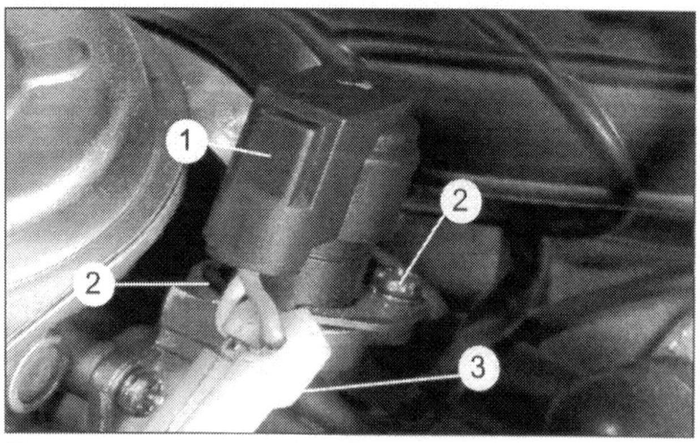

Versorgungsspannung der Startanhebung messen: Hier sollten etwa 12 V Wechselspannung (AC) bei laufendem Motor anliegen. 1 Kaltstartregler, 2 Befestigungsschrauben, 3 Nadelabgreifer.

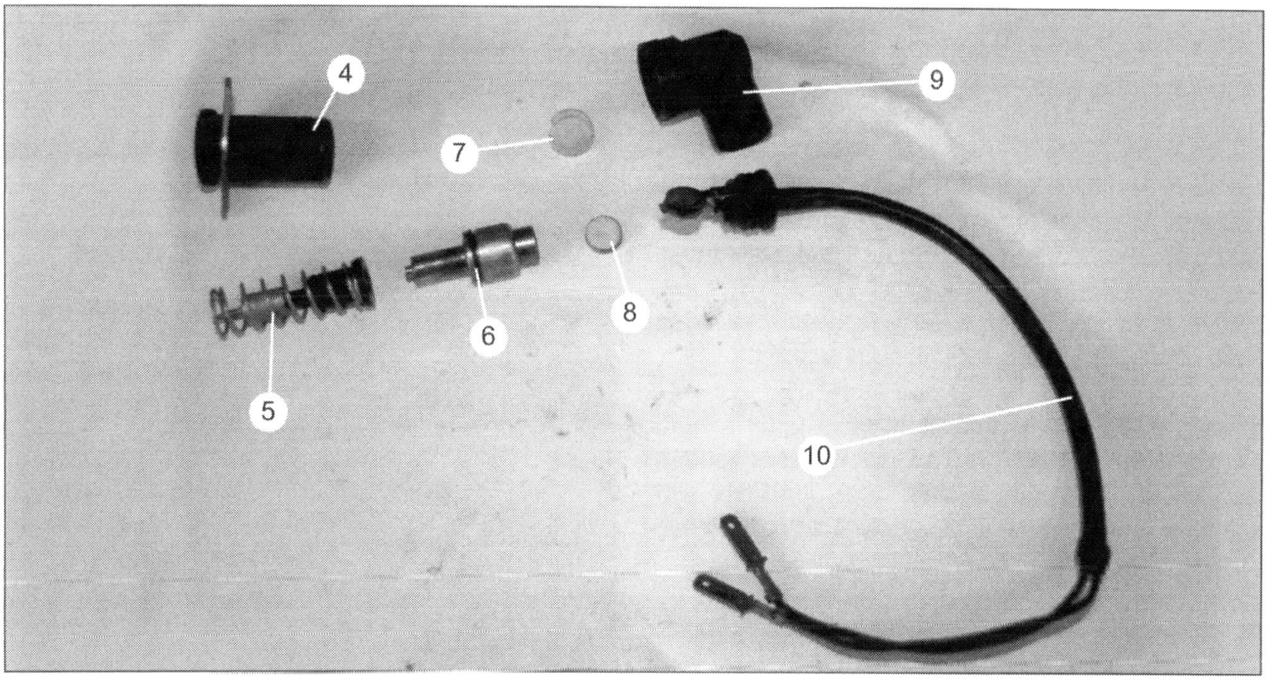

4 Gehäuseunterteil, 5 Arbeitskolben mit Feder, 6 Thermoelement, 7 Isolator, 8 Heizelement, 9 Gehäuseoberteil, 10 Anschlusskabel

Widerstandsmessung an den Anschlüssen

Die Voraussetzung für eine gute Funktion des Kaltstartreglers sind saubere und korrosionsfreie Anschlusskabel. Prüfen Sie grundsätzlich vor der Messung oder der Funktionsprüfung den Zustand der Anschlussstecker und Kabel.

- Schalten Sie den Motor aus.
- Demontieren Sie den Deckel im Helmfach.
- Entriegeln Sie den Steckkontakt des Kaltstartreglers und ziehen Sie die Kombistecker ab.
- Stecken Sie jeweils ein Messadapterkabel auf die Kontaktlaschen des Kaltstartreglers auf.
- Schließen Sie Ihr Multimeter an den Messadapterkabeln an (COM-Anschluss und U/R/I-Anschluss).
- Stellen Sie ihr Multimeter auf einen Messbereich von 200 Ω ein.
- Lesen Sie den Messwert ab. Bei Raumtemperatur sollte ein ohmscher Widerstand von ungefähr 25 Ohm an den Anschlusssteckern festzustellen sein. Bei Erwärmung steigt der Widerstand stetig.

Funktionsprüfung im ausgebauten Zustand

Die Funktion des Kaltstartreglers lässt sich auch im ausgebauten Zustand simulieren. Zwar ist die Betriebsspannung für das Heizelement eigentlich eine Wechselspannung, die Prüfung mit Gleichspannung verändert das Ergebnis jedoch nicht.

- Demontieren Sie den Kaltstartregler.
- Ermitteln Sie zuerst mit einem Messschieber oder mit einem Maßstab das Überstandsmaß des Kaltstartschiebers.
- Schließen Sie nun an die elektrischen Anschlüsse eine 12-V-Batterie an. Nach einer Wartezeit von einigen Minuten wird der Kaltstartschieber langsam weiter herausgeschoben. Er bewegt sich im ausgebauten Zustand um ca. 4 mm.
- Ziehen Sie die Schutzkappe ab. Man kann am Gehäuse fühlen, dass das Heizelement arbeitet.

Der Kaltstartregler ist nicht zerlegbar und kann nur als ganze Baueinheit ersetzt werden. Sollte das Gehäuse nicht warm werden und/oder der Kaltstartschieber nicht ausfahren, so muss der Kaltstartregler ersetzt werden.

Gaszüge wechseln

Die Gaszüge der neuen Generation der Zweitaktmotoren sind grundsätzlich mit einem Gaszugteiler ausgerüstet. Hier wird mit einem Gaszug, der zum Gasgriff geht, der Gemischpumpenzug und der Vergaserschieberzug betätigt. Grundsätzlich sind alle Bestandteile auch einzeln erhältlich. Entsprechend muss dann auch nur der beschädigte Zug ersetzt werden.

Gaszugteiler freilegen und zerlegen

Der Gaszugteiler ist in der Regel im Trittbrett verbaut und in der Verkleidung unter dem Trittbrett verschraubt. Eine weitere Montagestelle ist die Verkleidung im Fußraum.

- Demontieren Sie das Trittbrett oder die entsprechende Verkleidung im Fußraumbereich.
- Drehen Sie die Verschraubung in der Verkleidung des Gaszugverteilers heraus.
- Hängen Sie den Gaszug an der Gemischpumpe und am Vergaser aus.
- Ziehen Sie den Deckel des Gaszugverteilers nach oben ab.
- Hängen Sie den entsprechenden Zug aus der Umlenkung aus und entnehmen sie ihn.

Gaszugwechsel oben »alter Domino Gasgriff«

- Drehen Sie die Befestigungsschraube (1) für den Gaszug am Gasgriff heraus.
- Demontieren Sie den Gaszug am Gaszugteiler wie oben beschrieben.
- Für die Montage stellen Sie die Einstellschraube (2) in die Mittelstellung und spannen den Gaszug so weit vor, dass der volle Hubweg am Gaszugteiler zur Verfügung steht.

Gaszugwechsel oben »neue Gasgriffe«

- Demontieren Sie den Gasgriff am Lenker.
- Legen Sie den Gaszugteiler frei.
- Demontieren Sie den Gaszugteiler wie oben beschrieben.
- Hängen Sie den Gaszug am Gaszugteiler und am Gasgriff aus und ersetzen Sie ihn.

Die Montage erfolgt in umgekehrter Reihenfolge.

Gaszugteiler mit Gummierung im Rahmen eingebaut.

Gaszugteiler ausgehängt und Gummierung abgezogen.

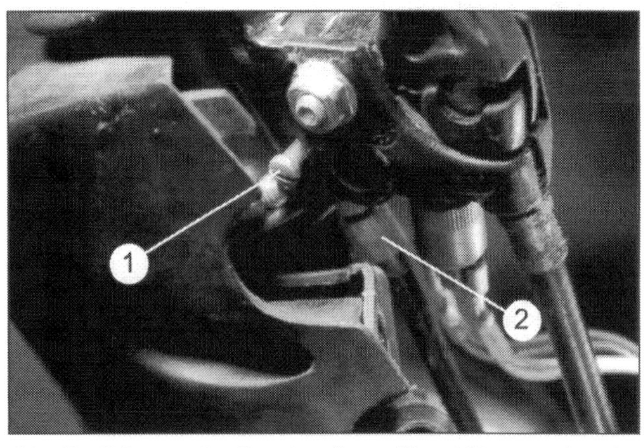

Alte Tradition an den Domino-Gasgriffen: 1 Klemmschraube im Gasgriffschiebestück, 2 Einstellschraube für den Gaszug.

Einspritzer – Technologie und Funktion

»Di-tech« oder »Purejet« ist eine Wortkombination, die vielen Mechanikern Schauer über den Rücken jagt, wenn es darum geht, die Fehlersuche an dem Einspritzer anzugehen. Dass ein Vergasermotor überschaubarer ist, ist ein hartnäckiges Gerücht, das sich sicherlich nicht nur aufgrund der neuen, nun erforderlichen Fachkenntnis über den Funktionsablauf dieser Technologie und der dafür nun auch erforderlichen Messtechnik hält.
Zugegeben, es ist schon ein faszinierendes System, das man an diesen Rollern entdecken kann. Es handelt sich schließlich um einen »Direkteinspritzer«, wie man ihn eigentlich ausschließlich im Pkw erwarten könnte. FSI oder TFSI wird ein solches System in Wolfsburg getauft. Unterschiede werden aber bereits im Aufbau und der Funktion dieses Systems schnell deutlich. Der kleine Piaggio muss nicht erst durch ein aufwändiges Ansaugsystem mit unterschiedlichsten Ansteuerklappen einen Luftwirbel erzeugen, um die Kraftstoffwolke optimal zu positionieren. Die Faszination liegt in der genialen Idee, eine definierte Kraftstoffmenge mit einer definierten Luftmenge in den Brennraum zu schleudern.

Unterscheidungen

Die Basis, also der grundsätzliche Aufbau der Motoren, unterscheidet nicht wesentlich voneinander. Stellen wir zuerst einmal die beiden Konzepte anhand der Schnittmodelle vor und beleuchten die technischen Unterscheidungsmerkmale genauer. Basis für den Vergaser wie auch den Einspritzer ist ein typischer Zweitaktmotor ohne jegliche Besonderheiten. Lediglich der Zylinderkopf, der Motorblock und einige Anbauteile zeigen wichtige Unterscheidungsmerkmale auf.

Der **Druckregler (A)** sorgt für stabilen Kraftstoffdruck im Einspritzsystem. Die **Einspritzdüse (B)** spritzt die erforderliche Kraftstoffmenge in den Vorraum zur **Luftdüse (D)**. Kraftstoffzulauf von der Kraftstoffpumpe und der Rücklauf in den Tank finden über die **Anschlüsse (C)** der Leitungen am Kopf statt. Die Kurbelwelle wird bei Einspritzer als Exzenter ausgelegt und erzeugt so, zusätzlich zu ihrer herkömmlichen Aufgabe, die erforderliche Hubbewegung für den **Luftkompressor (E)**.

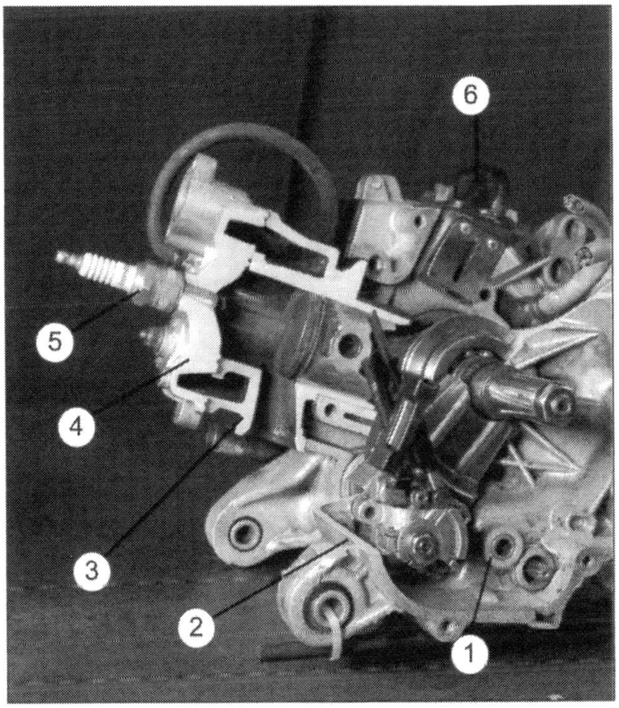

Die Basis: 1 Gemischpumpe, 2 Motorblock, 3 Zylinder, 4 Zylinderkopf, 5 Zündkerze, 6 Ansaugstutzen mit Membrane.

Der Einspritzer: 1 - 6 Basisausrüstung, A Druckregelventil, B Einspritzventil, C Kraftstoffzulauf und Kraftstoffrücklauf, D Luftdüse.

Zylinderkopf im Schnitt in der Ansicht von links: 1 Druckregelventil, 2 Einspritzventil für Kraftstoff, 3 Kraftstoffanschlüsse, 4 Luftdüse, 5 Kühlwasserthermostat, 6 Kühlwassertemperaturfühler.

Zylinderkopf im Schnitt in der Ansicht von rechts: Druckregelventil als Schnittbild.

Luftpumpe der besonderen Art: Kompressor im Kurbelgehäuse.

Klare Vorteile

Kraftstoff muss für eine gute Verbrennung fein vernebelt zur Verfügung stehen. Wird nun beim Vergaser das Kraftstoff-Luftgemisch durch Motorblock und Zylinder geleitet, kommt im Konzept »Einspritzer« lediglich der Brennraum mit dem Kraftstoff in Berührung und das auch nur für etwa eine Viertelumdrehung der Kurbelwelle. Verluste durch das Kondensieren an kalten Bauteilen und das typische Ausspülen von Schmierstellen entfallen einfach. So ist nicht nur weniger Kraftstoff, sondern auch deutlich weniger Öl für die Schmierung erforderlich.

Genial einfach - einfach genial

Beim FSI wird der Kraftstoff mit über 100 bar in den Brennraum eingespritzt. Piaggio aber arbeitet mit einem Kraftstoffdruck von etwa 4 bar.
Natürlich stellt sich jetzt die Frage, wie denn der kleine Druck reichen soll, um gegen den Kompressionsdruck den Kraftstoff in den Zylinder zu befördern und bei diesem Einspritzvorgang diesen auch noch fein zerstäubt zur Verfügung zu stellen.
Um den Kraftstoff in den Brennraum einspritzen zu können, muss der Einspritzdruck grundsätzlich höher sein als der Kompressionsdruck. Betrachtet man sich herkömmliche Einspritzsysteme, stellt sich schnell heraus, dass das grundsätzlich immer der Fall ist.
Der Kompressionsdruck eines »FSI-Pkw« unterscheidet sich hier kaum von dem Kompressionsdruck unseres 50-ccm-Motors. Der VW-Motor verdichtet mit etwa 12 bar, unser Piaggio mit etwa 10 bar Druck. Der VW allerdings spritzt mit über 100 bar ein. Das ist ein Wert, den wir beim Piaggio-Motor nicht finden. Weder der Kraftstoffdruck im System, noch der Luftdruck, den der Kompressor auf der Kurbelwelle erzeugt, liefert den entsprechenden Druck. Betrachten wir das Zusammenspiel auf den nächsten Seiten einmal genauer.

Ablauf des Einspritzvorgangs

Sie drehen den Schlüssel herum. Die Rollenzellenpumpe fördert den Kraftstoff bis zum Druckregler. Das Druckregelventil lässt im Einspritzsystem einen Druck von etwa 4 bar zu und lässt die überschüssige Kraftstoffmenge durch den Rücklauf zurück zum Tank fließen. Betätigen Sie nun den Starter, stellt das Motorsteuergerät anhand des »OT-Gebers« fest, dass der Motor dreht. Nun wird anhand des Temperaturgebers im Zylinderkopf, des

Drosselklappenpotentiometers und der Motordrehzahl die erforderliche Kraftstoffmenge errechnet. Die Kraftstoffdüse wird durch das Motorsteuergerät angesteuert und befördert die genau dosierte Kraftstoffmenge in den Mischraum vor der Luftdüse. Die Öffnung der Kraftstoffdüse erfolgt etwa 90° vor OT.

Typisch für einen Zweitaktmotor ist die Vorverdichtung im Kurbelgehäuse. Der dadurch entstehende Druck wird neben dem im Zweitakter typischen Spülvorgang benötigt, um den Kolbenkompressor im Kurbelgehäuse mit Frischluft zu beschicken. Der Kompressor wird von der exzentrisch ausgelegten Seitenwange der Kurbelwelle betätigt und erzeugt einen Luftdruck von 8 bis 10 bar. Dieser Druck steht nun im Verbindungsschlauch und auch im Luftdruckkanal mit dem Druckanschluss an. Der Auslasskanal wurde gerade eben vom Kolben geschlossen und der »Spülvorgang« durch die vorverdichtete Luft im Kurbelgehäuse ist gerade abgeschlossen worden. Der Kolben bewegt sich gerade in die Richtung »OT« und beschreibt den Anfang des Verdichtungstaktes, etwa 45° Drehwinkel der Kurbelwelle vor OT wird nun das Luftventil vom Motorsteuergerät angesteuert. Der Druck im Zylinder beträgt zu diesem Zeitpunkt etwa 3 bar. Das Luft-Kraftstoffgemisch wird durch das Luftventil in den Brennraum gedrückt. Etwa 30° Drehwinkel der Kurbelwelle später, bei etwa 15° vor OT, wird das nun weiter verdichtete Luft-Kraftstoffgemisch durch die Zündkerze entflammt. Der Arbeitstakt nimmt seinen Lauf und das gesamte Arbeitsspiel wiederholt sich erneut.

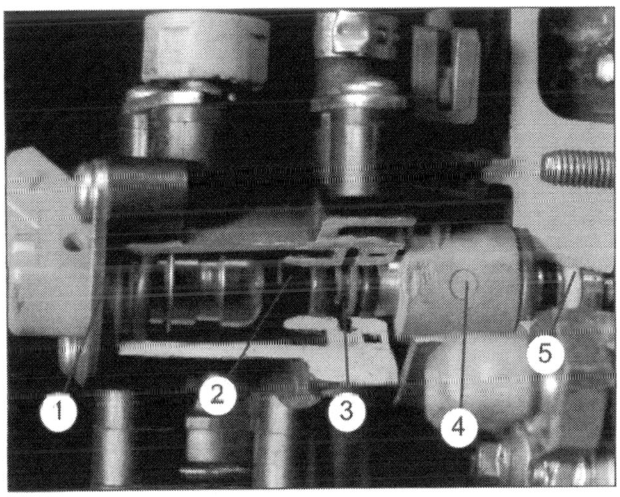

Komponenten im Zylinderkopf: 1 Einspritzdüse, 2 Mischraum, 3 Luftdruckkanal mit Anschluss, 4 Luftventil, 5 Brennraum im Zylinderkopf

Grundlagen und Voraussetzungen

So gesehen sind weder der Ablauf, noch die Konstruktion des Motors in irgendeiner Form besonders aufwändig oder schwer zu verstehen. Es müssen lediglich die Funktionsweise und die Prüfungen für die Bauteile und Funktionen des Einspritzsystems bekannt sein. Genau das werden wir auf den nächsten Seiten nachvollziehen. Es gibt lediglich einige wenige Besonderheiten, die Sie bei den Montagearbeiten am Einspritzsystem beachten sollten. Grundsätzlich sollten Sie sich aber nicht von der geballten Technik so weit in den Bann ziehen lassen, dass Sie die Grundlagen für die Fehlersuche außer Acht lassen.

- Achten Sie immer auf eine ausreichende Batteriespannung! Unter 9 V kann das Steuergerät nicht mehr zuverlässig arbeiten. Messen Sie auch die Spannung am Steuergerät nach!
- Achten Sie auf ausreichenden Kompressionsdruck und auf die Dichtheit des Kurbelgehäuses. Oft sind es nicht Elektronikfehler, die als Ursache infrage kommen.

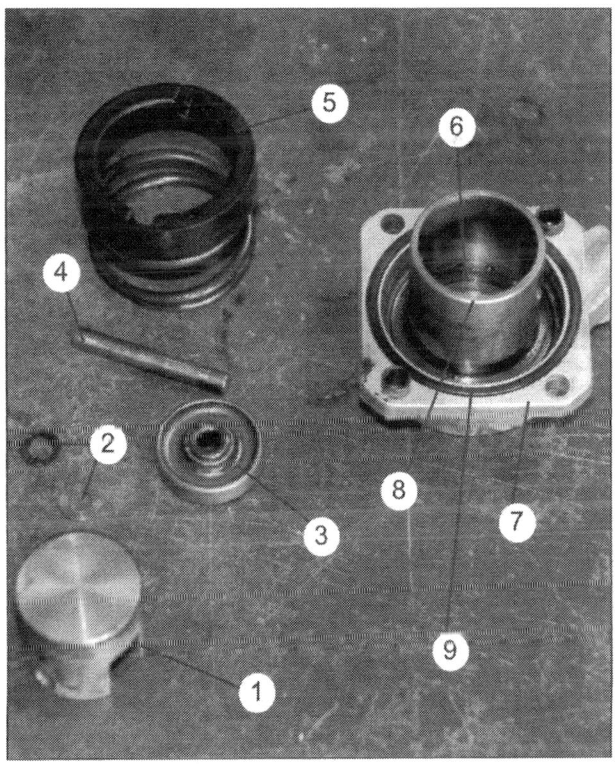

Komponenten in Teilen: 1 Kolben mit Kolbenring, 2 Führungsscheiben Stützrad, 3 Stützrad, 4 Lagerwelle Stützrad, 5 Kolbenrückholfeder mit Lagerwellensicherungsring, 6 Einlassbohrungen, 7 Pumpengehäuse, 8 Flattermembranscheibe, 9 Dichtring.

Bauteillage und Funktionen

Für jede Art von Arbeit oder Prüfung am System ist es erforderlich, die Bauteile überhaupt zu finden. Sicherlich unterscheidet sich die Bauteillage von Rollermodell zu Rollermodell nochmals im Detail, im Wesentlichen aber kann unser »Gilera Runner 50 Purejet« als Muster für die moderne Modellreihe aus dem Hause Piaggio herhalten. Bei anderen Modellen finden Sie die Komponenten in der Nähe.

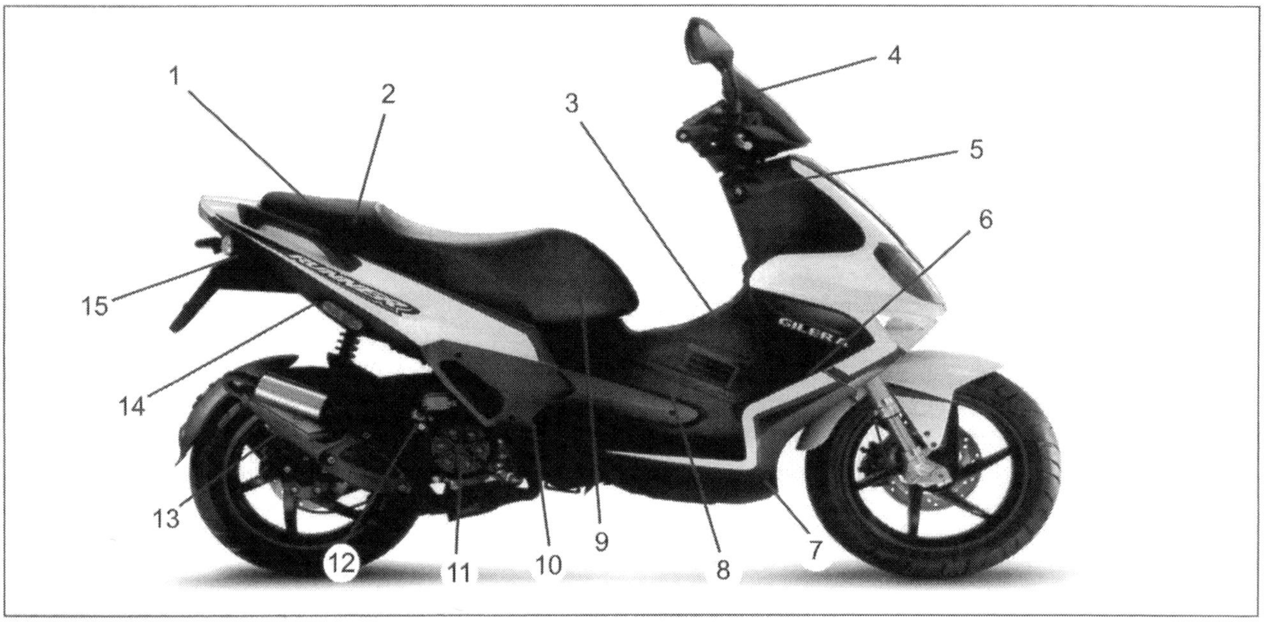

1 Sicherungen, 2 Batterie, 3 Kraftstofftank, 4 Tachometer und Bordcomputer, 5 Zündschloss, 6 Kühler, 7 Kraftstoffpumpe, 8 Kraftstoffsensor, 9 Gemischöltank, 10 Einspritzsystem am Zylinderkopf, 11 Generator, 12 Drosselklappenstück mit Doppelpoti, 13 Auspuffanlage, 14 Generatorregler, 15 Motorsteuergerät

1 Kühlmittelvorratstank, 2 Bremslichtschalter und Schaltereinheiten für die Lichtanlage, 3 Batterie, 4 Sicherungen, 5 Motorsteuergerät, 6 Generatorregler, 7 Luftfiltergehäuse, 8 Temperaturfühler am Zylinderkopf, 9 Kraftstofffiltereinsatz, 10 Zusatzlüftungsklappen

Kraftstoffpumpe demontieren

Grundsätzlich müssen alle Arbeiten am Kraftstoffsystem mit Bedacht und großer Sauberkeit durchgeführt werden. Die Kraftstoffleitungen bis zum Kraftstoffdruckregler stehen in der Regel unter Druck. Beim Abziehen der Schläuche kann Kraftstoff herausspritzen. Tragen Sie zu Ihrer eigenen Sicherheit bei diesen Arbeiten eine Schutzbrille, entsprechende Handschuhe und rauchen Sie nicht.
Für die Messungen an der Kraftstoffpumpe müssen Sie Adapter und Anschlüsse verwenden, die zum einen benzinfest und zum anderen für den Druck ausgelegt sind.

- Schalten Sie den Motor aus.
- Ziehen Sie den Schlüssel ab.
- Demontieren Sie die Spoilerverkleidung unten.
- Verschließen Sie den Zulaufschlauch zur Kraftstoffpumpe mit einer Klemmzange.
- Entriegeln Sie den Steckkontakt und ziehen Sie ihn aus dem Pumpengehäuse heraus.
- Entriegeln Sie die Kraftstoffleitungen und ziehen Sie diesen von der Pumpe ab.
- Ziehen Sie die Kraftstoffpumpe aus den Haltelaschen am Rahmen heraus.

Die Montage erfolgt sinngemäß in umgekehrter Reihenfolge.

- Achten Sie auf den korrekten Sitz der geklipsten Leitungen und auf Schäden an Kraftstoffleitungen und Befestigungsschellen.

Bauteillage am Gilera Runner 50 Purejet: 1 Drosselklappenstück, 2 Einspritzventile, 3 Kraftstoffpumpe, 4 OT-Geber, 5 Kraftstoffpumpe.

Kraftstoffpumpe prüfen

Für die Prüfung der Kraftstoffpumpe muss diese nicht unbedingt demontiert werden.

Legen Sie folgendes Werkzeug bereit:
1-Liter-Messbecher mit Skala, Stoppuhr, Hilfsschalter mit Steckanschlüssen, passende Schlauchanschlüsse für die Anschlüsse am Zylinderkopf, Messuhr mit einem Messbereich von 10 bar.

Fördermenge prüfen

- Schalten Sie den Motor aus.
- Kontrollieren Sie die Batteriespannung.
- Klemmen Sie die Batterie ab.
- Ziehen Sie den »Rücklaufschlauch« vom Zylinderkopf ab. Demontieren Sie die Seitenverkleidungen und die Heckverkleidung.
- Schließen Sie ein passendes T-Stück an den Anschluss am Zylinderkopf an. Legen Sie das andere Ende in den Messbecher.
- Ziehen Sie den Steuergerätestecker ab.
- Schließen Sie einen Messanschlussstift an das Anschlusskabel für die Kraftstoffpumpe an (gr/bl).

- Klemmen Sie die Batterie an.
- Schalten Sie die Zündung ein.
- Lassen Sie die Kraftstoffpumpe so lange laufen, bis der Kraftstoff blasenfrei austritt.
- Entleeren Sie den Messbecher.
- Lassen Sie die Kraftstoffpumpe genau 30 Sekunden laufen. Lesen Sie die geförderte Kraftstoffmenge im Messbecher ab.

Sie sollten etwa 300 ml Kraftstoff aufgefangen haben. Liegt die Menge deutlich darunter, prüfen Sie zuerst die Spannungsversorgung der Kraftstoffpumpe, den Kraftstofffilter und anschließend die Kraftstoffpumpe selbst.

Die Montage erfolgt sinngemäß in umgekehrter Reihenfolge.

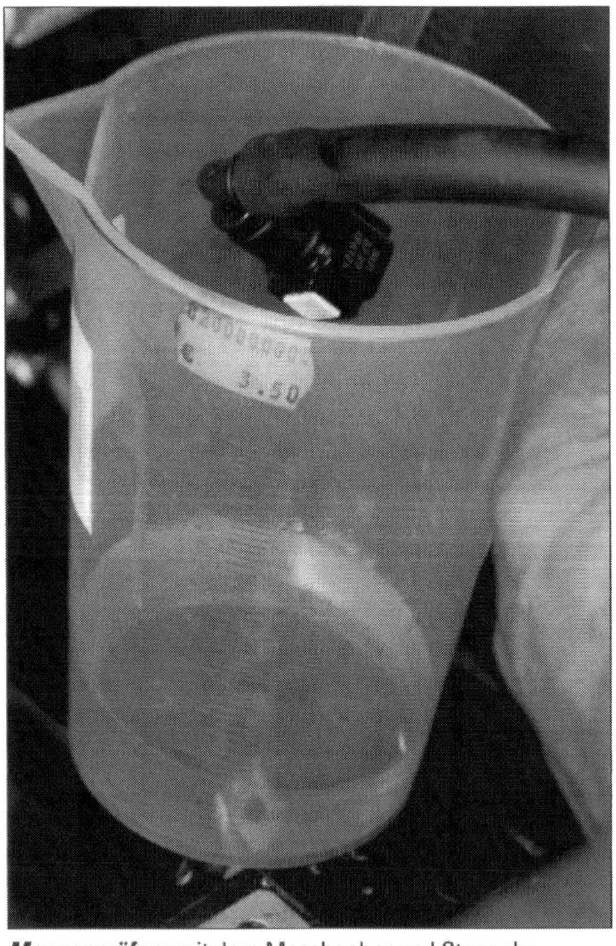

Mengenprüfung mit dem Messbecher und Stoppuhr.

Achtung
- Stecken Sie den Stecker des Motorsteuergerätes nur bei abgeklemmter Batterie auf und ab.
- Beachten Sie den Kraftstoffdruck bei der Demontage der Adapterleitungen.

Förderdruck prüfen

- Schalten Sie den Motor aus.
- Ziehen Sie den Schlüssel ab.
- Ziehen Sie den »Vorlaufschlauch« vom Zylinderkopf ab.
- Schließen Sie ein passendes T-Stück an den Anschluss am Zylinderkopf, am Schlauch zur Kraftstoffpumpe und eine passende Messuhr an.
- Starten Sie den Motor.
- Lassen Sie den Motor einige Minuten im Leerlauf laufen und lesen Sie den Systemdruck ab.
- assen Sie den Motor einige Minuten mit etwa 6000 1/min laufen und lesen Sie den Systemdruck erneut ab.

Der Druck muss etwa 7-8 bar erreichen. Es sollte kein Unterschied zwischen der hohen und der niedrigen Drehzahl im Systemdruck feststellbar sein. Fällt er deutlich ab, müssen die Kraftstoffpumpe und die Dichtheit des Systems überprüft werden. Messen Sie einen höheren Druck, müssen der Druckregler und der Rücklauf zum Tank geprüft werden.

Systemdichtheit bewerten

- Prüfen Sie den Förderdruck.
- Schalten Sie den Motor aus.
- Lassen Sie die Druckmessuhr angeschlossen und notieren Sie sich den Druck nach dem Abstellen des Motors. Warten Sie 30 Minuten ab.

Der Druck darf etwa 0,1 bar je Stunde abfallen. Ist der Druckabfall stärker, müssen das System auf Dichtheit und Kraftstoffpumpe und Druckregler auf Schäden hin untersucht werden.

Kraftstoffdruckregler demontieren

- Schalten Sie den Motor aus.
- Ziehen Sie den Schlüssel ab.
- Drehen Sie die Gehäuseschrauben aus dem Einspritzgehäuse heraus.
- Achten Sie auf eventuell herausspritzenden Kraftstoff. Nehmen Sie den Gehäusedeckel und die anderen Bauteile wie gezeigt ab.

Die Montage erfolgt sinngemäß in umgekehrter Reihenfolge.

- Achten Sie auf den Zustand und den Sitz der Dichtringe.
- Erneuern Sie die Dichtringe grundsätzlich.

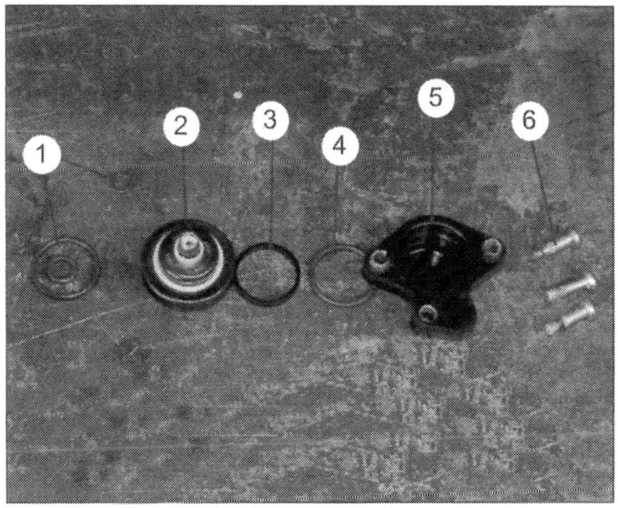

1 Dichtringe, 2 Kraftstoffdruckregler, 3 Distanzring, 4 Dichtring, 5 Gehäuseunterteil, 6 Gehäuseschrauben

Kraftstoffdruckregler prüfen

Systemdruck prüfen

- Schalten Sie den Motor aus.
- Ziehen Sie den Schlüssel ab.
- Ziehen Sie den »Vorlaufschlauch« vom Zylinderkopf ab.
- Schließen Sie ein passendes T-Stück an den Anschluss am Zylinderkopf, am Schlauch zur Kraftstoffpumpe und an der Messuhr an.
- Starten Sie den Motor.
- Lassen Sie den Motor einige Minuten im Leerlauf laufen und lesen Sie den Systemdruck ab.
- Lassen Sie den Motor einige Minuten mit etwa 6000 1/min laufen und lesen Sie den Systemdruck erneut ab.

Der Druck muss etwa 7-8 bar erreichen. Fällt er deutlich ab, müssen die Kraftstoffpumpe und die Dichtheit des Systems überprüft werden. Messen Sie einen höheren Druck, müssen der Druckregler und der Rücklauf zum Tank geprüft werden

Luftdüse demontieren

Das Kraftstoffsystem steht in der Regel unter Druck. Beim Abziehen der Schläuche kann Kraftstoff herausspritzen. Tragen Sie zu Ihrer eigenen Sicherheit bei diesen Arbeiten eine Schutzbrille, entsprechende Handschuhe und rauchen Sie nicht.

- Schalten Sie den Motor aus.
- Ziehen Sie den Schlüssel ab.
- Demontieren Sie die Seitenverkleidungen und die Verkleidungen um den Benzintank.

- Nehmen Sie die Kraftstoffvorlaufleitung aus dem Halteblech heraus.
- Ziehen Sie den Kraftstoffzulauf und die Rücklaufleitung vom Einspritzgehäuse ab.
- Entriegeln Sie die Steckkontakte und ziehen Sie die Kombistecker von der Kraftstoffeinspritzdüse und der Luftdüse ab.
- Nehmen Sie das Einspritzgehäuse ab.
- Hebeln Sie vorsichtig die Luftdüse gerade aus dem Zylinderkopf heraus.

Die Montage erfolgt sinngemäß in umgekehrter Reihenfolge.

- Achten Sie auf den korrekten Sitz der geklipsten Leitungen und auf Schäden an Kraftstoffleitungen und Befestigungsschellen.

Luftdüse prüfen

Die Prüfung der Luftdüse kann mit dem Multimeter lediglich statisch erfolgen. Die Auswertung von Signalspannungswerten macht aufgrund der hohen Signalgeschwindigkeit keinen Sinn. Soll das Spritzbild bewertet werden, muss die Luftdüse in einem demontierten Zylinderkopf als Hilfsträger montiert werden.

Widerstandsmessung an den Anschlüssen

- Schalten Sie den Motor aus.
- Ziehen Sie den Schlüssel ab.
- Demontieren Sie die Seitenverkleidungen und die Verkleidungen um den Benzintank.
- Entriegeln Sie die Steckkontakte und ziehen Sie die Kombistecker von der Luftdüse ab.

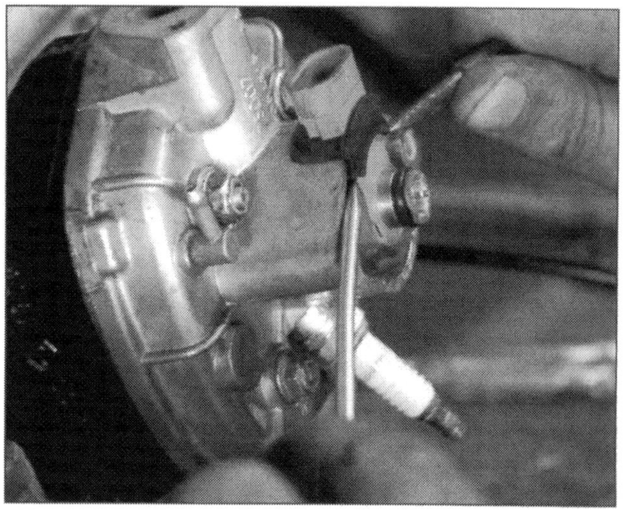

Vorsichtiges Heraushebeln der Luftdüse aus dem Zylinderkopf.

Zwei Halterungsschrauben für das komplette Einspritzgehäuse im Zylinderkopf.

Dichtring im Zylinderkopf.

- Stecken Sie jeweils ein Messadapterkabel auf die Kontaktlaschen der Luftdüse auf.
- Schließen Sie Ihr Multimeter an den Messadapterkabeln an (COM-Anschluss und U/R/I-Anschluss).
- Stellen Sie Ihr Multimeter auf einen Messbereich von 200 Ω ein.
- Lesen Sie den Messwert ab.

Der Messwert sollte in etwa 2 Ω betragen. Weicht er deutlich von diesem Wert ab, muss die Luftdüse erneuert werden.

Prüfen der Spannungsversorgung

- Schalten Sie den Motor aus.
- Ziehen Sie den Schlüssel ab.
- Demontieren Sie die Seitenverkleidungen und die Verkleidungen um den Benzintank.
- Entriegeln Sie die Steckkontakte und ziehen Sie die Kombistecker von der Luftdüse ab.
- Stecken Sie jeweils ein Messadapterkabel in die Kontakte des Steckers der Luftdüse ein.
- Stellen Sie Ihr Multimeter auf einen Messbereich von 20 V DC ein.

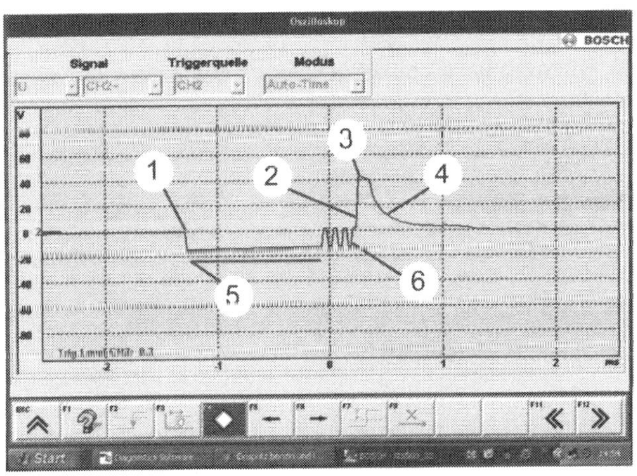

1 Aufschalten des Transistors, 2 Abschalten des Transistors, 3 Selbstinduktion der Spule, 4 Ausschwingkurve und Spannungsabbau, 5 Öffnungszeit der Luftdüse im Leerlauf (etwa 2,5 ms), 6 Taktung des Signals um die Wärmeentwicklung der Düse zu verringern

- Schließen Sie Ihr Multimeter an den Messadapterkabeln an (COM-Anschluss und U/R/I-Anschluss).
- Lesen Sie den Messwert ab.

Trotz abgeschalteter Zündung sollten Sie am blauen Kabel einen Messwert von etwa 12 - 14 V ablesen können (Batteriespannung). Liegt diese Spannung nicht an, müssen die Verkabelung und die Sicherung geprüft werden. Die Spannung am roten Kabel sollte bei 0 V liegen. Dieses Ergebnis für das rote Kabel sollte sich auch bei einer Messung gegen Batterieplus nicht verändern. Der rote Anschluss wird vom Steuergerät geschaltet (Masse).

Signalbild auswerten

- Schalten Sie den Motor aus.
- Ziehen Sie den Schlüssel ab.
- Demontieren Sie die Seitenverkleidungen und die Verkleidungen um den Benzintank.
- Stecken Sie jeweils ein Messadapterkabel in die Kontakte des Steckers der Luftdüse ein.
- Stellen Sie Ihr Oszilloskop auf einen Messbereich von 100 V DC und eine Zeitachse von 10 ms ein. Setzen Sie den Trigger auf etwa 30 V.

Spritzbild bewerten

- Schalten Sie den Motor aus.
- Ziehen Sie den Schlüssel ab.
- Demontieren Sie die Seitenverkleidungen und die Verkleidungen um den Benzintank.
- Nehmen Sie die Kraftstoffvorlaufleitung aus dem Halteblech heraus.
- Ziehen Sie den Kraftstoffzulauf und die Rücklaufleitung vom Einspritzgehäuse ab.
- Entriegeln Sie die Steckkontakte und ziehen Sie die Kombistecker von der Kraftstoffeinspritzdüse und der Luftdüse ab.
- Nehmen Sie das Einspritzgehäuse ab.

- Hebeln Sie vorsichtig die Luftdüse gerade aus dem Zylinderkopf heraus.
- Setzen Sie die Luftdüse in den demontierten Zylinderkopf ein.
- Montieren Sie das Einspritzgehäuse mit der Kraftstoffdüse auf dem Hilfsträger (zusätzlicher demontierter Zylinderkopf).
- Schließen Sie die Kraftstoffleitungen wieder an.
- Schließen Sie die elektrischen Verbindungen wieder an.
- Betätigen Sie den Anlasser und beobachten Sie das Spritzbild.

Wenn kein Fehler vorliegt, sollten Sie einen feinen Kraftstoffnebel beim Auslösen der Luftdüse feststellen können.Ist das nicht der Fall, müssen Sie die Druckversorgung durch den Kompressor, die Einspritzdüse (es kommt kein Kraftstoff, sondern nur Luft) und die Luftdüse näher untersuchen.

Einspritzdüse demontieren

Das Kraftstoffsystem steht in der Regel unter Druck. Beim Abziehen der Schläuche kann Kraftstoff herausspritzen. Tragen Sie zu Ihrer eigenen Sicherheit bei diesen Arbeiten eine Schutzbrille, entsprechende Handschuhe und rauchen Sie nicht.

- Schalten Sie den Motor aus.
- Ziehen Sie den Schlüssel ab.
- Demontieren Sie die Seitenverkleidung und die Verkleidung um den Benzintank.
- Nehmen Sie die Kraftstoffvorlaufleitung aus dem Halteblech heraus.
- Ziehen Sie den Kraftstoffzulauf- und die Rücklaufleitung vom Einspritzgehäuse ab.
- Entriegeln Sie den Steckkontakt der Einspritzdüse und ziehen Sie die Kombistecker ab.
- Lösen Sie die Befestigungsschrauben und nehmen Sie das Halteblech für die Einspritzdüse ab.
- Ziehen Sie die Einspritzdüse gerade und vorsichtig aus dem Einspritzgehäuse heraus.

Die Montage erfolgt sinngemäß in umgekehrter Reihenfolge.

- Achten Sie auf den korrekten Sitz der geklipsten Leitungen und auf Schäden an Kraftstoffleitungen und Befestigungsschellen.
- Erneuern Sie grundsätzlich die Dichtungen.

Einspritzdüse prüfen

Die Prüfung der Einspritzdüse kann mit dem Multimeter lediglich statisch erfolgen. Die Auswertung von Signalspannungswerten macht aufgrund der hohen Signalgeschwindigkeit keinen Sinn. Soll das Spritzbild bewertet werden, muss die Einspritzdüse mit dem Einspritzgehäuse demontiert werden.

Widerstandsmessung an den Anschlüssen

- Schalten Sie den Motor aus.
- Ziehen Sie den Schlüssel ab.
- Demontieren Sie die Seitenverkleidungen und die Verkleidungen um den Benzintank.
- Entriegeln Sie die Steckkontakte und ziehen Sie die Kombistecker von der Einspritzdüse ab.

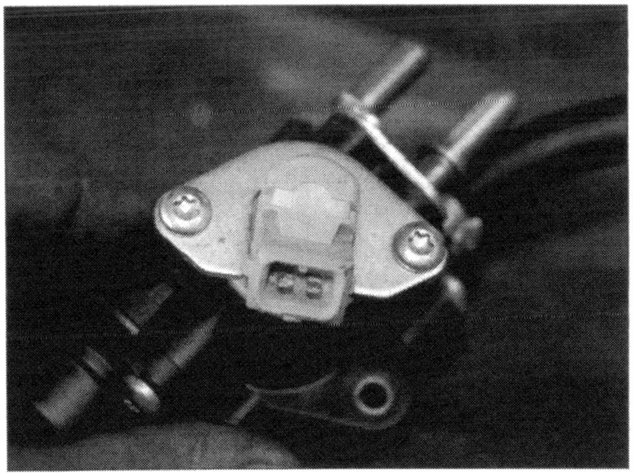

Zwei Halterungsschrauben und ein Sicherungsblech für die Halterung und Einbauposition der Einspritzdüse.

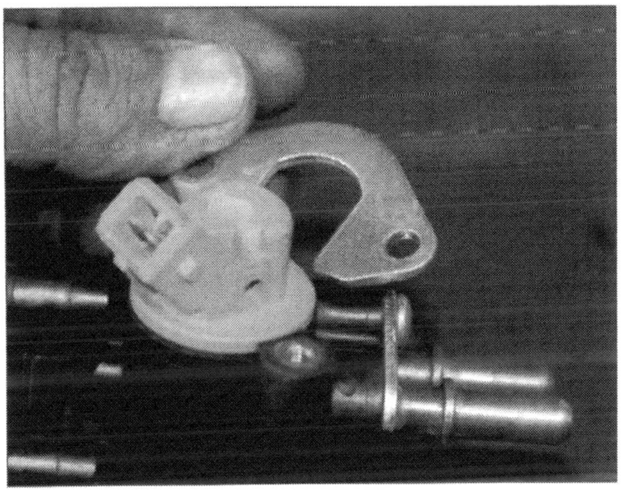

Vorsichtiges Heraushebeln der Einspritzdüse aus dem Zylinderkopf.

Erneuern Sie die Dichtringe des Einspritzventils bei jeder Demontage.

- Stecken Sie jeweils ein Messadapterkabel auf die Kontaktlaschen der Einspritzdüse auf.
- Schließen Sie Ihr Multimeter an den Messadapterkabeln an (COM-Anschluss und U/R/I-Anschluss).
- Stellen Sie ihr Multimeter auf einen Messbereich von 200 Ω ein.
- Lesen Sie den Messwert ab.

Der Messwert sollte in etwa 2,5 Ω betragen. Weicht er deutlich von diesem Wert ab, muss die Einspritzdüse erneuert werden.

Prüfen der Spannungsversorgung

- Schalten Sie den Motor aus.
- Ziehen Sie den Schlüssel ab.
- Demontieren Sie die Seitenverkleidungen und die Verkleidungen um den Benzintank.
- Entriegeln Sie die Steckkontakte und ziehen Sie die Kombistecker von der Einspritzdüse ab.
- Stecken Sie jeweils ein Messadapterkabel in die Kontakte des Steckers der Einspritzdüse ein.
- Stellen Sie Ihr Multimeter auf einen Messbereich von 20 V DC ein.
- Schließen Sie Ihr Multimeter an den Messadapterkabeln an (COM-Anschluss und U/R/I-Anschluss).
- Lesen Sie den Messwert ab.

Trotz abgeschalteter Zündung sollten Sie am blauen Kabel einen Messwert von etwa 12 - 14 V ablesen können (Batteriespannung). Liegt diese Spannung nicht an, müssen die Verkabelung und die Sicherung geprüft werden. Die Spannung am weißen Kabel sollte bei 0 V liegen. Dieses Ergebnis für das weiße Kabel sollte sich auch bei einer Messung gegen Batterieplus nicht verändern. Der weiße Anschluss wird vom Steuergerät geschaltet (Masse).

Signalbild auswerten

- Schalten Sie den Motor aus.
- Ziehen Sie den Schlüssel ab.
- Demontieren Sie die Seitenverkleidungen und die Verkleidungen um den Benzintank.
- Stecken Sie jeweils ein Messadapterkabel in die Kontakte des Steckers der Einspritzdüse ein.
- Stellen Sie Ihr Oszilloskop auf einen Messbereich von 100 V DC und eine Zeitachse von 10 ms ein. Setzen Sie den Trigger auf etwa 30 V.

Spritzbild bewerten

- Schalten Sie den Motor aus.
- Ziehen Sie den Schlüssel ab.
- Demontieren Sie die Seitenverkleidungen und die Verkleidungen um den Benzintank.
- Nehmen Sie die Kraftstoffvorlaufleitung aus dem Halteblech heraus.
- Ziehen Sie den Kraftstoffzulauf und die Rücklaufleitung vom Einspritzgehäuse ab.
- Entriegeln Sie die Steckkontakte und ziehen Sie die Kombistecker von der Kraftstoffeinspritzdüse und der Luftdüse ab.
- Nehmen Sie das Einspritzgehäuse ab.

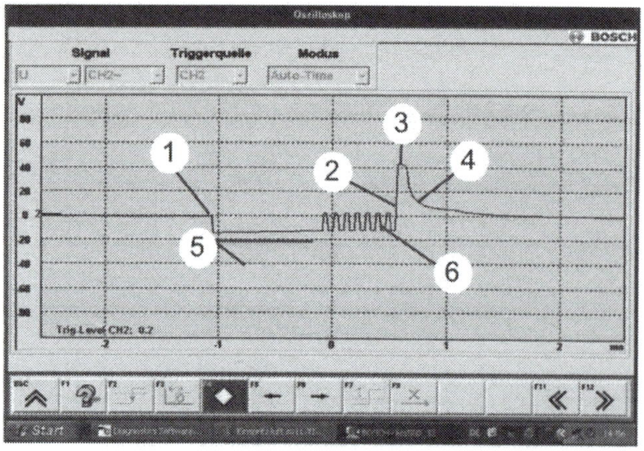

1 Aufschalten des Transistors, 2 Abschalten des Transistors, 3 Selbstinduktion der Spule, 4 Ausschwingkurve und Spannungsabbau, 5 Öffnungszeit der Luftdüse im Leerlauf (etwa 2,5 ms), 6 Taktung des Signals, um die Wärmeentwicklung der Düse zu verringern.

- Stecken Sie die Kraftstoffleitungen und die elektrischen Verbindungen zu Luft- und Benzineinspritzdüse außerhalb des Motorrollers wieder auf das Einspritzgehäuse auf.
- Positionieren Sie das Einspritzgehäuse so, dass Sie das Spritzbild genau beobachten können.
- Betätigen Sie den Anlasser und beobachten Sie das Spritzbild.

Wenn kein Fehler vorliegt, sollten Sie einen feinen Kraftstoffnebel beim Auslösen der Einspritzdüse feststellen können. Ist das nicht der Fall, müssen Sie die Druckversorgung durch den Kraftstoffdruckregler und die Kraftstoffpumpe sowie die Einspritzdüse näher untersuchen.

Temperaturfühler demontieren

Grundsätzlich sollte der Motor bei allen Montagearbeiten am Kühlsystem kalt sein. Zum einen besteht Verbrühungsgefahr und zum anderen steht das Kühlsystem unter leichtem Überdruck, was zum Herausspritzen führen kann.
Sie können die folgenden Arbeiten auch ohne die Demontage der Verkleidungsteile von unten durchführen. Die Arbeiten werden dann aber aufgrund des Platzmangels etwas schwerer durchzuführen sein.

- Schalten Sie den Motor aus.
- Ziehen Sie den Schlüssel ab.
- Demontieren Sie die Seitenverkleidungen und die Verkleidungen um den Benzintank.
- Entriegeln Sie den Steckkontakt des Temperaturfühlers und ziehen Sie die Kombistecker ab.

- Drehen Sie den Temperaturfühler aus dem Zylinderkopf heraus.

Die Montage erfolgt sinngemäß in umgekehrter Reihenfolge.

- Reinigen Sie das Gewinde des Temperaturfühlers gründlich.
- Tragen Sie vor der Montage etwas Dichtmasse auf das Gewinde des Temperaturfühlers auf.

Temperaturfühler prüfen (eingebauter Zustand)

Die Prüfung des Temperaturfühlers mit einem Multimeter ist möglich, erfordert aber eine stetige Beobachtung und gleichmäßige Messabstände. Weiterhin muss die Motortemperatur beobachtet werden. Die Motorelektronik erkennt den fehlenden Sensor und reagiert mit erhöhter Leerlaufdrehzahl und ausgelöster MIL (Motor-Informations-Leuchte). Der Fehler kann aber nach dem Aufstecken des Fühlers und Aus- und Einschalten der Zündung zurückgesetzt werden. Die Löschung des Fehlerspeichers erfolgt durch das Abklemmen der Batterie für einige Minuten.

Widerstandsmessung an den Anschlüssen

- Schalten Sie den Motor aus.
- Ziehen Sie den Schlüssel ab.
- Demontieren Sie die Seitenverkleidungen und die Verkleidungen um den Benzintank.
- Entriegeln Sie die Steckkontakte und ziehen Sie die Kombistecker vom Temperaturfühler ab.
- Stecken Sie jeweils ein Messadapterkabel auf die Kontaktlaschen des Temperaturfühlers auf.
- Schließen Sie Ihr Multimeter an den Messadapterkabeln an (COM-Anschluss und U/R/I-Anschluss).
- Stellen Sie ihr Multimeter auf einen Messbereich von 5000 Ω (5 KΩ) ein.
- Lesen Sie den Messwert ab.

Der Messwert sollte in etwa 2,5 kΩ bei Raumtemperatur betragen. Der Messwert wird mit steigender Motortemperatur bis etwa 400 Ω bei 80 °C Motortemperatur abfallen. Weicht er deutlich von diesem Wert ab, muss der Temperaturfühler erneuert werden.

Prüfen der Spannungsversorgung

- Schalten Sie den Motor aus.
- Ziehen Sie den Schlüssel ab.
- Demontieren Sie die Seitenverkleidungen und die Verkleidungen um den Benzintank.
- Entriegeln Sie die Steckkontakte und ziehen Sie die Kombistecker von dem Temperaturfühler ab.
- Stecken Sie jeweils ein Messadapterkabel in die Kontakte des Steckers des Temperaturfühlers ein.
- Stellen Sie Ihr Multimeter auf einen Messbereich von 20 V DC ein.
- Schließen Sie Ihr Multimeter an den Messadapterkabeln an (COM-Anschluss und U/R/I-Anschluss).
- Lesen Sie den Messwert ab.

Bei eingeschalteter Zündung sollten Sie am rotschwarzen Kabel einen Messwert von etwa 4 - 5 V ablesen können (Sensorspannung). Liegt diese Spannung nicht an, müssen die Verkabelung zum Steuergerät und das Steuergerät selbst geprüft werden. Die Spannung am gelbblauen Kabel sollte bei 0 V liegen. Der gelbblaue Anschluss wird vom Steuergerät geschaltet (Masse).

Signalspannung oder Signalbild auswerten (Multimeter oder Oszilloskop)

- Schalten Sie den Motor aus.
- Ziehen Sie den Schlüssel ab.
- Demontieren Sie die Seitenverkleidungen und die Verkleidungen um den Benzintank.

- Stecken Sie jeweils ein Y-Messadapterkabel in die Kontakte des Steckers des Temperaturfühlers ein.
- Stecken Sie jeweils das entsprechende Messadapterkabel auf die Kontaktlaschen des Temperaturfühlers auf.
- Stellen Sie Ihr Messgerät auf einen Messbereich von 20 V DC ein. Das Oszilloskop sollte nun einen Messbereich von bis zu 15 Minuten aufzeichnen können. Die Abtastrate kann gering ausfallen. Oftmals steht Ihnen für diese Messung ein grafisches Multimeter zur Verfügung.
- Schließen Sie Ihr Messgerät an den Messadapterkabeln an (U/R/I-Anschluss und COM-Anschluss an die Motor oder Fahrzeugmasse).
- Lesen Sie die Messwerte in gleichmäßigen Zeitabständen ab oder zeichnen Sie den Spannungsverlauf mit dem Oszilloskop auf.

Der Messwert sollte in etwa 0,5 V bei Raumtemperatur betragen. Der Messwert wird mit steigender Motortemperatur bis etwa 4,2 V bei 80 °C Motortemperatur abfallen. Weicht er deutlich von diesem Wert ab, muss der Temperaturfühler erneuert werden.

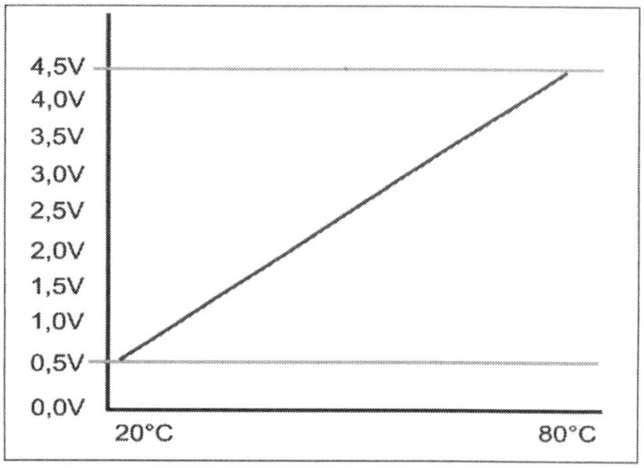

Zu erwartende Messspannung in Abhängigkeit der Motortemperatur.

Nr.	Multimeter		Temperatur Wasser	Ergebnis
	URI-Buchse	COM-Buchse		
V1	1	4	20 °C	0,4 V
V2	1	2	30 °C	1,6 V
V3	1	2	40 °C	2,3 V
V4	1	3	60 °C	3,0 V
V5	1	3	80 °C	4,3 V

Temperaturfühler prüfen (ausgebauter Zustand)

Die Prüfung des Temperaturfühlers mit einem Multimeter ist möglich, erfordert aber eine stetige Beobachtung und gleichmäßige Messabstände.

Widerstandsmessung an den Anschlüssen

- Demontieren Sie den Temperaturfühler.
- Stecken Sie jeweils ein Messadapterkabel auf die Kontaktlaschen des Temperaturfühlers auf.
- Schließen Sie Ihr Multimeter an den Messadapterkabeln an (COM-Anschluss und U/R/I-Anschluss).
- Stellen Sie ihr Multimeter auf einen Messbereich von 5000 Ω (5 kΩ) ein.
- Legen Sie den Temperaturfühler, wie am Thermostat gezeigt, in ein Wasserbad ein.
- Lesen Sie den Messwert ab.
- Erwärmen Sie das Wasser langsam und beobachten Sie die Messwertänderungen.

Aufzeichnen des Widerstandswertes mit der grafischen Multimeterfunktion des Oszilloskops

Der Messwert sollte in etwa 2,5 kΩ bei Raumtemperatur betragen. Der Messwert wird mit steigender Motortemperatur bis etwa 400 Ω bei 80 °C Motortemperatur abfallen. Weicht er deutlich von diesem Wert ab, muss der Temperaturfühler erneuert werden.

Die Auswertung über die Multimeterfunktion des Oszilloskopes erfolgt genauso wie im eingebauten Zustand. Die Prüfung ist bereits im »eingebauten Zustand« beschrieben worden. Die Ergebnisse unterscheiden sich nicht.

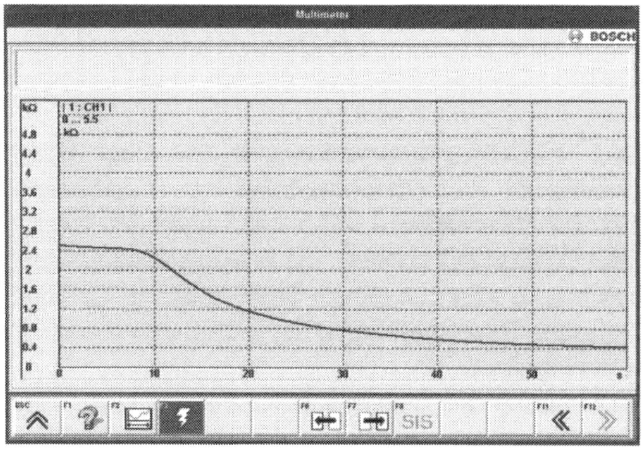

Signalbild »Widerstand« des Temperaturfühlers auf dem Oszilloskop.

Drosselklappenteil mit Drosselklappenpotenziometer demontieren

- Schalten Sie den Motor aus.
- Demontieren Sie die Spritzschutzverkleidung unter dem Helmfach.
- Demontieren Sie den Deckel im Helmfach.
- Ziehen Sie den Schlüssel ab.
- Entriegeln Sie den Steckkontakt des Drosselklappenpotenziometers und ziehen Sie die Kombistecker ab.
- Öffnen Sie den Kabelbinder zum Luftfilteransaugschlauch.
- Öffnen Sie die Schelle am Ansaugstutzen.
- Hängen Sie den Gaszug aus.
- Nehmen Sie das Drosselklappenteil heraus.

Die Montage erfolgt sinngemäß in umgekehrter Reihenfolge.

- Achten Sie darauf, dass keine Fremdkörper in den Ansaugtrakt hineingeraten.

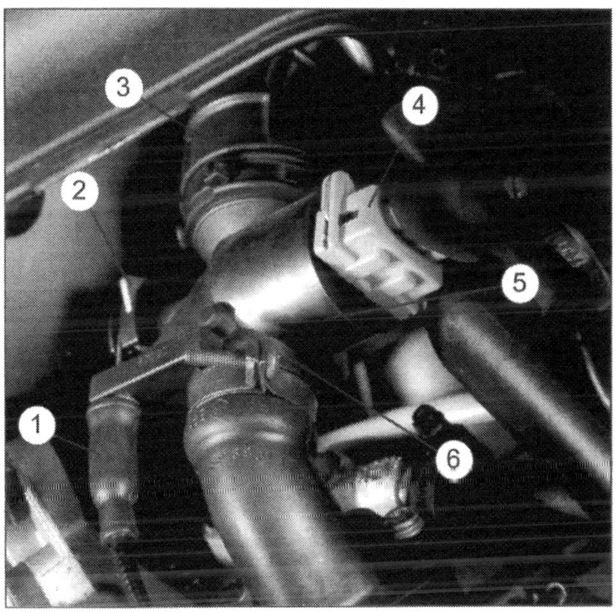

1 Schutzhülle, 2 Gaszug, 3 Schelle zum Luftfilter (Kabelbinder), 4 Anschlussstecker, 5 Drosselklappenteil mit Potenziomotor, 6 Schelle am Ansaugstutzen

Drosselklappenpotentiometer prüfen

Das Drosselklappenpotentiometer teilt dem Motorsteuergerät den Öffnungswinkel der Drosselklappe mit. Die Drosselklappe selbst wird durch den Gaszug vom Gasgriff aus betätigt. Die Drosselklappenstellung hat keinen oder fast keinen Einfluss auf die Leerlaufdrehzahl. Diese wird durch die Luft-Kraftstoffeinspritzung reguliert.
Die Prüfung des Drosselklappenpotenziometers kann auf mehrere Arten erfolgen und ist mit einem Multimeter möglich, erfordert aber eine stetige Beobachtung.

Widerstandsmessung an den Anschlüssen

- Schalten Sie den Motor aus.
- Demontieren Sie die Spritzschutzverkleidung unter dem Helmfach.
- Demontieren Sie den Deckel im Helmfach.
- Ziehen Sie den Schlüssel ab.
- Entriegeln Sie den Steckkontakt des Drosselklappenpotenziometers und ziehen Sie die Kombistecker ab.
- Stecken Sie jeweils ein Messadapterkabel auf die Kontaktlaschen des Temperaturfühlers auf. Die Anschlussfolge entnehmen Sie bitte der untenstehenden Tabelle.
- Schließen Sie Ihr Multimeter an den Messadapterkabeln an (COM-Anschluss und U/R/I-Anschluss).
- Stellen Sie Ihr Multimeter auf einen Messbereich von 2000 Ω (2 kΩ) ein.
- Lesen Sie den Messwert ab und vergleichen Sie ihn mit den Messwertangaben in der Tabelle zu der jeweiligen Messung. Die Ergebnisse dürfen etwa 10 % abweichen.

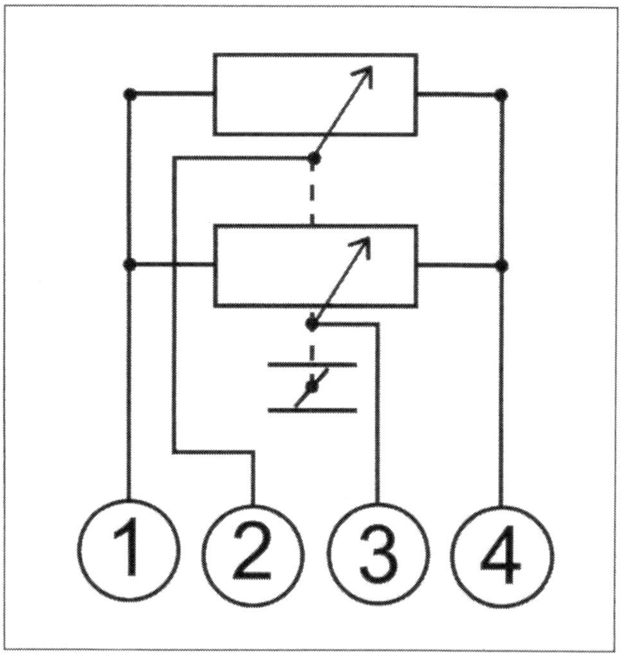

Die Zahlenangabe in der Tabelle unter »URI-Buchse« oder »COM-Buchse« bezieht sich auf den Pinanschluss des Drosselklappenpotentiometers. Die Nummern sind auf dem Kombistecker erhaben vermerkt. »R1« bis »R9« bezeichnen die erforderlichen Widerstandsmessungen.

Nr.	Multimeter		Drosselklappenstellung	Ergebnis
	URI-Buchse	COM-Buchse		
R1	1	4	egal	730 Ω
R2	1	3	zu	1,3 kΩ - 1,4 kΩ
R3	1	3	auf	800 Ω - 870 Ω
R4	1	2	zu	800 Ω - 870 Ω
R5	1	2	auf	1,3 kΩ - 1,4 kΩ
R6	4	3	zu	800 Ω - 870 Ω
R7	4	3	auf	1,3 kΩ - 1,4 kΩ
R8	4	2	zu	1,3 kΩ - 1,4 kΩ
R9	4	2	auf	800 Ω - 870 Ω

Widerstandsmessung mit der Multimeterfunktion des Oszilloskopes

- Schalten Sie den Motor aus.
- Demontieren Sie die Spritzschutzverkleidung unter dem Helmfach.
- Demontieren Sie den Deckel im Helmfach.
- Ziehen Sie den Schlüssel ab.
- Entriegeln Sie den Steckkontakt des Drosselklappenpotentiometers und ziehen Sie die Kombistecker ab.
- Stecken Sie jeweils ein Messadapterkabel auf die Kontaktlaschen des Drosselklappenstücks auf. Die Anschlussfolge entnehmen Sie bitte der untenstehenden Tabelle.
- Schließen Sie Ihr Oszilloskop an den Messadapterkabeln an (siehe Tabelle auf der vorherigen Seite).
- Stellen Sie den Messbereich 2000 Ω (2 kΩ) ein. Wählen Sie eine Zeitachse von 10 Sekunden vor.
- Zeichnen Sie den Messwert grafisch auf.
- Geben Sie mehrfach hintereinander Gas und nehmen das Gas wieder zurück.

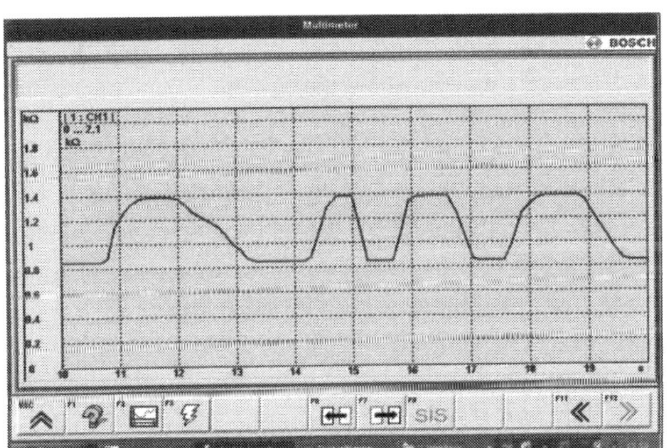

Wichtiger ist die Auswertung des gleichmäßigen Verlauf eines Widerstandes. Widerstandswerte ohne Ausreißer: So sieht ein fehlerfreier Messwert aus.

Spannungsmessung an den Anschlüssen

Die Spannungsauswertung mit dem Multimeter ist recht schwierig. Lediglich dic Anschläge auf Volllast und Leerlauf können sicher bewertet werden. Die Messwerte dazwischen müssen langsam ermessen und gut beobachtet werden. Auch hier hat das Oszilloskop klare Vorteile. Nach 10 Sekunden ist die eigentliche Messung mit Ergebnis beendet. Halten Sie sich für die Messungen und den Anschluss an den Poti an die Messwerttabelle in der nächsten Spalte.

- Schalten Sie den Motor aus.
- Demontieren Sie die Spritzschutzverkleidung unter dem Helmfach und den Deckel im Helmfach.
- Ziehen Sie den Schlüssel ab.
- Entriegeln Sie den Steckkontakt des Drosselklappenpotentiometers und ziehen Sie die Kombistecker ab.
- Stecken Sie jeweils ein Messadapterkabel auf die Kontaktlaschen des Drosselklappenstücks auf. Die Anschlussfolge entnehmen Sie bitte der untenstehenden Tabelle.
- Schließen Sie Ihr Oszilloskop an den Messadapterkabeln an (siehe Tabelle auf der vorherigen Seite).
- Stellen Sie den Messbereich 5 V ein. Wählen Sie eine Zeitachse von 10 Sekunden vor.
- Zeichnen Sie den Messwert grafisch auf.
- Geben Sie mehrfach hintereinander Gas und nehmen das Gas wieder zurück.

Nr.	Multimeter		Drossel-klappen-stellung	Ergebnis
	URI-Buchse	COM-Buchse		
V1	1	4	egal	4,5 V 5 V
V2	1	2	zu	0,5 V
V3	1	2	auf	4,2 V
V4	1	3	zu	4,2 V
V5	1	3	auf	0,5 V

Die Zahlenangabe in der Tabelle unter »URI-Buchse« oder »COM-Buchse« bezieht sich auf den Pinanschluss des Drosselklappenpotentiometer. »V1« ist die Messung für die Versorgungsspannung vom Steuergerät. »V2«, »V3«, »V4« und »V5« sind die Messungen der Signalspannungen der beiden Potenziometer.

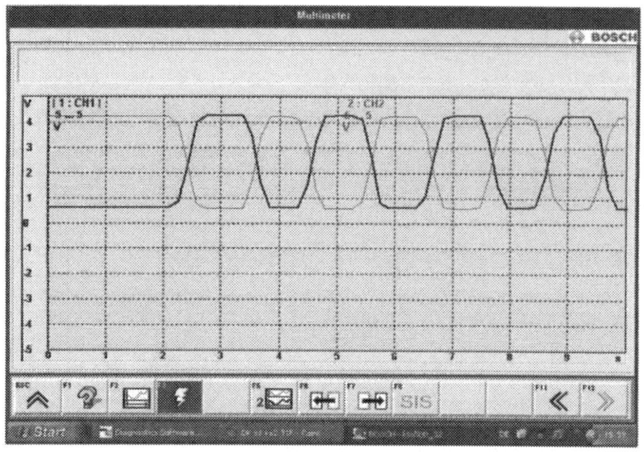

Die Messungen »V2«, »V3«, »V4« und »V5« erfolgen gleichzeitig. So können der Spannungsverlauf und auch der zeitgleiche Verlauf sowie Defekte auf der Leiterbahn des Potenziometers erkannt werden.

Kurbelwellengeber Einspritzer

Was soll schon an einem Kurbelwellengeber Besonderes sein? Für einen Motorroller ist das Bauteil selbst nicht ungewöhnlich, die Funktion die es erfüllt aber gravierend anders. Schon das Signalbild fällt deutlich anders aus, als das was man von den Vergasermotoren gewohnt ist.
23 kleine Aufsätze auf dem Generatorrotor teilen zusammen mit einer Lücke (da fehlt absichtlich ein Aufsatz) die Kurbelwellenumdrehung in 15°-Schritte ein. Fünf Aufsätze nach der Lücke befindet sich der obere Totpunkt des Motors. Das Motorsteuergerät zählt also: Lücke-1-2-3-4-5-6-7-8-9-10-11-12-13-14-15-16-17-18-19 und kann so genau den oberen Totpunkt bei jeder einzelnen Kurbelwellenumdrehung festsetzen. Das Ganze passiert bei der angegebenen Maximalleistung bei etwa 8000 1/min etwa 133 Mal pro Sekunde. Für jeden Betriebszustand und für jede Motordrehzahl kann nun vom Steuergerät die Ansteuerung für Luftdüse, Kraftstoffdüse und Zündung zum optimalen Zeitpunkt oder auch, im Rahmen einer Drosselung, zum gewünschten Zeitpunkt erfolgen. Für eine Frühzündung im Leerlauf bei etwa 30° vor dem oberen Totpunkt, muss die Zündung bei 17 Zähnen (Aufsätze) nach der Lücke erfolgen. Die Positionierung des Polrades, die einwandfreie Funktion des Kurbelwellengebers und natürlich auch ein einwandfreies Signal sind extrem wichtig für den Motor.

Widerstandsmessung an den Anschlüssen

Die Widerstandsmessung ergibt lediglich dann ein verwertbares Ergebnis, wenn der Kurbelwellengeber einen statischen (dauerhaften) Fehler in der Spule aufweist. Sporadische Aussetzer am laufenden Motor können mit dieser Messmethode nicht erkannt werden.

- Schalten Sie den Motor aus.
- Ziehen Sie den Generatorstecker ab.
- Stecken Sie jeweils ein Messadapterkabel auf die Kontaktlasche braun und rot des Generators auf.
- Schließen Sie Ihr Multimeter an den Messadapterkabeln an (COM-Anschluss und U/R/I-Anschluss).
- Stellen Sie Ihr Multimeter auf einen Messbereich von 2000 Ω (2 kΩ) ein.
- Lesen Sie den Messwert ab. Sie sollten einen Widerstand von etwa 150 Ω bis 200 Ω ablesen können. Die Ergebnisse dürfen etwa 10 % abweichen.

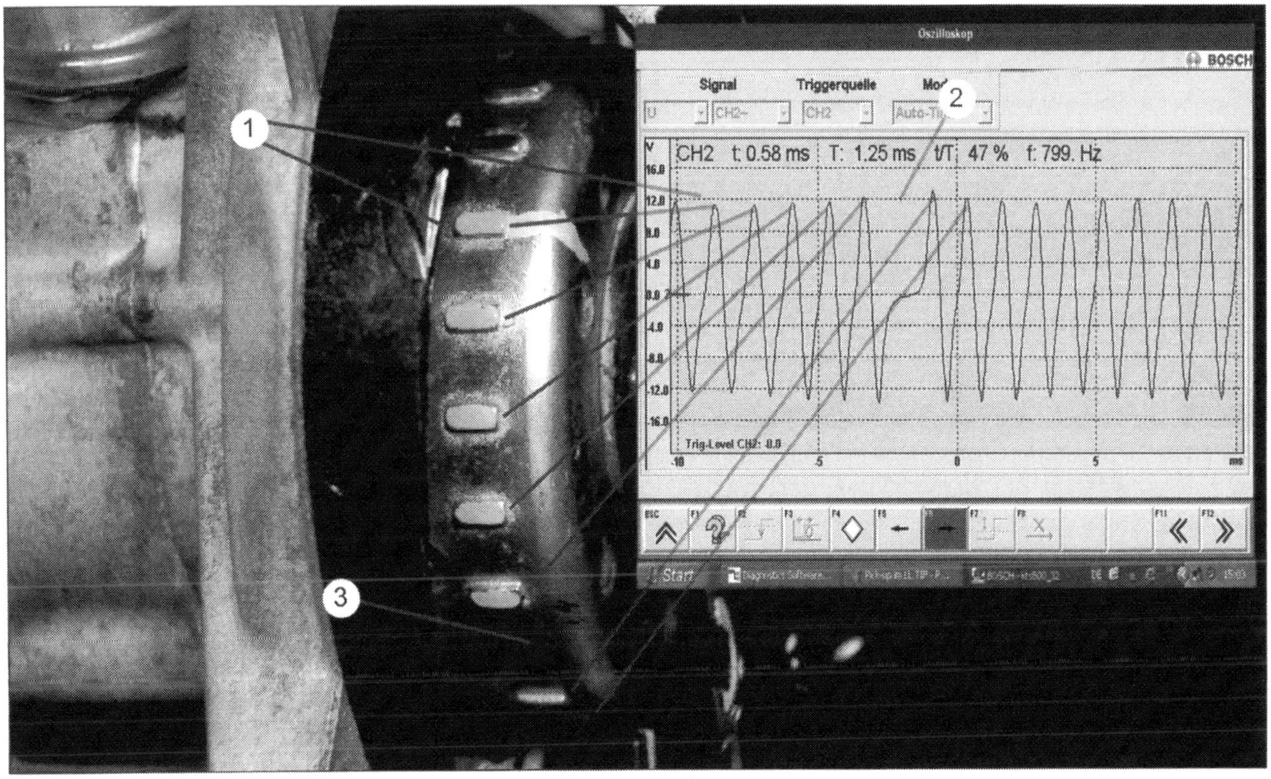

Mut zur Lücke: Das Motorsteuergerät des Einspritzmotors verwendet die »Lücke« zur Positionsbestimmung. Jeder Aufsatz erzeugt eine Spannungswelle. 1 OT des Motors, 2 Lücke im Signalbild des Oszilloskops, 3 Lücke auf dem Rotor (Polrad) des Generators.

Spannungsmessung mit dem Multimeter

Die Spannungsmessung ist aufgrund der wechselnden Frequenz, der wechselnden Spannungshöhe und der schnellen Signalfolge mit dem Multimeter nicht sinnvoll. Ein relevantes Ergebnis erzielen Sie nur mit einer Spannungsauswertung mit dem Oszilloskop.

Signalbild aufzeichnen mit dem Oszilloskop

Die Auswertung des Signalbildes ist für die Bauteilprüfung und für die Überprüfung des Funktionsablaufes des Einspritzsystems sehr wichtig. So können der Einspritzzeitpunkt und Zündzeitpunkt genau bestimmt werden.

- Schalten Sie den Motor aus.
- Prüfen Sie die Batteriespannung.
- Ziehen Sie die Gummiabdeckung für den Generatorstecker ab.
- Ziehen Sie den Schlüssel ab.
- Schließen Sie jeweils ein Messadapterkabel (Nadelabgreifer) an die Anschlusskabel des Kurbelwellengebers an.
- Schließen Sie Ihr Oszilloskop an den Messadapterkabeln an.
- Stellen Sie den Messbereich 20 V ein. Wählen Sie eine Zeitachse von 20 ms (Millisekunden) vor. Legen Sie den Trigger auf etwa 50% (in die Bildmitte).
- Lassen Sie den Motor laufen oder drehen Sie den Motor mit dem Anlasser.
- Zeichnen Sie den Messwert grafisch auf.

Sie sollten nun das unten gezeigte Signalbild erhalten. Die Spannungshöhe im Leerlauf beträgt etwa 10 V - 13 V. Die Pegelhöhenschwankungen sind auf ein unrundes Polrad zurückzuführen. Solange der Unterschied zwischen der größten Spannung und der kleinsten unter 1,0 V liegt, können Sie diesen Schwankungen in der Fertigungstoleranz akzeptieren.

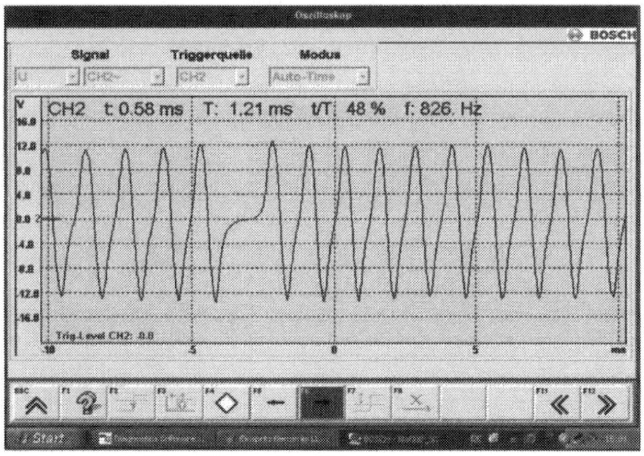

Signalbild für den Kurbelwellengeber am laufenden Motor bei Leerlaufdrehzahl. Bei Starterdrehzahl sinkt die Spannungshöhe etwas, und der Abstand zwischen den einzelnen Spannungshüben wird aufgrund der niedrigeren Drehzahl größer.

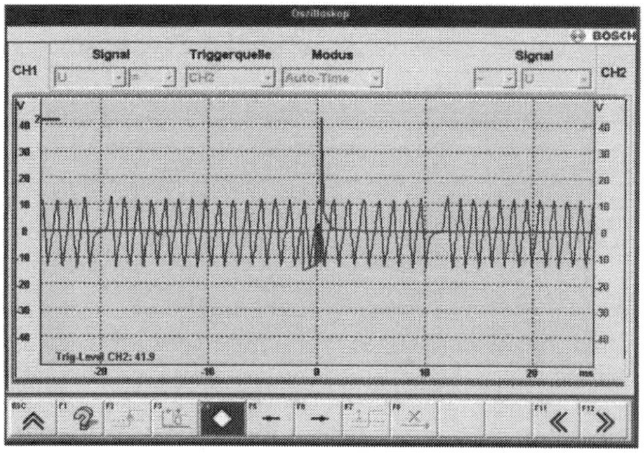

Kanal 1 Kurbelwellengeber, Kanal 2 Einspritzsignal für die Luft (auf AC) bei Leerlauf. Die Einspritzung erfolgt etwa 60° vor OT in den Verdichtungstakt hinein.

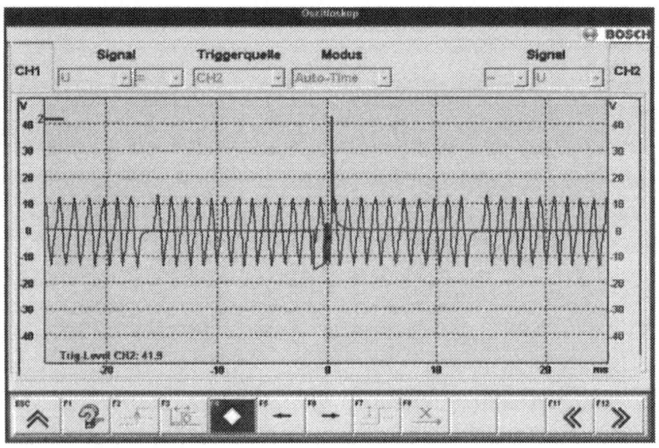

Kanal 1 Kurbelwellengeber, Kanal 2 Einspritzsignal für den Kraftstoff (auf AC) bei Leerlauf. Die Einspritzung erfolgt etwa 97,5° vor OT.

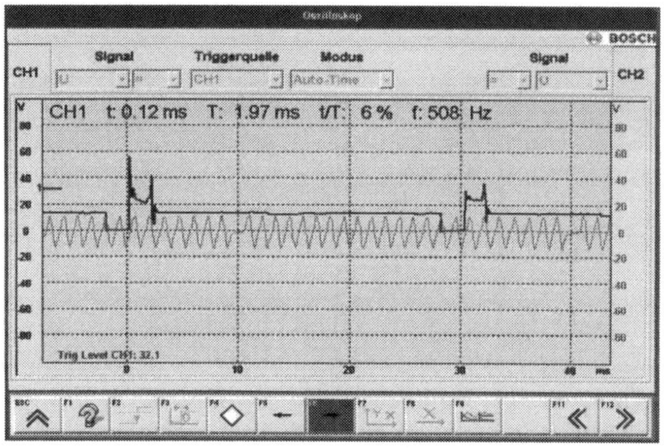

Kanal 1 Primärsignal der Zündung, Kanal 2 Kurbelwellengeber bei Leerlauf. Die Zündung erfolgt etwa 30° vor OT noch in den Verdichtungstakt hinein.

Motorsteuergerät

Das Motorsteuergerät übernimmt die Erfassung des Betriebszustandes des Motors und steuert die Aktoren wie Einspritzdüsen und Zündanlage entsprechend an. Dieses System ist voll diagnosefähig und kann neben dem Abspeichern von Fehlern auch Notlauffunktionen realisieren.

Für die Fehler wird im Speicher auch ein Status für die Relevanz der Fehler abgelegt. Jedem Fehler wird ein Status zwischen »A« wie aktuell, »O« für vorgefallen und »M« für gespeichert zugewiesen. So lässt sich eine mögliche Tendenz ablesen. Weiterhin steht ein Stellgliedtest zur Verfügung, der es erlaubt einzelne Bauteile aktiv anzusteuern, um deren Funktion zu testen.

Motorsteuergerät ausbauen

- Schalten Sie den Motor aus.
- Ziehen Sie den Schlüssel ab.
- Klemmen Sie die Batterie ab.

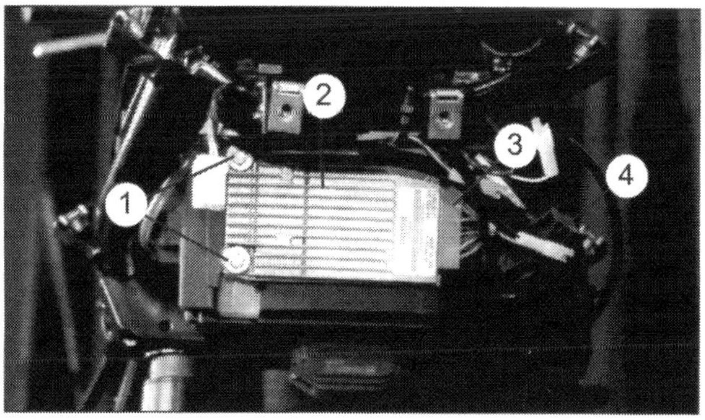

1 Verschraubungen, 2 Motorsteuergerät, 3 Kombistecker, 4 Tülle

- Demontieren Sie die Spritzschutzverkleidung unter dem Fahrzeugheck.
- Ziehen Sie die Gummischutzkappe (Tülle) vom Motorsteuergerät ab.
- Entriegeln Sie den Steckkontakt des Motorsteuergerätes und ziehen Sie die Kombistecker ab.
- Drehen Sie die Befestigungsschrauben (2) heraus.
- Nehmen Sie das Motorsteuergerät heraus.

Die Montage erfolgt sinngemäß in umgekehrter Reihenfolge.

- Achten Sie darauf, dass keine Kabel geknickt oder eingeklemmt werden.
- Klemmen Sie die Batterie erst zum Schluss wieder an.

Motorsteuergerät Anschlüsse prüfen

Nr.	Kabelfarbe	Funktion
1	sw	Masseanschluss KL 31
2	--	Frei
3	ws	Einspritzventil (Kraftstoff)
4	gr	MIL im Tachometer
5	ge/rt	Temperaturanzeige
6	gn	Drehzahlsignal
7	ws/rt	Signal 1 Drosselklappenpotenziometer
8	--	Frei
9	ge/bl	Temperaturfühler im Zylinderkopf
10	ws/bl	Signal 2 Drosselklappenpotenziometer
11		Frei
12	sw/vio	Zündspule
13	pi	Luftventil
14	gn/bl	Kraftstoffpumpe (KL 31 geschaltet)
15	bl	Klemme 30 (Batterie Plus)
16	rt/sw	Drosselklappensensor und Temperaturfühler Sensormasse
17	or	KL 15 Steuergerät
18	gr/rt	Drosselklappensensor und Temperaturfühler Sensorplus
19	rt	Kurbelwellengeber
20	br	Kurbelwellengeber
21	ws/gn	Diagnosedose K-Line
22	--	Frei

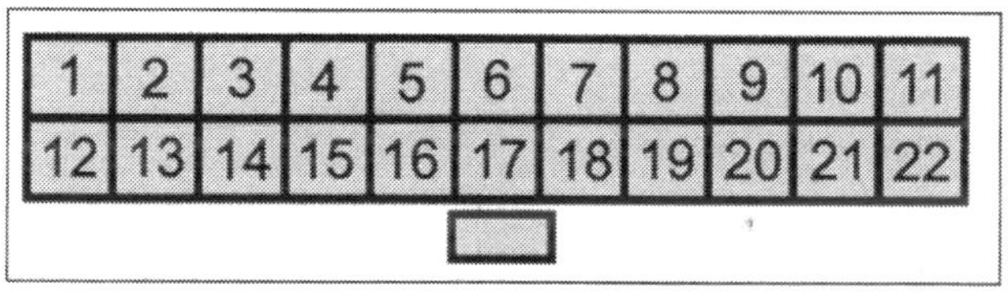

Anschlussstecker des Motorsteuergerätes.

Versorgungsspannungen am Steuergerät
Das Steuergerät wird zum einen mit Spannung versorgt und liefert eine stabile Spannung für Sensoren. Beide lassen sich mit wenig Aufwand prüfen.

- Demontieren Sie die Spritzschutzverkleidung unter dem Fahrzeugheck.
- Ziehen Sie die Gummischutzkappe (Tülle) vom Motorsteuergerät ab.
- Messen Sie die Spannungen an den in der Tabelle angegebenen Pins.

Nr.	Kabelfarbe	Funktion
1	sw	Masseanschluss KL 31
15	bl	Klemme 30 (Batterie Plus)
17	or	KL 15 Steuergerät

Istwerterfassung durch das Motorsteuergerät

Das Piaggio-eigene Motortestsystem kann einige der von uns aufgezeigten Funktionen über die Istwerterfassung darstellen. Bei Piaggio nennt sich dieser Prüfschritt »Parameter«. Sie werden schnell feststellen, dass es sich für die Istwerterfassung kaum lohnt, die Testsoftware anzuschaffen. Die Prüfmöglichkeiten sind nur wenig aufschlussreich.

Angezeigter Sollwert	Beschreibung	Alternative Messmöglichkeit
MOTORDREHZAHL U/MIN	Motordrehzahl ab Startdrehzahl wird angezeigt.	Externer Drehzahlmesser
MOTORTEMPERATUR °C	Zeigt die Motortemperatur an (Zündung an!)	Siehe Arbeitsbeschreibung »Temperaturfühler prüfen«
ÖFFNUNG DROSSELKLAPPE %	Zeigt den Öffnungsgrad in % der Drosselklappe an.	Siehe Arbeitsbeschreibung »Drosselklappenpotenziometer prüfen«
BENZIN-EINSPRITZZEIT MS	Zeigt die Einspritzzeit für den Kraftstoff an.	Siehe Arbeitsbeschreibung »Einspritzdüse prüfen«
LUFT-EINSPRITZZEIT MS	Zeigt die Einspritzzeit für die Luftdüse an.	Siehe Arbeitsbeschreibung »Luftdüse prüfen«
VORZÜNDUNG °	Zeigt den Zündzeitpunkt an.	Siehe Arbeitsbeschreibung »Kurbelwellengeber / Signalbild aufzeichnen«
SENSORSPANNUNG V	Zeigt die Versorgungsspannung von Temperaturfühler und Drosselklappenpotenziometer an.	Siehe Arbeitsbeschreibung »Temperaturfühler prüfen«
MOTORTEMPERATUR V	Zeigt die Signalspannung vom Temperaturfühler an.	Siehe Arbeitsbeschreibung »Temperaturfühler prüfen«
TPS1 OUTPUT V	Zeigt die Signalspannung des 1. Drosselklappenpotenziometers an.	Siehe Arbeitsbeschreibung »Drosselklappenpotenziometer prüfen«
TPS2 OUTPUT V	Zeigt die Signalspannung des 2. Drosselklappenpotenziometers an.	Siehe Arbeitsbeschreibung »Drosselklappenpotenziometer prüfen«
TPS 1 NULL V	Zeigt die Signalspannung des 1. Drosselklappenpotenziometers bei Leerlaufstellung an.	Siehe Arbeitsbeschreibung »Drosselklappenpotenziometer prüfen«
TPS 2 NULL V	Zeigt die Signalspannung des 2. Drosselklappenpotenziometers bei Leerlaufspannung an.	Siehe Arbeitsbeschreibung »Drosselklappenpotenziometer prüfen«
BATTERIESPANNUNG V	Zeigt die Batteriespannung bzw. Versorgungsspannung des Motorsteuergerätes an.	Siehe Praxistraining »Batteriespannung prüfen«
MAGNETISIERUNGSZEIT MS	Zeigt die Ansteuerung (die Ansteuerzeit!) für die Zündspule an.	Siehe Arbeitsbeschreibung »Kurbelwellengeber / Signalbild aufzeichnen«
LEERLAUFDREHZAHL U/MIN	Zeigt den im Steuergerät einprogrammierten Wert für die Leerlaufdrehzahl an.	Keine, nur mit Diagnosetester
DERZ. BENZINVERBRACH l/h	Zeigt den vom Steuergerät errechneten momentanen Kraftstoffverbrauch an.	Keine, nur mit Diagnosetester

Angezeigter Sollwert	Beschreibung	Alternative Messmöglichkeit
MOTORZUSTAND	Zeigt den erfassten Betriebszustand des Motors an: »STALL« bedeutet abgestellt, »CRANK« bedeutet Starten des Motors, »IDLE« bedeutet Motor läuft im Standgas, »RUN« bedeutet Motor läuft im Lastbetrieb (zwischen Leerlauf und Vollgas).	Keine, nur mit Diagnosetester
BETRIEBSSTUNDEN STD.	Zeigt die Betriebsstunden des Motors (des Motorsteuergerätes) an.	Keine, nur mit Diagnosetester
ZUSTAND BENZINPUMPE	Zeigt den Betriebszustand der Kraftstoffpumpe an.	Spannung messen, akustische Wahrnehmung
TPS NULLSTELLEN	Zeigt an, ob die Nullstellung der Drosselklappeneinheit erneuert werden muss. (Messwertabgleich zwischen Motorsteuergerät und Drosselklappenpoti.	Keine, nur mit Diagnosetester

Fehlercodeliste

Codierung	Beschreibung	Auswirkung	MIL
G11 P0115	Die Signalspannung des Wassertemperatursensors liegt unter 0,5 V (0 V = Kurzschluss) oder über 4,5 V (5 V = Plusschluss).	Die Temperatur wird nicht mehr angezeigt.	aus
G11 P0217	Die Signalspannung des Temperaturgebers ist zu niedrig.	Das ergibt eine zu hohe Temperatur, die nicht mehr angezeigt werden kann.	blinkt
G20 P1120 TPS OFFSET	Die Spannungssignale der Drosselklappenpotenziometer weichen von den im Steuergerät hinterlegten Sollwerten ab.	Motor läuft nur noch im Leerlauf.	blinkt
G20 P1123 TPS	Die Spannungssignale der Drosselklappenpotenziometer fehlen. Die Signalspannung des Drosselklappenpotenziometer liegt unter 0,5 V (0 V = Kurzschluss) oder über 4,5 V (5 V = Plusschluss).	Motor läuft nur noch im Leerlauf.	blinkt
G20 P1124 TPS1 OFFSET	Die Spannungssignale des ersten Drosselklappenpotenziometers weichen von den im Steuergerät hinterlegten Sollwerten ab.	Keine Beeinträchtigung	aus
G21 P1125 TPS1	Die Signalspannung des 1. Drosselklappenpotenziometers liegt unter 0,5 V (0 V = Kurzschluss) oder über 4,5 V (5 V = Plusschluss).	Keine Beeinträchtigung	ein

Codierung	Beschreibung	Auswirkung	MIL
G22 P1127 TPS2 OFFSET	Die Spannungssignale des zweiten Drosselklappenpotenziometer weichen von den im Steuergerät hinterlegten Sollwerten ab.	Keine Beeinträchtigung	aus
G22 P1128 TPS2	Die Signalspannung des 2. Drosselklappenpotenziometer liegt unter 0,5 V (0 V = Kurzschluss) oder über 4,5 V (5 V = Plusschluss).	Keine Beeinträchtigung	ein
G30 P0560 Batteriespannung	Batteriespannung ist zu hoch oder unter 8,5 V gefallen.	Keine Beeinträchtigung	blinkt
G30 P1560 Spannung der Sensoren	Die Spannungsversorgung (5 V) für den Kühlmitteltemperaturfühler und das Drosselklappenpotenziometer weicht von den Sollwerten ab.	Keine Beeinträchtigung	aus
G30 P1561 Spannung der Sensoren 2	Die Spannungsversorgung (5 V) für den Kühlmitteltemperaturfühler und das Drosselklappenpotenziometer weicht von den Sollwerten ab.	Temperaturanzeige zu hoch, Motor läuft nur noch im Leerlauf.	ein
G40 P0219 Motor überdreht	Motor hat eine zu hohe Drehzahl erreicht.	Keine Beeinträchtigung	ein
G 40 P0335 Pick-up der Drehzahl	Das Motorsteuergerät kann das Signal des Kurbelwellengebers nicht richtig auslesen.	Motor hat Aussetzer, Motordrehzahl sackt ab.	ein
G40 P0700 Riemen CVT	Unzureichende Startdrehzahl oder Einbremsen im Leerlauf. Das Steuergerät meldet einen verklemmten Antriebsriemen, wenn das Problem nach dem 3. Startversuch noch vorliegt.	Springt nicht an, Starterdrehzahl niedrig.	aus
G50 P0251 Kraftstoffeinspritzung	Das Motorsteuergerät hat eine Unterbrechung zum Einspritzventil festgestellt (Fehlererfassung geht nur am laufenden oder drehenden Motor).	Keine Beeinträchtigung	ein
G50 P0350 Zündspule	Das Motorsteuergerät hat eine Unterbrechung zur Zündspule festgestellt (Fehlererfassung geht nur am laufenden oder drehenden Motor).	Keine Einspritzung	ein
G60 P0230 Kraftstoffpumpe	Das Motorsteuergerät hat eine Unterbrechung zur Kraftstoffpumpe festgestellt.	Keine Beeinträchtigung	ein
G60 P0650 Lampentest	Das Motorsteuergerät hat eine Unterbrechung zur Motor-Informations-Leuchte (MIL) festgestellt.	Die Lampe leuchtet dauernd, wenn das Anschlusskabel mit Masse Kontakt hat. Die Lampe leuchtet gar nicht, wenn das Anschlusskabel unterbrochen ist.	ein od. aus
G60 P1561 Temperaturanzeige	Das Motorsteuergerät hat eine Unterbrechung zur Temperaturanzeige festgestellt.	Keine Beeinträchtigung	aus
G60 P1160 Lufteinspritzung	Das Motorsteuergerät hat eine Unterbrechung zur Lufteinspritzdüse festgestellt (Fehlererfassung geht nur am laufenden oder drehenden Motor).	Keine Beeinträchtigung	ein

Kraftstoffhahn

Der Benzinhahn arbeitet automatisch. Er besitzt in aller Regel zwei Anschlüsse. Kraftstoffablauf und Unterdruckanschluss sind immer vorhanden. Die Benzinzufuhr erfolgt direkt vom Tank. Einige wenige Varianten der Benzinhähne sind mit einem Kraftstofffilter ausgerüstet. Dieser Filter sollte dann auch im Rahmen der Inspektion regelmäßig gereinigt werden.

Demontage des Kraftstoffhahns (Vergasermodelle)

- Schalten Sie den Motor aus.
- Demontieren Sie die Spritzschutzverkleidung unter dem Fahrzeugheck.
- Demontieren Sie die rechte Seitenverkleidung.
- Ziehen Sie die Unterdruckleitung vom Benzinhahn ab und stecken Sie einen Schlauch auf.
- Ziehen Sie die Kraftstoffleitung vom Benzinhahn ab und stecken Sie einen Schlauch auf.
- Leiten Sie die neu aufgesteckte Kraftstoffleitung in einen sauberen Kanister.
- Beaufschlagen Sie den neuen Unterdruckschlauch mittels Medizinspritze mit Unterdruck.
- Lassen Sie den Tank ablaufen.
- Lösen Sie die Befestigungsschelle um den Benzinhahn und ziehen Sie den Benzinhahn aus dem Tank heraus.

Die Montage erfolgt in umgekehrter Reihenfolge.

- Erneuern Sie in jedem Fall den Dichtring am Benzinhahn.
- Ziehen Sie Schelle gut fest und überprüfen Sie den richtigen Sitz und die Dichtheit des Benzinhahns.

Demontage des Kraftstoffhahns (Einspritzmodelle)

- Schalten Sie den Motor aus.
- Demontieren Sie die linke Trittbrettverkleidung und die Verkleidung unter dem Trittbrett.
- Ziehen Sie den Unterdruckschlauch und den Zulaufschlauch zur Kraftstoffpumpe ab. Fangen Sie austretenden Restkraftstoff in einem benzinfesten Gefäß auf.
- Ziehen Sie den Zulaufschlauch vom Tank (1) zum Benzinhahn ab und verschließen Sie ihn mit einer 8-mm-Schaftschraube. Fangen Sie auch hier austretendes Benzin auf.
- Drehen Sie die beiden Befestigungsschrauben (2) heraus und nehmen Sie den Benzinhahn vom Tank ab.

Die Montage erfolgt in umgekehrter Reihenfolge.

- Ziehen Sie die neuen Schellen gut fest und überprüfen Sie den richtigen Sitz und die Dichtheit des Benzinhahns.

Prüfung des Kraftstoffhahns

Für diese Prüfung muss der Benzinhahn nicht unbedingt ausgebaut werden.

- Ziehen Sie beide Schläuche vom Benzinhahn ab.
- Schließen Sie für beide Anschlüsse jeweils einen passenden Schlauch an.
- Beaufschlagen Sie den Unterdruckschlauch nun mit Unterdruck (Medizinspritze! Nicht mit dem Mund, Benzin ist giftig!).

Die Membran sollte öffnen und der Kraftstoff aus dem Leitungsanschluss für Kraftstoff (normalerweise geht er zum Vergaser) herauslaufen. Der Kraftstoff muss aufgefangen werden. Sobald man den Unterdruck weglässt, sollte der Benzinhahn schließen.

- Lässt sich der Benzinhahn nicht per Unterdruck öffnen, obwohl die Schläuche intakt sind, ist das Nadelventil festgerostet.

- Schließt er gar nicht oder läuft sogar Kraftstoff aus dem Unterdruckanschluss, muss der Benzinhahn dringend ersetzt werden. Das Fahrzeug sollte auf keinen Fall weiter betrieben werden, da sonst leicht ein Motorschaden entstehen kann. Bei undichtem Benzinhahn und eventuellem Verdacht, dass der Motor schon einmal mit Benzin vollgelaufen ist, unbedingt den Zylindersatz prüfen.

Die Montage erfolgt in umgekehrter Reihenfolge.

Einbaulage beim Gilera Runner Purejet: rechts unter der Trittbrettverkleidung. 1 Tank, 2 Befestigungsschrauben, 3 Benzinhahn

Ansaugstutzen

Altersbedingt wird das Gummi des Ansaugstutzens spröde. Die Rissbildung des Ansaugstutzens ist meist auf den ersten Blick zu erkennen. Bei den meisten Motorroller-Modellen ist er auch nicht ohne Weiteres sichtbar. Lediglich ein kleiner Teil kann eingesehen werden.
In der Regel muss zumindest die Wartungsklappe im Helmfach demontiert werden, um den Vergaser und den Ansaugstutzen betrachten zu können. Sollte man also aufgrund anderer Montagearbeiten einmal Helmfach und Verkleidungen demontieren müssen, sollte unbedingt der Ansaugstutzen inspiziert werden.

Demontage des Ansaugstutzens

- Schalten Sie den Motor aus.

- Demontieren Sie den Luftfilterkasten. Bauen Sie den Vergaser bzw. beim Einspritzer das Drosselklappenteil aus.

- Lösen Sie die Verschraubungen im Motorblock.

- Nehmen Sie den Ansaugstutzen ab. Legen Sie einen sauberen Lappen auf die Einlassöffnung um versehentliches Hineinfallen von Teilen zu verhindern.

Die Rissbildung ist ein dringender und zwingender Grund den Ansaugstutzen zu ersetzen.

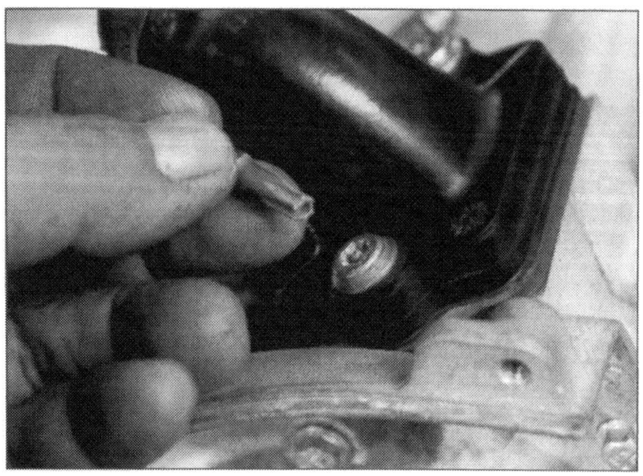

Eingriffsicherung: Hier ist ein Torxschlüsseleinsatz mit Loch gefragt.

Die Montage erfolgt in umgekehrter Reihenfolge.

- Die Abdichtung zum Membranblock erfolgt über die gummierte Unterseite des Ansaugstutzens. Eine gesonderte Abdichtung über eine Papierdichtung oder eine Silikondichtmasse ist nicht erforderlich.

Fehlersuche Falschluft im Ansaugtrakt

In den meisten Fällen wirkt sich ein undichter Ansaugstutzen so aus, dass der Motor Falschluft zieht und dann die Drehzahl bei warmem und teilweise auch bei kaltem Motor höher liegt, als eigentlich erforderlich. Versucht man die Leerlaufdrehzahl einzustellen, gelingt das meistens nicht oder nur sehr unzureichend. Grundsätzlich sollte man wie auch bei einem gerissenen Vergaser vorgehen. Der Ansaugstutzen wird bei Leerlaufdrehzahl mit Bremsenreiniger abgespritzt. Verändert sich die Motordrehzahl, kann davon ausgegangen werden, dass der Ansaugstutzen undicht geworden ist. In vielen Fällen kann man die Rissbildung im Gummi gut erkennen, wenn der Ansaugstutzen gebogen wird. Ein undichter Ansaugstutzen muss sofort ersetzt werden. Die Falschluft sorgt für eine Abmagerung des Brenngemisches. Dieser Luftüberschuss kann zur Folge haben, dass die Verbrennung »heißer« abläuft. Die Überhitzung wiederum kann einen Zylinderschaden und/oder Kolbenschaden verursachen.

- Sorgen Sie für eine gute Ausleuchtung im Montagebereich.
- Ziehen oder drücken Sie den Ansaugstutzen in verschiedene Richtungen.
- Achten Sie auf mögliche Rissbildungen bei der Biegung.
- Im Zweifelsfall bauen Sie für die Untersuchung den Ansaugstutzen aus.

Ansaugmembrane

Die Membranen arbeiten wie ein Wegeventil und lassen nur eine Luftbewegung zu. Bewegt sich die Luft in den Motor hinein, werden die Membranen durch die Luftmasse aufgedrückt. Sollte die Luftbewegung aus dem Motor heraus erfolgen, werden die Membranen geschlossen.
Ersetzt werden die Membranplatten aus technischer Sicht nur dann, wenn sie nicht mehr richtig anliegen. Aus Optimierungsgründen werden oft Laminat-Membranplättchen verbaut, die durch ihre schnellere Reaktionszeit auch einen verbesserten Füllungsgrad und damit einen Zuwachs an Drehmoment und Leistung bedeuten.

Demontage der Ansaugmembran

- Schalten Sie den Motor aus.
- Demontieren Sie den Luftfilterkasten.
- Bauen Sie den Vergaser bzw. beim Einspritzer das Drosselklappenteil aus.
- Lösen Sie die Verschraubungen im Motorblock.
- Nehmen Sie den Ansaugstutzen ab.
- Demontieren Sie den Membranbock.
- Legen Sie einen sauberen Lappen auf die Einlassöffnung um versehentliches Hineinfallen von Teilen zu verhindern.
- Drehen Sie die Befestigungsschrauben der Membranplättchen heraus und nehmen Sie sie zusammen mit den Anschlagplatten ab.

Die Montage erfolgt in umgekehrter Reihenfolge.

- Die Abdichtung des Membranblocks erfolgt über eine Papierdichtung. Eine gesonderte Abdichtung mit Silikondichtmasse ist nicht erforderlich.

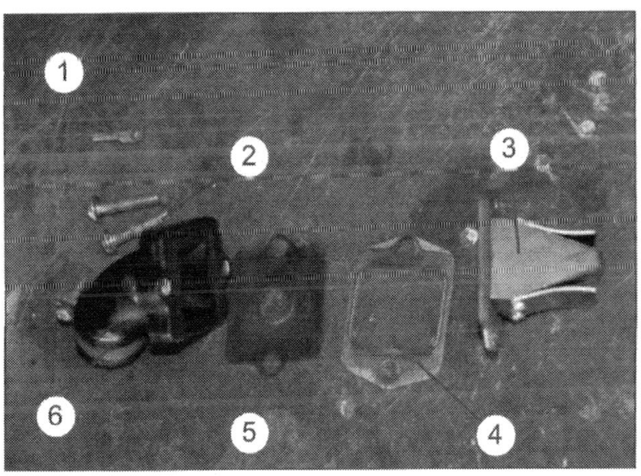

1 passender Bit-Einsatz mit Loch für die Ratsche, 2 Befestigungsschrauben, 3 Membransatz, 4 Dichtung, 5 Drosselblende, 6 Ansaugstutzen

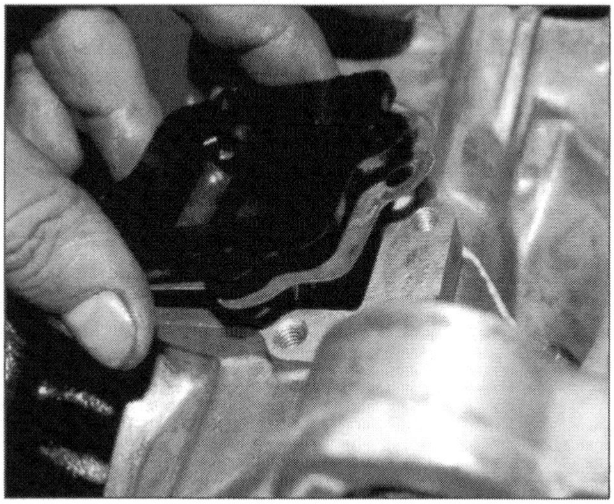

Neue Membranen oder auch nur der Aus- und Wiedereinbau machen den Ersatz der Dichtung zwingend notwendig. Falschluft kann nicht nur den Motorlauf beeinflussen, sondern auch Schäden am Zylindersatz zur Folge haben.

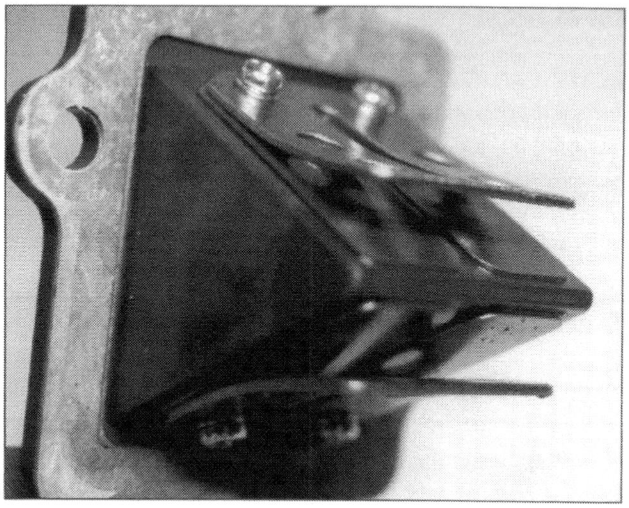

Genau hinsehen: liegen die Membranplättchen noch richtig an? Liegen Ausbrüche, Knickstellen oder andere Schäden vor? In diesen Fällen müssen die Membranplättchen sofort getauscht werden.

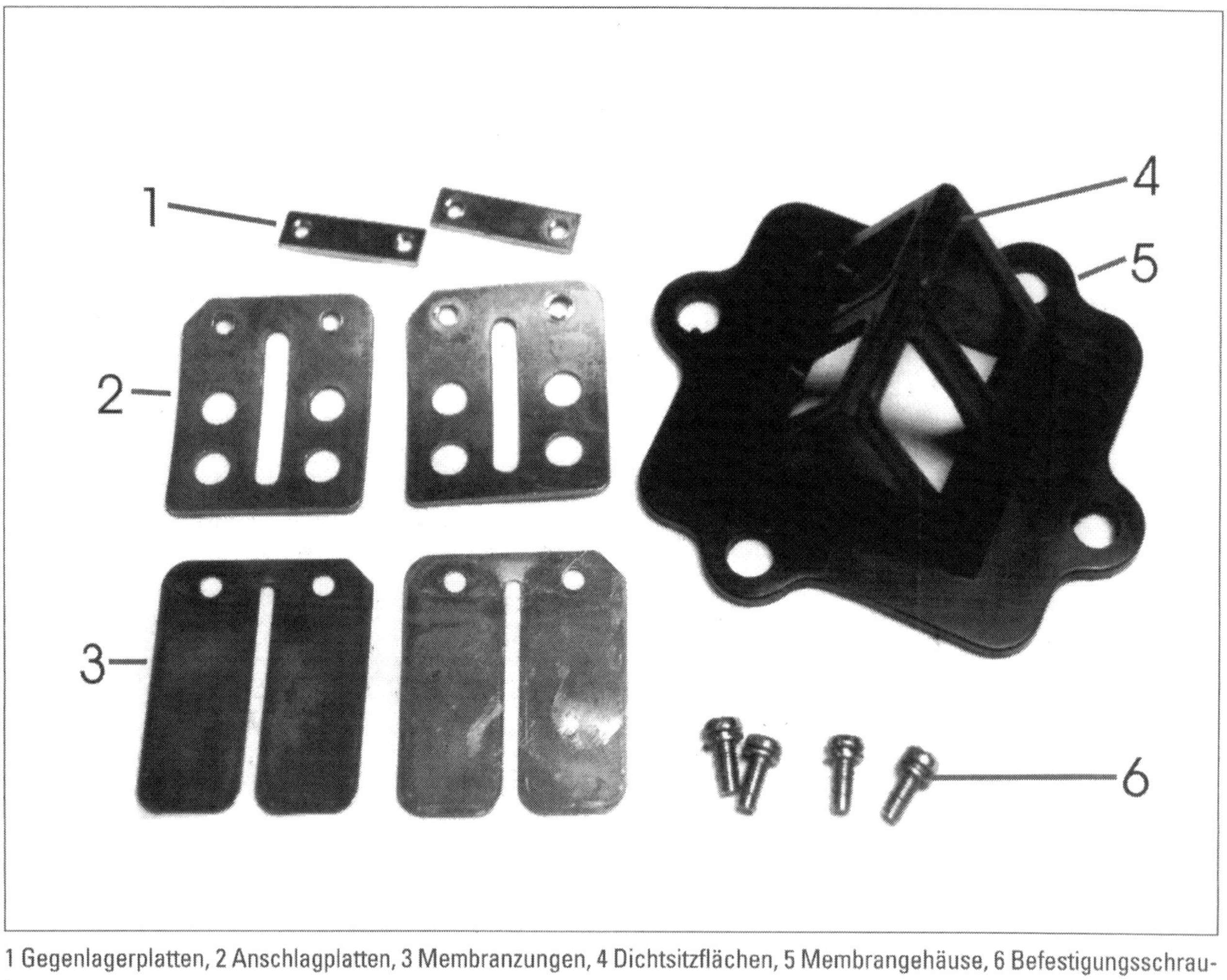

1 Gegenlagerplatten, 2 Anschlagplatten, 3 Membranzungen, 4 Dichtsitzflächen, 5 Membrangehäuse, 6 Befestigungsschrauben

Luftfilterkasten demontieren

Der Luftfilter soll, genau wie der eigentliche Schalldämpfer, die Geräuschemission reduzieren. Technisch betrachtet haben der Luftfilter und sein Gehäuse natürlich noch wesentlich feinere Aufgaben, auf die sie abgestimmt wurden. Die Gehäusegröße und die Öffnungsgröße des Reduzierungsschnorchels versetzen die Luft in Schwingungen. Diese Resonanzschwingungen verursachen den Vorladeeffekt, der wiederum einen günstigeren Drehmomentverlauf verursacht.
Bei regelmäßiger Wartung fallen Schäden am Luftfilterkasten schnell auf. Eine der Fehlerquellen findet sich bereits an den Verschraubungen des Luftfilterdeckels. Sehr oft fehlen einzelne Schrauben oder die Gewinde sind beschädigt.

Demontage des Luftfilterkastens

- Öffnen Sie die Sitzbank und demontieren Sie die Wartungsklappe im Helmfach.
- Demontieren Sie den Luftfilterkastendeckel.
- Lösen Sie die Schelle am Luftfilterkasten für das Luftführungsgummi zum Drosselklappenteil.
- Ziehen Sie den Schlauch zum Drosselklappenteil vom Luftfilterkasten ab.
- Drehen Sie die Schrauben (1) aus dem Luftfiltergehäuse heraus.
- Nehmen Sie den Luftfilterkasten ab.

Die Montage erfolgt sinngemäß in umgekehrter Reihenfolge.

- Achten Sie auf den richtigen Sitz des Luftführungsgummis auf dem Luftfilterkasten.
- Drehen Sie die beiden Befestigungsschraube (1) zuerst mit der Hand vor.

Demontage des Luftfiltereinsatzes

- Stellen Sie den Motor ab.

1 Befestigungsschrauben am Luftfiltergehäuse.

- Drehen Sie die Schrauben (2) aus dem Luftfiltergehäuse heraus.
- Nehmen Sie den Luftfiltereinsatz heraus.

Die Montage erfolgt in umgekehrter Reihenfolge.

- Achten Sie auf den richtigen Sitz des Luftfiltereinsatzes.
- Drehen Sie die Verschraubungen für den Luftfilterkasten zuerst alle leicht vor.
- Achten Sie auf den Sitz der Deckeldichtung.

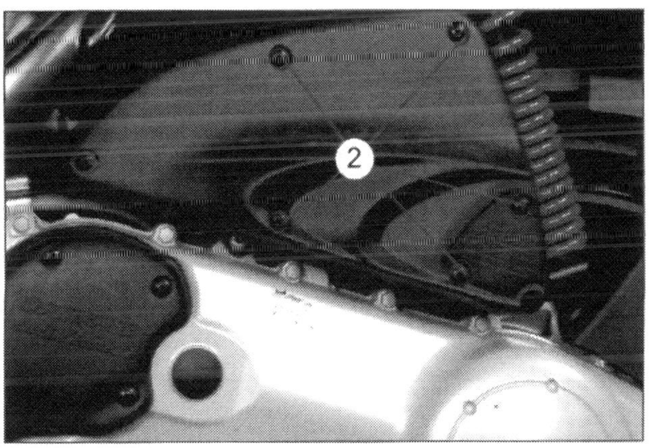

Befestigungsschrauben des Luftfilterdeckels. Versuchen Sie immer die schon vorhandenen Gewindegänge zu treffen, um die Bohrung nicht unnötig zu verschleißen.

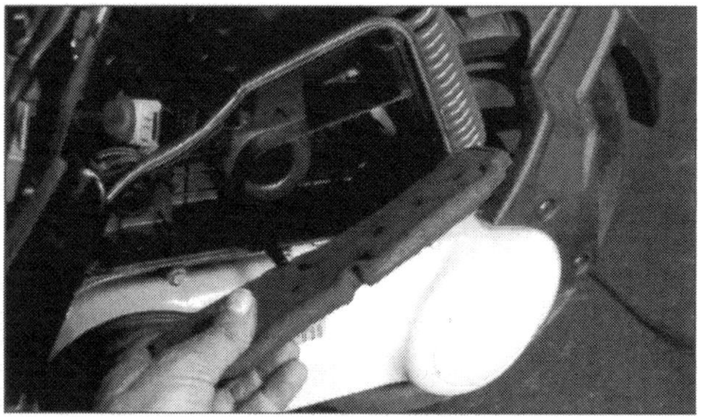

Herausnehmen des Luftfiltereinsatzes: Achten Sie genau darauf, dass die Löcher des Luftfilterkissens in dem Luftfilterkissen sitzen. Der Einsatz kann sonst leicht beschädigt werden.

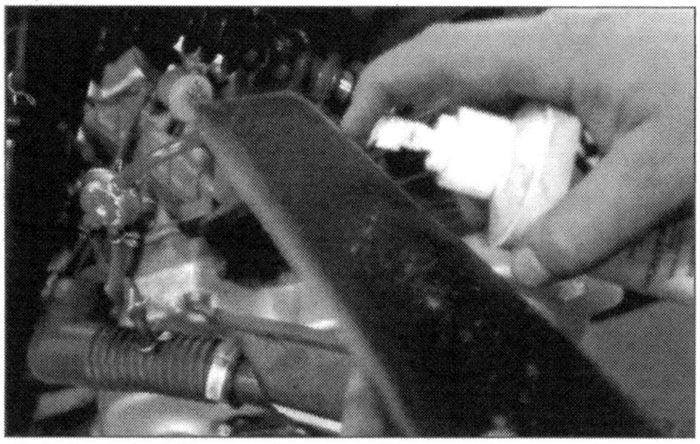

Schritt 1: Luftfilterreiniger mit Fettlöseeigenschaften aufsprühen und ausreichend einwirken lassen. Hier lässt sich auch ein fettlösendes Spülmittel verwenden. Es wird sich allerdings etwas schwerer auswaschen lassen.

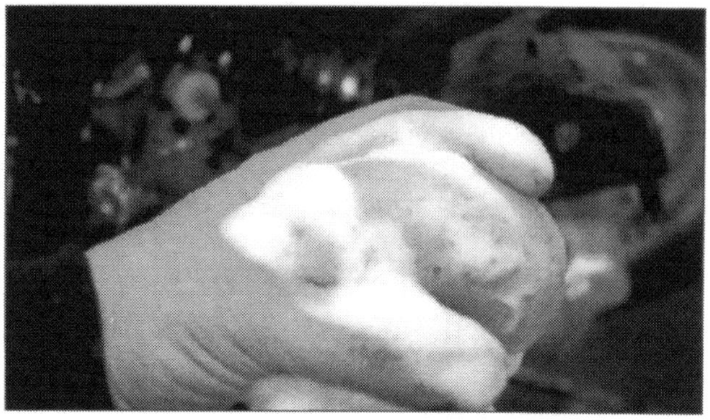

Schritt 2: Durchkneten des Schaumstofffiltereinsatzes bis zur deutlichen Schaumbildung. Schaum trägt den Schmutz aus dem Filterkissen heraus.

Schritt 3: Nach dem Austrocknen der gereinigten Filtermatte muss ein Filteröl aufgetragen werden. Sehr gute Ergebnisse kann man mit Filtersprayölen erzielen. Die Einfärbung des Öles zeigt, wo und wie gleichmäßig man aufgetragen hat.

Reinigung des Luftfiltereinsatzes

Grundsätzlich lassen sich die Filtereinsätze der Luftfilter auswaschen und mit einem Filteröl wieder in Einsatz bringen. Die Voraussetzung ist aber immer, dass zum einen ausreichend Trocknungszeit für den Filter zu Verfügung steht und zum anderen der Zustand des Filtereinsatzes die Reinigung noch zulässt. Starke Verschmutzungen, Ausrisse in der Filterfläche und natürlich auch zerfusselte Exemplare oder auch sich ablösende Schichten, machen das Erneuern des Filtereinsatzes zwingend notwendig.

- Stellen Sie den Motor ab.
- Drehen Sie die Schrauben (1) aus dem Luftfiltergehäuse heraus.
- Demontieren Sie den Luftfiltereinsatz.
- Reinigen Sie den Luftfilterkasten gründlich mit einem Lappen und etwas Bremsenreiniger.
- Lassen Sie den Luftfilterkasten gut ablüften.
- Sprühen Sie den Luftfilter mit Filterreinigungsspray ein und kneten Sie das Luftfilterkissen gründlich durch, bis Sie eine ausreichende Schaumbildung feststellen können.
- Waschen Sie den Luftfiltereinsatz mit viel Wasser aus.
- Lassen Sie den Luftfiltereinsatz gut austrocknen.
- Sprühen Sie den Luftfiltereinsatz mit Luftfilteröl zur Einlassseite hin ein.

Die Montage erfolgt sinngemäß in umgekehrter Reihenfolge.

- Achten Sie auf den richtigen Sitz des Luftfiltereinsatzes.
- Drehen Sie die Verschraubungen für den Luftfilterkasten zuerst alle leicht vor.
- Achten Sie auf den Sitz der Deckeldichtung.

Achtung: Reinigen Sie den Luftfiltereinsatz nicht mit Verdünnung. Das Filterkissen quillt sehr stark auf. Zwar zieht es sich wieder zusammen, der Kleber aber, der die einzelnen Schichten zusammenhält, kann sich anlösen.

Benzinschlauch wechseln

Die Benzinschläuche gehören auch zu den Verschleißteilen und müssen regelmäßig kontrolliert werden. Der Wechsel selbst ist kein Problem. Die Kontrolle nach Verhärtung und eventuellen Leckagen sollte regelmäßig im Rahmen der Inspektionen erfolgen.

Vergasermotor

- Öffnen Sie die Sitzbank und demontieren Sie die Wartungsklappe im Helmfach.
- Demontieren Sie die Spritzschutzverkleidung im Fahrzeugheck.
- Ziehen Sie den Schlauch am Vergaser ab.
- Leiten Sie den Zulaufschlauch, der normalerweise am Vergaser angeschlossen ist in einen geeigneten Behälter.
- Lassen Sie den Tank ablaufen.
- Lösen Sie die Schellen und ziehen Sie die Schläuche ab.
- Ziehen Sie die Schläuche aus dem Kunststoffschutzschlauch (soweit verbaut).
- Schneiden Sie anhand des alten Schlauches die richtige Länge für den neuen Schlauch zurecht.
- Ziehen Sie die Schläuche in das Kunststoffschutzschlauch (soweit verbaut).
- Stecken Sie die neuen Schläuche am Vergaser und am Benzinhahn auf.
- Verwenden Sie zur Befestigung neue Schlauchschellen.

Die Montage erfolgt in umgekehrter Reihenfolge. Sorgen Sie dafür, dass die Kraftstoffschläuche nicht an Karosserie, Rahmen oder Motor scheuern können.

Einspritzmotor

- Öffnen Sie die Sitzbank und demontieren Sie die Wartungsklappe im Helmfach.
- Demontieren Sie die Trittbrettverkleidungen rechts und links.
- Ziehen Sie den Schlauch am Kraftstofffilter ab.
- Lassen Sie den Tank in einen geeigneten Behälter ablaufen.
- Lösen Sie die Schellen an den Benzinschläuchen und ziehen Sie die Schläuche nacheinander ab.
- Schneiden Sie anhand des alten Schlauches die richtige Länge für den neuen Schlauch zurecht.
- Verwenden Sie neue Schlauchschellen.
- Montieren Sie zuerst den ausgebauten Schlauch wieder. So ist das Verwechseln oder Vertauschen von Anschlüssen nicht möglich.

Die Montage erfolgt in umgekehrter Reihenfolge. Sorgen Sie dafür, dass die Kraftstoffschläuche nicht an Karosserie, Rahmen oder Motor scheuern können.

MONTAGETIPP: Ausgehärtete Schläuche können Sie vorsichtig mit einem Teppichmesser oder einem Seitenschneider einritzen und dann abziehen. Achten Sie hierbei darauf, dass Sie die Anschlussstücke nicht beschädigen.

Benzinfilter auswechseln

Einspritzmotor

Das Einspritzsystem verlangt für lange Funktionssicherheit und präzise Arbeit sehr feinmaschige Filtereinheiten. Den Kraftstofffilter finden Sie auf der rechten Fahrzeugseite unter dem Trittbrett.

- Öffnen Sie die Sitzbank und demontieren Sie die Wartungsklappe im Helmfach.
- Lösen Sie die Schelle am Luftfilterkasten für das Luftführungsgummi zum Drosselklappenteil.
- Ziehen Sie den Schlauch zum Drosselklappenteil vom Luftfilterkasten ab.
- Drehen Sie die Schrauben (1) aus dem Luftfiltergehäuse heraus.

Vergasermotor

Für die Vergasersysteme muss ein leichter Durchfluss gewährleistet sein. Hier kommt ein Siebfilter, der typisch für Motorroller ist zum Einsatz.

- Öffnen Sie die Sitzbank und demontieren Sie die Wartungsklappe im Helmfach.
- Demontieren Sie den Luftfilterkastendeckel.
- Lösen Sie die Schelle am Luftfilterkasten für das Luftführungsgummi zum Drosselklappenteil.
- Ziehen Sie den Schlauch zum Drosselklappenteil vom Luftfilterkasten ab.
- Drehen Sie die Schrauben (1) aus dem Luftfiltergehäuse heraus.

Gemischaufbereitung Vergasermotoren

STÖRUNGSBEISTAND

Störung	Was kann das sein?	Was muss ich tun?
A Leerlaufdrehzahl ist zu hoch	1 Leerlaufdrehzahl oder CO Einstellung falsch	Vergaser einstellen (lassen).
	2 Gaszug falsch eingestellt	Gaszug-Einstellung prüfen, soweit erforderlich Gaszugspiel auf etwa 3 mm einstellen.
	3 Kaltstartregler defekt	Kaltstartregler prüfen, gegebenenfalls erneuern (lassen).
	4 Falschluft am Ansaugtrakt oder Vergaser	Undichtigkeit durch Absprühen mit Bremsenreiniger suchen und abstellen.
	5 Vergaserschieber hängt	Vergaser zerlegen und Vergaserschieber, die Schiebernadel und das Vergasergehäuse auf Leichtgängigkeit und Schäden prüfen.
B Motor läuft mit Benzin voll	1 Schwimmernadel defekt	Schwimmernadel und Nadelsitz überprüfen. Im Zweifel erneuern.
	2 Schwimmer defekt	Schwimmer prüfen und gegebenenfalls erneuern.

Gemischaufbereitung Vergasermotoren

Störung	Was kann das sein?	Was muss ich tun?
B	**3** Schwimmer hängt ab und an	Schwimmer und Schwimmerlagerachse prüfen und gegebenenfalls erneuern.
	4 Benzinhahn defekt	Benzinhahn prüfen, gegebenenfalls erneuern (lassen).
C **Vergaser läuft über**	**1** Schwimmernadel defekt	Schwimmernadel und Nadelsitz überprüfen. Im Zweifel erneuern.
	2 Schwimmer defekt	Schwimmer prüfen und gegebenenfalls erneuern.
	3 Schwimmer hängt ab und an	Schwimmer und Schwimmerlagerachse prüfen und gegebenenfalls erneuern.
D **Motor hat im kalten Zustand keine Leerlaufdrehzahl**	**1** Kaltstartregler defekt	Kaltstartregler prüfen, gegebenenfalls erneuern.
	2 Düsen verschmutzt	Alle Düsen und die Schwimmerkammer gründlich reinigen. Kraftstofffilter ersetzen.
	3 Falschluft am Ansaugtrakt oder Vergaser	Undichtigkeit durch Absprühen mit Bremsenreiniger suchen und abstellen.
E **Motor nimmt im kalten Zustand kein Gas an**	**1** Kaltstartregler defekt	Kaltstartregler prüfen, gegebenenfalls erneuern.
	2 Düsen verschmutzt	Alle Düsen und die Schwimmerkammer gründlich reinigen. Kraftstofffilter ersetzen.
	3 Falschluft am Ansaugtrakt oder Vergaser	Undichtigkeit durch Absprühen mit Bremsenreiniger suchen und abstellen.
	4 Schwimmereinstellung nicht korrekt	Schwimmereinstellung prüfen, gegebenenfalls Schwimmer und/oder Nadel erneuern.
F **Motor hat im warmen Zustand keine Leerlaufdrehzahl**	**1** Kaltstartregler defekt	Kaltstartregler prüfen, gegebenenfalls erneuern.
	2 Düsen verschmutzt oder falsche Größe verbaut	Alle Düsen und die Schwimmerkammer gründlich reinigen. Kraftstofffilter ersetzen.
	3 Falschluft am Ansaugtrakt oder Vergaser	Undichtigkeit durch Absprühen mit Bremsenreiniger suchen und abstellen.

Gemischaufbereitung Vergasermotoren

STÖRUNGSBEISTAND

Störung	Was kann das sein?	Was muss ich tun?
G Motor nimmt im warmen Zustand kein Gas an	**1** Luftfilterkasten undicht oder unvollständig	Luftfilterkasten prüfen (lassen), gegebenenfalls abdichten oder erneuern.
	2 Luftfilter verschmutzt	Luftfilter und Luftfilterkasten gründlich reinigen. Luftfiltereinsatz wenn erforderlich erneuern.
	3 Düsen verschmutzt oder falsche Größe verbaut	Alle Düsen und die Schwimmerkammer gründlich reinigen. Kraftstofffilter ersetzen.
	4 Falschluft am Ansaugtrakt oder Vergaser	Undichtigkeit durch Absprühen mit Bremsenreiniger suchen und abstellen.

Gemischaufbereitung Einspritzsystem (purejet)

STÖRUNGSBEISTAND

Störung	Was kann das sein?	Was muss ich tun?
A MIL (Mal Indikator Lamp) (Motor Informations Leuchte) blinkt, Motor springt schlecht (oder auch gar nicht) an und nimmt kein Gas an	**1** Spannungsversorgung 5 V (Sensorspannung) fehlt **2** Masseverbindung für die Sensorspannung fehlt **3** Anschlüsse (Spannungsversorgung) zum Drosselklappenpotenziometer unterbrochen	Anschlüsse am Drosselklappenpotenziometer überprüfen.
	4 Leitung zum Lufteinspritzventil unterbrochen **5** Kurzschluss in der Leitung zum Lufteinspritzventil	Anschlüsse und Signalbilder am Lufteinspritzventil überprüfen.
	6 Leitung zum Benzineinspritzventil unterbrochen **7** Kurzschluss in der Leitung zum Benzineinspritzventil	Anschlüsse und Signalbilder am Benzineinspritzventil überprüfen.
	8 Das Motorsteuergerät hat einen Fehler an der Zündspule erkannt	Widerstand und Signalbild an der Zündspule aufzeichnen (lassen) und überprüfen.
B Die MIL (Mal Indikator Lamp) (Motor Informations Leuchte) brennt, der Motor stottert, geht aus oder läuft nicht	**1** Der Kurbelwellengeber liefert kein einwandfreies Signal	Widerstand und Signalbilder am Kurbelwellengeber aufzeichnen (lassen) und überprüfen.

Gemischaufbereitung Einspritzsystem (purejet)

Störung	Was kann das sein?	Was muss ich tun?
C MIL (Mal Indikator Lamp) (Motor Informations Leuchte) brennt, Motor zeigt keine Funktionsstörungen	**1** Signal eines Potenziometers im Drosselklappen potenziometer hat einen Masseschluss (liegt an Masse) **2** Signal eines Potenziometers im Drosselklappenpotenziometer hat einen Plusschluss (liegt an Plus) **3** Ein Sensorsignal (Signal eines Potenziometers) ist ausgefallen	Signalbilder am Drosselklappenpotenziometer aufzeichnen (lassen) und überprüfen.
D Motor dreht mit erhöhter Leerlaufdrehzahl, die MIL (Mal Indikator Lamp) (Motor Informations Leuchte) brennt nicht	**1** Die Sensorsignale des Drosselklappenpotenziometers sind untereinander kurzgeschlossen	Signalbilder am Drosselklappenpotenziometer aufzeichnen (lassen) und überprüfen.
	2 Kabel defekt	Verkabelung und Anschlüsse mit dem Schaltplan prüfen, gegebenenfalls erneuern.
	3 Leuchte im Tachometer defekt	Leuchte prüfen, gegebenenfalls erneuern.
E Temperaturanzeige geht nicht, die MIL (Mal Indikator Lamp) (Motor Informations Leuchte) brennt nicht	**1** Temperaturfühler defekt	Temperaturfühler prüfen, gegebenenfalls erneuern.
	2 Kabel defekt	Verkabelung und Anschlüsse mit dem Schaltplan prüfen, gegebenenfalls erneuern.
	3 Messuhr im Tachometer defekt	Messuhr im Tachometer prüfen (lassen), gegebenenfalls erneuern.
F Temperaturanzeige geht nicht	**1** Temperaturfühler defekt	Temperaturfühler prüfen (lassen), gegebenenfalls erneuern.
	2 Signalkabel defekt	Verkabelung, Anschlüsse mit dem Schaltplan prüfen, gegebenenfalls erneuern.
	3 5 V Sensorspannung fehlt	Ausgangssignal des Steuergerätes messen (lassen), gegebenenfalls Motorsteuergerät erneuern.
	4 Anzeige im Tachometer defekt	Tachometer prüfen, gegebenenfalls erneuern.
G MIL (Mal Indikator Lamp) (Motor Informations Leuchte) brennt beim Einschalten der Zündung nicht (Kontrollfunktion fehlt)	**1** Leitung vom Steuergerät zur Lampe unterbrochen **2** Kurzschluss in der Leitung vom Steuergerät zur Lampe	Anschlüsse der MIL am Steuergerät und im Tachometer überprüfen.

Antrieb und Untersetzung

Weitere typische Merkmale für die Piaggio-Zweitaktmotoren der hier vorgestellten Generation sind der Aufbau des stufenlosen Getriebes (Variomatik) und die Untersetzung für den Radantrieb. Auch hier finden sich kaum nennenswerte Unterschiede, die die Arbeiten an dieser Baugruppe in den unterschiedlichen Hubraumvarianten oder Gemischbildungssystemen deutlich unterscheiden.

Die Variomatik

Einer der wenigen Vorteile des Riemengetriebes liegt sicherlich an seiner stufenlosen Abstimmbarkeit. Die Ansteuerung erfolgt über so genannte Variomatikrollen. Fehler an der Variomatik sind nicht unbedingt leicht zu lokalisieren. Der Funktionsablauf ist recht komplex und zudem ohne Demontage von außen nicht erkennbar. Um nicht die gesamte Variomatik zerlegen zu müssen, ist es vorteilhaft, einige Bauteile und typische Eigenschaften hierzu genauer zu betrachten.

Veränderungen an der Motorcharakteristik können beispielsweise einen späteren Schaltpunkt erforderlich machen, da die Motordrehzahl angestiegen ist und die höchste Motordrehzahl erst wesentlich später erreicht wird. Um das Schaltverhalten der Variomatik beeinflussen zu können, muss man lediglich die physikalischen Hintergründe betrachten. Mit Hilfe der Masse der einzelnen Variomatikrollen kann das »Schaltverhalten« der Variomatik beeinflusst werden.

Veränderte Andruckfedern sowie speziell angepasste Variomaten können ein eigenes angepasstes Verhalten auf den Motor ermöglichen.

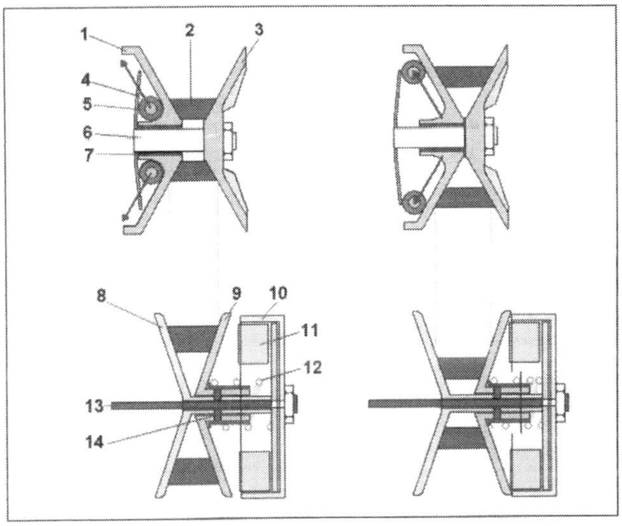

Nr.	Bezeichnung	Aufgabe
1	Variatorscheibe	Durch die Variorollen geregelt, die Übersetzung verändern.
2	Keilriemen	Antriebskräfte übertragen.
3	Lüfterrad	Kühlungsluft in das Gehäuse ansaugen.
4	Gegenscheibe	Abstützung für die Variorollen.
5	Variorollen	Drehzahlabhängige Regelung der Übersetzung.
6	Gleithülse	Lagerung.
7	Gleitlager	Fast spielfreie Führung.
8	Statische Ausgleichsscheibe	Gegenlager für den Antriebsriemen.
9	Bewegliche Ausgleichsscheibe	Ausgleich der Längen durch die Übersetzungsänderung.
10	Kupplungsglocke	Antrieb des Radgetriebes.
11	Anfahrkupplung	Trennen und Fügen des Radantriebes vom Motor.
12	Gegendruckfeder	Gegenkraft gegen die Fliehkräfte der Variomatikrollen.

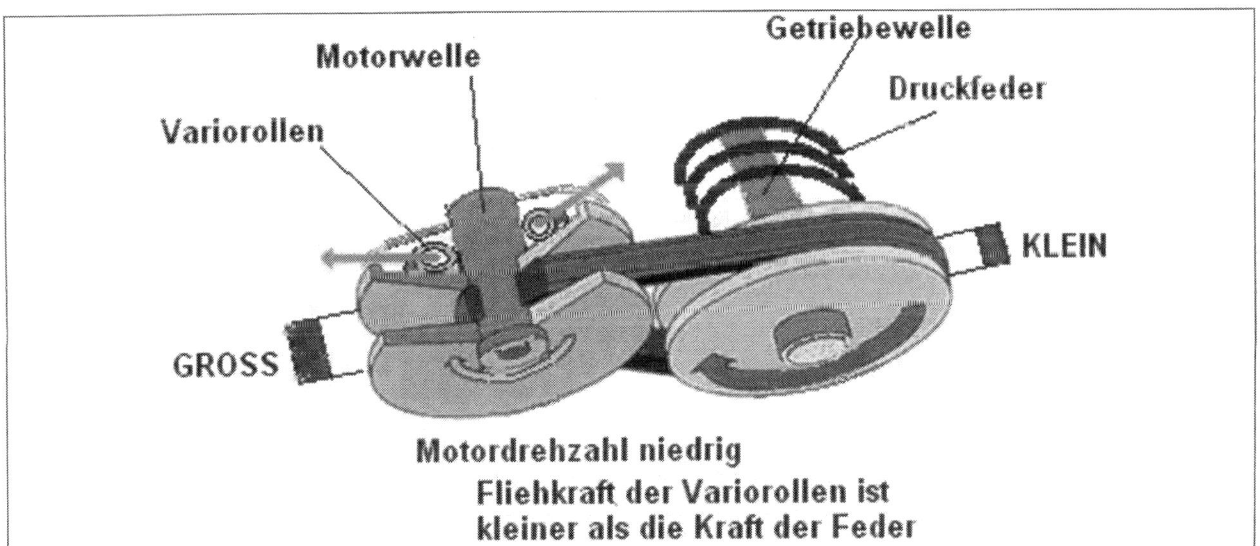

Drehzahlabhängig: variable Übersetzung über das Riemengetriebe.

Demontage der Variomatik

- Demontieren Sie den Variomatikdeckel.

- Entfernen Sie das Lüfterrad. Meistens sitzt hier noch ein Kickstartergegenstück auf der Kurbelwelle, welches das Eingreifen des Kickstarters ermöglicht. Die Demontage kann mit Hilfe des Gegenhalters für die Riemenscheibe erfolgen. Nach Herstellervorschrift ist der Einsatz des Schlagschraubers eigentlich untersagt, da hier die Kurbelwelle verschoben werden könnte.

- Das Lüfterrad kann jetzt entfernt werden. Wichtig hierbei ist darauf zu achten, an welcher Stelle die Anlaufscheiben und Unterlegscheiben sitzen. Vergessliche sollten sich die Teile alle in Montagereihenfolge ablegen, um eine falsche Montage zu vermeiden.

- Nach dem Entfernen der Befestigungsmutter für die hintere Riemenscheibe kann die Kupplungsglocke abgenommen werden.

- Zusammen mit den Ausgleichsscheiben wird jetzt der Zahnriemen abgenommen. Soll der Zahn- oder Antriebsriemen wieder montiert werden, markieren Sie die Laufrichtung vor der Demontage.

- Nehmen Sie die Variatorscheibe (Variator) mit der Gegenscheibe heraus.

- Ziehen Sie die Gleithülse heraus. Achten Sie auf Korrosions- sowie Verschleißspuren und auf geringes Laufspiel.

- Nehmen Sie die Variorollen heraus und prüfen Sie, ob sich keine abgeflachten Ebenen gebildet haben.

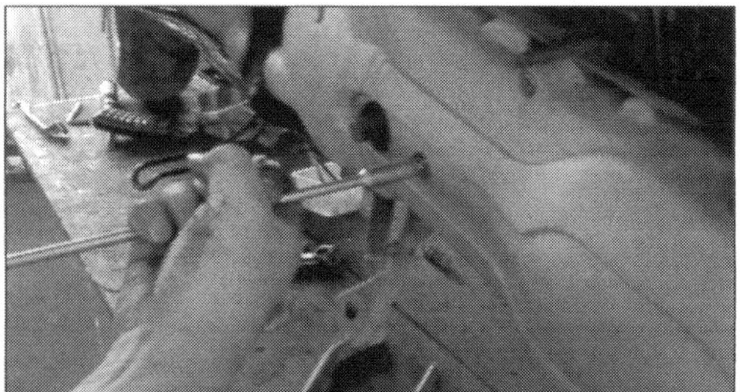

Demontage des Variomatikdeckels auf der linken Seite.

Die Montage erfolgt sinngemäß in umgekehrter Reihenfolge zur Montage.

- Achten Sie auf Verschleiß, Spiel und Leichtgängigkeit an den Variomatikteilen.

- Reinigen Sie die Variomatikteile, die wieder montiert werden sollen, gründlich.

- Fetten Sie die Lagerstellen für die Führungsecken und die Gleithülse neu ein.

Lösen und Entfernen des Lüfterrades.

Abnehmen der Gegenscheibe mit Führungsecken.

Zerlegen des Variomaten: Zustand der Hülse und der Variorollen.

Abnehmen der Kupplungsglocke.

Abnehmen der Ausgleichsscheiben und des Varioriemens.

Der Variator

Der Variator ist wie alle Steuerbauteile der Variomatik von der Fliehkraft abhängig. Wird eine bestimmte Drehzahl durch den Motor an den Variator übertragen, werden die Variorollen durch die Fliehkräfte nach außen gedrückt und schieben den Variator gegen die Gegenscheibe nach außen. Die Aufgabe des Variators liegt darin, den Antriebsriemen drehzahlabhängig zu spannen und so die Übersetzung zu ändern. Auch hier ist selten Verscheiß festzustellen. Wichtig sind ein fester, aber leichtgängiger Sitz des Variators auf der Gleithülse und eine glatte und ebene Gleitfläche für den Antriebsriemen ohne Riefen, Auswaschungen oder anderen Schäden.

Demontage des Variators

- Demontieren Sie den Variomatikdeckel.
- Lösen Sie die Zentralmutter der Anfahrkupplung.
- Demontieren Sie die Ausgleichsscheiben zusammen mit der Anfahrkupplung.
- Demontieren Sie das Lüfterrad zusammen mit der Riemenscheibenhälfte.
- Demontieren Sie den Variomaten.

Die Montage erfolgt in umgekehrter Reihenfolge.

- Reinigen Sie alle Bauteile vor der Montage gründlich.
- Fetten Sie alle Lagerstellen neu ein.
- Prüfen Sie den Antriebsriemen auf Verschleiß.
- Prüfen Sie den Zustand des Antriebsriemens für die Gemischpumpe.

Verschleiß: flache Stelle an den Variorollen.

Starke Verschleißspuren in den Laufbahnen der Variorollen und an der Führung des Variators.

Der Variator wurde durch defekte Varioecken durch die Gegenscheibe beschädigt.

Variatorreparaturset als Komplettset: 1 Varioecken, 2 Gegenscheibe, 3 Variator, 4 Variorollen, 5 Gleithülse

Die Anfahrkupplung

Die Anfahrkupplung ist wie alle Steuerbauteile der Variomatik von der Fliehkraft abhängig. Wird eine bestimmte Drehzahl durch den Antriebsriemen an die Kupplung übertragen, werden die Kupplungsbeläge durch die Fliehkräfte nach außen gedrückt und greifen in die Kupplungsglocke ein. Die Aufgabe der Anfahrkupplung liegt darin, die durch die Variomatik übertragenen Kräfte und Drehzahlen an das Achsgetriebe weiterzugeben. Auch hier ist selten Verscheiß festzustellen. Wichtig ist ein fester Sitz der Kupplung auf der Getriebewelle und ein bei Motorstillstand ein leicht drehbarer Antrieb auf das Hinterrad. Die Anfahrkupplung darf nicht schleifen.

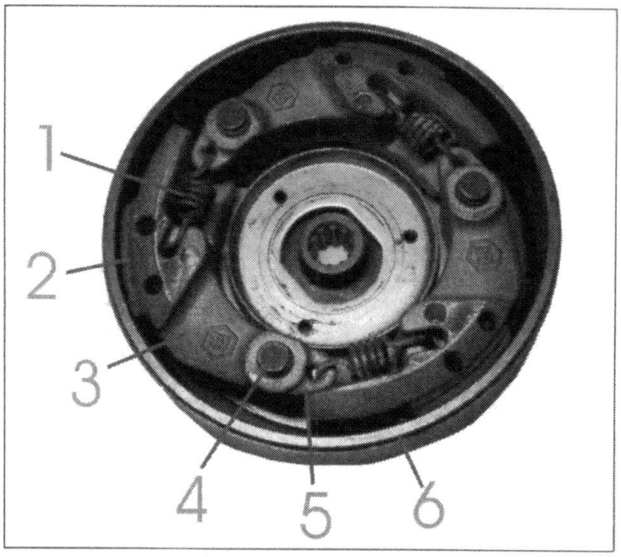

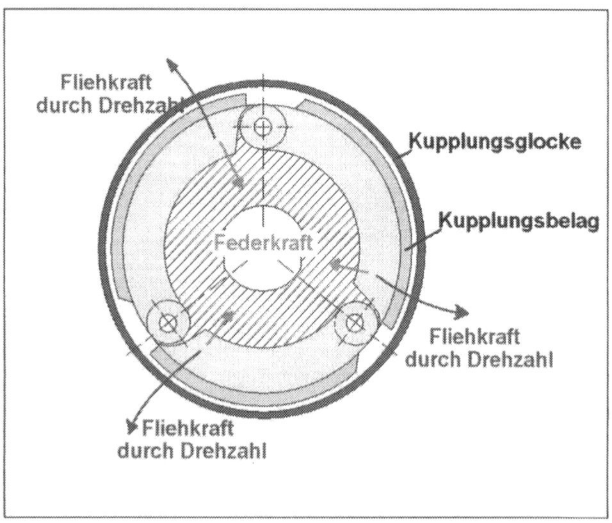

Nr.	Bauteil	Aufgabe
1	Kupplungsfeder	Rückstellung der Kupplungsbeläge
2	Kupplungsbelag	Verbindung Variomat und Rad
3	Kupplungsbelagträger	Halter für die Kupplungsbeläge und Fliehgewicht
4	Lagerbolzen des Trägers	Kupplungsträger drehbar lagern
5	Schwenkarm	Hebelarm für die Federkraft
6	Kupplungsglocke	Verbindung Rad und Motor

Demontage der Anfahrkupplung

- Demontieren Sie den Variomatikdeckel.
- Demontieren Sie den Variomaten.
- Demontieren Sie die Ausgleichsscheiben zusammen mit der Anfahrkupplung.
- Lösen Sie die Zentralmutter der Anfahrkupplung.
- Drücken Sie die Anfahrkupplung von Hand auf einem Tisch zusammen und drehen Sie die Zentralmutter (10) ab.
- Nehmen Sie langsam den Druck (Handkraft) von der Anfahrkupplung (1) weg und entspannen Sie die Ausgleichfeder (12).
- Für die weitere Demontage müssen die Kupplungsfedern (9) ausgehängt und Sicherungsringe (6) abgenommen werden. Dann können die Kupplungsbacken (5) abgenommen werden.

Spezialwerkzeug für die Handarbeit bei der Demontage.

Die Montage erfolgt sinngemäß in umgekehrter Reihenfolge.

- Reinigen Sie alle Bauteile vor der Montage gründlich.
- Fetten Sie alle Lagerstellen neu ein.

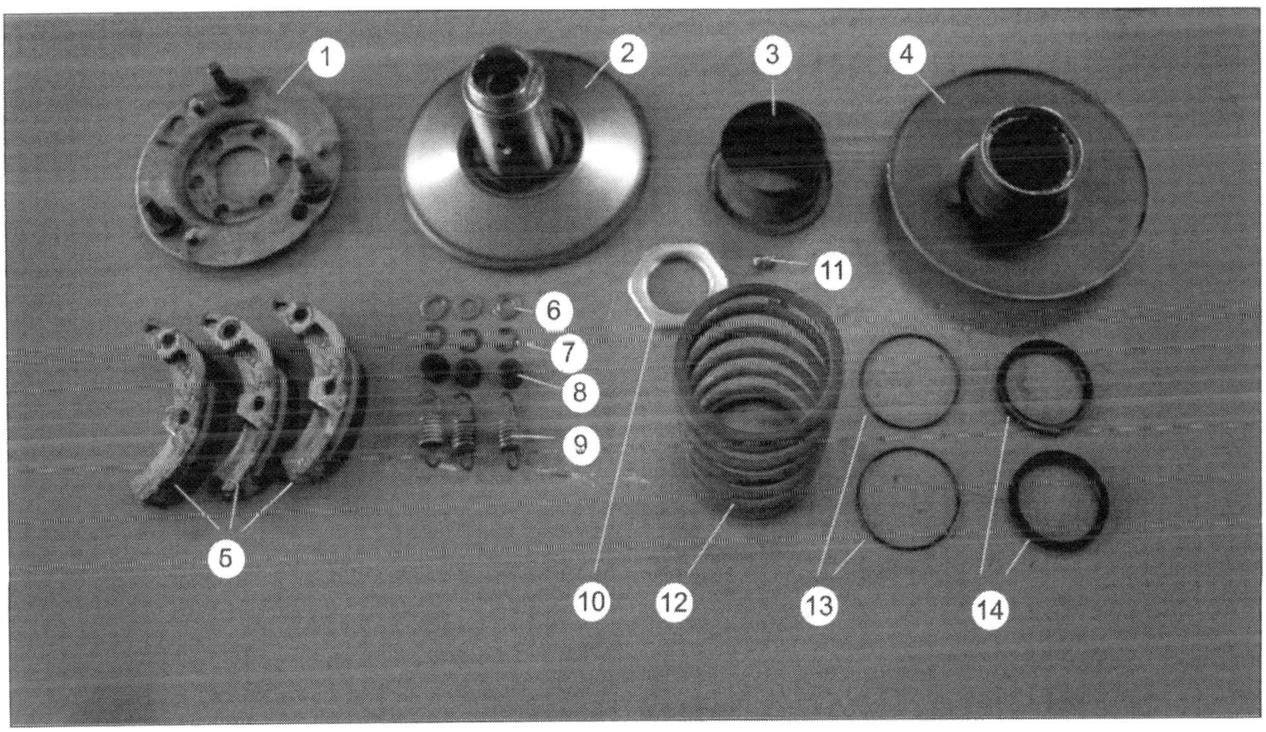

1 Belagträger, 2 statische Scheibenhälfte, 3 Abdeck- und Führungshülse, 4 Bewegliche Scheibenhälfte, 5 Kupplungsbacken, 6 Unterlegscheiben, 7 Sicherungsringe, 8 Anschlaggummis, 9 Kupplungsfedern, 10 Flachmutter, 11 Sicherungsstift, 12 Gegendruckfeder, 13 O-Ring, 14 Wellendichtring

Die Ausgleichs-scheiben

Die Ausgleichsscheiben gleichen, wie ihr Name schon sagt, die unterschiedliche Antriebsriemenlänge bei der Übersetzungsänderung durch den Variomaten aus. Sie müssen leichtgängig sein und ohne Hakelstellen die Hub-Drehbewegung ausführen können. Um die Funktion und den Verschleiß begutachten zu können, müssen sie zerlegt werden. Durch den anstehenden Federdruck der Ausgleichsfeder (Nr. 12 auf der vorherigen Seite) ist es nicht möglich, das Lagerspiel oder die Qualität der Hubführung zu beurteilen.

Demontage der Ausgleichscheiben

- Demontieren Sie den Variomatikdeckel.
- Demontieren Sie den Variomaten.
- Demontieren Sie die Ausgleichsscheiben zusammen mit der Anfahrkupplung.
- Lösen Sie die Zentralmutter der Anfahrkupplung.
- Drücken Sie die Anfahrkupplung von Hand auf einem Tisch zusammen und drehen Sie die Zentralmutter (Nr.10 im Bild auf Seite 143) ab.
- Nehmen Sie langsam den Druck (Handkraft) von der Anfahrkupplung (Nr.1 im Bild auf Seite 143) weg und entspannen Sie die Ausgleichsfeder (12).
- Nehmen Sie die Anfahrkupplung ab.
- Demontieren Sie die Ausgleichsfeder (12) und die Abdeck- und Führungshülse (Nr.3 auf der vorherigen Seite).
- Ziehen Sie die Führungsstifte (11) aus der beweglichen Scheibenhälfte heraus.
- Ziehen Sie die bewegliche Scheibenhälfte nach oben ab.

Die Montage erfolgt sinngemäß in umgekehrter Reihenfolge.

- Reinigen Sie alle Bauteile vor der Montage gründlich.
- Fetten Sie alle Lagerstellen neu ein.

Abheben der Abdeck- und Führungshülse.

Herausziehen der Sicherungsstifte.

Demontage des Antriebsriemens

Schäden am Antriebsriemen kommen bei Piaggiomotoren recht selten vor. Betrachten Sie bei einem Schaden die Riemenscheiben immer sehr gründlich. Entfernen Sie alle Rückstände des alten Antriebsriemens.

- Demontieren Sie den Variomatikdeckel.
- Demontieren Sie das Lüfterrad.
- Nach dem Entfernen der Befestigungsmutter für die hintere Riemenscheibe kann die Kupplungsglocke abgenommen werden.
- Zusammen mit den Ausgleichsscheiben auf der Radgetriebewelle wird nun der Zahnriemen abgenommen.

Die Montage erfolgt sinngemäß in umgekehrter Reihenfolge.

- Soll der Zahn- oder Antriebsriemen wieder montiert werden, markieren Sie die Laufrichtung vor der Demontage.

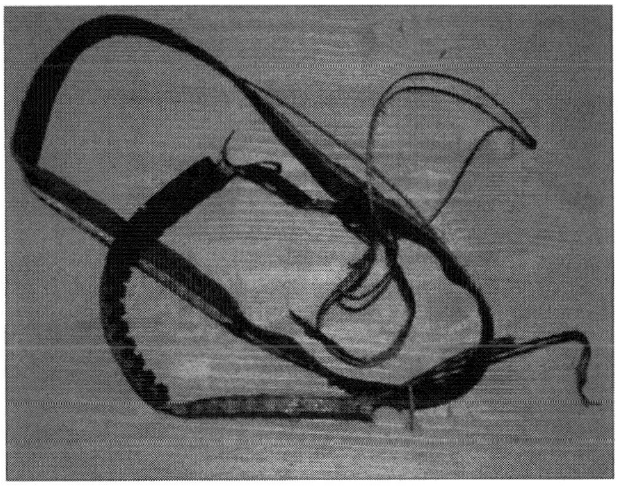

Schaden am Antriebsriemen: gründliche Reinigung erforderlich.

Das Radgetriebe

Das Radgetriebe hat die Aufgabe, die hohe Drehzahl des Variomatikgetriebes zu untersetzen und somit in eine gewünschte Raddrehzahl mit einem entsprechenden Drehmoment umzuwandeln.
Die höchste Raddrehzahl soll eine Fahrgeschwindigkeit der 50-ccm-Motorroller bis zu 50 km/h ermöglichen.

Demontage des Radgetriebes

- Bauen Sie das Hinterrad aus.
- Demontieren Sie den Variomatikdeckel.
- Soll der Zahn- oder Antriebsriemen wieder montiert werden, markieren Sie die Laufrichtung vor der Demontage.
- Demontieren Sie den Variomaten.
- Demontieren Sie die Ausgleichsscheiben zusammen mit der Anfahrkupplung und dem Antriebsriemen.
- Lösen Sie den Getriebedeckel mit einer Wasserpumpenzange wie unten gezeigt.
- Schlagen Sie die Radabtriebswelle zusammen mit dem Getriebe mit einem Schonhammer aus dem Block aus. Diese Arbeiten können Sie auch mit einem passenden Abzieher gewaltfrei ausführen.
- Nehmen Sie das Radgetriebe aus dem Motorblock heraus.

Die Montage erfolgt sinngemäß in umgekehrter Reihenfolge.

- Reinigen Sie alle Bauteile vor der Montage gründlich.
- Ersetzen Sie einen Getriebesimmerring grundsätzlich dann, wenn die Welle, die er abdichtet, demontiert wurde.

Schritt 1: Leichtes Anheben des Getriebedeckels, um die Dichtmasse und die Passhülsen abzulösen.

Schritt 2: Leichte Schläge erlauben das Herausnehmen des kompletten Getriebes. Die Radabtriebswelle hängt lediglich im Lager fest. Das Lager ist durch einen Sicherungsring hinter dem Simmerring im Motorblock gesichert.

- Achten Sie auf den korrekten Sitz der Passhülsen.
- Verwenden Sie zur Abdichtung der Gehäuseteile eine Silikondichtmasse wie bspw. »Dirko«.

Schritt 3: Das Herausnehmen des Radgetriebes mit allen Wellen und den dazugehörigen Anlaufscheiben erspart oft die aufwändige Suche nach der genauen Position der verbauten Anlauf- und Unterlagscheiben.

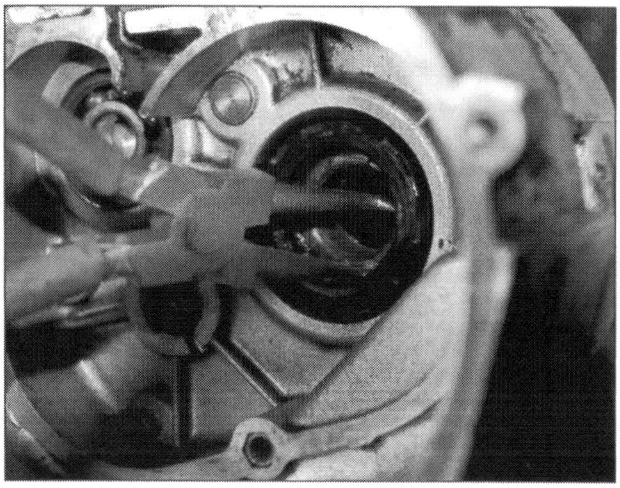

Schritt 4: Einfach: Aushebeln des Simmerrings mit einer gebogenen Zange.

Antrieb und Untersetzung

	Störung	Was kann das sein?	Was muss ich tun?
A	**Variomatik schaltet zu spät runter**	**1** Variorollen verschlissen	Variorollen prüfen und gegebenenfalls erneuern.
		2 Variorollen zu schwer	Gewichtsklasse und Zustand der Variorollen prüfen.
		3 Gleithülse schwergängig	Variomat zerlegen, reinigen und neu fetten.
		4 Ausgleichsscheiben schwergängig	Ausgleichsscheiben zerlegen, reinigen und neu fetten (lassen).
		5 Ausgleichsfeder zu weich	Gewichtsklasse und Zustand der Ausgleichsfeder prüfen.
B	**Variomatik schaltet nicht hoch**	**1** Variorollen verschlissen	Variorollen prüfen und gegebenenfalls erneuern.
		2 Variorollen zu leicht	Gewichtsklasse und Zustand der Variorollen prüfen.
		3 Gleithülse schwergängig	Variomat zerlegen, reinigen und neu fetten.
		4 Ausgleichsscheiben schwergängig	Ausgleichsscheiben zerlegen, reinigen und neu fetten (lassen).
C	**Roller hat keine Leistung beim Anfahren**	**1** Gleithülse schwergängig	Variomat zerlegen, reinigen und neu fetten.
		2 Variorollen zu schwer	Gewichtsklasse und Zustand der Variorollen prüfen.
		3 Anfahrkupplung defekt	Anfahrkupplung prüfen, gegebenenfalls erneuern.
D	**Hinterrad treibt bereits im Leerlauf an**	**1** Leerlaufdrehzahl zu hoch	Leerlaufdrehzahl und CO-Wert einstellen (lassen).
		2 Kaltstartregler defekt	Kaltstartventil prüfen lassen.
		3 Anfahrkupplung defekt	Anfahrkupplung prüfen, gegebenenfalls erneuern.
E	**Motor dreht hoch, Roller fährt aber nicht an**	**1** Antriebsriemen der Variomatik gerissen	Temperaturfühler prüfen (lassen), gegebenenfalls erneuern.
		2 Anfahrkupplung defekt	Anfahrkupplung prüfen, gegebenenfalls erneuern.

STÖRUNGSBEISTAND

Antrieb und Untersetzung

	Störung	Was kann das sein?	Was muss ich tun?
E		**3** Variorollen zu leicht	Gewichtsklasse und Zustand der Variorollen prüfen.
		4 Ausgleichsscheiben defekt	Ausgleichsscheiben prüfen, gegebenenfalls erneuern.
F	**Kupplung macht beim Anfahren Geräusche**	**1** Federn der Anfahrkupplung defekt	Federn der Anfahrkupplung prüfen, gegebenenfalls erneuern oder Anfahrkupplung ersetzen.
		2 Beläge der Anfahrkupplung defekt	Beläge der Anfahrkupplung prüfen, gegebenenfalls erneuern.
		3 Anfahrkupplung defekt	Anfahrkupplung prüfen, gegebenenfalls erneuern.
G	**Radgetriebe macht Geräusche**	**1** Ölstand unzureichend	Ölstand kontrollieren und soweit erforderlich nachfüllen.
		2 Öl zu alt oder zu großer Wassereintrag	Getriebeöl wechseln.
		3 Hinterrad ist lose	Anzugsdrehmoment der Zentralmutter prüfen. Eventuell Felge auf Schäden überprüfen.
		4 Lagerschaden am Radgetriebe **5** Getrieberäder sind beschädigt	Radgetriebe zerlegen und überholen.
H	**Radgetriebe verliert Öl.**	**1** Simmerring an Rad oder Variomatikseite defekt	Simmerring prüfen und gegebenenfalls ersetzen.
		2 Lagerschaden am Radgetriebe	Radgetriebe zerlegen und überholen.

Die Zündanlage

Neben der schon weltweit verbreiteten CDI (Capacitor Discharge Ignition = Kondensator-Entladungs-Zündanlage) findet sich beim Einspritzer eine vollelektronische Zündanlage, die durch das Motorsteuergerät angesteuert wird. Die Kombination der Zündung und Einspritzung in eine »Motronik« ermöglicht einige Funktionskorrekturen und Notfunktionen, die sonst nicht realisierbar waren.

Die Zündanlage

Der Technologieunterschied zwischen den Vergasermodellen und den Einspritzern kennzeichnet einen deutlichen Unterschied zwischen den herkömmlichen Zündanlagen am Motorroller, die teilweise bereits kennfeldunterstützt laufen oder ganz altbacken eine Frühverstellung aufgrund der schnelleren Kondensatoraufladung und der früheren Auslösung durch die OT-Geber (Pick-up) Spannung erreichen, und dem modernen digitalen Motroniksystem, welches Zündung und Einspritzung voll kennfeldgesteuert regelt.
Betrachten wir die beiden Systeme und die Auswirkung auf die Zündung zuerst einmal genauer im Detail:

MHKZ oder CDI

Auf Deutsch nennt sich die CDI »Magnethochleistungskondensatorzündanlage« oder kurz »MHKZ«. Das Kürzel bezeichnet eigentlich das gesamte Zündsystem und weist auf eine Kondensator-Entladungs-Zündanlage hin. Im Wesentlichen wird durch die Ladespule ein im Steuergerät verbauter Kondensator bis auf ca. 400 V aufgeladen. Dieser gibt die Spannung an die Zündspule ab, sobald der Pick-up den ebenfalls im Steuergerät verbauten Thyristor durchschaltet. In den meisten Fällen treten Fehler im Inneren des Steuergerätes auf, die aber nicht repariert werden können, da die Steuergeräte vergossen sind. Um sicherzugehen, dass ein defektes Steuergerät nicht durch eine fehlerhaft angeschlossene Mofadrossel oder blank gescheuerte Kabel verursacht wurde, ist auf jeden Fall das Umfeld zu prüfen.

Motronik bei »Purejet« oder »Ditech«

Motronik beschreibt ein Zünd- und Gemischbildungssystem, welches durch ein einzelnes Steuergerät im direkten Zusammenhang Zündsignal und Einspritzsignal (beim Direkteinspritzverfahren von Piaggio sind es zwei Einspritzdüsen) gemeinsam verarbeitet und ausgibt. Die Zündauslösung oder auch die Einspritzauslösung erfolgt über ein Rechenkennfeld und bezieht hier Korrekturwerte wie die Drosselklappenöffnung, die Motortemperatur und die Motordrehzahl mit ein.
Die Ansteuerung ist eigenständig von der Motormechanik und erlaubt nun endlich Funktionen wie die Schubabschaltung (kein Kraftstoff bei geschlossener Drosselklappe und hoher Motordrehzahl) oder die Abdrosselung bei Endgeschwindigkeit. All das begründet die erfahrbare Kraftstoffeinsparung und die besseren Abgaswerte des Motors.

Demontage des Zündsteuergerätes (Vergasermodelle)

- Demontieren Sie die Fußraumverkleidung.
- Ziehen Sie die Verbindungskabel (5) zum Generator bzw. zum Bordnetz ab und legen Sie diese beiseite.
- Bei den 50er-Modellen ist die Zündspule im Steuergerät integriert. Bei den Rollern ab 125 cm³ ist die Zündspule extern verbaut. Ziehen Sie hier das Anschlusskabel zur Zündspule (6) ab.
- Drehen Sie die Befestigungsmuttern (3) heraus und nehmen Sie das Zündsteuergerät (4) ab.

Die Montage erfolgt in umgekehrter Reihenfolge.

- Achten Sie auf saubere und trockene Steckkontakte.
- Stecken Sie die Kabelfarben wie auf dem Steuergerät gekennzeichnet wieder auf.
- Beachten Sie die Tabelle zur Übersetzung der Kabelfarbe aus dem Italienischen.

Italienische Bezeichnung	Deutsche Bezeichnung
Rosso	Rot
Bianco	Weiß
Verde	Grün
Marrone	Braun
Viola	Violett

1 Zündspule, 2 Zündkerzenstecker, 3 Befestigungsschrauben, 4 Zündsteuergerät, 5 Anschluss zum Bordnetz oder zum Generator, 6 Anschluss zur Zündspule

Prüfen des Zündsteuergerätes (Vergasermodelle)

Die Prüfung des Steuergerätes ist nur auf einem CDI-Prüfstand zu realisieren. Uns bleibt aber die Funktionsprüfung der Anbauteile. Liegen hier alle Funktionen vor, muss das Steuergerät zwangsläufig defekt sein und ausgetauscht werden.

Demontage der externen Zündspule (Vergasermotor)

- Demontieren Sie die Fußraumverkleidung.
- Ziehen Sie die Verbindungskabel (6) zur Zündspule oder an der Zündspule selbst ab.
- Ziehen Sie den Zündkerzenstecker von der Zündkerze ab. Den Kerzenstecker und das Zündkabel können Sie herausdrehen. Sie sind jeweils mit einem Gewindedorn eingedreht.
- Lösen Sie die Befestigungsschrauben der Zündspule und nehmen Sie sie heraus.

Die Montage erfolgt in umgekehrter Reihenfolge.

- Achten Sie auf saubere und trockene Steckkontakte.
- Achten Sie auf den richtigen Sitz des Zündkabels und seiner Isolierungen.

Widerstandsmessung Primärwicklung der externen Zündspule (Vergasermotor)

- Schalten Sie den Motor aus.
- Demontieren Sie die Fußraumverkleidung.
- Ziehen Sie die Verbindungskabel (6) zur Zündspule oder an der Zündspule selbst ab.
- Ziehen Sie den Zündkerzenstecker (2) von der Zündkerze ab.
- Drehen Sie den Kerzenstecker am Zündkabel heraus. Es ist mit einem Gewindedorn eingedreht.
- Schließen Sie Ihr Multimeter an den Steckanschluss der Zündspule an, der vom Steuergerät kommt (Violett).
- Schließen Sie den »COM-Anschluss« Ihres Multimeter an den Masseanschluss der Zündspule an (Verschraubungen).
- Stellen Sie Ihr Multimeter auf einen Messbereich von 200 Ω ein.
- Lesen Sie den Messwert ab. Bei Raumtemperatur sollte ein ohmscher Widerstand von ungefähr 0,5 Ω bis 1 Ω am Anschlussstecker zur Masse festzustellen sein.

Widerstandsmessung Sekundärwicklung der externen Zündspule (Vergasermotor)

- Schalten Sie den Motor aus.
- Demontieren Sie die Fußraumverkleidung.

- Ziehen Sie die Verbindungskabel (6) zur Zündspule oder an der Zündspule selbst ab.
- Ziehen Sie den Zündkerzenstecker (2) von der Zündkerze ab.
- Drehen Sie den Kerzenstecker am Zündkabel heraus. Es ist mit einem Gewindedorn eingedreht.
- Schließen Sie Ihr Multimeter an den Hochspannungsanschluss der Zündspule an.
- Schließen Sie den »COM-Anschluss« Ihres Multimeter an den Masseanschluss der Zündspule an (Verschraubungen).
- Stellen Sie Ihr Multimeter auf einen Messbereich von 10 kΩ (10.000 Ω) ein.
- Lesen Sie den Messwert ab. Bei Raumtemperatur sollte ein ohmscher Widerstand von ungefähr 5 kΩ (5000 Ω) plus/minus 200 Ω für diese Messung festzustellen sein.

Signalbildaufzeichnung Primär/Sekundär der externen Zündspule (Vergasermotor)

- Schalten Sie den Motor aus.
- Demontieren Sie die Fußraumverkleidung.
- Schließen Sie ein Adapterkabel an das Verbindungskabel (6) zur Zündspule an.
- Schließen Sie Ihr Oszilloskop an den Messadapter an.

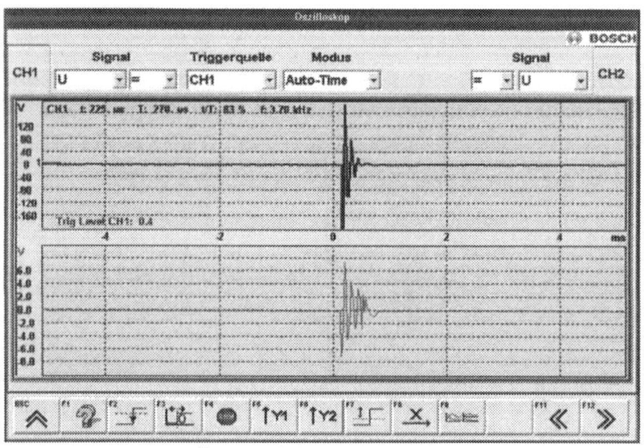

Zündspule unter Überwachung: Kanal 1 (Schwarz) Primärsignal im Leerlauf, Kanal 2 (Rot) Sekundärsignal im Leerlauf.

- Schließen Sie den Minusanschluss Ihres Oszilloskops an die Fahrzeugmasse an.
- Greifen Sie die Hochspannungsleitung der Zündspule mit einer Triggerzange ab.
- Stellen Sie das Oszilloskop auf eine Spannung von 200 V für den Kanal auf der Primärseite der Zündspule ein.
- Stellen Sie den Kanal mit der Triggerzange auf eine Spannung von 15.000 V ein.
- Lassen Sie den Motor im Leerlauf laufen.
- Zeichnen Sie das Signalbild auf.
- Sie sollten auf der Primärseite und der Sekundärseite die Ausschwingungen und die Spannungshöhen beobachten. Schwankt die Spannung auf der Sekundärseite stark, müssen der Zündkerzenstecker, das Zündkabel und die Zündspule genauer unter die Lupe genommen werden.
  Schwankt die Spannung (in der Spitze) bereits auf der Primärseite, könnte ein Fehler im Generator zu finden sein.

Widerstandsmessung Primärwicklung der externen Zündspule (Einspritzermotor)

- Schalten Sie den Motor aus.
- Demontieren Sie die Fußraumverkleidung.
- Ziehen Sie die Verbindungskabel (6) zur Zündspule oder an der Zündspule selbst ab.
- Ziehen Sie den Zündkerzenstecker (2) von der Zündkerze ab.
- Drehen Sie den Kerzenstecker am Zündkabel heraus. Es ist mit einem Gewindedorn eingedreht.
- Schließen Sie Ihr Multimeter an den Steckanschluss der Zündspule an, der vom Steuergerät kommt (Violett).
- Schließen Sie den »COM-Anschluss« Ihres Multimeter an den Masseanschluss der Zündspule an (Verschraubungen).

- Stellen Sie Ihr Multimeter auf einen Messbereich von 200 Ω ein.

- Lesen Sie den Messwert ab. Bei Raumtemperatur sollte ein ohmscher Widerstand von ungefähr 0,5 Ω bis 1 Ω am Anschlussstecker zur Masse festzustellen sein.

Signalbildaufzeichnung Sekundärwicklung der externen Zündspule (Einspritzermotor)

Die Widerstandsmessung ist aufgrund des Aufbaus der Zündspule nicht möglich. Auch wenn das Schaltbild im Schaltplan einen ohmschen Verbraucher aufweist, ist der Übergang zwischen Masse und Sekundärspule nicht ohmsch nachzuweisen. Führen Sie eine Kontrolle der Funktion über den Spannungsverlauf am Oszilloskop durch. So können Sie gleichzeitig die Spule in Funktion bewerten.

Signalbildaufzeichnung Primär/Sekundär der externen Zündspule (Einspritzermotor)

- Schalten Sie den Motor aus.

- Demontieren Sie die Fußraum- oder Seitenverkleidung.

- Schließen Sie ein Adapterkabel an das Verbindungskabel (6) zur Zündspule an.

- Schließen Sie Ihr Oszilloskop an den Messadapter an.

- Schließen Sie den Minusanschluss Ihres Oszilloskops an die Fahrzeugmasse an.

- Greifen Sie die Hochspannungsleitung der Zündspule mit einer Triggerzange ab.

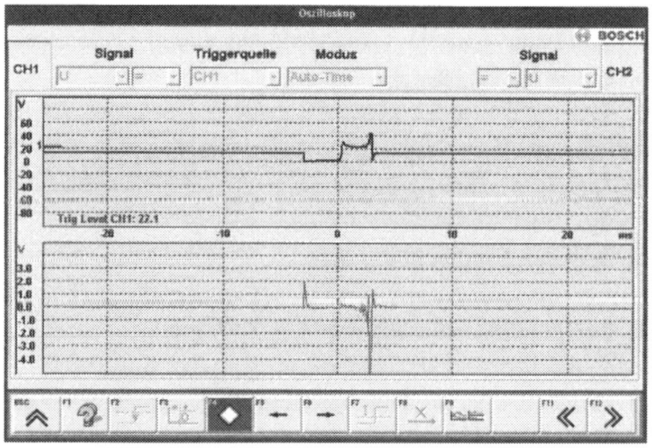

Einspritzer-Zündspule unter Überwachung:
Kanal 1 (Schwarz) Primärsignal im Leerlauf, Kanal 2 (Rot) Sekundärsignal im Leerlauf.

Demontage des Zündkerzensteckers

- Demontieren Sie die Fußraumverkleidung.

- Ziehen Sie die Verbindungskabel (6) zur Zündspule oder an der Zündspule selbst ab.

- Ziehen Sie den Zündkerzenstecker von der Zündkerze ab. Den Kerzenstecker und das Zündkabel können Sie herausdrehen. Sie sind jeweils mit einem Gewindedorn eingedreht.

- Lösen Sie die Befestigungsschrauben der Zündspule und nehmen Sie sie heraus.

Die Montage erfolgt in umgekehrter Reihenfolge.

- Achten Sie auf saubere und trockene Steckkontakte.

- Achten Sie auf den richtigen Sitz des Zündkabels und seiner Isolierungen.

Widerstandsmessung am Zündkerzenstecker

- Schalten Sie den Motor aus.

- Demontieren Sie die Fußraumverkleidung.

- Ziehen Sie den Zündkerzenstecker (2) von der Zündkerze ab.

- Drehen Sie den Kerzenstecker am Zündkabel heraus. Es ist mit einem Gewindedorn eingedreht.

- Schließen Sie Ihr Multimeter an den Hochspannungsanschlussdorn im Zündkerzenstecker an.

- Schließen Sie den »COM-Anschluss« Ihres Multimeter an den Steckanschluss zur Zündkerze des Kerzensteckers an.
- Stellen Sie Ihr Multimeter auf einen Messbereich von 10 kΩ ein.
- Lesen Sie den Messwert ab. In der Regel ist der Messwert auf dem Kerzenstecker eingeprägt oder graviert. Der Standardkerzenstecker sollte bei Raumtemperatur einen ohmschen Widerstand von ungefähr 5 kΩ bis 6 kΩ (5000 - 6000 Ω) aufweisen. Es gibt allerdings auch Kerzenstecker mit einem Widerstand von 10 kΩ (10.000 Ω).

Prüfung der Spannungsversorgung der externen Zündspule (Einspritzermotor)

- Schalten Sie den Motor aus.
- Demontieren Sie die Fußraumverkleidung.
- Ziehen Sie die Verbindungskabel (6) zur Zündspule oder an der Zündspule selbst ab.
- Messen Sie die Spannung zwischen dem blauen Anschlusskabel und der Fahrzeugmasse.
- Sie sollten 12 V Dauerplus messen können.

Anschlussfolge am Steuergerät (Einspritzermotor)

Motronik ist eine eingetragene Markenbezeichnung der Robert Bosch GmbH. Bereits 1979 wurden in diesem System erstmals das Zünd- und Einspritzsystem in einem Steuergerät zusammengefasst. Die Besonderheit im Aufbau des Einspritzsystems im Gegensatz zum »normalen« Roller besteht darin, dass auch die Fehlersuche in den meisten Fällen »rund um das Steuergerät« stattfindet. Oftmals fallen hier schon kleine Schrauberwerkstätten für die Diagnose weg, da die Ausrüstung und das technische »Know-how« nicht ausreichend vorhanden ist, um einen Fehler im Motroniksystem nachvollziehen zu können. Bei Werkstätten mit großem Diagnoseaufkommen entfällt die Diskussion, welche Diagnosegeräte für den Alltagsbetriebs erforderlich sind. Das hat schon immer das jeweilige Fahrzeug bestimmt. Auch wenn Sie die Fehlersuche an Ihrem Roller nicht selbst angehen und diese Aufgabe in eine Werkstatt vergeben, werden Sie mit den Informationen aus diesem Buch die Arbeit Ihrer Werkstatt verstehen und auch bewerten können. In jedem Fall können Sie die Ansagen zur Fehlersuche und zum Schadensbild nachvollziehen. Die Anschlussfolge am Steuergerät ist aus diesem Grund sehr wichtig.
Die aufgeführte Tabelle und die Steckerskizze sollen Ihnen bei der Identifizierung der Anschlüsse der Zündanlage helfen. Weitere Informationen zum Motorsteuergerät finden Sie unter »Gemischaufbereitung« im Unterkapitel »Motorsteuergerät«.

Einbaulage von Motorsteuergerät und Anschlussstecker.

In der Tabelle stellen wir Ihnen die Anschlüsse, die für den Betrieb der Zündanlage am Motorsteuergerät relevant sind, vor.

Pin Nr.	Farbe	Funktion
1	sw	Masseanschluss KL 31
12	sw/vio	Zündspule
15	bl	Klemme 30 (Batterie Plus)
17	or	KL 15 Steuergerät
19	rt	Kurbelwellengeber
20	br	Kurbelwellengeber

Messungen am Steuergerät

Die Signalbildmessungen werden grundsätzlich gegen die Fahrzeugmasse durchgeführt. Diese Messmethode wird mit »potenzialbezogen« bezeichnet. Überwiegend müssen die Bauteile der Zünd- und Einspritzanlage im angeschlossenen Zustand ausgewertet werden. Als Messmittel bleibt in den meisten Fällen nur ein Oszilloskop. Diese Gerätschaften lassen sich aber durchaus als Messvorsatz für einen Laptop schon für etwa 160 Euro erstehen. Um eine Fehlerdiagnose durchführen zu können, ist es erforderlich Bauteile in Funktion oder eben außer Funktion bewerten zu können. Gerade für die Zündanlage ist die Auswertung »in Aktion« für eine Diagnose unausweichlich. Oftmals tritt ein Fehler nur in einer bestimmten Situation auf und muss entsprechend dann auch in dieser Situation erkannt werden. Das vom Steuergerät ausgegebene Signal an die Zündspule hat direkt nichts mit dem Eingangssignal des Generators zu tun. Allerdings hängt das Signal hinsichtlich des Zündzeitpunktes deshalb vom Signalbild des Kurbelwellengebers ab, da das Steuergerät aus dem Kurbelwellengebersignal einen Zündzeitpunkt errechnet. Wird das Kurbelwellengebersignal verfälscht, kann es sein, dass das Zündsignal wie vorgesehen vom Steuergerät generiert wird, aber leider zum falschen Zeitpunkt. Die Auswirkung ist ein nicht anspringender Motor. Auch Schäden an der Zündspule und am Generator lassen sich über die Diagnose mit dem Oszilloskop deutlich leichter feststellen.

Spannungsverlustmessung an KL 31 (Masseanschluss prüfen)

- Schalten Sie den Motor aus.
- Demontieren Sie die Spritzschutzverkleidung hinten.
- Klemmen Sie einen Nadelabgreifer an das Kabel auf der Steckerposition 1 (Schwarz) an.
- Schließen Sie Ihr Multimeter an den Nadelabgreifer an.
- Schließen Sie den »COM-Anschluss« Ihres Multimeter an den Masseanschluss der Batterie an.
- Stellen Sie Ihr Multimeter auf einen Messbereich von 20 V ein.
- Lassen Sie den Motor laufen.
- Lesen Sie den Messwert ab. Der Messwert darf in keinem Betriebszustand 0,5 V übersteigen. Ist das der Fall, müssen die Anschlüsse an Steuergerät und Batterie sowie die Verkabelung geprüft werden.

Spannungsverlustmessung an KL 30 (Dauerplus prüfen)

- Schalten Sie den Motor aus.
- Demontieren Sie die Spritzschutzverkleidung hinten.
- Klemmen Sie einen Nadelabgreifer an das Kabel auf der Steckerposition 15 (Blau) an.
- Schließen Sie Ihr Multimeter an den Nadelabgreifer an.
- Schließen Sie den »COM-Anschluss« Ihres Multimeter an den Plusanschluss der Batterie an.
- Stellen Sie Ihr Multimeter auf einen Messbereich von 20 V ein.
- Lassen Sie den Motor laufen.
- Lesen Sie den Messwert ab. Der Messwert darf in keinem Betriebszustand 0,5 V übertreffen. Ist das der Fall, müssen die Anschlüsse an Steuergerät und Batterie sowie die Verkabelung und die Sicherung geprüft werden.

KL 15 (geschaltetes Plus) prüfen

- Schalten Sie den Motor aus.
- Demontieren Sie die Spritzschutzverkleidung hinten.
- Klemmen Sie einen Nadelabgreifer an das Kabel auf der Steckerposition 17 (Orange) an.
- Schließen Sie Ihr Multimeter an den Nadelabgreifer an.
- Schließen Sie den »COM-Anschluss« Ihres Multimeter an den Masseanschluss der Batterie an.
- Stellen Sie Ihr Multimeter auf einen Messbereich von 20 V ein.
- Lassen Sie den Motor laufen.
- Lesen Sie den Messwert ab. Der Messwert darf in keinem Betriebszustand 11,5 V unterschreiten. Ist das der Fall, müssen die Anschlüsse an Steuergerät und Batterie sowie die Verkabelung und das Zündschloss geprüft werden.

Signalbild der konventionellen Zündanlage bewerten

Messungen an der Zündanlage bedeuten immer eine sehr schnelle Signalgeschwindigkeit. Multimeter haben hier nicht den Hauch einer Chance. Bereits im Leerlauf bei etwa 1200 1/min werden hier 20 Signale je Sekunde umgesetzt. Ein gutes Multimeter erreicht aber gerade mal 3 Messungen in der Sekunde. Dazu werden die Messwerte ausgemittelt, was die Anzeigewerte wiederum verfälscht. Die Auswertung muss also am laufenden Motor immer mit einem Oszilloskop erfolgen.

Signalbild eines OT-Gebers an einer CDI aufzeichnen

- Schalten Sie den Motor aus.
- Legen Sie das Zündsteuergerät frei.
- Klemmen Sie einen Nadelabgreifer an das Kabel an das grüne (»Verde«) Kabel an.
- Schließen Sie Ihr Oszilloskop an den Nadelabgreifer an.
- Schließen Sie den »COM-Anschluss« Ihres Oszilloskops an den Masseanschluss des Fahrzeugs an.
- Stellen Sie Ihr Oszilloskop auf einen Messbereich von 20 V AC und eine Zeitspanne von 25 ms ein.
- Lassen Sie den Motor laufen.

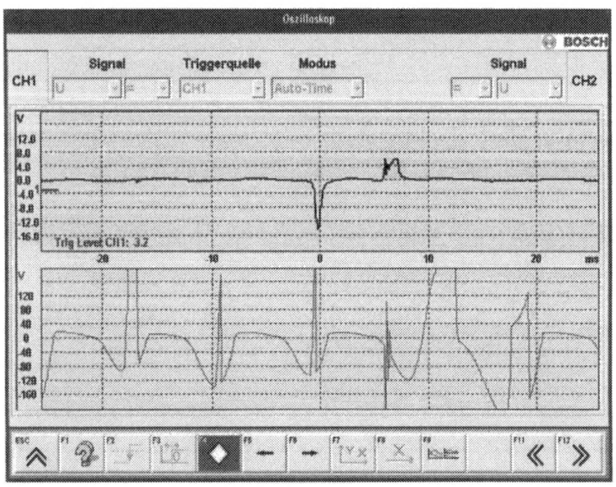

Signalbilder am CDI-Zündsystem: 1 Signalverlauf des OT-Gebers (Pick-up), 2 Signalverlauf für die Erregerspule.

- Lesen Sie den Messwert ab. Achten Sie auf einen gleichmäßigen Signalverlauf. Die Spannungspegel müssen über 4 V AC liegen. Zudem sollte das markante Signalbild (1) deutlich erkennbar sein.

Signalbild der Ladespule an einer CDI aufzeichnen

- Schalten Sie den Motor aus.
- Legen Sie das Zündsteuergerät frei.
- Klemmen Sie einen Nadelabgreifer an das rote Kabel (»Rosso«) an.
- Schließen Sie Ihr Oszilloskop an den Nadelabgreifer an.
- Schließen Sie den »COM-Anschluss« Ihres Oszilloskops an den Masseanschluss des Fahrzeugs an.
- Stellen Sie Ihr Oszilloskop auf einen Messbereich von 200 V AC und eine Zeitspanne von 25 ms ein.
- Lassen Sie den Motor laufen.
- Lesen Sie den Messwert ab. Achten Sie auf einen gleichmäßigen Signalverlauf. Die Spannungspegel müssen über 20 V AC bis zu 250 V AC liegen. Zudem sollte das Signalbild (2) deutlich erkennbar sein.

Signalbild eines OT-Gebers am Einspritzer aufzeichnen

- Schalten Sie den Motor aus.
- Demontieren Sie die Spritzschutzverkleidung hinten.
- Klemmen Sie einen Nadelabgreifer an das Kabel auf der Steckerposition 19 (Rot) an.
- Schließen Sie Ihr Oszilloskop an den Nadelabgreifer an.
- Klemmen Sie einen weiteren Nadelabgreifer an das Kabel auf der Steckerposition 20 (Braun) an.
- Schließen Sie Ihr Oszilloskop an den Nadelabgreifer an.
- Stellen Sie Ihr Oszilloskop auf einen Messbereich von 20 V AC und eine Zeitspanne von 50 ms ein.

- Lassen Sie den Motor laufen.
- Lesen Sie den Messwert ab. Achten Sie auf einen gleichmäßigen Signalverlauf. Die Spannungspegel müssen um 10 V AC liegen. Zudem sollten das Signalbild und auch die Bezugsmarkenlücke deutlich erkennbar sein.

Zündbild primär am Einspritzer aufzeichnen.

- Schalten Sie den Motor aus.
- Demontieren Sie die Spritzschutzverkleidung hinten.

Schrauber Tipp

PRAXISTIPP

Zündkerze schwarz: Schlechte Verbrennung oder die Verbrennung ist zu "kalt" ofmals liegt es an mangelhafter Kompression oder Ablagerungen von Kraftstoff oder Öl im Motor.

Zündkerze rehbraun: Normale Verbrennung, gute Selbstreinigung der Zündkerze leichte aber unproblematische Ablagerungen an der Zündkerze.

Zündkerze hellbraun/grau: Normale Verbrennung bei Einsritzmotoren und guter Abstimmung zwischen Gemischbildung und Schmierölversorgung. Sehr gute Selbstreinigung der Zündkerze.

Zündkerze grau/weiß: Sehr heiße Verbrennung, gute Selbstreinigung, Restablagerungen aus der Verbrennung.

Es besteht die Gefahr von Kolbenschäden durch Überhitzung. Meist ist Falschluft oder eine falsche Vergaserabstimmung als Ursache festzustellen

- Klemmen Sie einen Nadelabgreifer an das Kabel auf der Steckerposition 12 (Schwarz/Violett) an.
- Schließen Sie Ihr Oszilloskop an den Nadelabgreifer an.
- Schließen Sie den Masseanschluss Ihres Oszilloskops an den Masseanschluss des Fahrzeugs an.
- Stellen Sie Ihr Oszilloskop auf einen Messbereich von 20 V AC und eine Zeitspanne von 50 ms ein.
- Lassen Sie den Motor laufen.
- Lesen Sie den Messwert ab. Achten Sie auf einen gleichmäßigen Signalverlauf. Die Spannungspegel müssen um 60 V AC liegen.

Zündkerzen bewerten

Den Verbrennungsablauf im Motor zu beobachten und zu bewerten, ist schwierig bis gar nicht möglich, meint man. Neben den Möglichkeiten wie »colour-tune«-Zündkerzen, die mit einiger Übung erlauben über die Brennfarbe, also die Farbe der Flammenfront im Zylinder, eine Aussage zu treffen, gibt es auch eine wesentlich einfachere Methode. Sehr viel lässt sich anhand der Verfärbung der Kerze, oder besser gesagt, an der Verfärbung der Ablagerungen auf der Kerze erkennen. Man spricht auch vom »Kerzengesicht«. Ablagerungen im Bereich der Mittelelektrode bedeuten einen Stromabfluss, da sich die Ablagerung wie ein Widerstand verhält. In Abhängigkeit von den Temperaturen im Brennraum, müssen die Ablagerungen auf der Zündkerze sich selbsttätig entfernen. Hierzu legt der Hersteller die Zündkerze so aus, dass gerade im Bereich der Mittelelektrode so hohe Temperaturen entstehen, dass die Ablagerungen »verbrennen«. Das geschieht ungefähr bei 450 °C. Die Temperatur darf aber nicht zu hoch werden, da sonst die Zündkerze überhitzen und Schaden nehmen könnte.

STÖRUNGSBEISTAND

Zündanlage

Störung	Was kann das sein?	Was muss ich tun?
A **Kein Zündfunken vorhanden (Vergasermodelle)**	**1** Zündkerze verölt	Schmierungssystem und Gemischaufbereitungssystem prüfen (lassen).
	2 Zündkerzenstecker defekt	Zündkerzenstecker und seine Abdichtung ersetzen.
	3 Zündschloss defekt	Zündschloss prüfen, gegebenenfalls erneuern (lassen), Verkabelung zum Zündschloss prüfen (lassen).
	4 OT-Geber defekt	Generator und Signalbilder für den OT-Geber prüfen (lassen), gegebenenfalls Generator erneuern.
	5 Ladespule (Erreger) des Generators defekt	Generator und Signalbilder für die Ladespule (Erreger) prüfen (lassen), gegebenenfalls Generator erneuern.
	6 Zündspule (Steuergerät) defekt	Zündspule (Steuergerät) überprüfen und gegebenenfalls erneuern (lassen).
B **Kein Zündfunken vorhanden (Einspritzermodelle)**	**1** Zündkerze nass	Prüfen, ob zu viel Kraftstoff oder Öl sich im Kurbelgehäuse befindet.
	2 Zündkerzenstecker defekt	Zündkerzenstecker und seine Abdichtung ersetzen.
	3 Hauptsicherung defekt	Hauptsicherung prüfen, gegebenenfalls erneuern. Untersuchen warum die Hauptsicherung durchgebrannt ist.
	4 Zündschloss defekt	Zündschloss prüfen, gegebenenfalls erneuern.
	5 OT-Geber defekt	Thermostat prüfen, gegebenenfalls erneuern (lassen).
	6 Zündspule defekt	Zündspule und Anschlüsse überprüfen und gegebenenfalls erneuern (lassen).
C **Zündaussetzer bei warmem Motor**	**1** Zündkerze defekt	Zündkerze prüfen, gegebenenfalls erneuern.
	2 Zündkerzenstecker defekt	Zündkerzenstecker und seine Abdichtung ersetzen.

Zündanlage

Störung	Was kann das sein?	Was muss ich tun?
C	**3** OT-Geber defekt	Generator und Signalbilder für den OT-Geber prüfen (lassen), gegebenenfalls Generator erneuern.
	4 Zündspule defekt	Zündspule (Steuergerät) überprüfen und gegebenenfalls erneuern (lassen).
D **Zündaussetzer bei nassem Wetter**	**1** Zündkerzenstecker defekt	Zündkerzenstecker und seine Abdichtung ersetzen.
	2 Zündkabel defekt	Zündkerzenkabel und Zündkerzenstecker und seine Abdichtung ersetzen.
	3 Steckkontakte am Generator, am Steuergerät oder am Zündschloss undicht und nass	Steckkontakte trocknen und reinigen.
	4 Steuergerät defekt	Steuergerät ersetzen (lassen).
E **Schlechter Zündfunken beim Starten (Vergasermodelle)**	**1** Zündkerze defekt	Zündkerze prüfen, gegebenenfalls erneuern.
	2 Zündkerzenstecker defekt	Zündkerzenstecker und seine Abdichtung ersetzen.
	3 Generator defekt	Generator prüfen, gegebenenfalls erneuern.
	4 Steckkontakte am Generator, am Steuergerät oder am Zündschloss undicht und nass	Steckkontakte trocknen und reinigen.
F **Zündkerze verschmutzt ständig**	**1** Wärmewert der Zündkerze stimmt nicht	Wärmewert der Zündkerze prüfen (lassen), gegebenenfalls erneuern.
	2 Zündkerze defekt	Zündkerze prüfen, gegebenenfalls erneuern.
	3 Zu viel Kraftstoff im Motor	Vergaser, Benzinhahn und, soweit verbaut, die Ansteuerungen der Einspritzdüsen prüfen.
	4 Ölrückstände im Kurbelgehäuse	Rückschlagventil am Kurbelgehäuse und an der Gemischpumpe prüfen, gegebenenfalls erneuern.

Starter und Generator

Piaggio geht oft eigene Wege um langfristig funktionstüchtige und alltagstaugliche Motorroller auf die Beine zu stellen. Auch beim Thema »Starter und Generator« fällt die Erfahrung von Piaggio im Rollerbau ins Auge. Die Anschlussfolge bekannter Komponenten unterscheidet sich deutlich von den meisten Mitbewerbern.

Das Starterrelais

Das Starterrelais besteht aus einer Spule und einem Schalter. Wenn die Spule mit Spannung beaufschlagt wird, baut sich ein Magnetfeld auf und der Schalter wird betätigt. Da die Spule keine große Leistung hat, können Ströme bis zu 50 A geschaltet werden, ohne dass der Startertaster dafür ausgelegt werden muss.

Achtung:

Die Spannungsversorgung von der Batterie zum Starterrelais und auch weiter zum Anlasser ist nicht abgesichert. Ein Kurzschluss in diesem Bereich kann im ungünstigsten Fall die Batterie zur Explosion bringen. Die Anschlüsse an Batterie und Starterrelais müssen also entsprechend umsichtig behandelt werden.

Prüfung ohne jegliche Demontage

Das Starterrelais ist eines der Bauteile, bei welchem eine erste Prüfung schon erfolgen kann, ohne dass irgendetwas demontiert werden muss.

- Schalten Sie die Zündung ein und betätigen Sie eine der beiden Handbremsen und den Startertaster.
- Das Relais zumindest muss deutlich klacken. Wenn das nicht der Fall ist, müssen Sie die nachfolgend beschriebenen Prüfungen durchführen.

Demontage des Startrelais

In der Regel befindet sich das Startrelais bei den Piaggio-Modellen auf der linken Seite unter der Seitenverkleidung.

- Demontieren Sie die linke Seitenverkleidung des Motorrollers.
- Ziehen Sie die Anschlusskabel vom Startrelais ab.
- Ziehen Sie das Startrelais aus den Lagergummis heraus, oder drehen Sie (je nach Konstruktion) die Befestigungsschraube heraus.
- Nehmen Sie das Startrelais ab.
- Achten Sie darauf, dass keiner der Anschlüsse des Startrelais Massekontakt bekommen kann. Es besteht Kurzschlussgefahr.

Messung der Steuerspannung

- Demontieren Sie die Batterieabdeckung.
- Legen Sie das Starterrelais frei.
- Schließen Sie den Messanschluss des Messgerätes an Batterie-Plus an.
- Stellen Sie das Multimeter auf 20 V AC ein.
- Tasten Sie beide Seiten des Steckers zum Anlasserrelais mit dem »COM-Anschluss« des Multimeters an. Das Messergebnis bei unbetätigtem Starter sollte 12 V betragen.
- Zeigen die Messungen ein anderes Ergebnis, besteht keine oder zumindest keine gute Masseverbindung zu dem Relais.
- Legen Sie nun den »COM-Anschluss« des Multimeters auf Masse.
- Messen Sie nun die Spannung an dem anderen Pol des Starterrelais. Das Multimeter muss bei betätigter Bremse und betätigtem Startertaster 12 V anzeigen.
- Ist das nicht der Fall, muss der Fehler beim Startertaster, den Bremslichtschaltern oder den Verbindungen dahin gesucht werden.

Durchgangsprüfung mit dem Multimeter

Eine Durchgangsprüfung eines ausgebauten Relais ist nur schwer zu handhaben. Um den Schaltausgang prüfen zu können, muss die Spule des Relais mit Spannung beaufschlagt werden. Hierzu ist es erforderlich, dass das Relais zumindest hörbar »klackt«.

- Bauen Sie das Startrelais aus.
- Ziehen Sie die Steuerverkabelung zum Fahrzeug hin ab.
- Schließen Sie an die dünnen Steuerleitungen des Relais eine Batteriespannung von 12 V an. Die Polarität der Anschlüsse ist gleichgültig.
- Schließen Sie je ein Messkabel an einen Lastanschluss des Startrelais an.
- Stellen Sie Ihr Multimeter auf einen Messbereich von 200 Ω ein.
- Wenn das Relais schaltet, kann der Durchgang zwischen den beiden Lastanschlüssen geprüft werden.
- Lesen Sie den Messwert ab. Bei Raumtemperatur sollte ein ohmscher Widerstand von nicht mehr als 0,3 Ω angezeigt werden.

Spannungsverlustmessung an KL 30 (Dauerplus prüfen)

- Schalten Sie den Motor aus.
- Legen Sie das Starterrelais frei.
- Schließen Sie Ihr Multimeter an den einen Anschluss des Startrelais, das zum Startermotor geht, an.
- Schließen Sie den »COM-Anschluss« Ihres Multimeter an den anderen Anschluss des Starterrelais, der zur Batterie, geht an.
- Stellen Sie Ihr Multimeter auf einen Messbereich von 20 V ein.
- Ziehen Sie die Generatorverkabelung ab, um den OT-Geber der Zündanlage außer Funktion zu setzen.
- Starten Sie den Motor.
- Lesen Sie den Messwert ab. Der Messwert darf 0,5 V nicht übertreffen. Ist das der Fall, müssen die Anschlüsse an Steuergerät und Batterie sowie die Verkabelung zu Startermotor und Batterie geprüft werden.

Der Startermotor

Der Starter oder Anlasser ist ein Gleichstrommotor mit Kollektor und Kohleschleifern. Die Kohleschleifer gehören zu den Verschleißteilen. Bei einigen Zulieferern sind sie auch als Ersatzteil lieferbar. Sollte der Kollektor verschlissen sein, müsste der Anker ausgetauscht werden. In den meisten Fällen ist dieser aber nicht lieferbar. Der Anlasser muss dann als komplettes Teil ersetzt werden.

Demontage des Startermotors

- Schalten Sie den Motor aus.
- Ziehen Sie den Schlüssel ab.
- Klemmen Sie das Anschlusskabel am Startermotor ab.
- Drehen Sie die beiden Befestigungsschrauben am Startermotor heraus.
- Nehmen Sie den Startermotor heraus.

Die Montage erfolgt in umgekehrter Reihenfolge.

- Achten Sie auf den korrekten Sitz des Dichtringes am Startermotor im Motorgehäuseblock.

Demontage des Anlasserfreilaufes

- Schalten Sie den Motor aus.
- Demontieren Sie den Variomatikdeckel.
- Nehmen Sie den Anlasserfreilauf heraus.

Die Montage erfolgt in umgekehrter Reihenfolge.

- Fetten Sie die Lagerbuchsen des Starterfreilaufes und die Lagerstellen des Starterfreilaufes neu ein.
- Achten Sie auf die korrekte Einbauposition des Freilaufes.

Spannungsmessung mit dem Multimeter

- Schalten Sie den Motor aus.
- Legen Sie das Starterrelais frei.
- Schließen Sie Ihr Multimeter an den einen Anschluss des Startrelais, der zum Startermotor, geht an.
- Schließen Sie den »COM-Anschluss« Ihres Multimeter an den Masseanschluss der Batterie an.
- Stellen Sie Ihr Multimeter auf einen Messbereich von 20 V ein.
- Starten Sie den Motor.
- Lesen Sie den Messwert ab. Der Messwert darf 9 V nicht überschreiten. Ist das der Fall, müssen die Anschlüsse an Starterrelais und Batterie, sowie die Verkabelung zu Startermotor und die Motormasse geprüft werden.

Widerstandsmessung mit dem Multimeter

Erscheint die Anlasserdrehzahl ungewöhnlich niedrig und der Anlasser wird sehr heiß, dürfte ein Fehler im Bereich der Kohlen oder des Ankers selber zu finden sein.

- Klemmen Sie die Zuleitung des Anlassermotors am Startrelais ab.
- Schließen Sie ein Messkabel an das Anschlusskabel zum Startermotor an.
- Schließen Sie das andere Messkabel an die Motormasse an.
- Stellen Sie Ihr Multimeter auf einen Messbereich von 200 Ω ein.
- Lesen Sie den Messwert ab. Bei Raumtemperatur sollte ein ohmscher Widerstand von nicht mehr als 0,3 Ω bis 1 Ω angezeigt werden.

Strommessung mit dem Amperemeter

Eine weitere und aussagekräftigere Prüfung ist die Messung des Starterstromes. Anhand der gemessenen Stromaufnahme lässt sich die Leistung des Starters gut einschätzen. In der Regel beträgt die Leistung der kleinen Startermotoren etwa 250 - 600 W. Die Stromaufnahme liegt also je nach Motorgröße des Starters bei etwa 20 A bis 40 A.

- Legen Sie das Anschlusskabel vom Startrelais zum Startermotor frei.
- Klemmen Sie das Amperemeter über den Plusanschluss des Anlassers.
- Ziehen Sie die Generatorverkabelung ab, um den OT-Geber der Zündanlage außer Funktion zu setzen.
- Starten Sie den Motor.
- Lesen Sie den Messwert ab. Der Messwert sollte zwischen 20 A und 40 A liegen. Weicht er deutlich ab, müssen die Verkabelung und der Startermotor genauer untersucht werden.

Probelauf des ausgebauten Starters

Ein ausgebauter Starter lässt sich, auch ohne am Fahrzeug angeschlossen zu sein, leicht prüfen. Er muss lediglich zuerst in Augenschein genommen werden und dann abschließend einen Probelauf an einer Batterie überstehen.

- Prüfen Sie die Ankerwelle durch kurzes Wackeln auf Lagerspiel.
- Probieren Sie, ob sich der Startermotor leicht drehen lässt.
- Klemmen Sie das Startergehäuse mit einem Starthilfekabel an eine 12 V-Batterie an.
- Schließen Sie ein Starthilfekabel an den Pluspol der Batterie an.
- Halten Sie das Gehäuse des Startermotors fest und drücken Sie den freien Pluspol an den Anschluss für das Starterkabel. Der Motor sollte nun drehen.
- Achten Sie auf schabende Geräusche und darauf, dass der Motor frei dreht und nicht bei Wegnahme der Spannungsversorgung abrupt stehen bleibt.

Der Generator

Auch am Generator finden sich deutliche Unterschiede für die einzelnen Modellvarianten. Im Wesentlichen lassen sich die Bauweisen schon durch die Lage der Spulen unterscheiden. Ältere Varianten verwenden drei in Reihe geschaltete Spulen, die oft durch Batteriespannung vorerregt und durch den Regler abgeregelt werden. Bei den neueren Drehstromgeneratoren werden wie beim konventionellen Drehstrommotor die Wicklungen im Stern geschaltet. Es stehen nun drei Wicklungsausgänge zur Verfügung. Zu erkennen sind die beiden Generatorsysteme daran, dass für die ältere Bauweise zwei gelbe Kabel aus dem Generator herausführen, wobei eines oder beide am Regler angeschlossen werden. Bei der neueren Bauweise werden drei gelbe Kabel für den Anschluss direkt am Regler aus dem Generator herausgeführt. Alle Spulenausgänge sind mit »G« gekennzeichnet.

Demontage des Generators (luftgekühlte Modelle)

- Schalten Sie den Motor aus.
- Ziehen Sie den Schlüssel ab.
- Demontieren Sie die seitliche Gebläseabdeckung.
- Schrauben Sie das Lüfterrad auf dem Generatorrotor ab.
- Halten Sie den Generatorrotor mit einem passenden Gegenhalter fest und lösen Sie die Zentralschraube.
- Setzen Sie einen passenden Abzieher in das Gewinde ein und drehen Sie ihn vollständig ein.
- Ziehen Sie den Generatorrotor ab.
- Ziehen Sie die Anschlusskabel (meist in der Verkleidung links über dem Trittbrett) ab.
- Öffnen Sie die beiden Befestigungsschrauben (1) für den OT-Geber und die drei Schrauben (3) am Generatorstator und drehen Sie sie heraus.

Lösen des Generatorrotors mit einem Innenabzieher. Versucht man den Rotor außen mit einem Klauenabzieher abzuziehen, kann der Rotor verzogen werden.

- Nehmen Sie den Generatorstator ab.

Die Montage erfolgt sinngemäß in umgekehrter Reihenfolge.

- Achten Sie darauf, dass die Kabel bei der Statormontage nicht eingequetscht werden.
- Achten Sie auf korrekten Sitz und Lage der Anschlusskabel zum Fahrzeug hin.
- Überprüfen Sie nach der Montage die Ladespannung und, wenn irgend möglich, den Signalverlauf des neuen Generators.

Generatorstator am Motorblock: 1 Befestigungsschrauben Pick-up oder OT-Geber, 2 Erregerwicklung der Zündanlage, 3 Befestigungsschrauben Stator, 4 Generatorwicklungsspule, 5 Pick-up oder OT-Geber.

Demontage des Generators (wassergekühlte Modelle)

- Schalten Sie den Motor aus.
- Ziehen Sie den Schlüssel ab.
- Demontieren Sie die seitliche Gehäuseabdeckung.
- Halten Sie den Generatorrotor mit einem passenden Gegenhalter fest und lösen Sie die Zentralschraube.
- Setzen Sie einen passenden Abzieher in das Gewinde ein und drehen Sie ihn vollständig ein.
- Ziehen Sie den Generatorrotor ab.
- Ziehen Sie die Anschlusskabel (meist in der Verkleidung links über dem Trittbrett) ab.
- Öffnen Sie die beiden Befestigungsschrauben (1) für den OT-Geber und die drei Schrauben (2) am Generatorstator (3) und drehen Sie sie heraus.
- Nehmen Sie den Generatorstator (3) ab.

Die Montage erfolgt sinngemäß in umgekehrter Reihenfolge.

- Achten sie darauf, dass die Kabel bei der Statormontage nicht eingequetscht werden.
- Achten Sie auf korrekten Sitz und Lage der Anschlusskabel zum Fahrzeug hin.
- Überprüfen Sie nach der Montage die Ladespannung und, wenn irgend möglich, den Signalverlauf des neuen Generators.

Generatorstator am Motorblock: 1 Befestigungsschrauben Pick-up oder OT-Geber, 3 Befestigungsschrauben Stator, 4 Generatorwicklungsspule, 5 Pick-up oder OT-Geber.

Achtung: Die Generatorspannung kann durchaus deutlich über 120 V liegen. Zudem handelt es sich um eine hochfrequente Wechselspannung. Führen Sie die Messungen ausschließlich mit berührungssicheren Anschlussklemmen durch. Lassen Sie den Motor erst dann laufen, wenn Sie die Anschlüsse für die Messung sicher ausgeführt haben!

Widerstandsmessung mit dem Multimeter

Für die Widerstandsmessung darf der Generator in keinem Fall eine Spannung abgeben. Der Motor darf nicht gedreht werden. Es besteht Gefahr für das Multimeter, wenn während der Messung eine Spannung entsteht. Generatorspulen sind sehr niederohmige Wicklungen. Die Widerstandsmessung ist lediglich ein Anhaltspunkt für die Funktion des Generators. Eine aussagekräftige Messung muss der Spannungsverlauf am laufenden Motor angeben.

- Schalten Sie den Motor aus.
- Ziehen Sie den Schlüssel ab.
- Ziehen Sie die Anschlusskabel (meist in der Verkleidung links über dem Trittbrett) ab.
- Stellen Sie Ihr Multimeter auf 200 Ω ein.
- Lesen Sie den Messwert ab. Bei Raumtemperatur sollte ein ohmscher Widerstand von etwa 1 Ω angezeigt werden.

Spannungsmessung mit dem Multimeter

Die Spannungsmessung mit dem Multimeter ist nicht sinnvoll. Der Spannungsverlauf wechselt mit einer hohen Frequenz, die das Multimeter nicht nachvollziehen kann.
Besser ist es, den Spannungsverlauf mit dem Oszilloskop anzusehen. Das Multimeter kann aufgrund seiner geringen Messhäufigkeit das Ergebnis verfälschen. Trotzdem kann die Spannungsmessung mit dem Multimeter als »Kurzüberblick« in der Fehlersuche eingesetzt werden.

- Ziehen Sie die Anschlusskabel (meist in der Verkleidung links über dem Trittbrett) ab. Der OT-Geber muss angeschlossen bleiben oder entsprechend mit Messadaptern wieder angeschlossen werden. Messungen am Generator werden grundsätzlich potenzialfrei (also ohne Masse) gemessen.
- Schließen Sie Ihr Multimeter an die beiden (oder nacheinander an die drei) Generatoranschlüsse an.
- Stellen Sie Ihr Multimeter auf einen Messbereich von 200 V AC ein.
- Lassen Sie den Motor bis zur Abregeldrehzahl drehen.
- Lesen Sie den Messwert ab. Die Spannungspegel müssen über 20 V AC bis zu 130 V AC liegen.

Messungen am 2-poligen Generator

Messpunkt 1	Messpunkt 2	Sollwert
G1	G2	20 V 120 V AC

Messungen am 3-poligen Generator

Messpunkt 1	Messpunkt 2	Sollwert
G1	G2	20 V 120 V AC
G2	G3	20 V 120 V AC
G1	G3	20 V 120 V AC

Spannungsmessung mit dem Oszilloskop

Die Spannungsmessung mit dem Multimeter ist nicht sinnvoll. Der Spannungsverlauf wechselt mit einer hohen Frequenz, die das Multimeter nicht nachvollziehen kann. Besser ist es sich den Spannungsverlauf mit dem Oszilloskop anzusehen.

- Schalten Sie den Motor aus.
- Ziehen Sie den Schlüssel ab.
- Ziehen Sie die Anschlusskabel (meist in der Verkleidung links über dem Trittbrett) ab. Der OT-Geber muss angeschlossen bleiben oder entsprechend mit Messadaptern wieder angeschlossen werden.

- Stellen Sie Ihr Oszilloskop auf einen Messbereich von 200 V AC und eine Zeitspanne von 5 ms ein.
- Lassen Sie den Motor bis zur Abregeldrehzahl drehen.
- Lesen Sie den Messwert ab. Achten Sie auf einen gleichmäßigen Signalverlauf. Die Spannungspegel müssen über 20 V AC bis zu 130 V AC liegen. Zudem sollte der kurvenförmige Spannungsverlauf abrissfrei und deutlich erkennbar sein.
- Untersuchen Sie den Generator bei unterschiedlicher Temperatur. Durch die Schwingungen im Magnetfeld und die Wärmedehnung treten Fehler gelegentlich nur bei bestimmten Temperaturen auf.

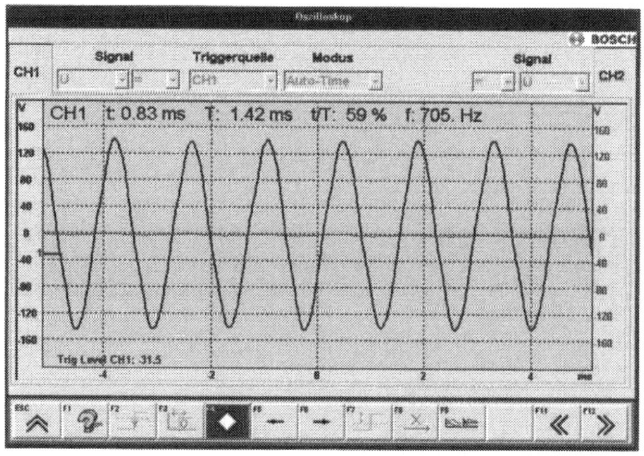

Spannungsverlauf bei Höchstdrehzahl am TPH: Die Spannung wechselt von +120 V auf -120 V in weniger als 0,001 Sekunden.

PRAXISTIPP

Messungen planen

Wenn Sie im Rahmen der Fehlersuche den Generator untersuchen, werden Sie in den meisten Fällen den gleichen Messaufbau oder die gleichen Messungen für die Reglerprüfung durchführen müssen. Oftmals liegt der Unterschied nur in dem angeschlossenen oder eben abgeklemmten Generator. Mit etwas Vorplanung lässt sich hier viel Zeit und unnötige Umkabelei ersparen.

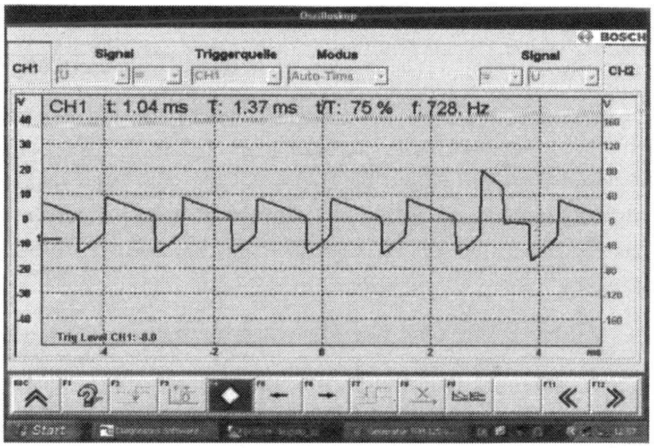

TPH 125 alles gut: Der Spannungsverlauf mit angeschlossenem Regler zeigt deutlich die Abregelung der Höchstspannung durch den Regler.

Der Generatorregler

Im Gegensatz zum Auto werden bei Motorrädern fest erregte Generatoren eingesetzt. Das ist auch heute noch bei den meisten Motorrädern und Rollern der Fall. Fremderregte Generatoren können durch die Veränderung der Magnetfeldstärke die Leistung nach Bedarf anpassen. Bei fest erregten Generatoren ist das nicht möglich. Ohne Last produziert der Generator unserer Piaggio-Motoren leicht 130 V. Das ist etwa die 10-fache der Spannung, die benötigt wird. Diese Überladung wird durch Kurzschluss im Regler und in den Generatorwicklungen in Wärme umgewandelt. Also sprichwörtlich »verbraten«. Aus diesem Grund ist es sehr wichtig, dass sowohl der Regler als auch der Generator (zumeist über den Motor) einen guten Masseanschluss erhalten. Die Prüfungen und Messungen am Generator sind auch leider nur oberflächlich mit dem Multimeter auswertbar. Wie Sie schon aus den dargestellten Signalbildern erahnen können, erfolgt die Abregelung durch gezieltes »Ausbremsen« der Wechselspannung. Mit einem Signalbild können Sie oder Ihr Händler ein kleines bisschen in den Regler oder in seine Funktion »hineinsehen«, während das System arbeitet.

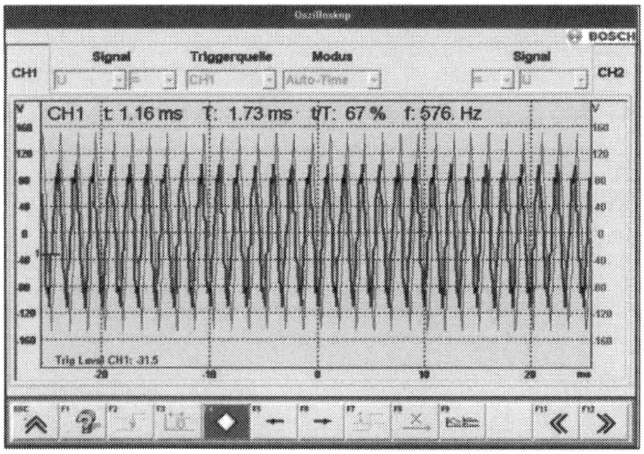

Spannungsverlauf bei Höchstdrehzahl am Runner: G1 die Spannung wechselt von +140 V auf -140 V. Schwarz: Messung von G2 und G3.

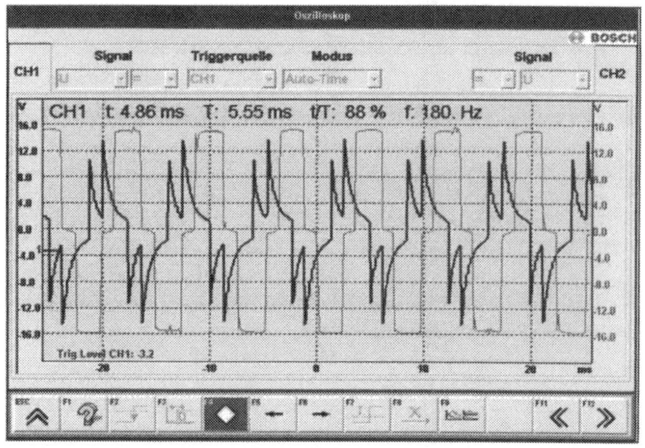

Die gleiche Messung bei geringerer Drehzahl: G1 in Rot, G2 und G3 erzeugen den Doppelpegel, da wir sie auf einen Kanal gelegt haben.

Demontage des Reglers

Die Einbaulage des Reglers variiert von Modell zu Modell etwas. Es gibt aber drei Positionen, wo sich die Regler normalerweise bei Piaggio-Rollern finden lassen.

A	Seitenverkleidung links
B	Frontmaske
C	Unter dem hinteren Spritzschutz

Für alle Roller gilt:

- Klemmen Sie die Batterie ab.
- Wenn kein Kombistecker am Regler verbaut ist, markieren Sie die Kabelfarben am Regler.
- Klemmen Sie die Steckverbindung des Reglers ab.
- Schrauben Sie den Regler ab.

Spannungsmessung mit dem Multimeter

- Legen Sie die Batterie frei.
- Messen Sie die Batteriespannung bei ausgeschalteter Zündung und notieren Sie sich den Wert.
- Lassen Sie den Motor laufen und messen Sie erneut die Batteriespannung.
- Vergleichen Sie beide Messungen miteinander. Die Messung am laufenden Motor muss deutlich höher ausfallen, als die Messung am stehenden Motor. Die Ladespannung an der Batterie darf aber auch 14,5 V nicht überschreiten.
- Führen Sie die gleiche Messung mit eingeschalteten Verbrauchern (Licht, Bremslicht und Blinker) durch. Auch hier darf die Spannung 14,5 V nicht überschritten werden, aber sie darf auch nicht unter die Ruhespannung der Batterie fallen. Grundsätzlich muss die Ladespannung etwa 1 V über der Ruhespannung liegen.

Signalbildauswertung mit dem Oszilloskop

Führen Sie die gleiche Messung durch, die wir Ihnen schon für die Generatorprüfung vorgestellt haben. Belassen Sie aber den Generator am Fahrzeug aufgesteckt. Das Oszilloskop wird mit Nadelabgreifern mit den Anschlüsse (G) verbunden.

Starter und Generator

	Störung	Was kann das sein?	Was muss ich tun?
A	**Elektrischer Anlasser funktioniert nicht**	**1** Batterie ist leer	Batterie neu aufladen.
		2 Hauptsicherung ist defekt	Hauptsicherung prüfen, gegebenenfalls erneuern.
		3 Bremslichtschalter ist defekt	Bremslichtschalter prüfen, gegebenenfalls erneuern.
		4 Startertaster ist defekt	Startertaster prüfen, gegebenenfalls erneuern.
		5 Startrelais ist defekt	Startrelais prüfen, gegebenenfalls erneuern.
		6 Starter/Anlasser ist defekt	Starter/Anlasser prüfen, gegebenenfalls erneuern.
B	**Starter dreht zu langsam**	**1** Batterie ist leer	Batterie neu aufladen.
		2 Masseverbindung zum Motor ist korrodiert	Masseverbindung über die Spannungsverlustmessung prüfen und die Anschlüsse genau in Augenschein nehmen. Wenn erforderlich, müssen die Anschlüsse mit Schleifpapier gereinigt werden.
		3 Plusleitung zum Startermotor ist korrodiert	Plusleitung über die Spannungsverlustmessung prüfen und die Anschlüsse genau in Augenschein nehmen. Wenn erforderlich, müssen die Anschlüsse mit Schleifpapier gereinigt werden.
		4 Starter/Anlasser ist defekt	Starter/Anlasser prüfen, gegebenenfalls erneuern.
C	**Startrelais klackt nur**	**1** Batterie ist nicht ausreichend geladen	Batterie neu aufladen.
		2 Kabel vom Startrelais zum Startermotor ist korrodiert oder defekt	Masseverbindung über die Spannungsverlustmessung prüfen und die Anschlüsse genau in Augenschein nehmen. Wenn erforderlich, müssen die Anschlüsse mit Schleifpapier gereinigt werden.
		3 Kabel von Batterieminus zur Motormasse ist korrodiert oder defekt	Plusleitung über die Spannungsverlustmessung prüfen und die Anschlüsse genau in Augenschein nehmen. Wenn erforderlich, müssen die Anschlüsse mit Schleifpapier gereinigt werden.
		4 Starterrelais ist defekt	Starterrelais prüfen, gegebenenfalls erneuern.
		5 Starter/Anlasser ist defekt	Starter/Anlasser prüfen, gegebenenfalls erneuern.

STÖRUNGSBEISTAND

Starter und Generator

	Störung	Was kann das sein?	Was muss ich tun?
D	**Batterie wird nicht geladen**	**1** Batterie ist defekt	Batterie prüfen, gegebenenfalls erneuern.
		2 Hauptsicherung ist defekt	Hauptsicherung prüfen, gegebenenfalls erneuern. Verwenden Sie niemals eine größere Sicherung. Brennt die Sicherung sofort erneut durch, müssen Sie den Fehler zuerst finden und beheben (lassen).
		3 Kabel von Batterieminus zur Motormasse ist korrodiert oder defekt	Masseverbindung über die Spannungsverlustmessung prüfen und die Anschlüsse genau in Augenschein nehmen. Wenn erforderlich, müssen die Anschlüsse mit Schleifpapier gereinigt werden.
		4 Regler ist defekt	Regler prüfen, gegebenenfalls erneuern.
		5 Generator ist defekt	Generator prüfen, gegebenenfalls erneuern.
E	**Batterie ist mehrfach mit zu geringem Säurestand aufgefallen**	**1** Batterie ist defekt	Batterie prüfen, gegebenenfalls erneuern.
		2 Kabel von Batterieplus zum Regler ist korrodiert oder defekt	Plusleitung über die Spannungsverlustmessung prüfen und die Anschlüsse genau in Augenschein nehmen. Wenn erforderlich, müssen die Anschlüsse mit Schleifpapier gereinigt werden.
		3 Kabel von Batterieminus zur Motormasse ist korrodiert oder defekt	Masseverbindung über die Spannungsverlustmessung prüfen und die Anschlüsse genau in Augenschein nehmen. Wenn erforderlich, müssen die Anschlüsse mit Schleifpapier gereinigt werden.
		4 Regler ist defekt	Regler prüfen, gegebenenfalls erneuern.
F	**Ladespannung ist zu hoch**	**1** Regler ist defekt	Regler prüfen, ggf. ersetzen.
		2 Masseanschluss des Reglers ist nicht in Ordnung	Anschlüsse von Regler und Generator Prüfen, reinigen ggf. Anschlusstecker erneuern.
		3 Plusanschluss des Reglers ist nicht in Ordnung	Anschlüsse von Regler und Batterie, so wie dem Zündschloss Prüfen, reinigen ggf. Anschlusstecker erneuern.

Karosserie und Fahrwerk

Dieses Kapitel greift die Arbeiten auf, die rund um den Rahmen, das Fahrwerk und die Anbauteile an Rahmen und Fahrwerk anfallen.

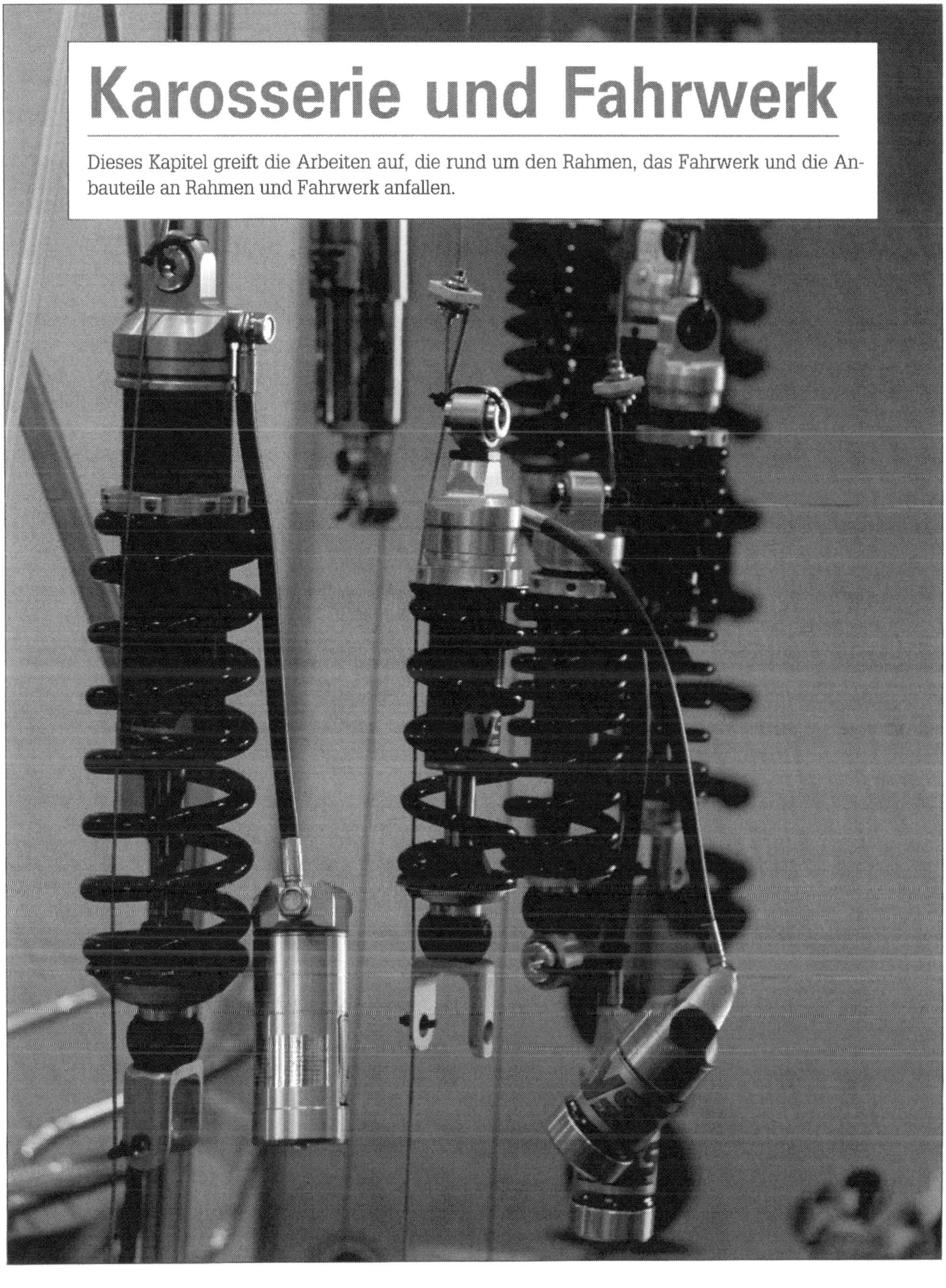

Reifenmontage

Grundsätzlich gibt es zwei Möglichkeiten, den Reifen von der Felge abzuziehen. Die sicherste Methode ist sicherlich die Montage auf einem Montiergerät. Beschädigungen an der Felge sind recht zuverlässig auszuschließen. Den wenigsten Schraubern steht allerdings ein solches Gerät zur Verfügung. Die Demontage kann auch mit Hilfe von Montierhebeln erfolgen. In diesem Kapitel sollen beide Varianten vorgestellt werden.

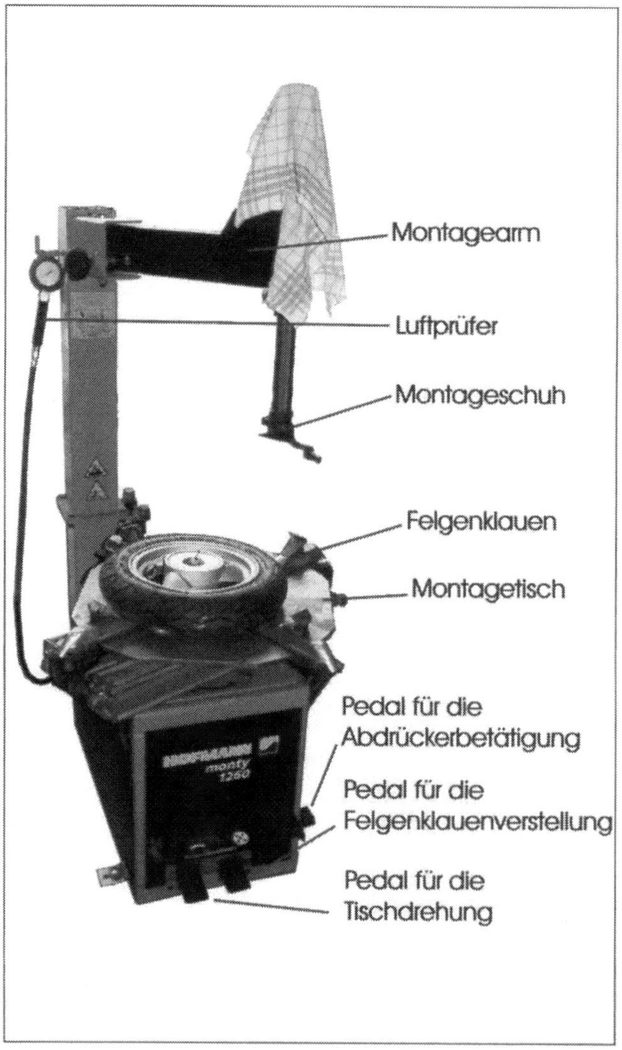

Reifenmontiergerät.

Vorbereitende Arbeiten

- Stellen Sie den Roller auf den Hauptständer ab oder sorgen Sie dafür, dass er gerade steht.
- Demontieren Sie das Rad, an dem der Reifen gewechselt werden soll.
- Egal nach welcher Methode, zuerst muss die Luft aus dem Reifen herausgelassen werden. Hierfür gibt es einen speziellen Ventilzieher. Gelegentlich finden sich auch Ventilkappen, die mit einem Ventilzieher ausgerüstet sind.

Werkzeug und Material bereit legen

Bremsenreiniger
Lappen
Ratsche
Diverse Stecknüsse
Montierhebel
Reifenmontagepaste

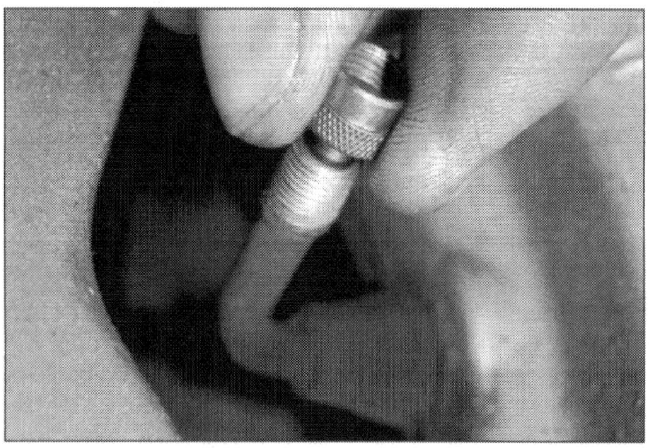

Ventilkappe mit Ventilzieher.

Abdrücken des Reifens.

Reifenmontage mit Montierhebeln

- Nachdem die Luft entwichen ist, muss der Reifen vom Hump der Felge heruntergedrückt werden.

- Um eine Beschädigung der Felge zu vermeiden, sollte immer ein Stück Pappe untergelegt werden. Am einfachsten lässt sich der Reifen mit dem entsprechenden Schuhwerk abdrücken. Bei hartnäckigen Exemplaren ist es erforderlich, die Montierhebel zur Hilfe zu nehmen. Der Reifen muss natürlich von beiden Seiten »abgedrückt« werden um ihn demontieren zu können.

- Nun wird der Mantel Stück für Stück von der Felge gehebelt. Man setzt die Hebel zuerst in wenigen Zentimeter Abstand voneinander ein. Je dichter die Montierhebel zusammenarbeiten, umso geringer ist die erforderliche Handkraft. Wichtig ist hierbei, dass der Teil des Wulstes des Reifens, der nicht herausgehebelt wird, in das Tiefbett der Felge gedrückt wird. So entsteht gerade genug Platz, um den Reifen demontieren zu können.

- Das Abhebeln des zweiten Reifenwulstes über die Felge gestaltet sich etwas schwieriger. Es muss besonders darauf geachtet werden, dass die Felge nicht beschädigt wird.

- Nach dem auch der zweite Wulst über die Felge gehebelt wurde, kann der Reifen mit etwas Kraft von der Felge gedrückt werden.

Egal nach welchem Verfahren die Reifen demontiert werden, der Zustand der Felge ist für die Dichtheit des neuen Reifens von entscheidender Wichtigkeit. Jegliche Ablagerungen müssen entfernt werden, Korrosion und Lackschäden müssen auf jeden Fall ausgebessert werden. Erst dann macht die Montage eines neuen Reifens wirklich Sinn.
Die Montage erfolgt in umgekehrter Reihenfolge, jedoch sollte vor der Reifenmontage das Ventil ersetzt und der Reifen mit Montagepaste bestrichen werden. So lässt er sich wesentlich leichter montieren. Am Ende der nächsten Montagebeschreibung wird noch genauer auf die Montage des Ventils eingegangen.

Hebelarbeit: Der Reifen muss nun Stück für Stück runter.

Herunterdrücken des zweiten Wulstes.

Montiertes Ventil.

Kurzer Druck und das runde Schwarze wird oval und springt von der Felge.

Reifenmontage mit dem Montagegerät

- Drücken Sie den Reifen von der Felge ab. Wie auch bei der Demontage mit den Montierhebeln muss zuerst der Reifen von der Felge gedrückt werden. Das Reifenmontiergerät hat hierfür ein Abdrückschild, das den Reifenwulst über den Felgenhump schiebt. Eventuell muss aber auch hier das Rad gedreht werden, bis die Demontage klappt. Die Luft sollte auch hier vorher abgelassen werden. Auch wenn das Gerät in der Lage ist, einen mit Luft befüllten Reifen von der Felge zu drücken, kann dadurch die Felge beschädigt werden.

- Als Nächstes wird die Felge auf dem Arbeitstisch mit den Felgenklauen eingespannt. Hier muss darauf geachtet werden, dass die Klauen die Felge sauber spannen und vollflächig aufliegen.

- Nun wird der Montagearm so eingestellt, dass der Montageschuh knapp über die Felge laufen kann.

- Jetzt wird mit dem Montierhebel der Reifenwulst über den hinteren Teil des Montageschuhs gehoben. Hier liegt ein ein deutlicher Vorteil gegenüber der Montage mit Montierhebeln. Die Hebelkräfte wirken nicht auf die Felge ein. Aus dem Montageschuh ist speziell für die Demontage eine Hebelkante ausgelegt. Die Gefahr eine Felge zu beschädigen ist sehr gering.

- Wenn der Montagetisch nun mit dem eingebauten Elektromotor gedreht wird, wird der Mantel automatisch von der Felge gezogen.
  Dieselbe Vorgehensweise wird nun auch auf den 2. Felgenwulst angewendet. Die Vorgehensweise unterscheidet sich nicht.

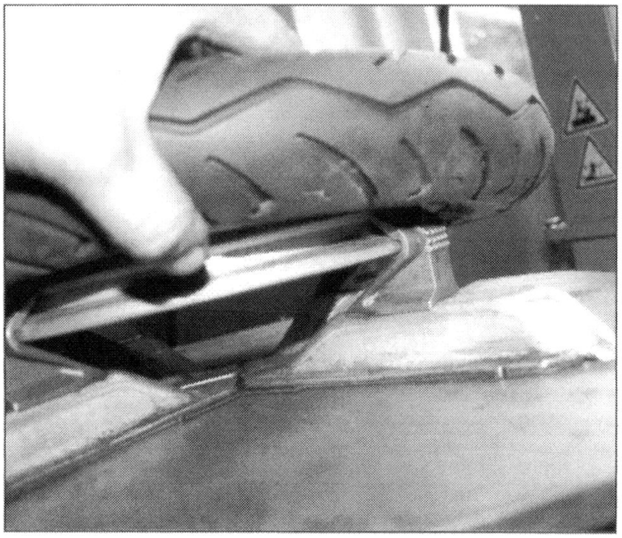

Alle Klauen greifen? Alles fest?

Einstellung des Montagearms.

Abdrückschild im Einsatz – Vorsicht Quetschgefahr!

Eins drüber, eins drunter so schaut es gut aus!

Achten Sie immer darauf, dass der Rest des Reifenwulstes im Tiefbett der Felge bleibt.

- Nun kann der Reifen abgenommen werden. Auch hier ist es wichtig, den Zustand der Felge zu beurteilen, und wenn es erforderlich sein sollte, entsprechende Arbeitsschritte einzuleiten, um die Felge wieder in einen gebrauchsfähigen Zustand zu bringen. Auch die am Ende dieses Kapitels beschriebene Arbeit zum Ventilwechsel sollte am demontierten Reifen erfolgen.

Für die Montage des Reifens wird ledig der Reifenwulst mit Montagepaste eingerieben und dann der Reifen entsprechend auf den Montageschuh gelegt. Wird der Montagetisch gedreht, zieht man den Reifen auf die Felge. Hierbei ist es wichtig, die Laufrichtung des Reifens zu beachten. Außerdem muss der bereits aufgezogene Wulstteil unbedingt im Tiefbettbereich der Felge bleiben, um die Montage zu ermöglichen.

Reifenventil wechseln

Die Reifenventile sind relativ stark durch die entstehenden Fliehkräfte belastet und altern dementsprechend. Wenn der Reifen gewechselt wird, sollte nicht am Ventil gespart, sondern dieses mit gewechselt werden. Am leichtesten lässt sich der Ventilwechsel am abmontierten Reifen durchführen.

- Drücken Sie das Ventil leicht schräg weg und schneiden Sie das Gummi mit einem scharfen Messer durch. Das Ventil kann nun in zwei Teilen entnommen werden.

Das Ventil besteht aus drei wesentlichen Teilen:
Die Ventilkappe, die aus Metall oder Kunststoff besteht, kann auch als Ventilzieher ausgelegt sein. Der Ventileinsatz kann durchaus verschiedene Längen haben. Die Ventileinsätze passen aber untereinander. Der Ventilkörper hat einen aufgeklebten Gummifuß, der das Ventil flexibel in der Felge lagert und eine luftdichte Verbindung zwischen Ventil und Felge herstellt.

- Montieren Sie das Ventil. Für die Ventilmontage muss der Ventilfuß mit Montagepaste eingestrichen werden. Das Ventil wird nun ohne Ventilkappe und ohne Ventileinsatz in die Felge gesteckt.

- Ziehen Sie das Ventil in die Felge ein. Mit Hilfe einer speziellen Zange wird das Ventil in die Felge eingezogen. Grundsätzlich kann das Ventil auch mit anderen Werkzeugen eingezogen werden, es sollte jedoch darauf geachtet werden, dass weder das Ventil noch die Felge beschädigt werden.

Nicht vergessen: Laufrichtung an der Felge markieren!

Abschneiden mit dem Messer.

Ventil in Teilen.

- Nun müssen die Felgenklauen entlastet werden und der Reifen kann mit Luft befüllt werden. Um schneller mehr Luft in den Reifen zu bekommen, ist es sinnvoll, den Ventileinsatz noch nicht zu verbauen. Der Reifen kann sich nun besser »setzen«. Beim Setzen wird durchaus ein Luftdruck von 3–4 Bar erforderlich.

- Kontrollieren Sie den Sitz des Reifens. Sitzt der Reifen rundherum erkennbar gleichmäßig, wird die Luft wieder abgelassen und der Reifen entspannt. Mit dem eingeschraubten Ventil blasen Sie den Reifen auf seinen Nennluftdruck auf.

- Abschließend noch einmal den korrekten Sitz des Reifens überprüfen.

Wer gut schmiert, der gut montiert …

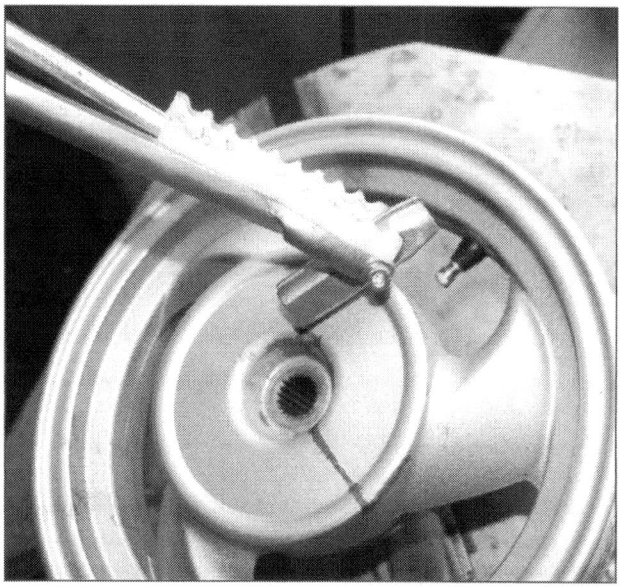

Einziehen des Ventils.

Felgenklauen entlasten.

Achten Sie auf Linien und Beschriftungen. Sitzt der Reifen gleichmäßig?

Die Vorderradgabel

Die Vorderradgabel hat drei wichtige Aufgaben

Die Vorderradgabel übernimmt im Zweirad wichtige Funktionen. Zum einen muss sie die Radführung für das Vorderrad übernehmen und zum anderen muss sie Stöße und Schläge, die sich durch die Fahrdynamik ergeben, abdämpfen. Dazu kommen noch die Kräfte, die das Rad durch Seitenführung und Bremsen mit einbringt. Dazu müssen die beweglichen Komponenten an Federung und Lenkung schnelle Reaktionen ermöglichen. Sie müssen also leichtgängig sein.

Es wird schnell deutlich, dass Schäden an der Vorderradgabel in jedem Fall Einwirkungen auf das Fahrverhalten und die Sicherheit des Fahrzeuges haben. Die Prüfung dieser wichtigen Fahrwerkskomponente »Vorderradgabel« sollte regelmäßig erfolgen.

Beziehen Sie ruhig die Radlager in die Prüfung mit ein.

Demontage der Vorderradgabel

- Demontieren Sie die vordere Lenkerverkleidung.
- Demontieren Sie das Beinschild außen.
- Demontieren Sie den Lenker. Ist der Motorroller mit einer Tachowelle ausgerüstet, sollte diese zuerst demontiert werden, um Schäden an ihr zu vermeiden.
- Drehen Sie die Kontermutter des Lenkkopflagers mit zwei passenden Hakenschlüssel auf.
- Demontieren Sie den Bremssattel und den Tachoantrieb vom Gabelholm.
- Demontieren Sie das Vorderrad.
- Lösen Sie die Lagerschraube des Lenkkopflagers und drehen Sie diese ab.
- Nehmen Sie die Vorderradgabel aus dem Lenkrohr heraus.

Prüfen der Vorderradgabel und des Lenkkopflagers

Besteht der Verdacht, dass Spiel an der Vorderradgabel oder am Lenkkopflager vorhanden ist, muss die Ursache geortet werden. Hierzu sollte das Fahrzeug auf dem Hauptständer abgestellt werden. Nun kniet man sich vor das Fahrzeug und bewegt die Gabel vor und zurück. Legt man die Finger auf die Stelle, an der man das Spiel vermutet, kann man es sogar erfühlen. Reparatursätze für die Gabelholmführung sind bei fast allen Gabelherstellern für die kleinen Gabeln nicht vorgesehen. Sind Markenkomponeten wie Marzocchi oder Paoli verbaut, kann es aber dennoch sein, dass einige Bauteile lieferbar sind. Die Gabelsimmerringe sind aber wiederum im Zubehör lieferbar.

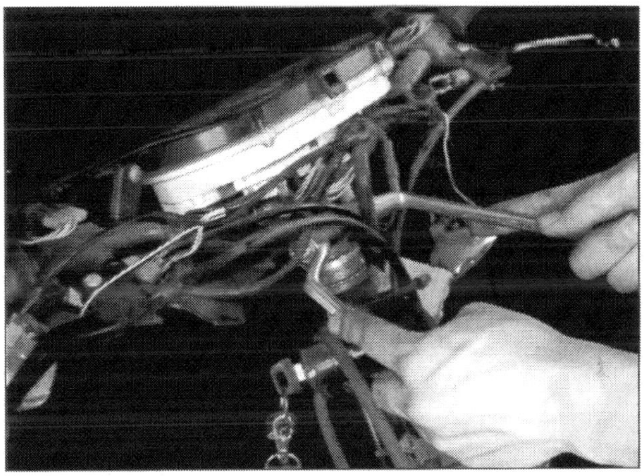

Lösen der Sicherungsschraube für den Lenker.

Lösen Sie die Kontermutter auf dem Lenkrohr der Gabel mit zwei passenden Hakenschlüsseln.

Prüfung mit Gewalt und Gefühl: Drücken, Ziehen, Rütteln und Wackeln, alles mit Feingefühl lässt vorhandenes Spiel erkennen.

- Stellen Sie das Fahrzeug auf den Hauptständer.
- Knien Sie sich vor das Fahrzeug.
- Versuchen Sie die Gabel vor und zurück zu bewegen.
- Achten Sie darauf, dass kein Lagerspiel für das Lenkkopflager und kein Laufspiel für die Gabelholme erfühlt werden sollte.
- Drehen Sie die Gabel hin und her. Das Lenkkopflager sollte gleichmäßig, leicht und ruckfrei bewegt werden können. Klemmstellen können auf einen Schaden am Lenkkopflager hinweisen.
- Versuchen Sie das Vorderrad zwischen den Gabelholmen hin und her zu kippen. Auch das seitliche Radlagerspiel darf natürlich nicht fühlbar sein.

Wechsel des Lenkkopflagers

Die meisten Schäden im Lenkkopf entstehen durch Verschleiß, Korrosion und auch durch zu großes Lenklagerspiel. Das Lager schlägt dann regelrecht aus. Die Abdichtung der Lager erfolgt meist nicht so aufwändig wie bei Motorrädern. Lediglich Lagerfett, das ausreichend vorhanden sein sollte, verhindert das Eindringen des Wassers. Dementsprechend sollte auch bei der Wartung ein Auge auf die Lenkkopflager geworfen werden.

- Bauen Sie die Vorderradgabel aus.
- Schlagen Sie mit einem Rohr oder einem Durchschlag die Lagerschalen möglichst gerade aus dem Lenkrohr heraus.
- Schlagen Sie auch den Lagersitz von der Gabel ab. Achten Sie darauf, den Staubschutzring nicht zu beschädigen.
- Reinigen Sie die Lagersitze und untersuchen Sie sie auf eventuelle Schäden.
- Treiben Sie mit einem Durchschlag die Lagersitze auf das Gabelrohr und in das Lenkkopfrohr hinein. Achten Sie darauf, dass die Lager vollflächig aufsitzen.

Einschlagen der Lagerschellen immer mit einem Kunststoffhammer oder einer entsprechenden Unterlage, um Schäden am Lager zu vermeiden.

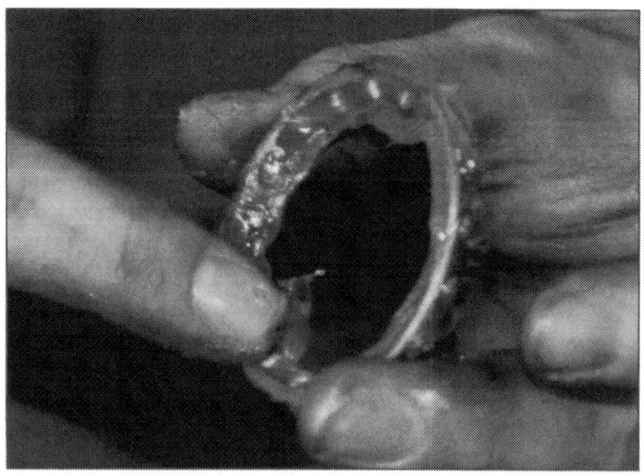

Wer gut schmiert, der gut lenkt! Lagerschalen und Kugellager werden »trocken« angeliefert. Das säurefreie Schmierfett muss an allen Stellen des Lagers ankommen.

- Bauen Sie die Vorderradgabel wieder ein.
- Stellen Sie das Lagerspiel so ein, dass Sie kein Lagerspiel feststellen können und die Lager ruckfrei und leichtgängig arbeiten.
- Prüfen Sie das Lagerspiel nach einer Probefahrt erneut.

Die Montage erfolgt sinngemäß in umgekehrter Reihenfolge. Achten Sie darauf, die Lager ausreichend zu fetten.

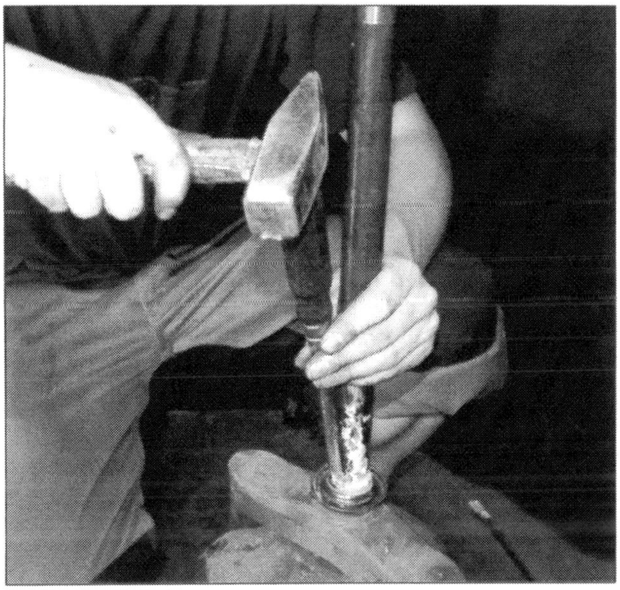

Lagersitze müssen vollflächig anliegen. Achten Sie bei der Montage genau darauf. Zum einen sparen Sie sich häufiges Nachstellen nach der Probefahrt, zum anderen mögliche Lagerschäden beim Anziehen.

Erst den Stopfen (1) herunterdrücken und dann den Sprengring (2) heraushebeln.

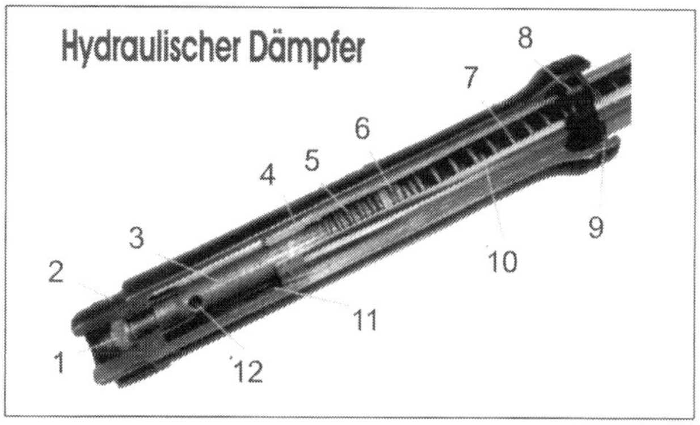

1 Halteschraube, 2 Gleitrohr (Tauchrohr), 3 Drosselrohr, 4 Standrohr, 5 Negativ-Feder, 6 Dichtring Drosselrohr, 7 Positiv-Feder, 8 Gabelsimmerring, 9 Sicherungsring, 10 Vorratsraum, 11 Druckraum, 12 Drosselbohrung.

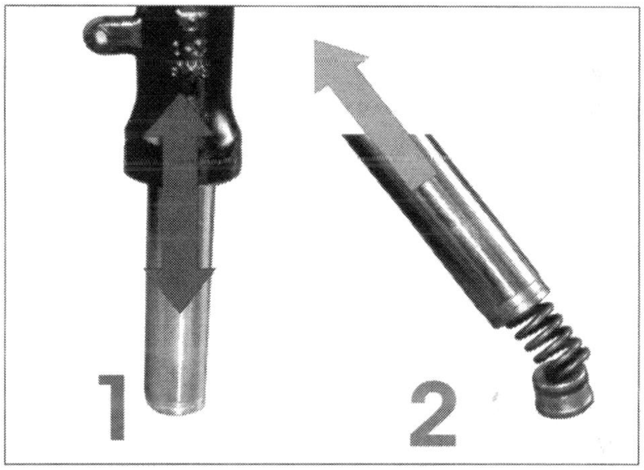

Zuerst das Gabelrohr auf eine Holzplatte aufstoßen, dann die Feder und den Stopfen herausrutschen lassen.

Demontage einer Gabel mit Klemmschelle an der Gabelbrücke

- Demontieren Sie den betroffenen Gabelholm.
- Entfernen Sie für die Demontage den Sicherungsring für den Stopfen der Gabel. Ist der Anfang mit Hilfe zweier kleiner Schraubendreher erst einmal gemacht, geht es recht einfach, indem man den Schraubendreher, der unter dem Ring ist, leicht verdreht und so den Sicherungsring Stück für Stück anhebt.
- Stoßen Sie den Gabelholm gezielt auf eine stabile Tischplatte. Der Verschlussstopfen fällt nun heraus. Gleichzeitig rutscht die Positivfeder heraus und das Gabelöl tritt aus dem Standrohr aus. Hier ist es also wichtig, das herauslaufende Öl in einem geeigneten Behälter aufzufangen.

- Nachdem das restliche Dämpferöl ausgelaufen ist, werden die Halteschraube mit dem Inbusschlüssel und das Drosselrohr mit der Ratsche und langer Verlängerung gelöst und herausgedreht. In unserem Fall ist das Drosselrohr als 8-mm-Inbus ausgelegt. In anderen Fällen muss es durch einen Schraubendreher verkantet werden, um die Schraube herausdrehen zu können.

- Ziehen Sie nun das Tauchrohr vom Standrohr ab. Das alte Dämpferöl muss nun in Ruhe ablaufen können.

- Reinigen Sie die Teile von Verschmutzungen sehr gründlich.

- Als Nächstes wird nun der Sicherungsring aus dem Tauchrohr demontiert. Auch das geht mit einem kleinen Schraubendreher recht einfach.

Die Montage des Gabelholms kann bis zum Einsetzen der Dichtkappe in der umgekehrten Reihenfolge durchgeführt werden wie die Demontage.

- Vor der Montage des Verschlussstopfens und seinem Sicherungsring muss etwa 40 cm³ bis 120 cm³ Gabelöl je Gabelholm eingefüllt werden.

- Jetzt können der Verschlussstopfen und der Sprengring montiert werden.

- Die Füllmengen können je nach Modell etwas variieren. Um sicherzugehen, sollten diese Angaben beim jeweiligen Fahrzeughersteller angefragt werden.

Gabelsimmerringwechsel für Gabeln mit Klemmschelle an der Gabelbrücke

- Demontieren Sie den betroffenen Gabelholm und zerlegen Sie ihn.

- Als Nächstes wird nun der Sicherungsring aus dem Tauchrohr demontiert. Auch das geht mit einem kleinen Schraubendreher recht einfach.

- Der Gabelsimmerring sollte nun eigentlich mit einem Spezialwerkzeug herausgezogen werden. Als Hilfsmittel kann hier aber auch eine lange Verlängerung der Ratsche verwendet werden. Hier muss der Simmerring mit mehreren Ansätzen herausgehebelt werden. Wichtig ist es aber darauf zu achten, dass das Tauchrohr nicht beschädigt wird. Am besten unterlegt man die Hebelkante mit etwas Kunststoff.

Gegenhalten an der Innensechskantschraube am Holm unten.

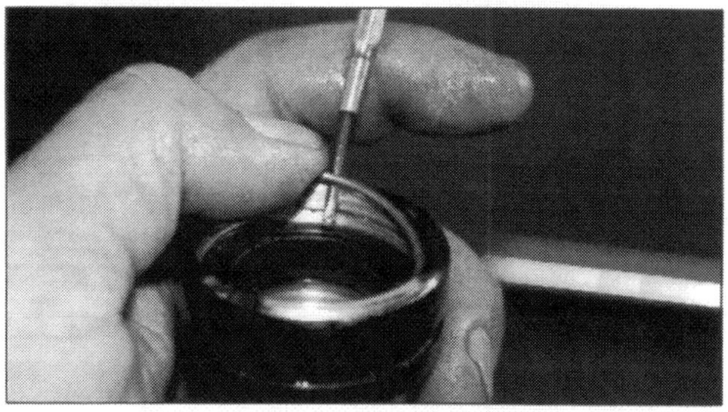

Staubschutzmanschette und Sicherungsring abziehen.

Herausdrehen der Anschlaghülse im Standrohr.

Gabelsimmerring mit geeignetem Werkzeug heraushebeln.

- Die Montage des neuen Simmerrings kann mit Hilfe einer entsprechenden Ratschennuss erfolgen. Die Ratschennuss sollte am Rand des Gabelsimmerrings aufliegen, aber trotzdem noch sehr locker im Tauchrohr sitzen. So wird vermieden, dass sich das Tauchrohr aufweitet oder beschädigt wird. Auch der Simmerring kann so vor Beschädigungen geschützt werden. Als Montagehilfe sollte der Simmerring leicht eingeölt und am besten von Hand eingedrückt werden. Diese Arbeit kann auch durch leichte Hammerschläge vorsichtig erledigt werden. Wichtig ist auch darauf zu achten, dass der Simmerring lediglich so weit hineingedrückt wird, dass die Ringnut für den Sicherungsring des Gabelsimmerrings freigegeben wird.

Die Montage des Gabelholms kann bis zum Einsetzen der Dichtkappe in der umgekehrten Reihenfolge durchgeführt werden wie die Demontage.

- Vor der Montage des Verschlussstopfens und seinem Sicherungsring muss etwa 40 cm³ bis 120 cm³ Gabelöl je Gabelholm eingefüllt werden.

- Jetzt kann der Verschlussstopfen und der Sprengring montiert werden.

- Die Füllmengen können je nach Modell etwas variieren. Um sicherzugehen, sollten diese Angaben beim jeweiligen Fahrzeughersteller angefragt werden.

Stoßdämpfer

Die Stoßdämpfer übernehmen für das Fahrzeug zusammen mit der Triebsatzschwinge die gleiche Aufgabe wie die Vorderradgabel. Sie sollen für einen guten Radkontakt zum Boden sorgen und gleichzeitig vom Unterboden eingetragene Schläge und Belastungen abdämpfen. Entsprechend kann hier auch Verschleiß entstehen. Verschlissene Dämpfer erkennt man an Ölundichtigkeit oder einfach an der Tatsache, dass der Motorroller »ewig nachwippt«.

Demontage des Stoßdämpfers

- Stellen Sie den Motorroller auf dem Hauptständer ab.

- Legen Sie ein Brett unter den Hinterreifen, welches gerade so dick ist, dass es noch zwischen Hinterrad und Boden passt.

- Demontieren Sie zuerst die obere Schraube (1) am Stoßdämpfer (siehe Bild oben auf der nächsten Seite).

- Drehen Sie dann die untere Schraube (2) heraus.

- Nehmen Sie den Stoßdämpfer heraus.

Die Montage erfolgt sinngemäß in umgekehrter Reihenfolge.

- Montieren Sie zuerst die untere Dämpferbefestigung (2)

Wechsel zu Zubehördämpfersystemen

Die Seriendämpfer sind für einen Mix ausgelegt, der dem »Solobetrieb« und den Fahrten mit »Copilot« gerecht werden muss. Einstellmöglichkeiten gibt es meist keine. Im Zubehörhandel können Sie Fahrwerkskomponenten erwerben, die dem Neupreis eines China-Rollers gleichkommen, aber auch schon sinnvolle einfache Systeme, die zumindest die Veränderung der Federvorspannung ermöglichen, um eine höhere Beladung im »Zweimann«-Alltag angleichen zu können.

Beachten Sie beim Kauf folgende Grundregeln:

- Achten Sie beim Dämpferkauf auf die richtige Einbaulänge und die richtige Aufhängung für Ihren Roller.

- Achten Sie darauf, die erforderlichen Werkzeuge zur Federverstellung mitgeliefert zu bekommen.

- Kaufen Sie Ihren Dämpfer lieber bei einem Händler vor Ort, der Erfahrungen mit Motorrollern und Fahrwerkssystemen hat.

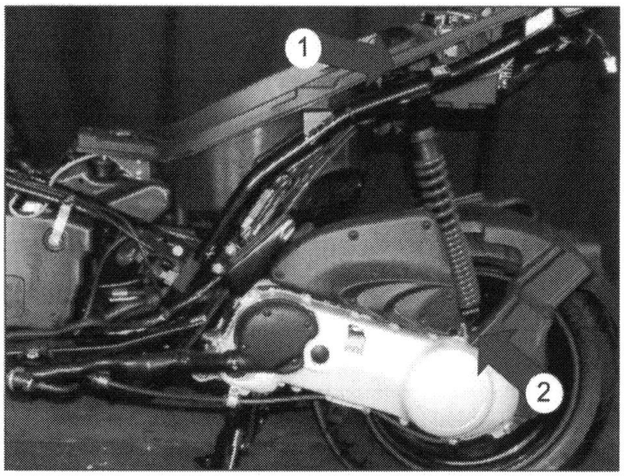

1 Befestigungsschraube oben, 2 Befestigungsschraube unten.

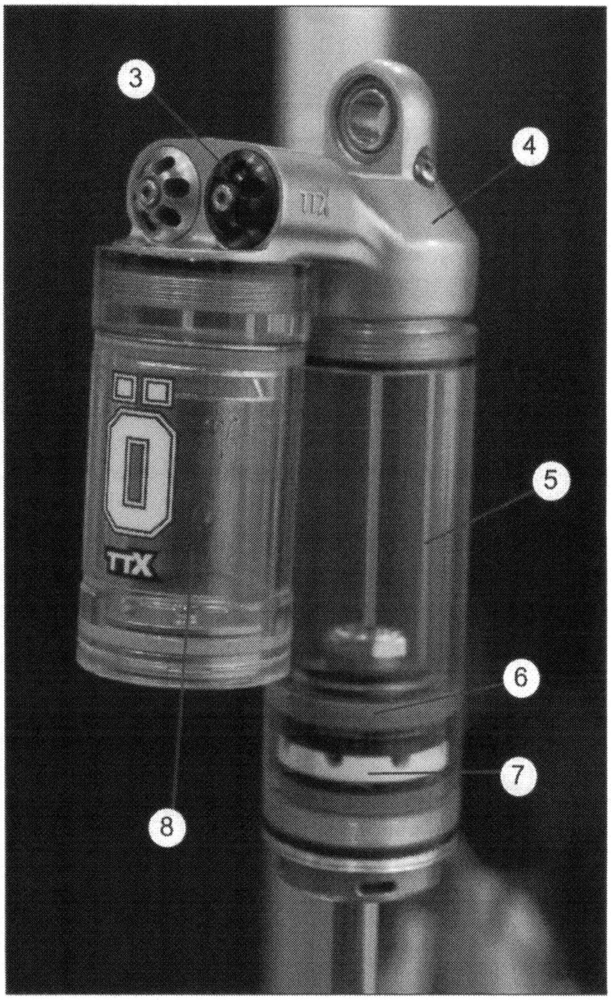

3 Drosselungen zur Druck und Zugstufe, 4 Dämpfergehäuse, 5 Arbeitsraum, 6 Dämpferkolben mit Bohrungen und Beilagplatten, 7 Drosselungen Anschlag, 8 Ausgleichsbehälter mit Gasfüllung

Begriffe aus der Fahrwerkstechnik

WISSENSWERTES

Nachlauf

Betrachtet man das Rad von der Seite, fällt auf, dass der Radaufstandspunkt am Boden vor dem Aufhängungspunkt (die Radachse) steht. Die Aufhängung läuft also dem Aufstellungspunkt nach.

Der Nachlauf ist wichtig, um das Rad stabil in die Geradeausstellung zu lenken und somit auch das Rad zu beruhigen. Wenn das Rad zu flattern beginnt, kann das durchaus auf fehlenden Nachlauf schließen lassen. Meist bedeutet dies, dass der Rahmen oder die Gabel verzogen sind.

Spur

Als Spur bezeichnet man die Abweichung des Rades vom Geradeauslauf nach links oder rechts. Beim Zweirad nennt man die Spurabweichung »Abweichung von der Geofahrachse bei der Geradeausfahrt«. Das Einlenken in eine Richtung verursacht also eine Spuränderung.

Sturz

Der Sturz bezeichnet die Radneigung oben nach innen oder nach außen in Bezug auf die Fahrbahn.

Geofahrachse

Die Abweichung der Geofahrachse wird durch ein schräg stehendes Hinterrad verursacht. Speziell beim Roller sollten deshalb hier auch regelmäßig die Silentlagerbuchsen der Motoraufhängung überprüft werden. Die Abweichung der Geofahrachse bemerkt man schnell bei einer Probefahrt. Stand der Lenker im Stand noch gerade und zieht sich während der Fahrt immer etwas schief? Dann finden sich hier Fehler um die Geofahrachse. Lagerungen und Aufhängungen bis hin zum Rahmen müssen jetzt geprüft werden.

Der Handel hat's: Riesen Auswahl an Dämpferbauarten, Typen, Herstellern, Einstellvarianten in diversen Preislagen.

Fahrwerksvermessung am Roller

Die Vermessung des Motorrollers erlaubt einen Überblick über den Zustand des Fahrwerks. Gerade bei Unfallfahrzeugen kann nach dieser Vorgehensweise bereits nach Minuten eine klare Aussage getroffen werden. Fragen Sie diese Leistung bei Ihrem Händler nach. In der Regel können gut ausgerüstete Zweiradhändler diese Leistung für Sie erbringen. Bei den meisten Versicherungen sind diese Leistungen abrechnungsfähig oder werden bereits durch den Sachverständigen beauftragt und beglichen.

- Montieren Sie die Messkarten im Messkartenträger.
- Befestigen Sie die Messkartenträger mit dem Haltebügel (A) am Vorderrad.
- Befestigen Sie die Träger für den Laserkopf am Hinterrad.
- Achten Sie darauf, dass die Trägerplatten vollflächig und »kippelfrei« auf der Felge aufliegen.
- Setzen Sie den Laserkopf auf die linke Seite auf und richten Sie ihn so aus, dass Sie die Messwerte auf den Messkarten am Vorderrad ablesen können.
- Setzen Sie den Laserkopf auf die rechte Seite auf und richten Sie ihn so aus, dass Sie die Messwerte auf den Messkarten am Vorderrad ablesen können.
- Richten Sie den Lenkeinschlag so aus, dass der Laser parallel auf der rechten und der linken Seite des Rollers auf der Messkarte erkennbar ist.
- Notieren Sie die Messwerte auf dem Diagnosezettel, der dem Messsystem beiliegt.
- Werten Sie die Messungen aus.

Beim Motorroller sind Abweichungen bis zu 1 cm in der Parallelität der Radebenen (Geofahrachse) zueinander möglich. Ursache hierfür ist die Gummilagerung des Motors.

- Bei großen Abweichungen kontrollieren Sie diese und messen das Fahrzeug »auf dem Boden stehend« nach.

Achsmessstand von Profi Products SE BAT (760010): A Haltebügel, B Messkartenträger, C Laserkopf mit Träger.

Für Nachbestellung: Art.# SE-BAT-25d

SE-BAT Fahrwerks-Check für Motorroller

PROFI PRODUCTS
Germany
Reiner Bayer • Floersheimer Ring 6 • D-67705 Trippstadt
Tel.: +49 (0)6306 / 7017-0 • FAX: +49 (0)6306 / 7017-17
www.profi-products.de info@profi-products.de

Zum Zeitpunkt der Fahrzeugdiagnose wurden die hier eingefügten Messwerte ermittelt:

Fahrzeug Typ: ....

Fzg.Ident Nr.: ....

Datum: ....

Unterschrift: ....

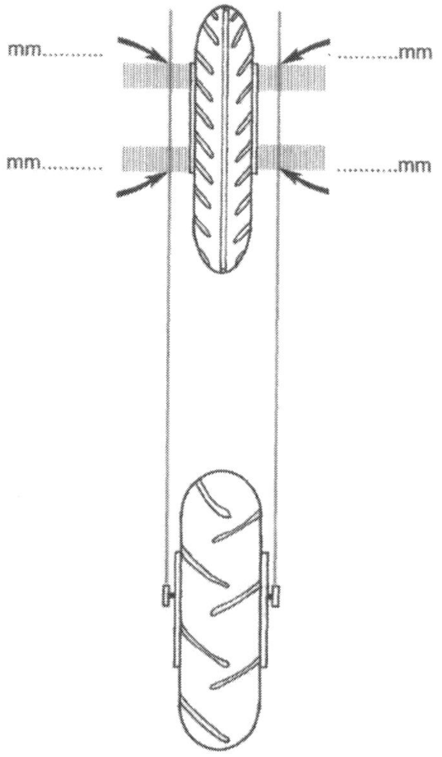

Diese Messbeispiele helfen bei Ihrer Diagnose:

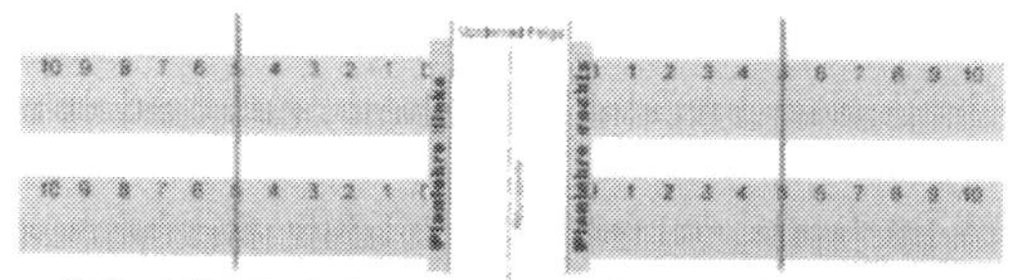

Optimal. Kein Radaufstandsversatz - beide Räder sind senkrecht!

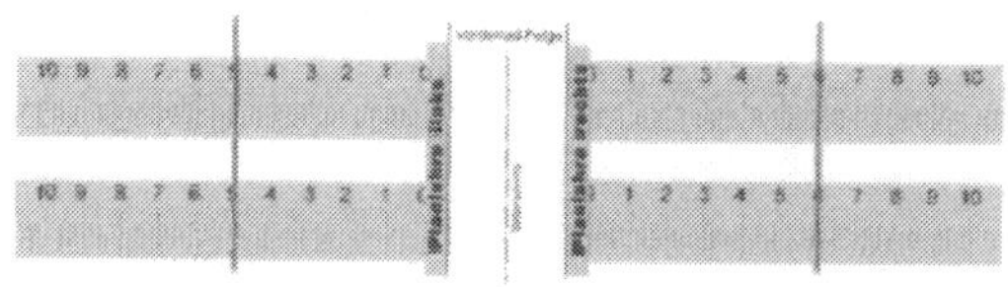

5 mm Radaufstandversatz - beide Räder sind senkrecht!

**1 Seite parallel (rechts o. links) andere Seite schräg.
Problem: Gabel und/oder Standrohr und/oder Gabelbrücke**

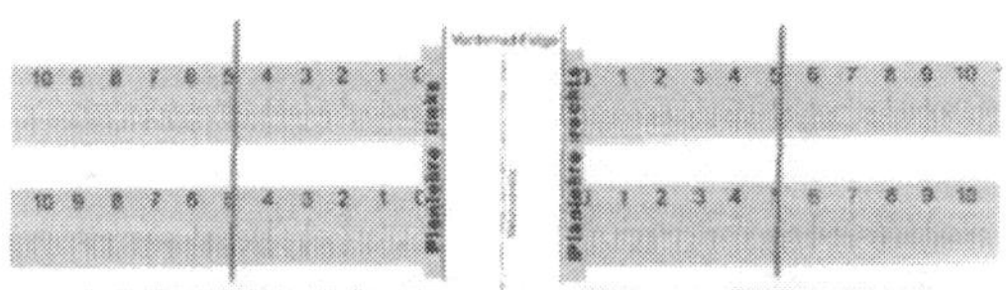

**Auf allen 4 Messskalen keine parallelität zu den Linien möglich.
Lenkkopf und / oder Rahmen ist event. auch beschädigt.**

Kommentar/Stempel:

SE-BAT Fahrwerk – Vermessungssystem für Motorroller

<u>**Wichtiger Hinweis:**</u> Beim Umsetzten der Lasereinheit auf die andere Fahrzeugseite darf die Position von Rädern und Anlageplatten nicht verändert werden. **Die Unterschrift einer technisch autorisierten Person bestätigt die korrekte Ausführung des Messvorganges, sowie die Korrektheit der ermittelten Messwerte bei Motorrollern.**
<u>Vermessung von Motorrädern:</u> (Vor der Messung muss die Kettenflucht geprüft werden!)
Die ermittelten Werte bei Motorrädern dienen ausschließlich zu informativen Zwecken: Für Restaurationsarbeiten, für private Anwender oder Rennteams. Zum erstellen von Kostenvoranschlägen (z.B. für Versicherungen oder für Diagnosearbeiten der Fachwerkstatt) sind die Messgeräte P-BAT o. S-BAT mit fest montierten Lasern erforderlich.
Technische Informationen: Linienlaser, max. Toleranz < 0,05% / 10° Laser Klasse 2. Patentiert, Made in Germany.

Verkleidungsteile demontieren

Kotflügel und Spritzschutz am Vorderrad

Nicht jedes Rollermodell ist mit einem vorderen Kotflügel ausgerüstet. Den Spritzschutz über dem Rad finden Sie allerdings bei allen Modellen.

Demontage des Radkotflügels

- Stellen Sie den Motorroller auf dem Hauptständer ab.
- Demontieren Sie die beiden Befestigungsschrauben (1) und nehmen Sie den Kotflügel vorsichtig aus den Gabelholmen heraus.

Die Montage erfolgt in umgekehrter Reihenfolge.

Demontage der Spritzschutzverkleidung

- Bauen Sie die Frontverkleidung und die Beinschildverkleidung innen ab.
- Bauen Sie die Vorderradgabel aus.
- Drehen Sie die Verschraubung (2) heraus und nehmen Sie die Spritzschutzverkleidung ab.

Die Montage erfolgt in umgekehrter Reihenfolge.

Demontage des hinteren Radkotflügels

- Bauen Sie den Luftfilterdeckel ab. Heben Sie den Luftfilterkasten (3) leicht an.

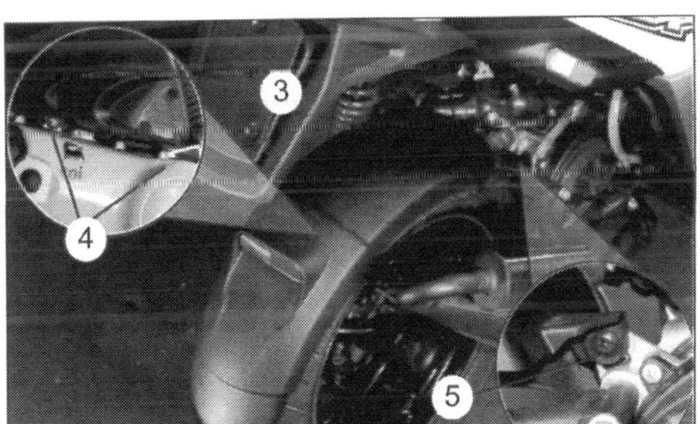

3 Luftfilterkasten, 4 Verschraubungen für den Radkotflügel

- Drehen Sie die Verschraubungen (4) heraus.
- Drehen Sie die Verschraubungen (5) heraus.
- Drehen Sie die Verschraubung (6) heraus und nehmen Sie den Radkotflügel ab.

Die Montage erfolgt in umgekehrter Reihenfolge.

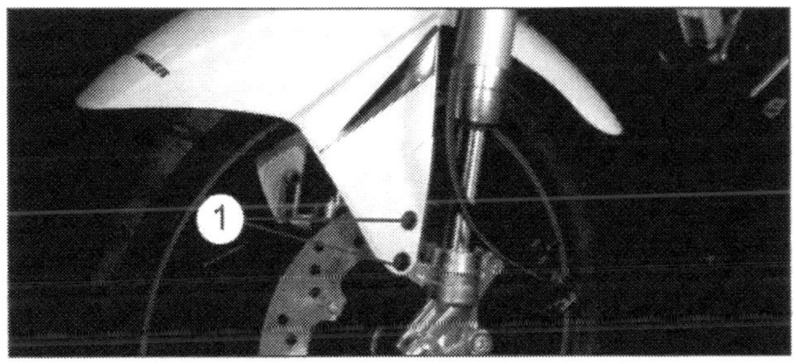

Achten Sie beim Herausnehmen des Vorderradkotflügels darauf, dass Sie die Lackflächen an den Kanten des Kotflügels nicht beschädigen. Kleben Sie die Flächen ab oder legen Sie einen Lappen über die Kanten. 1 Verschraubungen für den Vorderradkotflügel.

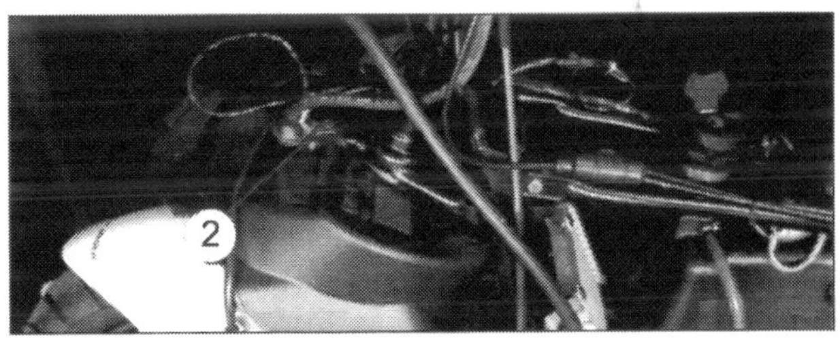

Sehen Sie sich die Lage der Verkabelungen und Bowdenzüge vor der Demontage genau an. 2 Befestigungsschraube Spritzschutzverkleidung Vorderrad

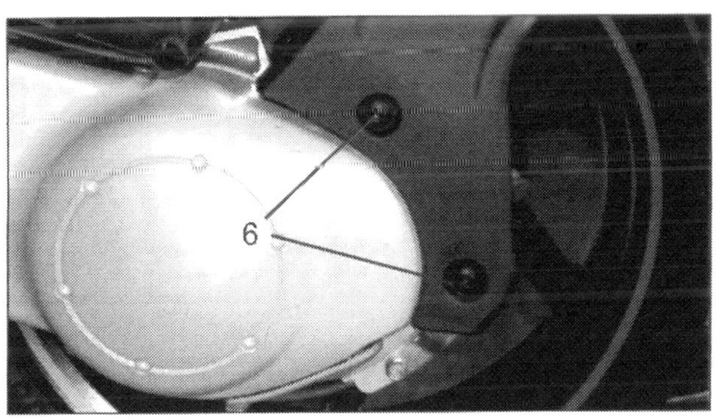

6 Befestigungsschrauben des hinteren Kotflügels am Motorblock

Verkleidungsteile an der Fahrzeugfront

Auch hier lässt sich erkennen, wie groß die Erfahrung von Piaggio im Rollerbau ist. Die Befestigungen der Verkleidungsteile ähneln sich sehr stark.

Demontage der Außenspiegel am TPH

- Ziehen Sie die Gummiabdichtung des Spiegels an der Lenkerverkleidung etwas nach oben.
- Drehen Sie die M8-Bundmutter für die Spiegelbefestigung von unten los.
- Nehmen Sie die Mutter ab.
- Nehmen Sie den Rückspiegel nach oben ab.

Die Montage erfolgt sinngemäß in umgekehrter Reihenfolge.

- Achten Sie auf eventuell verbaute Unterlegscheiben.

Demontage der Außenspiegel am Gilera Runner

- Ziehen Sie die Gummiabdichtung des Spiegels an der Lenkerverkleidung etwas nach oben.
- Drehen Sie die M8-Bundmutter für die Spiegelbefestigung von unten los.
- Nehmen Sie die Mutter ab.
- Nehmen Sie den Rückspiegel nach oben ab.

Die Montage erfolgt sinngemäß in umgekehrter Reihenfolge.

- Achten Sie auf eventuell verbaute Unterlegscheiben.

Demontage der Lenkerverkleidung vorne

- Demontieren Sie beide Außenspiegel.
- Demontieren Sie die beiden Blinkergläser und schieben Sie die Blinkerfassungen während der Demontage durch die Öffnung in der Verkleidung. So ersparen Sie sich das Abziehen der Steckkontakte der Blinkerfassungen.
- Drehen Sie die beiden Befestigungsschrauben (1) aus der Lenkerverkleidung innen heraus.
- Schieben Sie einen kleinen Schraubendreher in die Nahtstelle zwischen der Lenkerverkleidung vorne und der Lenkerverkleidung hinten.
- Rasten Sie die Rastnase (Pfeile) aus, indem Sie den Schraubendreher leicht anheben.
- Nehmen Sie die Lenkerverkleidung ab.

Die Montage erfolgt sinngemäß in umgekehrter Reihenfolge.

- Achten Sie auf den richtigen Sitz der Rastnasen (Pfeile).

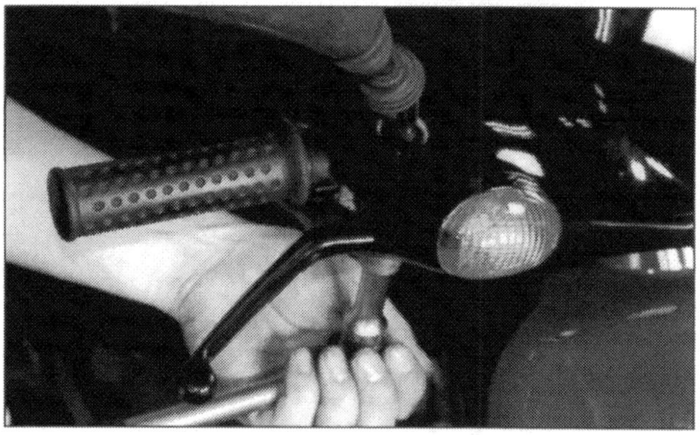

THP: Befestigungsmutter des Rückspiegels von unten lösen.

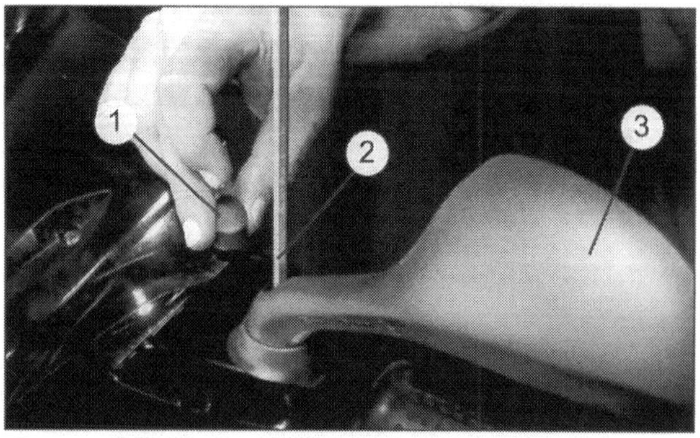

Runner: Befestigungsschraube des Rückspiegels von oben lösen. 1 Stopfen, 2 Schraube, 3 Spiegel.

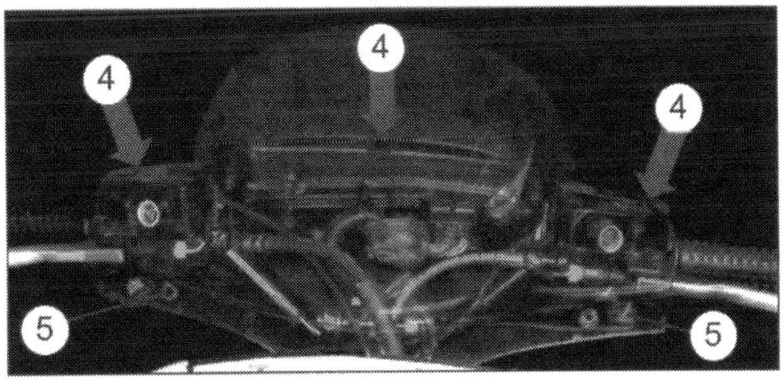

Mit Röntgenblick: 4 (Pfeile) Rastnasen oben, 5 Verschraubungen von der Innenseite

3 Frontschildabdeckung, 4 Verschraubung Frontschildabdeckung

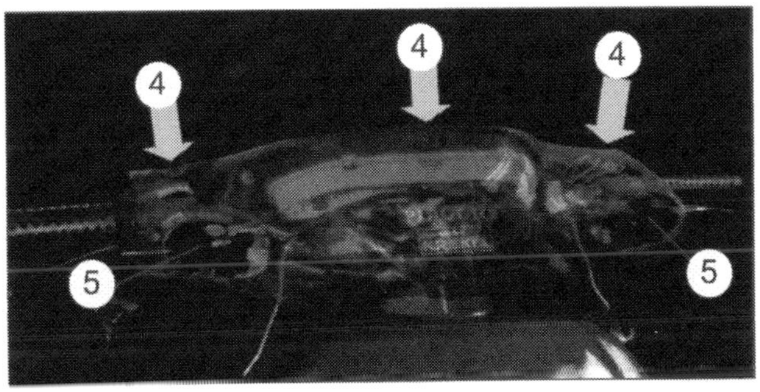

Mit Röntgenblick: 4 (Pfeile) Rastnasen oben, 5 Verschraubungen von der Innenseite

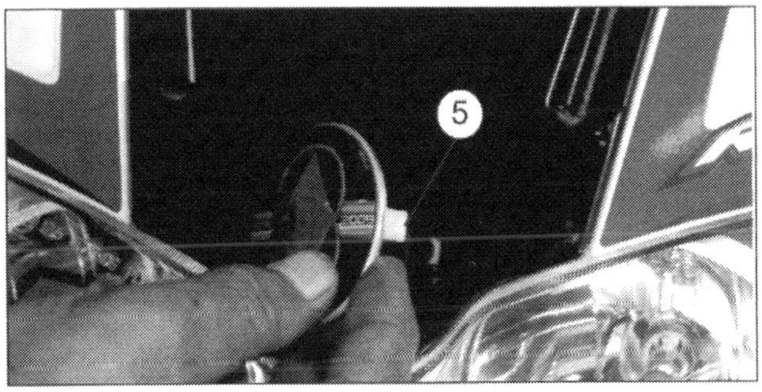

Rastnase (5) links (in Fahrtrichtung) eindrücken

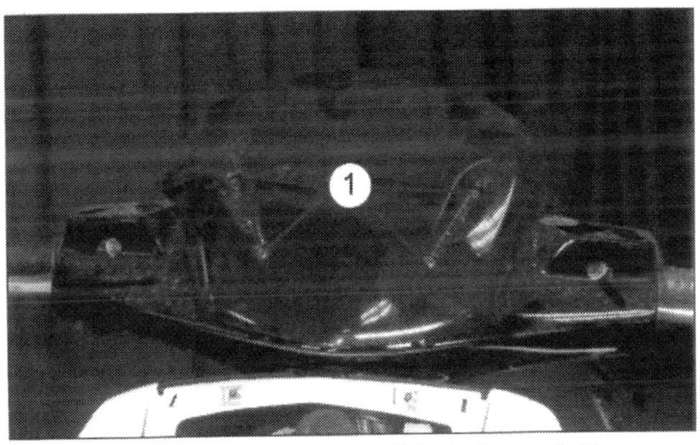

1 Befestigungsschrauben an der Windschutzscheibe

2 Befestigungsschrauben für die Lenkerverkleidung innen

Demontage der Windschutzscheibe

- Stellen Sie den Roller auf dem Hauptständer ab.
- Drehen Sie die Befestigungsschrauben (1) in der Windschutzscheibe heraus.
- Nehmen Sie das Windschild ab.

Die Montage erfolgt sinngemäß in umgekehrter Reihenfolge.

- Drehen Sie die Verschraubungen vorsichtig an. Zum einen kann das Plexiglas reißen, zum anderen können die Kunststoffmuttern in der Lenkerverkleidung außen beschädigt werden.

Demontage der Lenkerverkleidung innen

- Stellen Sie den Roller auf dem Hauptständer ab.
- Demontieren Sie die Frontverkleidung außen.
- Ziehen Sie die elektrische Verbindung zum Tachometer und, soweit vorhanden, die Tachowelle vom Tachometer ab.

- Drehen Sie die Befestigungsschrauben (2) am Lenker heraus und nehmen Sie die Verkleidung mit dem Tachometer ab.

- Demontieren Sie den Tachometer.

Die Montage erfolgt sinngemäß in umgekehrter Reihenfolge.

Demontage der Frontschildabdeckung (am Runner)

- Drücken Sie mit einem kleinen Schraubendreher das Firmenemblem links ein, um die Rastnase zu öffnen. Nehmen Sie das Firmenemblem heraus.

- Drehen Sie die darunter liegende Schraube heraus. Schieben Sie die Verkleidung etwa 1 cm nach oben und nehmen Sie sie ab.

Die Montage erfolgt sinngemäß in umgekehrter Reihenfolge.

Auch wenn das optische Erscheinungsbild oft völlig anders aussieht, hat Piaggio bis auf wenige Besonderheiten die bewährte Montageart und die Befestigung über Jahrzehnte hinweg beibehalten. Das wird auch bei den Montageanweisungen für die beiden Markenbrüder »TPH« und »Runner« schnell deutlich.

Demontage der Frontverkleidung außen am TPH

- Demontieren Sie den Frontscheinwerfer.

- Ziehen Sie die Steckverbindung des Scheinwerfers ab.

- Drehen Sie die Befestigungsschrauben (1) heraus.

- Demontieren Sie die beiden Befestigungsschrauben im Bereich des Scheinwerfers und die beiden Befestigungsschrauben im Radlauf.

- Lösen Sie die geclipsten Sicherungen (2).

- Nehmen Sie die Verkleidung ab.

Die Montage erfolgt sinngemäß in umgekehrter Reihenfolge.

- Ziehen Sie die Verschraubung erst dann fest, wenn alle Schrauben vormontiert sind. So können Sie Verspannungen vorbeugen.

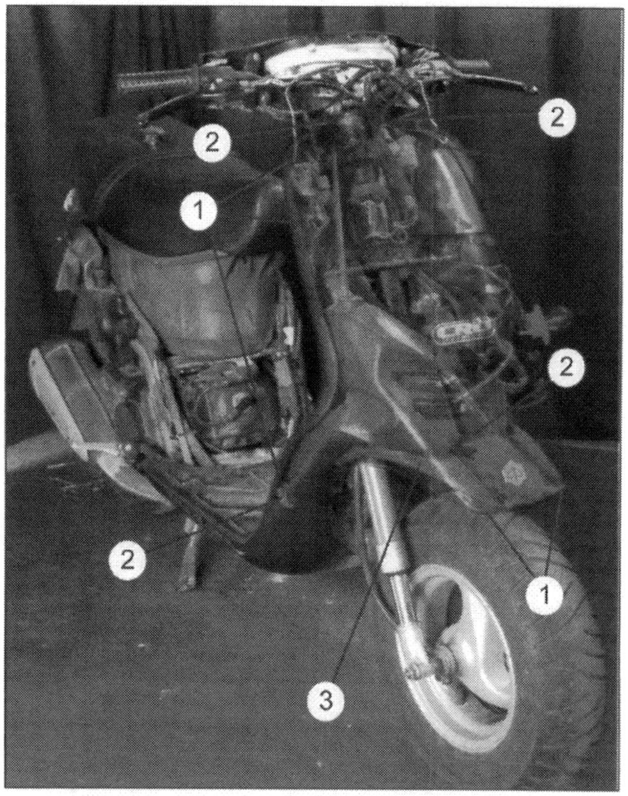

THP: 1 Verschraubungen, 2 Clipse, 3 Verkleidung

Demontage der Frontverkleidung außen am Runner

- Demontieren Sie die Frontschildabdeckung.

- Demontieren Sie die beiden Blinkleuchten vorne.

- Demontieren Sie die Fußstützen rechts und links.

- Ziehen Sie die Steckverbindung des Scheinwerfers ab.

- Drehen Sie die Befestigungsschrauben (1) heraus.

- Demontieren Sie die beiden Befestigungsschrauben im Bereich des Scheinwerfers.

- Lösen Sie die geclipsten Sicherungen (2).

- Nehmen Sie die Verkleidung ab.

Die Montage erfolgt sinngemäß in umgekehrter Reihenfolge.

- Ziehen Sie die Verschraubung erst dann fest, wenn alle Schrauben vormontiert sind. So können Sie Verspannungen vorbeugen.
- Achten Sie auf die Verwendung der richtigen Schrauben.

PRAXISTIPP

Unterschiedliche Schrauben

Legen Sie alle Schrauben so ab, dass sie nicht vertauscht werden können.

Im Zweifelsfall drücken Sie die demontierten Schrauben in ein Stück Pappe und beschriften sie mit der Einbauposition.

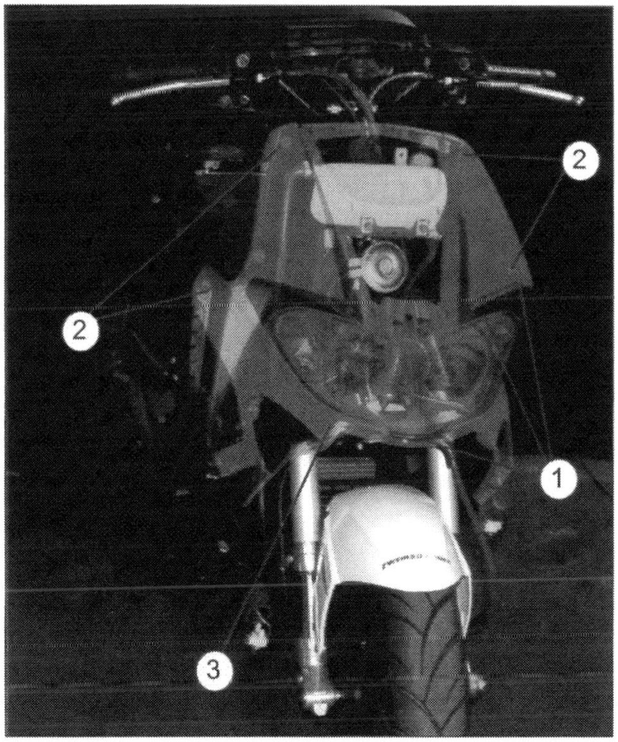

Runner: 1 Verschraubungen, 2 Clipse, 3 Verkleidung.

Beinschild und Trittbrett

Demontage der Beinschildverkleidung innen am TPH

- Demontieren Sie das Beinschild außen.
- Drehen Sie die Befestigungsschraube (3) heraus (siehe Bilder auf der nächsten Seite).
- Demontieren Sie die beiden Befestigungsschrauben (2).
- Ziehen Sie die Verkleidung im oberen Bereich etwas vor und führen Sie diese um das Zündschloss herum heraus.
- Clipsen Sie die Verkleidung in Bereich des Trittbrettes aus.
- Nehmen Sie die Verkleidung nach oben heraus und legen Sie sie seitlich ab. Soll die Verkleidung vollständig demontiert werden, muss lediglich der Bremsflüssigkeitsbehälter abgeschraubt werden.

Die Montage erfolgt sinngemäß in umgekehrter Reihenfolge.

Demontage der Beinschildverkleidung innen am Gilera Runner

- Demontieren Sie das Beinschild außen, die Tankverkleidung und die Fußstützen.
- Drehen Sie die Befestigungsschraube (4) heraus. Demontieren Sie den Deckel des Kühlwasserbehälters und den Schutzring (1) um den Kühlwasserbehälter (5
- Ziehen Sie die Verkleidung im oberen Bereich etwas vor und führen Sie diese um das Zündschloss und um den Kühlwasserbehälter herum heraus.
- Nehmen Sie die Verkleidung nach oben/hinten heraus.

Die Montage erfolgt sinngemäß in umgekehrter Reihenfolge.

- Ziehen Sie die Verschraubung erst dann fest, wenn alle Schrauben vormontiert sind. So können Sie Verspannungen vorbeugen.

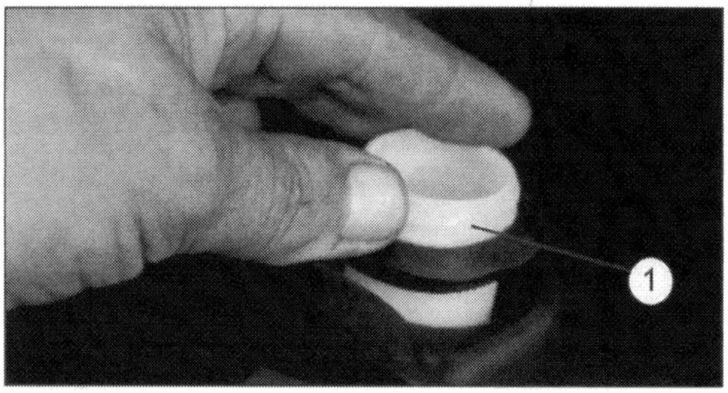

Vorsichtig montieren: Der Schutzring (1) sitzt in der Verkleidung ein

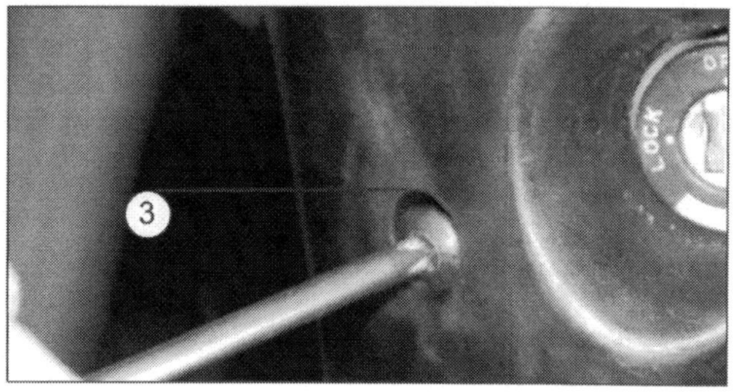

3 Befestigungsschraube oben am Lenkrohr

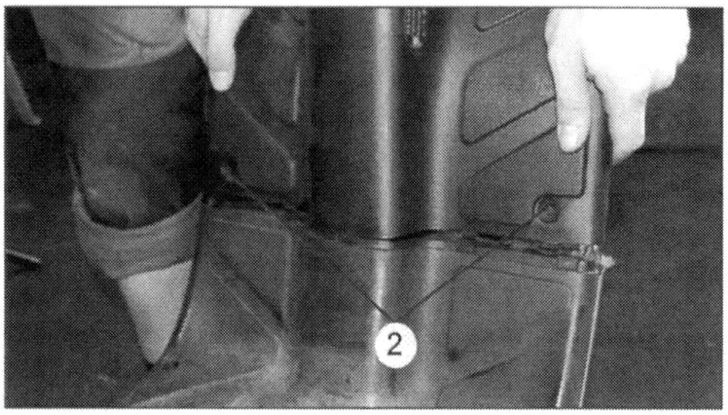

2 Befestigungsschrauben im Bereich des Trittbrettes

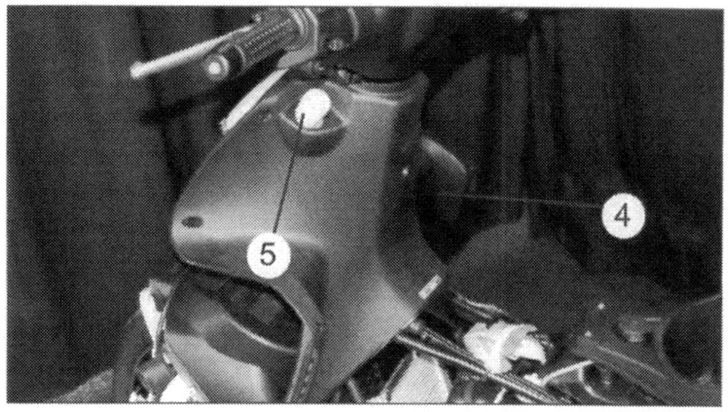

4 Befestigungsschraube innen, 5 Kühlwasserbehälter

Hier unterscheiden sich die beiden Bauweisen der Rollertypen sichtbar. In der konventionellen Bauweise des THP ist das Trittbrett als Durchstieg ausgelegt. Das erlaubt das »Zwischenladen« von Tüten und kleinen Taschen zwischen die Beine des Fahrers. Inwieweit das nun unter die Ladungssicherungspflicht fällt, sei mal dahingestellt. Der sportliche Gilera Runner zeigt hier einen »Tunnel« der zum einen zwei kleine Rahmenstreben aufnimmt und einen zentralen Einbauort für die Tankanlage bietet. Die unterschiedlichen Bauweisen finden sich aber stellvertretend in der Piaggi-Rollerpalette wieder und werden hier exemplarisch beschrieben.

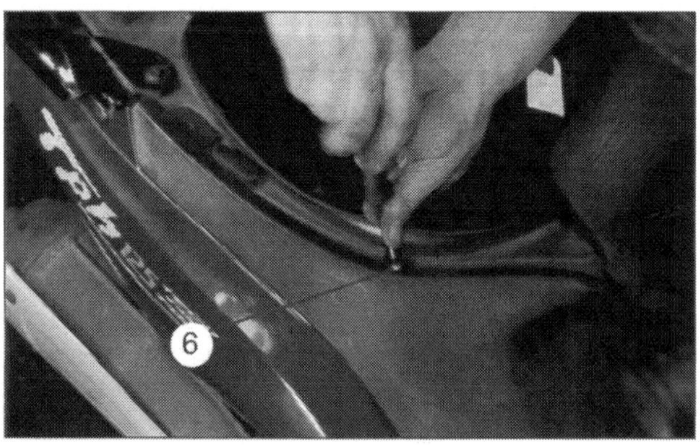

6 Befestigungsschrauben (je Seite eine!)

Demontage der hinteren Fußraumverkleidung am TPH

- Öffnen Sie die Sitzbank.
- Drehen Sie die beiden Schrauben (1) aus der hinteren Fußraumverkleidung heraus (Siehe Bilder auf der nächsten Seite).
- Drehen Sie die Befestigungsschraube im Helmfach (6) heraus.
- Ziehen Sie die Fußraumverkleidung hinten etwas hoch.
- Schließen Sie die Sitzbank, aber lassen Sie das Sitzbankschloss nicht einrasten.
- Ziehen Sie die hintere Fußraumverkleidung an der Sitzbank vorbei etwas nach vorne.
- Öffnen Sie die Sitzbank erneut.
- Nehmen Sie die hintere Fußraumverkleidung heraus.

Die Montage erfolgt sinngemäß in umgekehrter Reihenfolge.

- Achten Sie darauf, dass die Verkleidung richtig und gleichmäßig in den Seitenverkleidungen und im Trittbrett einliegt.

1 Befestigungsschraube im Helmfach

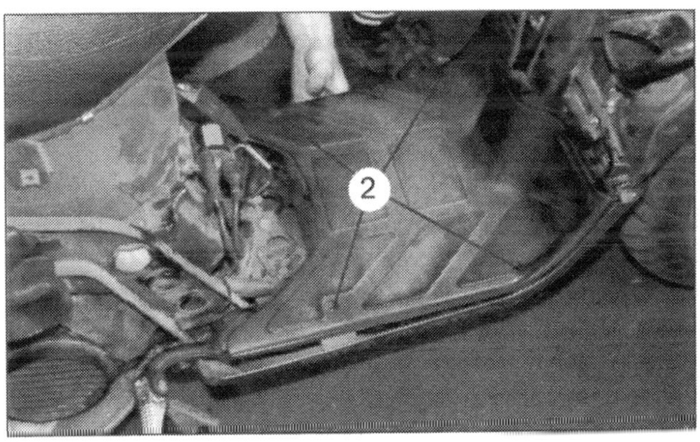

Anheben des Trittbretts: 2 Befestigungsschrauben

Abziehen der Trittbrettverkleidung vom Rahmen.

Demontage des Trittbrettes und der Verkleidung unter dem Trittbrett am TPH

- Demontieren Sie das Beinschild innen.
- Demontieren Sie die Fußraumverkleidung hinten.
- Demontieren Sie beide Seitenverkleidungen.
- Drehen Sie die Befestigungsschrauben (2) heraus.
- Nehmen Sie das Trittbrett nach oben ab.

Die Montage erfolgt sinngemäß in umgekehrter Reihenfolge.

- Achten Sie darauf, dass die Verschraubungen (Stufenschrauben) richtig und gleichmäßig im Trittbrett einliegen.

Demontage der Verkleidung unter dem Trittbrett am TPH

- Demontieren Sie das Trittbrett.
- Drehen Sie die Befestigungsschraube für die Gaszugumlenkung von unten heraus (Fahrzeugseite links).
- Ziehen Sie die Verkleidung auf einer Seite etwas auseinander und nehmen Sie die Verkleidung vom Rahmen ab.
- Nehmen Sie die Verkleidung heraus.

Die Montage erfolgt sinngemäß in umgekehrter Reihenfolge.

- Achten Sie darauf, dass die Bowdenzüge und der Kabelbaum richtig verlegt sind. Unter dem Trittbrett können sie leicht verklemmen und dann beschädigt werden.

Demontage des Trittbretts am Gilera Runner

- Drehen Sie die Befestigungsschrauben (1) heraus.
- Heben Sie das entsprechende Trittbrett an der Außenkante leicht an und ziehen Sie es von der seitlichen Verkleidung (2) ab.

- Nehmen Sie das entsprechende Trittbrett (3) heraus.

Die Montage erfolgt sinngemäß in umgekehrter Reihenfolge.

- Achten Sie darauf, dass die Rastnase in der seitlichen Verkleidung und die Abstufungen in den Verschraubungen in der Unterseite des Trittbrettes richtig einsitzen.

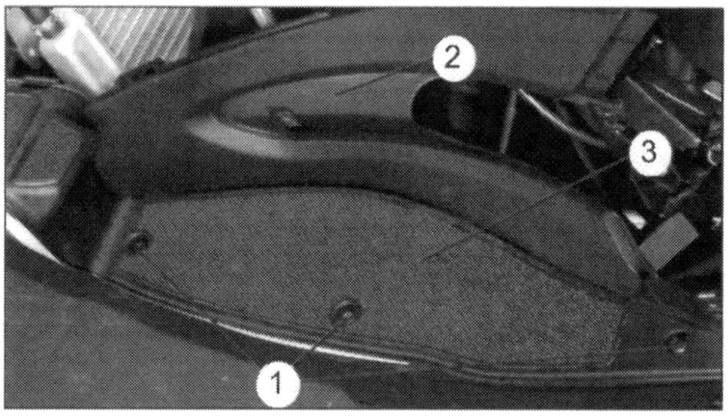

1 Befestigungsschrauben am Trittbrett, 2 Seitenverkleidung am Trittbrett, 3 Trittbrett

Demontage der Fußstütze im Trittbrett am Gilera Runner

- Demontieren Sie das entsprechende Trittbrett.

- Demontieren Sie die Tankverkleidung im Fußraum.

- Drehen Sie die Befestigungsschrauben (5) heraus.

- Drehen Sie die Befestigungsschraube (4) aus der Frontverkleidung innen heraus.

- Heben Sie die Fußstütze im hinteren Bereich etwas an und nehmen Sie diese leicht gedreht heraus.

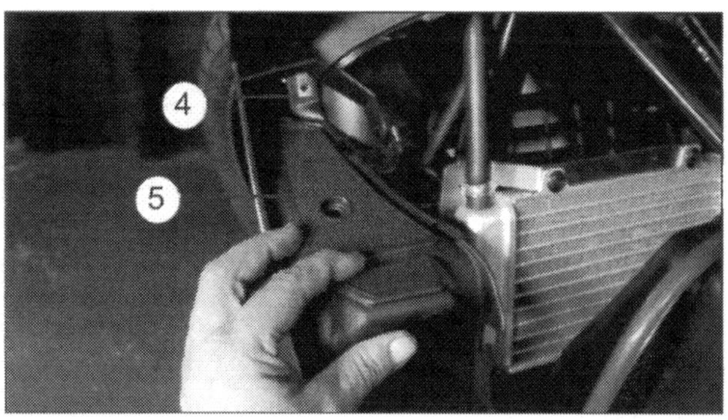

4 Befestigungsschraube in der Frontverkleidung, 5 Befestigungsschraube für die Fußstütze

Die Montage erfolgt sinngemäß in umgekehrter Reihenfolge.

- Achten Sie darauf, dass die Blechgewindeklammer für die Verschraubung in der inneren Frontverkleidung genau einsitzt.

- Achten Sie auf die richtige Positionierung von Leitungen und Bowdenzügen, um Schäden zu vermeiden.

Demontage der Verkleidung unter dem Trittbrett am Gilera Runner

Der Unterschied in der Befestigung zeigt sich auch hier wieder lediglich in der unterschiedlichen Konzeption der Karosserie und in der Besonderheit, dass die sportlichere Verkleidung des »Gilera Runners« entsprechend verwinkelte kleine Ecken aufweist, die aber auch befestigt werden müssen.

- Drehen Sie alle sechs Befestigungsschrauben (1) aus den Trittbrettverkleidungen heraus.

- Demontieren Sie die Tankverkleidung im Fußraum.

- Nehmen Sie beide Trittbretter heraus.

1 Verschraubungen im Trittbrett

Abziehen der Haltelaschen vom Rahmen.

- Bauen Sie beide Fußstützen aus.
- Demontieren Sie die Befestigungsschrauben (2) unter der Fußstütze, ziehen Sie die Verkleidung auf einer Seite etwas auseinander (3) und nehmen Sie die Verkleidung vom Rahmen ab.
- Nehmen Sie die Verkleidung heraus.

Die Montage erfolgt sinngemäß in umgekehrter Reihenfolge.

- Achten Sie darauf, die richtigen Schrauben zu verwenden. Piaggio verwendet für die Blechmuttern Blechschrauben und für die Verschraubungen im Kunststoff spezielle Kunststoffschrauben. Diese sind am Gewinde zu erkennen.

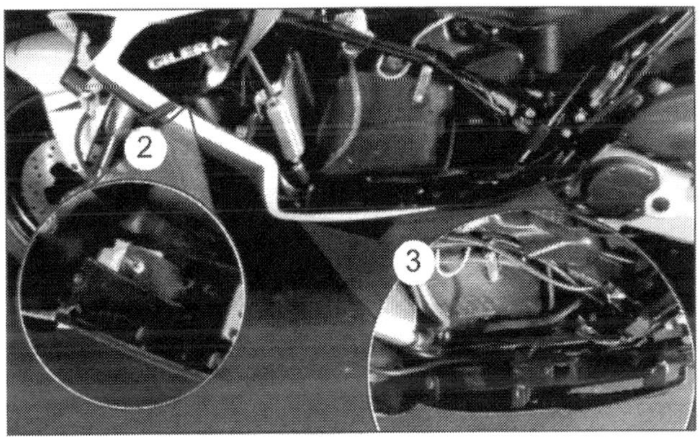

2 Verschraubungen unter der Fußstütze, 3 Haltelaschen auf dem Rahmen

Demontage der seitlichen Wartungsklappen am Gilera Runner

- Drehen Sie die Befestigungsschraube (1) heraus.
- Ziehen Sie die Verkleidung etwas nach außen und nach hinten um sie abzunehmen.
- Nehmen Sie die Verkleidung ab.

Die Montage erfolgt sinngemäß in umgekehrter Reihenfolge.

- Schieben Sie die Verkleidung zuerst im vorderen Bereich in die Rastnase ein. Drücken Sie dann die Verkleidung an, bis sie einrastet.
- Ziehen Sie dann die Befestigungsschraube (1) wieder an.

Demontage des Tankeinfüllstutzens am Runner

- Stellen Sie den Motor ab.
- Ziehen Sie den Zündschlüssel ab.
- Drehen Sie die drei Innensechskantschrauben (2) heraus.
- Nehmen Sie den Abdeckring vom Tankstutzen ab.
- Demontieren Sie die Wartungsklappen rechts und links in der Tankabdeckung.
- Drehen Sie die Blechschrauben (3) aus dem Tankstutzen heraus (Siehe Bilder auf der nächsten Seite).
- Öffnen Sie die Schlauchschelle (4 auf der nächsten Seite) am Tankstutzen. Im Originalzustand handelt es um eine unlösbare Schlauchschelle. Diese können Sie mit einem Seitenschneider im Bereich der Quetschstelle aufschneiden. Die Schelle muss dann durch eine passende Schlauchschelle ersetzt werden.
- Ziehen Sie den Tankstutzen nach oben heraus.

Die Montage erfolgt sinngemäß in umgekehrter Reihenfolge.

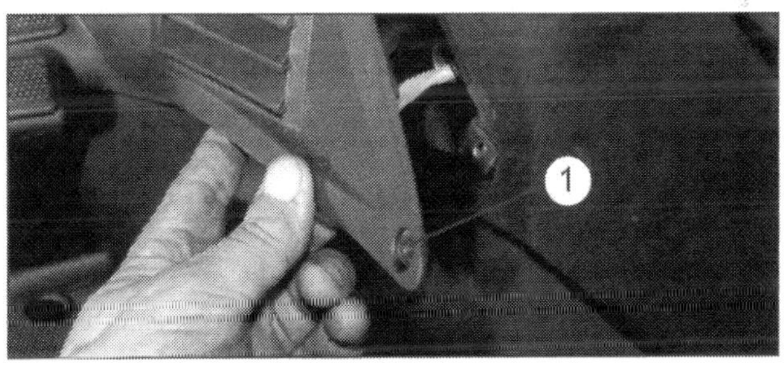

1 Blechschraube (kurz) für Befestigung der seitlichen Wartungsklappen

2 Innensechskantschrauben für den Abdeckring des Tankstutzens

Gut erreichbare Einbauposition der neuen Schlauchschelle (4)

5 Schelle oben, 6 Aussparung für die Montage des Tankstutzens

Demontage der Tankabdeckung am Runner

- Demontieren Sie die beiden seitlichen Wartungsklappen.
- Bauen Sie den Tankstutzen aus.
- Decken Sie den Tankstutzen (zum Tank) mit einem sauberen Lappen ab. So können Sie verhindern, dass Schmutz oder andere Teile wie Schrauben oder Ähnliches in den Tank fallen.
- Demontieren Sie die Sitzbank.
- Drehen Sie die Befestigungsschraube im Bereich des Tankstutzens (1) heraus.
- Drehen Sie die beiden Befestigungsschrauben (3) im vorderen Bereich und im Bereich des Helmfaches heraus.
- Ziehen Sie die Tankverkleidung leicht nach hinten und heben Sie sie an.
- Nehmen Sie die Tankverkleidung heraus.

Die Montage erfolgt sinngemäß in umgekehrter Reihenfolge.

- Belassen Sie den Lappen so lange auf dem Stutzen des Tanks, bis Sie die Montagearbeiten vor der Montage des Stutzens erledigt haben.
- Achten Sie auf den einwandfreien Zustand der Blechmuttern im Bereich des Tankstutzens. Sie lassen sich zum Teil nur mit viel Aufwand ersetzen.
- Drehen Sie die Gewinde-Innensechskantschrauben im Abdeckring zuerst vorsichtig von Hand vor. Eine Gewindereparatur im Kunststoff des Tankstutzens ist nicht vorgesehen.

1 Blechschraube zur Befestigung der Tankabdeckung am Rahmen

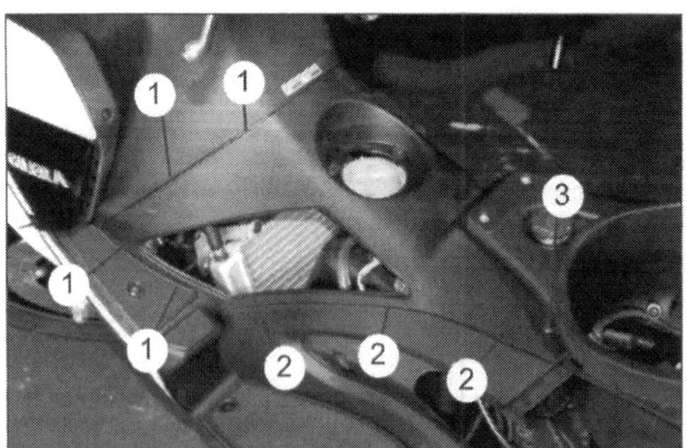

1 Rastnasen, 2 Führungsnasen, 3 Blechschrauben zur Befestigung von seitlicher Trittbrettverkleidung und Tankabdeckung

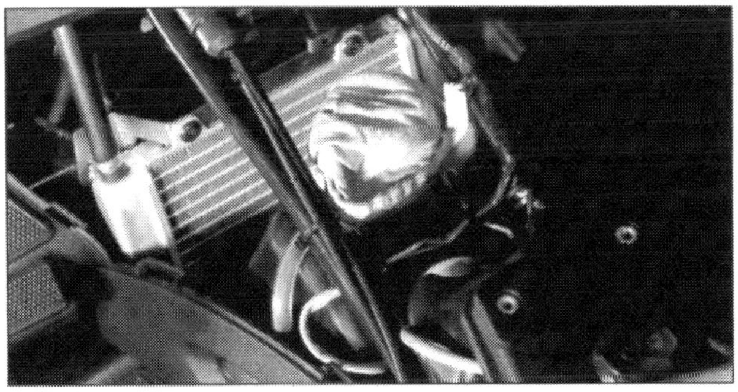

Zur Sicherheit: Lappen als Schutz vor eindringenden Schmutz in den Tank.

GEFAHRENHINWEIS

⚠ Brandgefahr

Lassen Sie den Motor niemals mit demontiertem Tankstutzen laufen.

Die Rücklaufleitungen des Kraftstoffsystems fördern im Bereich des Anschlussstutzens den Kraftstoff zurück. Hier kann leicht recht viel Kraftstoff austreten.

Es besteht Brandgefahr!

Haltegriffe und Gepäckträger

Der Gepäckträger oder die Haltegriffe sind wiederum ein Merkmal, an dem man die Qualität und die Erfahrung von Piaggio im Rollerbau erkennen kann. Nicht wie bei den meisten Konkurrenten auf dünnem Blech, sondern auf dem Rahmen und mit massiven Verschraubungspunkten sind die Befestigungen für die Griffe und Gepäckträger ausgeführt.

Demontage des Gepäckträgers am TPH

- Stellen Sie den Motorroller auf dem Hauptständer ab.
- Öffnen Sie die Sitzbank.
- Drehen Sie die Befestigungsschrauben (1) heraus.
- Nehmen Sie die Gepäckträgerabdeckung (2) ab.
- Drehen Sie die Befestigungsschrauben (3) am Gepäckträger heraus (siehe Bilder auf der nächsten Seite).
- Nehmen Sie den Gepäckträger ab.

Die Montage erfolgt sinngemäß in umgekehrter Reihenfolge.

- Legen Sie die Abstandshülse in die Verkleidung ein.
- Drehen Sie die beiden Befestigungsschrauben (3) zuerst von Hand vor und richten Sie den Gepäckträger (4) aus.
- Ziehen Sie die Befestigungsschrauben (3) an.

Demontage der Soziusgriffe am Gilera Runner

Verwenden Sie für die Montagearbeiten einen guten Innensechskantschlüssel. Eine beschädigte Schraube bedeutet, dass an dieser Stelle nur noch abgebohrt werden kann. Diese Arbeit hinterlässt oft Schäden am Soziusgriff.

- Drehen Sie die beiden Befestigungsschrauben (5) im Soziusgriff los.
- Nehmen Sie den Soziusgriff ab.

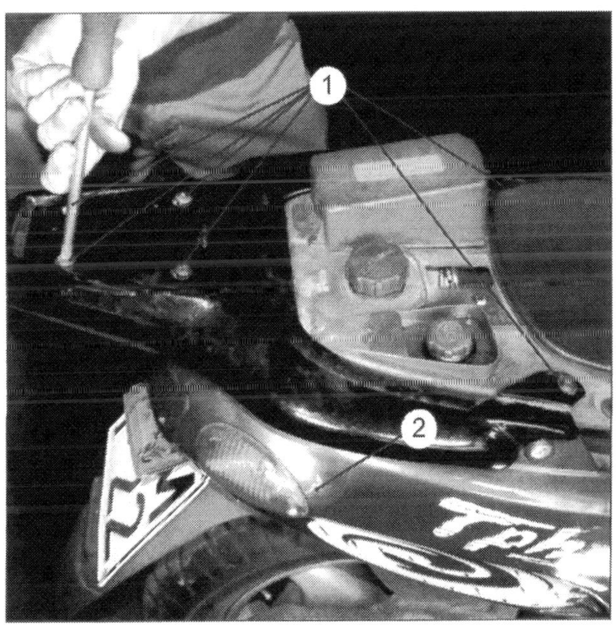

1 Befestigungsschrauben, 2 Gepäckträgerabdeckung

Die Montage erfolgt sinngemäß in umgekehrter Reihenfolge.

- Drehen Sie die beiden Befestigungsschrauben (5) zuerst von Hand vor und richten Sie den Soziusgriff so aus, dass die Führungsstücke an der Unterseite des Griffes in der Seitenverkleidung richtig einliegen.
- Ziehen Sie die Befestigungsschrauben (5) an.

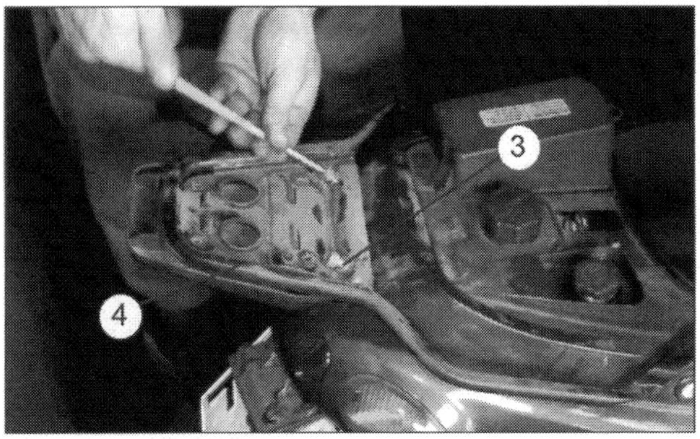

3 Befestigungsschrauben, 4 Gepäckträger

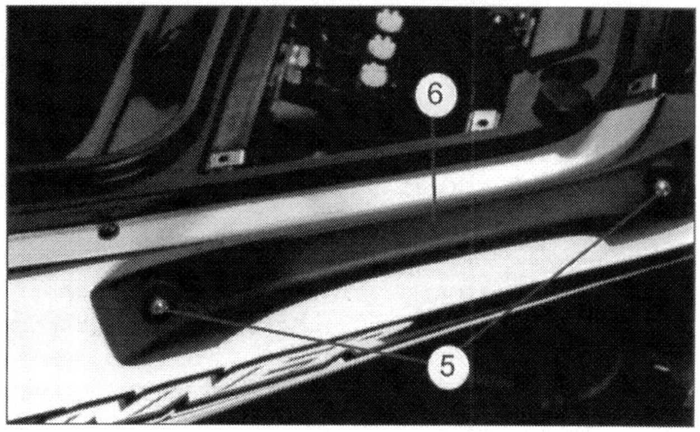

5 Befestigungsschrauben, 6 Soziusgriff

Batterieabdeckung

Demontage der Batterieabdeckung am TPH

- Stellen Sie den Motorroller auf dem Hauptständer ab.
- Schalten Sie die Zündung aus.
- Ziehen Sie den Schlüssel ab.
- Öffnen Sie die Sitzbank.
- Drehen Sie die Befestigungsschrauben (2) heraus.
- Nehmen Sie die Batterieabdeckung (1) ab.

Die Montage erfolgt sinngemäß in umgekehrter Reihenfolge.

- Kontrollieren Sie, ob die Batterie ausreichend von der Batterieabdeckung angedrückt wird. In der Batterieabdeckung finden Sie einen eingeklebten Schaumstoffstreifen, der die Batterie andrückt. Aus diesem Grund sollte der Deckel eine leichte Vorspannung aufweisen.
- Drehen Sie die beiden Befestigungsschrauben (2) zuerst von Hand vor und richten Sie die Batterieabdeckung (1) aus.

Demontage der Batterieabdeckung am Runner

- Stellen Sie den Motorroller auf dem Hauptständer ab.
- Schalten Sie die Zündung aus.
- Öffnen Sie die Sitzbank.
- Ziehen Sie den Schlüssel ab.
- Drehen Sie die Befestigungsschrauben (2) heraus.
- Nehmen Sie die Batterieabdeckung (3) ab.

Die Montage erfolgt sinngemäß in umgekehrter Reihenfolge.

- Kontrollieren Sie, ob die Batterie ausreichend von der Batterieabdeckung angedrückt wird. In der Batterieabdeckung finden Sie einen eingeklebten Schaumstoffstreifen, der die Batterie andrückt. Aus diesem Grund sollte der Deckel eine leichte Vorspannung aufweisen.
- Drehen Sie die beiden Befestigungsschrauben (2) zuerst von Hand vor und richten Sie die Batterieabdeckung (1) aus.

Achtung: Achten Sie darauf, dass die Anschlusskabel der Batterie so verlegt sind, dass sie nicht aufscheuern oder sogar ungewollten Massekontakt bekommen können.

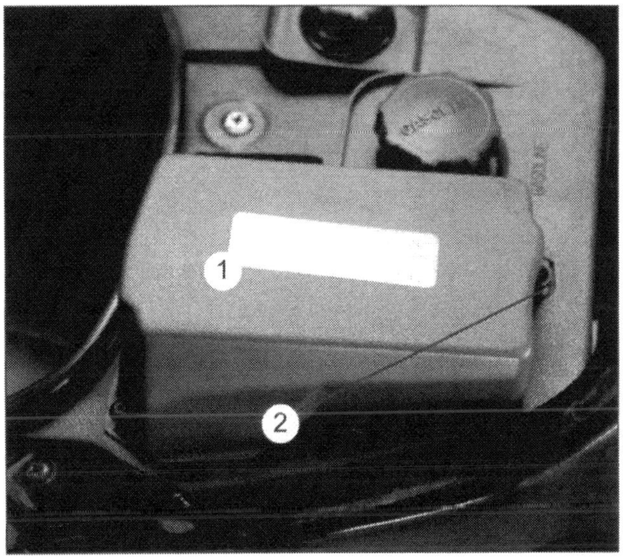

1 Batterieabdeckung, 2 Befestigungsschrauben

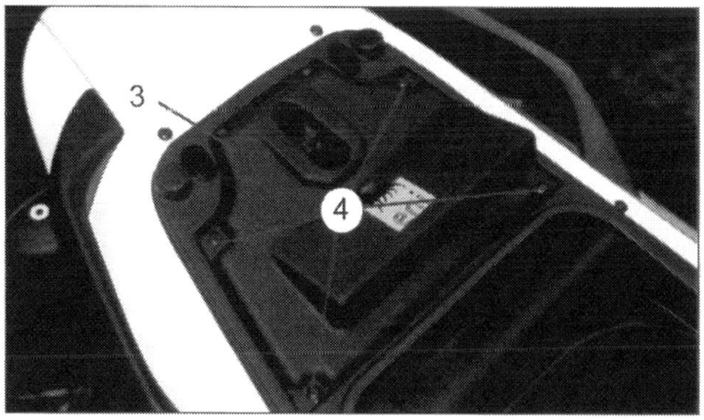

3 Batterieabdeckung, 4 Befestigungsschrauben

5 Helmfach, 6 Blechgewindeklammern

Verkleidungsteile im Helmfach

Demontage des Werkzeugfachdeckels

Das Werkzeugfach beinhaltet einen Schraubendreher und einen Zündkerzenschlüssel. Das Werkzeug wird in einem Kunststoffbeutel angeliefert. Wichtig ist, dass Sie den Schraubendreher in den Zündkerzenstecker einschieben. Im Deckel des Werkzeugfachs sind in genau diesem Abstand zwei Halterungen, die das Verrutschen des Werkzeuges aus der Mitte verhindern. Um Klappergeräusche zu vermeiden, können Sie das Werkzeug in die mitgelieferte Folie oder einen Lappen einwickeln.

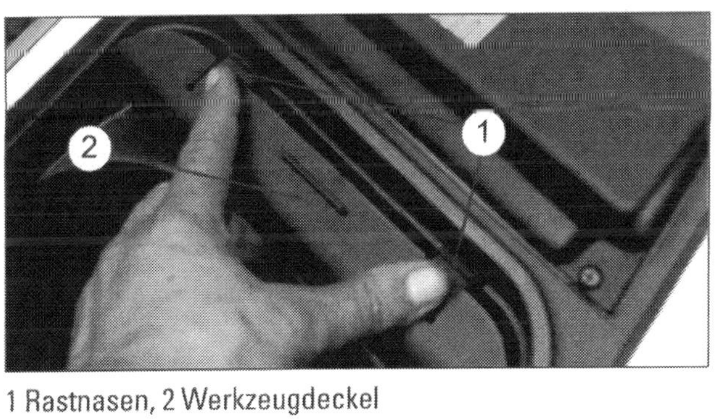

1 Rastnasen, 2 Werkzeugdeckel

- Drücken Sie die beiden Rastnasen (1) nach unten und kippen Sie den Deckel nach vorne.

- Nehmen Sie den Deckel (2) heraus.

Die Montage erfolgt sinngemäß in umgekehrter Reihenfolge.

- Achten Sie darauf, dass das zusammengewickelte Werkzeug in den Deckel zwischen die beiden Halterungen passt.

Demontage der Wartungsklappe im Helmfach

Die Wartungsklappe ermöglicht einen Zugang zum Motor für Einstell- und Prüfarbeiten. Sie sollten darauf achten, wenn Sie Ihren Roller zur Inspektion geben oder auch selber diese Arbeiten durchführen wollen, dass das Helmfach leer und sauber ist. Zum einen kann so die Wartungsarbeit erleichtert werden, zum anderen besteht die Gefahr des Verlustes von Kleinteilen nicht. Wenn Sie diverses Kleinzeug in diesem Fach einlagern, sollten Sie den Inhalt zumindest für den Zeitraum des Werkstattbesuchs in eine Plastiktüte packen.

- Drehen Sie die Schrauben (3) der Wartungsklappe im Helmfach heraus.
- Nehmen Sie den Deckel (4) heraus.

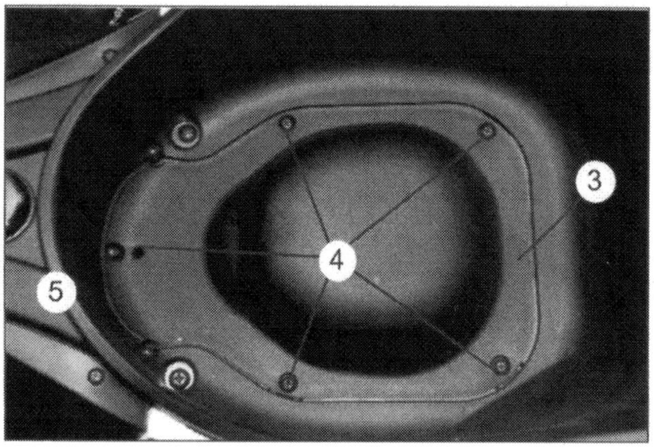

3 Wartungsklappe, 4 Schrauben Wartungsklappe, 5 Helmfach

Die Montage erfolgt sinngemäß in umgekehrter Reihenfolge.

- Drehen Sie zuerst alle Schrauben von Hand vor, um Verspannungen am Deckel zu vermeiden.
- Der Deckel sollte sehr gut in der Nut im Helmfach einsitzen. Schließlich muss er auch bei Spritzwasser einen einigermaßen wasserdichten Lagerplatz für den Soziushelm oder andere Gegenstände darstellen.

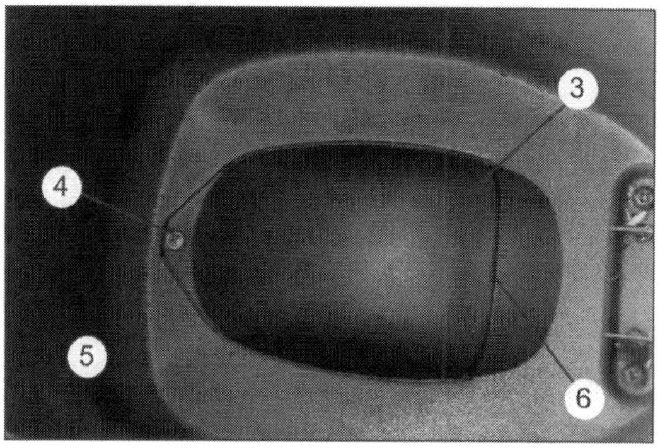

3 Wartungsklappe, 4 Schrauben, 5 Helmfach, 6 Rastnasen

Heckverkleidung Mitte

Auch hier zeigt sich bewährte Befestigungstechnik, die im Normalfall einfach hält. Einfache Rastnasen am Deckel und zwei Befestigungsschrauben halten den Deckel über Jahrzehnte fest und brechen nicht aus.

Demontage der Heckverkleidung Mitte am TPH

- Demontieren Sie den Gepäckträger.
- Drehen Sie die Befestigungsschrauben aus den Gewindeklammern (3) heraus.
- Schieben Sie die Heckverkleidung Mitte (2) etwas nach oben und nehmen Sie sie ab.

Die Montage erfolgt sinngemäß in umgekehrter Reihenfolge.

- Wurden die Seitenteile demontiert, sollten Sie die Seitenteile zumindest im oberen Bereich zuerst nur von Hand verschrauben und die Heckverkleidung Mitte genau einpassen.

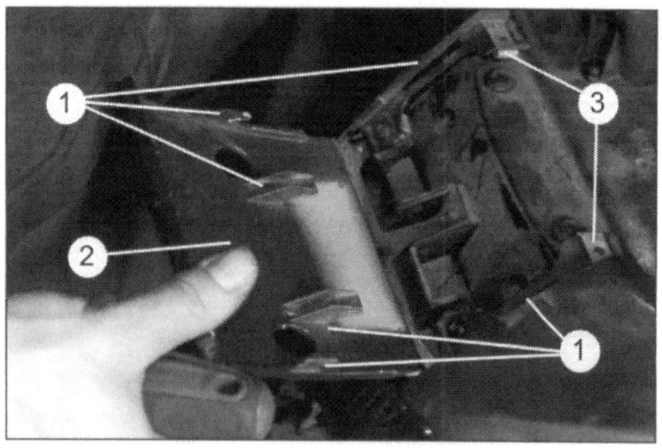

1 Rastnasen, 2 Heckverkleidung Mitte, 3 Gewindeklammern

Demontage der Heckverkleidung Mitte am Runner

- Demontieren Sie das Rücklicht.
- Drehen Sie die Befestigungsschrauben (4) heraus.
- Heben Sie die Heckverkleidung Mitte hinten etwas an und rasten Sie die Verkleidung (6) aus den Rastnasen (7) aus.

Die Montage erfolgt sinngemäß in umgekehrter Reihenfolge.

- Wurden die Seitenteile demontiert, sollten Sie die Seitenteile zumindest im oberen Bereich zuerst nur von Hand verschrauben und die Heckverkleidung Mitte genau einpassen.
- Steht die Heckverkleidung Mitte unter Spannung, sollten Sie auch die beiden Soziusgriffe lösen.

PRAXISTIPP – Kunsstoffteile

Versuchen Sie alle Verkleidungsteile ohne Vorspannung zu verbauen. Kunststoffteile unter Spannung verformen sich oder brechen im Laufe der Zeit recht häufig.

Montieren Sie alle Bauteile, die mehrfach verschraubt sind, grundsätzlich von Hand vor.

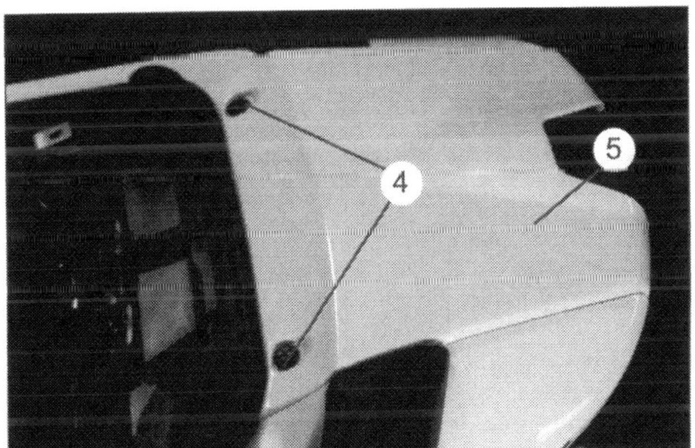

4 Verschraubungen, 5 Heckverkleidung Mitte

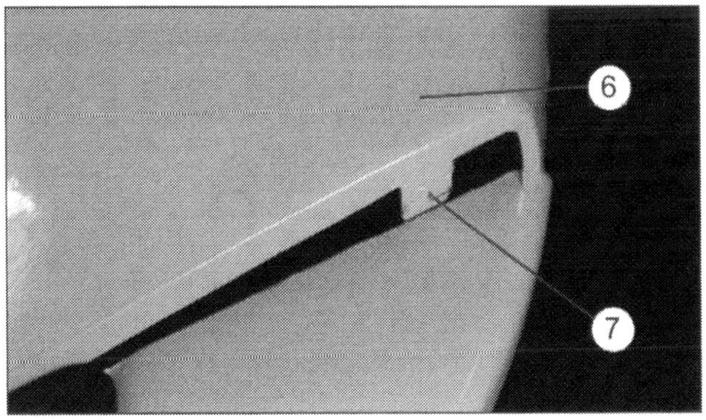

6 Heckverkleidung Mitte, 7 Rastnase (auf beiden Seiten!)

Demontage der Seitenapplikation am Runner

- Klappen Sie die Soziusfußraste (2) heraus.
- Drehen Sie die Befestigungsschraube (3) heraus.
- Demontieren Sie die Blechschrauben (1) in der Seitenapplikation des Seitenteiles.

Die Montage erfolgt sinngemäß in umgekehrter Reihenfolge.

- Wurden die Seitenteile demontiert, sollten Sie alle Verkleidungsteile zuerst nur von Hand verschrauben und die Heckverkleidung Mitte genau einpassen. Erst dann sollten die Verkleidungsteile möglichst spannungsfrei eingepasst werden.

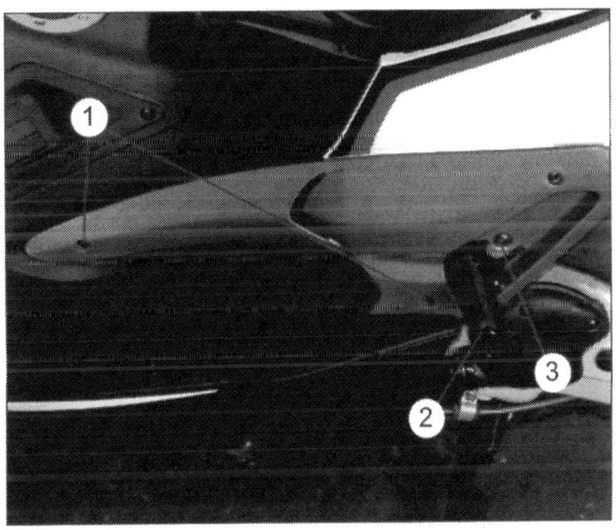

1 Blechschrauben in kurzer Variante, 2 Soziusfußraste, 3 Gewindeschraube

Demontage der Seitenverkleidung am TPH

- Öffnen Sie die Sitzbank.
- Demontieren Sie den Gepäckträger.
- Bauen Sie die Kennzeichenleuchte aus.
- Demontieren Sie die Heckverkleidung Mitte.
- Demontieren Sie die Fußraumverkleidung hinten.
- Drehen Sie die Befestigungsschrauben heraus.
- Rasten Sie die Verkleidung aus den Rastnasen am Trittbrett aus.
- Nehmen Sie die Verkleidung ab.

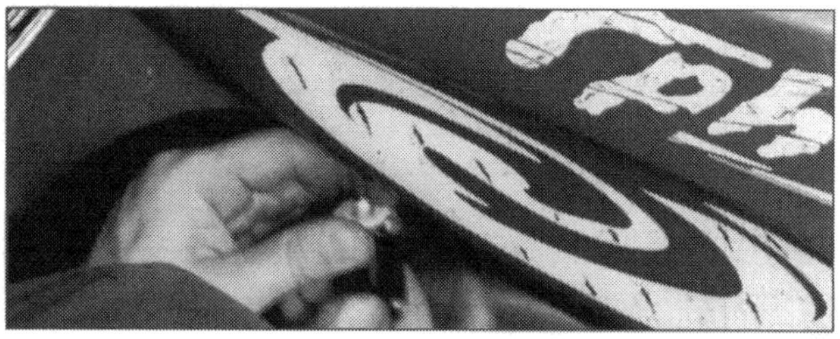

Gut versteckt: Verschraubungen auf der Unterseite der Seitenverkleidung

Die Montage erfolgt sinngemäß in umgekehrter Reihenfolge.

- Montieren Sie die Schrauben immer von Hand vor. So können Sie Verspannungen in den Verkleidungen vermeiden.

Demontage der Seitenverkleidung am Runner

- Öffnen Sie die Sitzbank.
- Demontieren Sie den Soziusgriff (6) auf der entsprechenden Seite.
- Demontieren Sie die Heckverkleidung Mitte.
- Drehen Sie die Befestigungsschrauben (5) heraus.
- Rasten Sie die Verkleidung aus den Rastnasen (4) aus.
- Nehmen Sie die Verkleidung ab.

Die Montage erfolgt sinngemäß in umgekehrter Reihenfolge.

- Montieren Sie die Schrauben immer von Hand vor. So können Sie Verspannungen in den Verkleidungen vermeiden.

4 Rastnase, 5 Blechschrauben, 6 Verschraubungen Soziusgriff

Spritzschutzverkleidungen

Spritzschutzverkleidungen haben nicht die Aufgabe den optischen Eindruck des Rollers in der Heckansicht zu verschlechtern. Spritzwasser, gerade in der Winterzeit, ist zusammen mit Schmutz sehr aggressiv und sorgt für Korrosion an Metallen und Elektronik an allen Fahrzeugen. Sicherlich ist es reizvoll, den breiten Hinterreifen freizulegen und die Technik des Rollers sichtbar zu machen. Die Kehrseite der Medaille ist die dann sinkende Funktionssicherheit des Motorrollers.

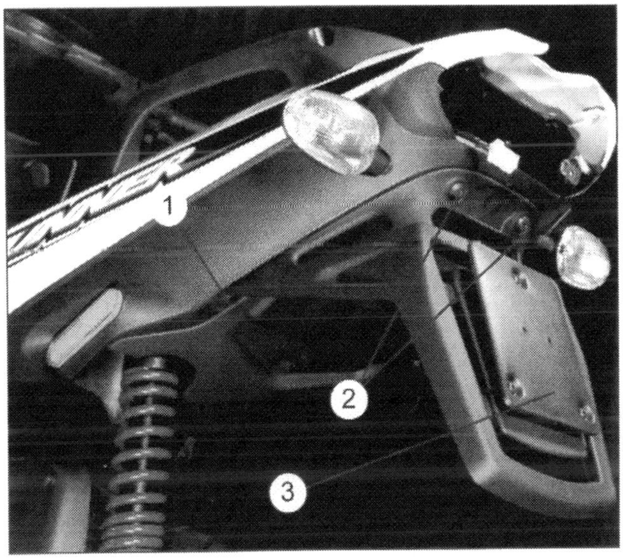

1 Blechschrauben, 2 Gewindeschrauben, 3 Kennzeichenträger

4 Verschraubungen am Heckrahmen, 5 gestufte und geschraubte Halterung für den Kennzeichenträger

Demontage des Kennzeichenträgers

- Drehen Sie die beiden Befestigungsschrauben (1 und 5) heraus.
- Demontieren Sie die beiden Gewindeschrauben (2 und 4) aus dem Kennzeichenträger heraus.
- Ziehen Sie den Kennzeichenträger (3) leicht nach unten und nehmen Sie ihn nach hinten heraus.

Die Montage erfolgt sinngemäß in umgekehrter Reihenfolge.

- Montieren Sie die Schrauben immer von Hand vor. So können Sie Verspannungen in den Verkleidungen vermeiden.

Demontage des Verkleidungsunterteils

- Demontieren Sie den Kennzeichenträger.
- Drehen Sie die Gewindeschraube (9 auf der nächsten Seite) aus dem Verkleidungsunterteil heraus. Bei einigen Modellen finden Sie an der Verkleidungsunterseite noch ein bis zwei weitere Befestigungsschrauben, die das Verkleidungsunterteil halten. Diese müssen dann auch herausgedreht werden.
- Ziehen Sie die Seitenverkleidungen etwas auseinander.
- Nehmen Sie das Verkleidungsunterteil an der rechten Fahrzeugseite (die Seite an der kein Stoßdämpfer montiert ist) zuerst heraus.
- Nehmen Sie das Verkleidungsunterteil heraus.

Die Montage erfolgt sinngemäß in umgekehrter Reihenfolge.

- Montieren Sie die Schrauben immer von Hand vor. So können Sie Verspannungen in den Verkleidungen vermeiden.
- Achten Sie auf die eventuell vorhanden Führungsnuten.

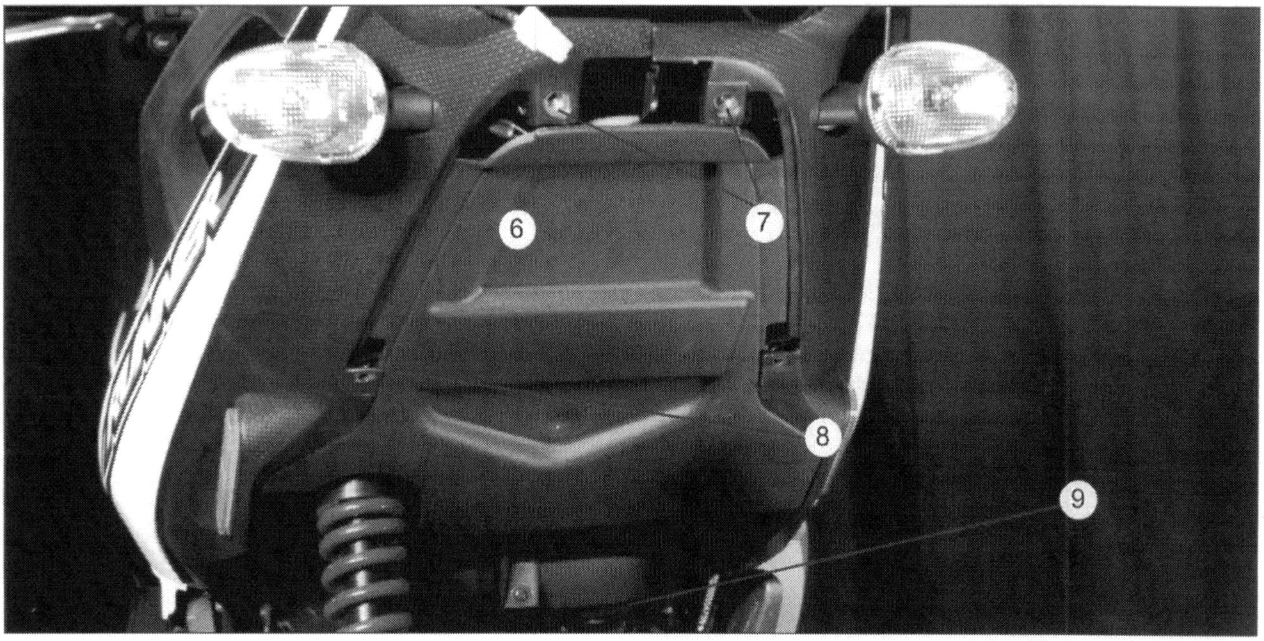

6 Verkleidungsunterteil, 7 Verschraubungen Kennzeichenträger, 8 gestufte Verschraubung, 9 Gewindeschraube zum Helmfach

Sitzbank und Helmfach

Demontage der Sitzbank

Die Befestigung der Sitzbank ist über die Rollermodelle hinweg immer gleichartig. Die Sitzbänke werden über ein Führungsscharnier im vorderen Bereich des Helmfaches geführt und im hinteren Bereich des Helmfaches durch ein Schloss verschlossen. Die Montagearbeit wird deshalb exemplarisch dargestellt.

- Öffnen Sie die Sitzbank.
- Drehen Sie die beiden Befestigungsschrauben (1) heraus.
- Nehmen Sie die Sitzbank ab.

Die Montage erfolgt sinngemäß in umgekehrter Reihenfolge.

- Ziehen Sie die Schrauben leicht an und klappen Sie die Sitzbank zu, ohne dass sie im Schloss einrastet.
- Richten Sie die Sitzbank so aus, dass der Schlossbügel genau mittig über dem Schloss steht. So können Sie Verspannungen und klemmende Sitzbanköffnungen vermeiden.

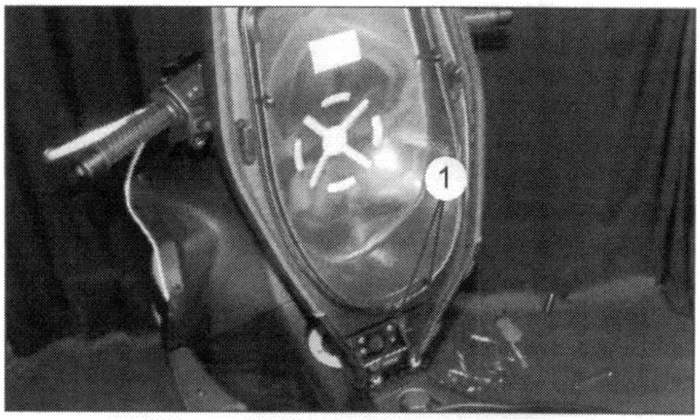

1 Befestigungsschrauben der Sitzbank am Gilera Runner

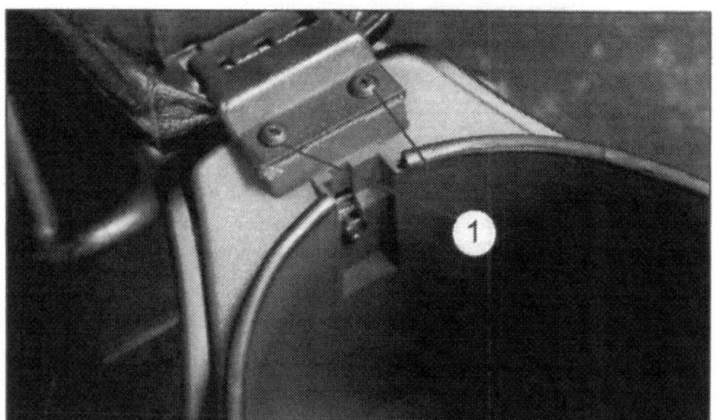

1 Befestigungsschrauben der Sitzbank am Piaggio TPH

Demontage der Motorabdeckung

Die Motorabdeckung ist auch nicht bei allen Rollertypen verbaut. Sic hat lediglich eine optische Bedeutung. In den sportlichen Modellvarianten ist sie häufiger zu finden.

- Drehen Sie die Blechschrauben (2) im Radkotflügel heraus.
- Demontieren Sie die Befestigungsschraube (Gewinde) am Motordeckel (3).
- Nehmen Sie die Motorabdeckung heraus.

Die Montage erfolgt sinngemäß in umgekehrter Reihenfolge.

- Ziehen Sie zuerst alle Schrauben handfest an, um Verspannungen zu vermeiden.
- Achten Sie beim Einsetzen der Gewindeschrauben (3) auf das gerade Einsetzen. Das Gewinde ist in das Aluminium des Motorblocks eingeschnitten.

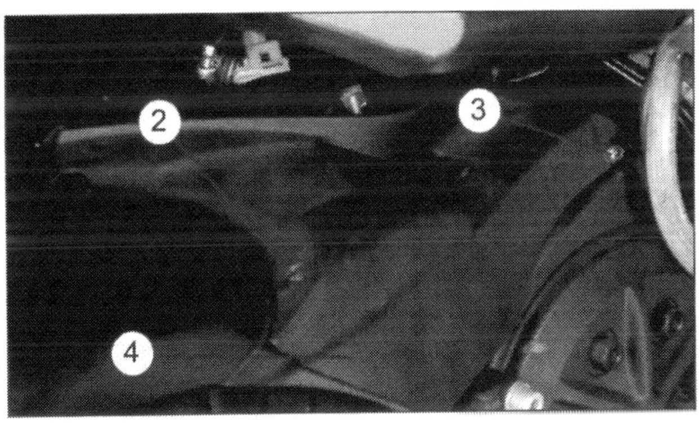

2 Blechschrauben, 3 Gewindeschraube, 4 Motorabdeckung

Demontage des Helmfaches

Die Befestigung des Helmfaches ist für die meisten Roller aus dem Hause Piaggio gleichartig. Da die Demontage nur sehr selten erforderlich ist, müssen diverse Anbauteile wie auch die Batterie demontiert werden. Die komplexe Befestigung ergibt aber eine stabile Basis für die Sitzbankbefestigung.

- Öffnen Sie die Sitzbank.
- Drehen Sie die beiden Befestigungsschrauben (1) heraus.

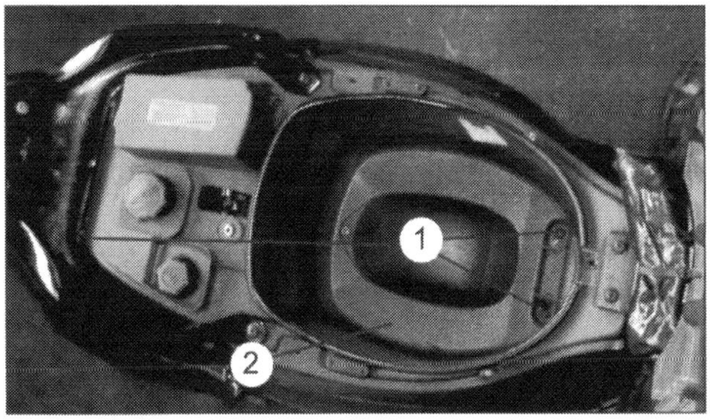

1 Befestigungsschrauben im Helmfach, 2 Helmfach

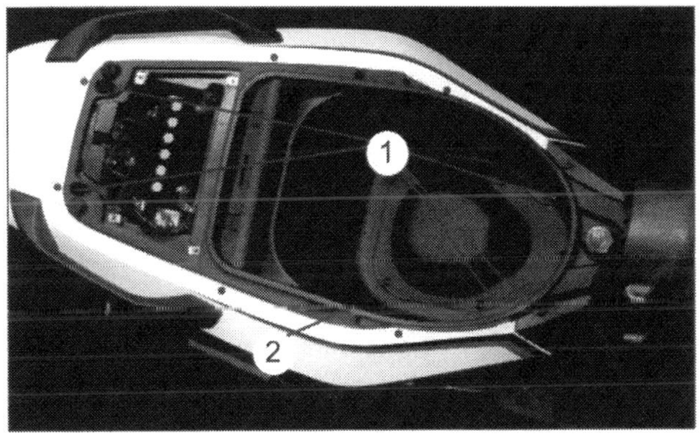

1 Befestigungsschrauben im Helmfach, 2 Helmfach

- Nehmen Sie die Sitzbank ab.
- Demontieren Sie die Batterieabdeckung und die Batterie.
- Demontieren Sie den Gemischöl- und den Tankdeckel.
- Demontieren Sie den Sicherungsträger, wenn dieser im Bereich des Helmfaches verbaut wurde.
- Demontieren Sie die Seitenverkleidungen.
- Demontieren Sie die Tankverkleidung oder die hintere Fußraumverkleidung, je nach Bauform des Rollers.
- Demontieren Sie die Wartungsluke im Helmfach.
- Drehen Sie die Befestigungsschrauben des Helmfaches heraus.
- Heben Sie das Helmfach leicht an und führen Sie die elektrischen Anschlusskabel und/oder den Bowdenzug für die Schlossbetätigung aus dem Helmfach heraus.
- Nehmen Sie das Helmfach nach oben ab.

Die Montage erfolgt sinngemäß in umgekehrter Reihenfolge.

- Montieren Sie die Schrauben immer von Hand vor. So können Sie Verspannungen in den Verkleidungen vermeiden.

Demontage des Helmfachschlosses

- Demontieren Sie das Helmfach.
- Hängen Sie den Bowdenzug, soweit verbaut, aus.
- Drehen Sie die Befestigungsschrauben des Helmfachschlosses heraus.

Die Montage erfolgt sinngemäß in umgekehrter Reihenfolge

Demontage des Helmfachschließzylinders

Der Schließzylinder des Helmfachs ist, soweit überhaupt noch vorhanden, in der Seitenverkleidung des

1 Betätigungsbowdenzug vom Zündschloss, 2 Helmfachschloss

Motorrollers verbaut. Die meisten modernen Rollertypen betätigen das Sitzbankschloss über das Zündschloss mit einem Bowdenzug. Hinweise hierzu finden Sie unter »Zündschlossreparatur« im Kapitel »Arbeiten an der elektrischen Anlage«.

Tachometer und Tachoantrieb

Demontage des Tachometers

- Demontieren Sie die Lenkerverkleidung vorne.
- Ziehen Sie den Steckkontakt für die elektrischen Verbindungen ab.
- Drücken Sie die Haltenasen der Tachometerwelle (soweit verbaut) zusammen und ziehen Sie diese aus dem Tachometer heraus.
- Ziehen Sie den Steckkontakt für die elektrischen Verbindungen ab.
- Demontieren Sie die Lenkerverkleidung hinten.
- Drehen Sie die Befestigungsschrauben für den Tachometer heraus.
- Nehmen Sie den Tachometer ab.

Die Montage erfolgt sinngemäß in umgekehrter Reihenfolge.

- Achten Sie darauf, die Tachometerwelle nicht zu knicken.

3 Steckkontakt am Tachometer, 4 mehrere Schrauben

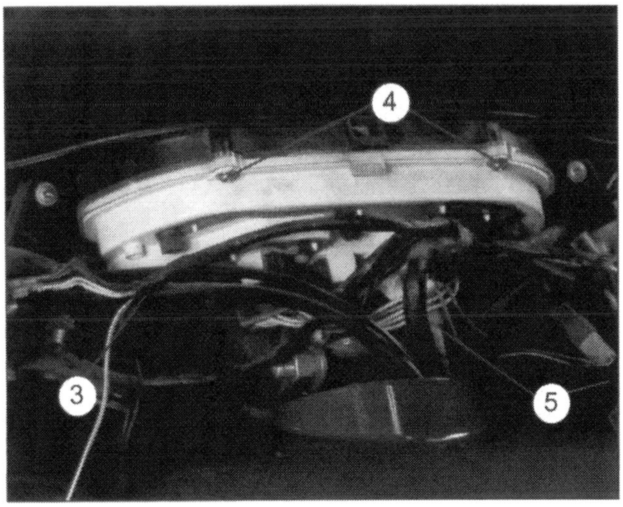

3 Steckkontakt am Tachometer, 4 Befestigungsschrauben, 5 Tachometerwelle

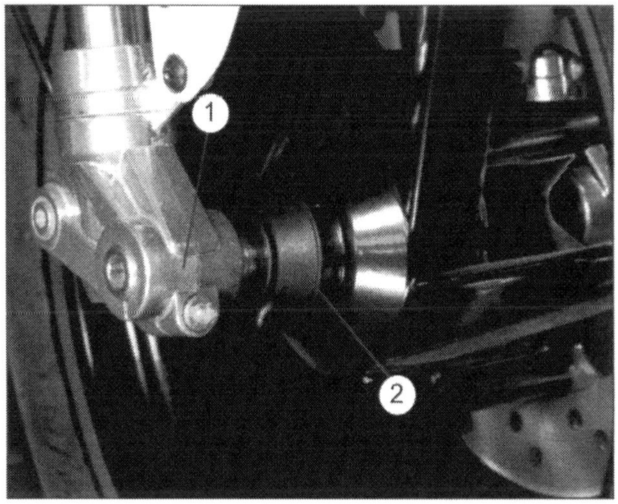

1 Klemmschelle an der Gabel, 2 elektronischer Tachogeber

Demontage des Tachogebers

- Drehen Sie die Tachowelle (soweit verbaut) am Tachogeber (6) ab und ziehen Sie diese aus dem Tachogeber heraus.

- Legen Sie den Steckkontakt (nur elektronischer Tachogeber) für den elektronischen Tachogeber (2) frei.

- Demontieren Sie das Vorderrad und nehmen Sie den Tachogeber ab.

Die Montage erfolgt sinngemäß in umgekehrter Reihenfolge.

- Achten Sie auf den exakten Sitz des Tachogebers.

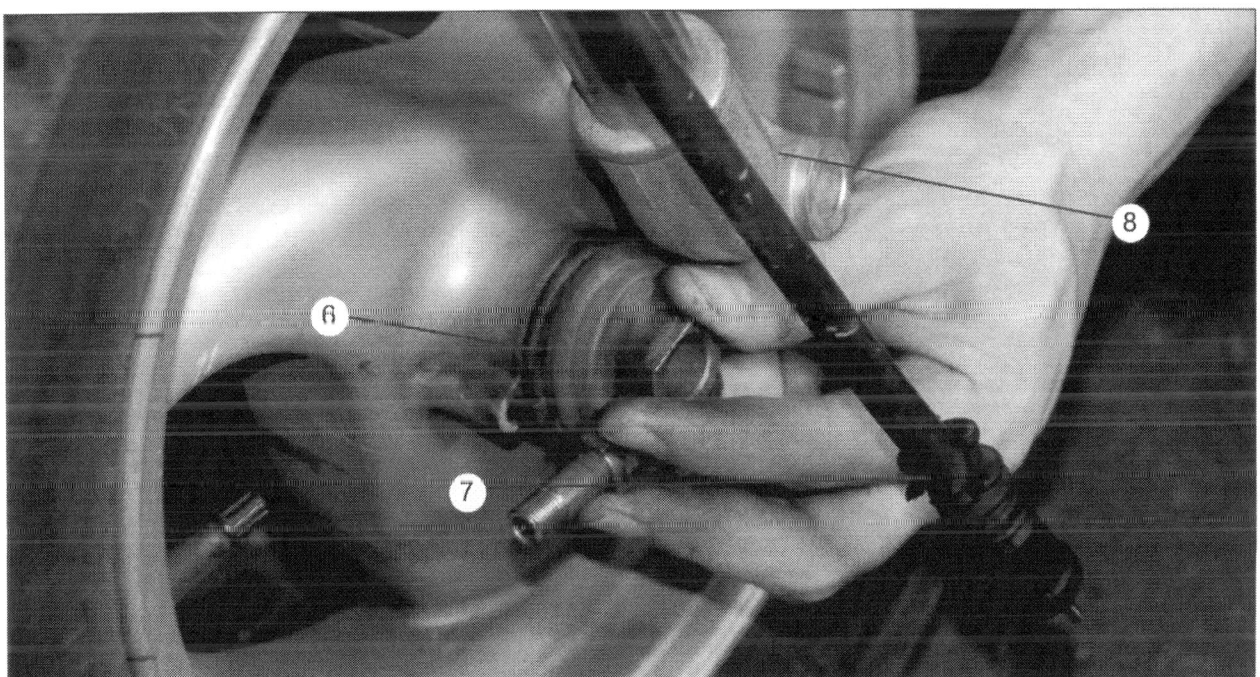

6 Tachogeber, 7 Tachowelle, 8 Gabelholm

Schrauben und Klammern

Im Grunde genommen werden für die Montage des Rollers nicht allzu viele unterschiedliche Verschraubungen eingesetzt. Nichtsdestotrotz ist es sehr ärgerlich, wenn durch das Vertauschen einer Schraube ein Gewinde oder eine Befestigung beschädigt wird.

Unterschiedliche Schrauben

Unterschieden werden folgende Schrauben an der Karosserie Ihres Motorrollers.

- Blechschraube in spitzer Form und in stumpfer Form als Schraube für Verkleidungen, wo durch die Spitze ein Verletzungsrisiko besteht oder empfindliche Bauteile hinter der Verschraubung verbaut sind.
- Kunststoffschrauben (doppeltes Gewinde!) werden nur dort verwendet, wo Verkleidungsteile ohne Gewindeklammer verbaut werden.
- Verkleidungsschraube mit Gewinde ohne und mit Stufe zur Zentrierung für Befestigungspunkte mit tragender Funktion oder hoher Belastung.

Einfacher Trick ohne Verwechslung

Um die unterschiedlichen Schrauben besser zuordnen zu können, stecken Sie die Schrauben in ein Stück Pappe ein und beschriften sie mit dem Einbauort.

Gewindeklammern

Die Gewindeklammern sitzen oft recht lose auf den Verkleidungsteilen. Wenn Sie die Gewindeklammer im Bereich der Rundung etwas zudrücken, erhalten sie neue Festigkeit.

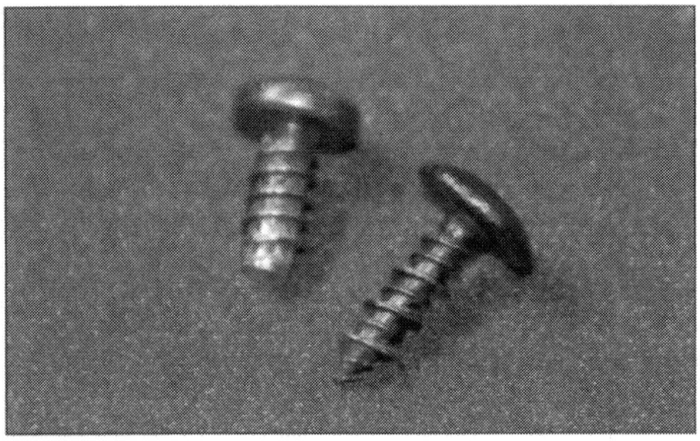

Zwei als Muster: 1 Blechschraube stumpf, 2 Kunststoffschraube spitz

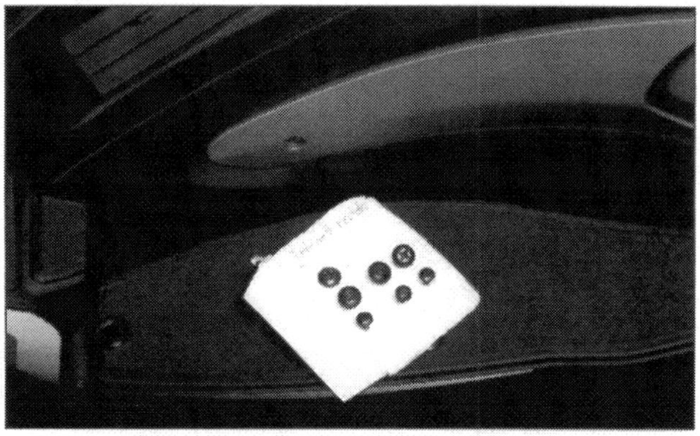

Einfaches Ordnungssystem aus Pappe: Schraube durchstechen und Einbauort notieren.

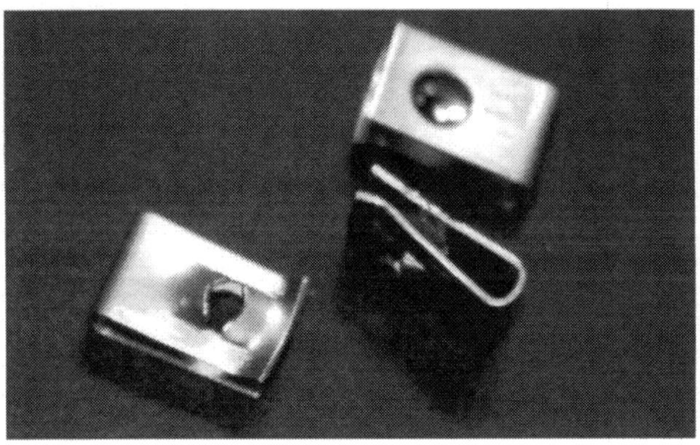

Blechklammer für die Blechschrauben.

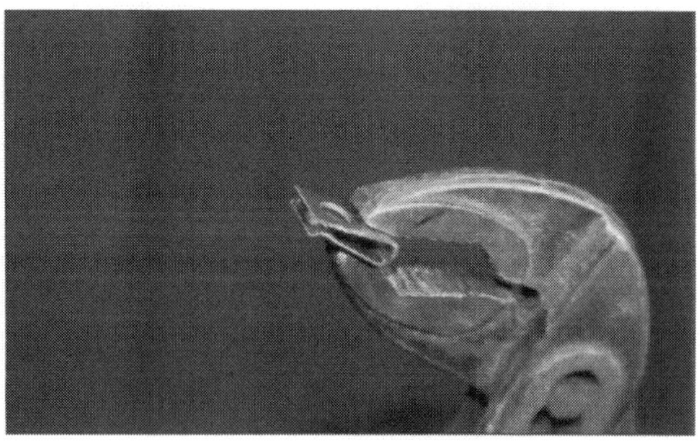

Gefühlvolles Zudrücken der Gewindeklammern.

Karosserie und Fahrwerk

	Störung	Was kann das sein?	Was muss ich tun?
A	**Reifen verliert Luft**	**1** Ventil defekt	Ventil auf Undichtigkeiten prüfen, eventuell Ventil und Einsatz erneuern.
		2 Loch in der Profilfläche	Reifen beim Reifendienst prüfen und reparieren lassen. Schäden im Bereich des Profils lassen meist eine Reparatur des Reifens zu. Geht das nicht, muss der Reifen ersetzt werden.
		3 Beschädigung an der Seitenwand	Schäden im Bereich der Seitenwand lassen keine Reparatur des Reifens zu. Der Reifen muss ersetzt werden.
		4 Beschädigung am Reifenwulst	Schäden im Bereich des Reifenwulstes lassen keine Reparatur des Reifens zu. Der Reifen muss ersetzt werden.
		5 Felge beschädigt	Felge prüfen, gegebenenfalls erneuern (lassen).
		6 Felge hat Korrosionsschäden	Korrosion beseitigen und die Felge im Felgenbett mit Spraylack versiegeln.
B	**Lenkung ist schwergängig**	**1** Luftdruck des Vorderrades zu gering	Reifen auf Sollluftdruck auffüllen und in regelmäßigen Abständen überprüfen.
		2 Lenkkopflager zu fest angezogen	Lenkkopflager neu einstellen. Kontermutter und Zustand der Lager überprüfen (lassen).
		3 Lenkkopflager defekt	Lenkkopflager prüfen, gegebenenfalls erneuern (lassen).
		4 Züge und Wellen behindern die Lenkbewegung	Lage und Befestigung der Züge und Wellen im Lenkkopfbereich prüfen und so weit erforderlich sachgerecht verlegen.
C	**Lenkung klappert beim Überfahren von Bodenwellen**	**1** Lenkkopflager zu lose angezogen	Lenkkopflager neu einstellen. Kontermutter und Zustand der Lager überprüfen (lassen).
		2 Lenkkopflager defekt	Lenkkopflager prüfen, gegebenenfalls erneuern (lassen).

STÖRUNGSBEISTAND

Karosserie und Fahrwerk

	Störung	Was kann das sein?	Was muss ich tun?
D	**Gabel vorne verliert Öl**	**1** Gabelsimmerringe defekt	Gabelsimmerringe prüfen, gegebenenfalls erneuern (lassen).
		2 Stand- oder Tauschrohr defekt **3** Verschlussschraube unten ist lose	Gabel vorne überprüfen, gegebenenfalls erneuern (lassen).
E	**Stoßdämpfer hinten schlägt durch**	**1** Stoßdämpfer verschlissen **2** Stoßdämpfer zu weich	Stoßdämpfer prüfen, gegebenenfalls erneuern oder gegen ein einstellbares Federbein tauschen.
		3 Fahrzeug ist überladen	Fahrzeug mit Beladung und Fahrer wiegen. Ergebnis mit den Fahrzeugpapieren vergleichen.
F	**Lenker steht während der Fahrt schief**	**1** Lenkerposition falsch eingestellt	Lenker einstellen. Eventuell eine Fahrwerksvermessung durchführen lassen.
		2 Gummilager des Motors defekt **3** Gummilager des Motors zu weich	Gummilagerung des Motors beidseitig ersetzen (lassen). Der einseitige Ersatz bewirkt ein Schiefziehen des Motorrollers.
		4 Vorderradgabel defekt	Gabel vorne überprüfen, gegebenenfalls erneuern (lassen).
		5 Rahmen verzogen	Rahmen überprüfen, gegebenenfalls erneuern (lassen). Eventuell eine Fahrwerksvermessung durchführen lassen.
G	**Lenker steht beim Beschleunigen schief**	**1** Gummilager des Motors defekt **2** Gummilager des Motors zu weich	Gummilagerung des Motors beidseitig ersetzen (Lassen). Der einseitige Ersatz bewirkt ein Schiefziehen des Motorrollers.
		3 Vorderradgabel defekt	Gabel vorne überprüfen, gegebenenfalls erneuern (lassen).
		4 Rahmen verzogen	Rahmen überprüfen, gegebenenfalls erneuern (lassen). Eventuell eine Fahrwerksvermessung durchführen lassen.

Arbeiten am Bremssystem

An der Bremsanlage fallen auch Reparaturen an. Wie für die meisten der gezeigten Arbeiten sollten Sie schon einige Erfahrung haben, um sich auch an diese Systeme heranzutrauen. Etwas zurechtzubasteln kann extreme Folgen haben. Nicht funktionierende Bremssysteme machen den Roller verkehrsunsicher.

Sicherheitshinweise

Alle Reparaturen an Kraftfahrzeugen haben Einfluss auf die Sicherheit des Fahrzeuges. Es dürfen ausschließlich Arbeiten durchgeführt werden, die auch vom Fahrzeughersteller erlaubt und freigegeben wurden. Zum Teil erkennt man eine mangelnde Freigabe schon an der mangelnden Lieferfähigkeit der Ersatzteile für eine solche Reparatur. Sind die Teile lieferbar, ist die Reparatur sicherlich durchführbar. Wenn Sie keine Erfahrung mit Bremssystemen und dem Fahrwerk haben, sollten Sie grundsätzlich jemanden hinzuziehen, der diese Reparaturen beherrscht. Als Ungeübter sollte man niemals Arbeiten an Bremsanlage oder Fahrwerk durchführen. Die Gefahren, die durch unsachgemäße Arbeit entstehen können, sind einfach zu groß.
Gerade bei der Arbeit an der Bremsanlage ist es wichtig, sich neben den Eigenschaften der Bremsflüssigkeit auch mit der Funktion und dem Umgang mit den Bauteilen bekannt zu machen. Die Bremsflüssigkeit zerstört nicht nur den Lack der Karosserie oder der Rahmenteile, sondern wirkt auch reizend auf Augen und Schleimhäute. Der Hersteller »ATE« weist darauf hin, dass auch jeglicher Hautkontakt zu vermeiden sei. Grundsätzlich kann man schon erkennen, dass es sich bei der augenscheinlich harmlosen hellen Flüssigkeit doch um etwas ganz Spezielles handelt.
Auch die mechanischen Arbeiten haben ihre Tücken. Werden Schrauben zu fest oder zu lose angezogen, können Schäden entstehen. Unzureichend angezogene Schrauben für die Bremssättel können durchaus die Gabelbrücke beschädigen. Eine kraftschlüssige Verbindung zwischen Sattel und Gabelholm kann so nicht mehr gewährleistet werden. Ist der Bremssattel nicht mehr befestigt, ist ein Unfall kaum abzuwenden.

Die Handbremspumpe

Um die Fehler an der Bremsanlage besser verstehen zu können, ist es erforderlich, den Aufbau der Handbremspumpe zu erkennen. Betrachten wir uns zuerst einmal die Bauteile eines Hauptbremszylinders.
Nicht gerade viele Bauteile sorgen für einen guten Druckaufbau und auch für die Nachstellung, wenn der Belag verschleißt. Schaut man sich den Hauptbremszylinder mal von oben an, kann man zwei Bohrungen entdecken. In vielen Fällen ist die eine Bohrung durch ein Schwallblech abgedeckt. Dieses Blech soll verhindern, dass die Bremsflüssigkeit stark in Richtung Membran spritzt.

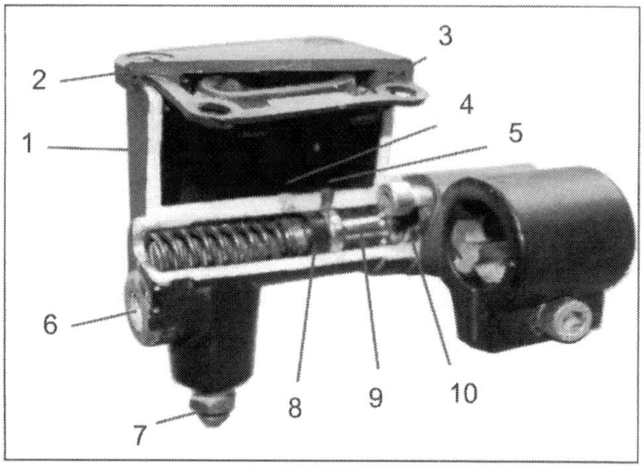

Nr.	Bauteil	Aufgabe
1	Gehäuse	Bauteile aufnehmen
2	Deckel	Behälter verschließen
3	Membran	Bremsflüssigkeit von der Außenluft trennen
4	Ausgleichsbohrung	Rücklauf der Flüssigkeit ermöglichen
5	Füllbohrung	Nachfüllen der Flüssigkeit ermöglichen
6	Anschlussgewinde	Anschluss der Bremsleitungen
7	Entlüftungsnippel	Entlüften der Anlage
8	Primärmanschette	Druckaufbau
9	Pumpenkolben	Manschetten tragen
10	Sekundärmanschette	Abdichtung nach außen

Funktion der Handbremspumpe

Die Ruhestellung (unbetätigt)

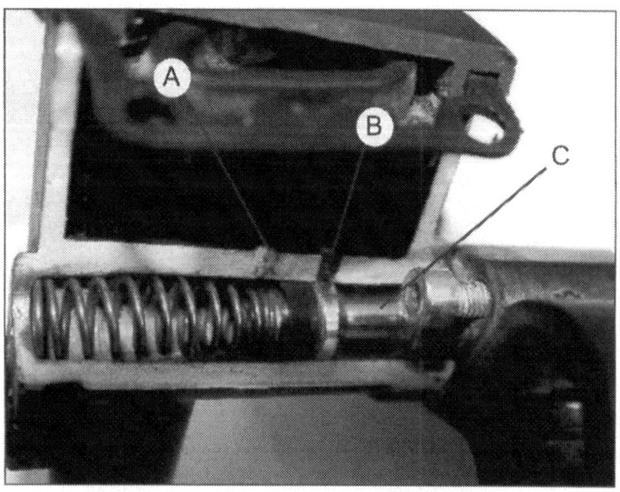

Bremszylinder in Ruhestellung: A Ausgleichbohrung (offen), B Füllbohrung (offen), C Pumpenkolben (gelöst)

Die Füllbohrung und die Ausgleichsbohrung sind offen. Durch die Ausgleichsbohrung besteht eine Verbindung zum Druckraum und somit auch zur Bremsleitung. Diese Verbindung ist wichtig um Druck abbauen zu können, wenn beispielsweise die Bremsflüssigkeit sich erwärmt. In der Ruhestellung wird ein so entstehender Druck abgebaut. Bei einigen Bremsanlagen kann man am Bremshebel den Druckpunkt verstellen. Hier muss man darauf achten, dass die Ausgleichsbohrung beim Einstellen nicht verschlossen wird.

Einleitung zum Bremsdruckaufbau

Vorstufe zum Druckaufbau: A Ausgleichsbohrung (schließt), B Füllbohrung (offen), C Pumpenkolben (etwas betätigt)

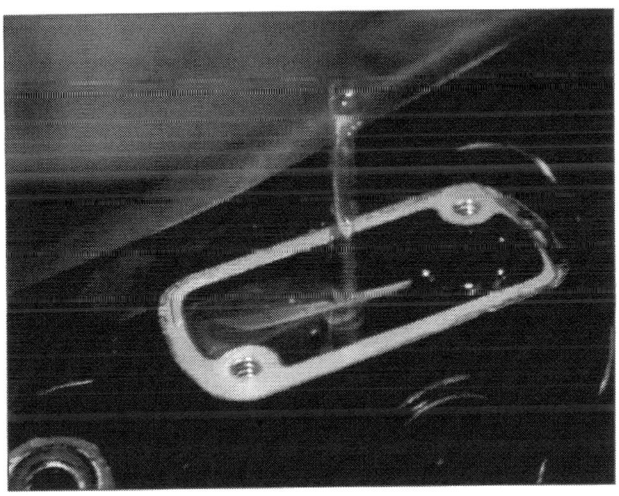

Fontänenbildung im Hauptbremszylinder, da noch Bremsflüssigkeit aus der Ausgleichsbohrung entweichen kann.

Wird nun der Bremshebel betätigt, erfolgt ein Druckausgleich, bis die Ausgleichsbohrung von der Primärmanschette verschlossen wird. Das kann man bei vielen Hauptbremszylindern gut an der kleinen Fontäne erkennen.

Der Bremsdruckaufbau

Sobald die Primärmanschette die Ausgleichsbohrung verschlossen hat, wird Druck aufgebaut: Nun wird Bremsflüssigkeit gefördert. Während der Förderung kann Bremsflüssigkeit durch die Füllbohrung vor die Sekundärmanschette nachfließen.

Druckaufbau: A Ausgleichsbohrung (zu), B Füllbohrung (offen), C Pumpenkolben (betätigt)

Füllen (Bremsflüssigkeit fördern

Wenn neue Bremsbeläge eingebaut wurden, ist es erforderlich die Bremse »beizupumpen«. Da die Bremsbeläge noch nicht an der Bremsscheibe anliegen, entsteht noch kein Gegendruck und beim Loslassen des Bremshebels klappt die Primärmanschette zurück und lässt Bremsflüssigkeit aus dem Förderraum in den Druckraum. Aus dem Vorratsbehälter fließt dann entsprechend viel Bremsflüssigkeit in den Förderraum nach.

Volumenausgleich

In der Ruhestellung ist die Ausgleichsbohrung offen und Bremsflüssigkeit kann zurückströmen. Dies ist für die Funktion der Bremsanlage sehr wichtig.

Wird eine Bremse betätigt, entsteht Wärme und die

Bremsflüssigkeit dehnt sich aus. Dieses zusätzliche Volumen wird durch die »Ausgleichsbohrung« durch Rückfluss ausgeglichen. Dasselbe geschieht auch, wenn nach der Bremsung, oder einfach beim Bremsbelagwechsel, die Kolben der Bremsanlage zurückgestellt werden. Auch hier muss nun ein überschüssiges Volumen abgebaut werden, da sonst die Bremskolben im Bremssattel nicht von der Bremsscheibe abgehoben werden können und dauern anschleifen.

Typische Fehler
Am häufigsten treten Undichtheiten am Hauptbremszylinder auf. Ist die Sekundärmanschette undicht, erkennt man das in den meisten Fällen schon daran, dass Bremsflüssigkeit aus dem Bremszylinder austritt. In einigen Fällen ist schon aufgefallen, dass diese äußere Undichtheit auch durch ein etwas zu weites Herausfahren des Kolbens und somit einem Austreten der Primärmanschette verursacht werden kann. In einigen Fällen lässt sich dieser Fehler durch die Einstellung des Zylinders an der Korrekturschraube beseitigen. Leider ist diese Einstellmöglichkeit nicht an allen Bremszylindern verbaut.

Druckmessung mit einer 300-bar-Messuhr und passenden Adaptern.

Druckprüfung
Die Prüfung der Druckseite erfolgt natürlich am besten unter Druck. Hierbei wird die Bremse fest mit großer Handkraft betätigt. Der Druck wird gehalten und dabei beobachtet, ob der Bremshebel im Druck nachgibt oder am Bremszylinder Bremsflüssigkeit austritt. Wer die notwendige Ausrüstung besitzt, kann natürlich auch eine Druckuhr anschließen und den eventuell auftretenden Druckabfall so beziffern.

Bremsflüssigkeit wechseln

Die Bremsflüssigkeit sollte spätestens alle 2 Jahre gewechselt werden. Neben der abnehmenden Siedetemperatur sorgt der steigende Wasseranteil auch für Korrosion am Bremszylinder. Die so entstehende Rauigkeit des Zylinders kann die Manschetten beschädigen und so zum Funktionsverlust oder zumindest zu Funktionsstörungen der Bremsanlage führen. Verwenden Sie ausschließlich Bremsflüssigkeit nach DOT 4 oder vergleichbare Bremsflüssigkeiten, die dieser Spezifikation entsprechen.

- Schlagen Sie den Lenker so ein, dass der Bremsflüssigkeitsbehälter am Lenker gerade steht.
- Lösen Sie die Entlüftungsschraube am Bremssattel.
- Öffnen Sie vorsichtig die beiden Kreuzschlitzschrauben am Deckel. Verwenden Sie einen gut passenden Schraubendreher. Eine defekte Schraube an dieser Stelle wird in jedem Fall teuer, da Teile der Handbremspumpe kaputt gehen können.
- Nehmen Sie vorsichtig die Trennmembran aus dem Vorratsbehälter der Handbremspumpe heraus.
- Saugen Sie den Bremsflüssigkeitsbehälter mit einer Medizinspritze leer.
- Füllen Sie den Bremsbehälter mit frischer Bremsflüssigkeit bis zur »MAX«-Markierung auf.
- Stecken Sie einen geeigneten Auffangbehälter mit durchsichtigem Schlauch auf den Entlüftungsnippel des Bremssattels auf.
- Öffnen Sie den Entlüftungsnippel vorsichtig und pumpen Sie langsam die neue Flüssigkeit durch das System.
- Verschließen Sie den Entlüftungsnippel wieder und montieren Sie die Membran und den Deckel der Handbremspumpe wieder.
- Reinigen Sie den Bremszylinder und die anliegenden Teile sehr gründlich mit Wasser, um Verätzungen zu vermeiden.

Bremsflüssigkeit ist ätzend

Wichtig ist es, die Bremsflüssigkeit auf allen Lackteilen gründlich abzuwaschen, da sonst leicht Schäden entstehen können. Als Lösungsmittel eignet sich Wasser hervorragend.

Am besten den Roller nach den Arbeiten an der Bremsanlage gründlich mit Wasser abspülen.

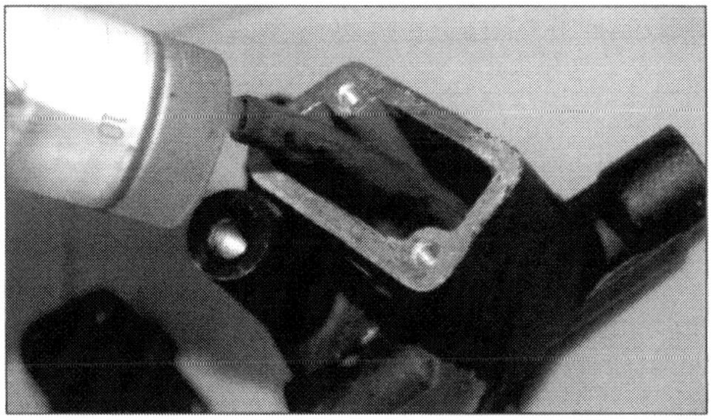

Absaugen der alten Bremsflüssigkeit mit einer Medizinspritze.

Bremse entlüften

Die Funktionsweise der »Förderung« lässt sich am besten beim Entlüften der Bremsen oder beim Bremsflüssigkeitswechsel prüfen. Hierzu werden der Deckel und die Trennmembran entfernt und ein Auffangbehälter am Entlüftungsnippel des Bremssattels angeschlossen. Nachdem der Entlüftungsnippel am Bremssattel geöffnet wurde, wird der Bremshebel LANGSAM betätigt. Zum einen kann man nun gut die schon erwähnte »Fontäne« beobachten. Zum anderen wird nun Bremsflüssigkeit aus dem System herausgepumpt. Wenn der Bremshebel wieder losgelassen wird, soll der Flüssigkeitsstand im Vorratsbehälter sinken. Der Behälter sollte für die Prüfung oder das Bremsenentlüften nicht »leer gesaugt« werden. Dementsprechend muss der Flüssigkeitsstand bei geöffnetem Entlüftungsnippel immer beobachtet werden. Legen Sie sich einige saugfähige Lappen bereit.

- Schlagen Sie den Lenker so ein, dass der Bremsflüssigkeitsbehälter am Lenker gerade steht.
- Lösen Sie die Entlüftungsschraube am Bremssattel.
- Öffnen Sie vorsichtig die beiden Kreuzschlitzschrauben am Deckel. Verwenden Sie einen gut passenden Schraubendreher. Eine defekte Schraube an dieser Stelle wird in jedem Fall teuer, da Teile der Handbremspumpe kaputt gehen können.
- Nehmen Sie vorsichtig die Trennmembran aus dem Vorratsbehälter der Handbremspumpe heraus.
- Saugen Sie den Bremsflüssigkeitsbehälter mit einer Medizinspritze leer.
- Füllen Sie den Bremsbehälter mit frischer Bremsflüssigkeit bis zur »MAX«-Markierung auf.
- Stecken Sie ein geeigneten Auffangbehälter mit durchsichtigem Schlauch auf den Entlüftungsnippel des Bremssattels auf.
- Betätigen Sie den Bremshebel und halten Sie ihn gezogen.
- Öffnen Sie nun den Entlüftungsnippel und lassen Sie den Druck über den Entlüftungsnippel ab.
- Halten Sie den Bremsgriff gezogen und schließen Sie den Entlüftungsnippel wieder.
- Lassen Sie nun den Bremsgriff wieder los.
- Wiederholen Sie den Vorgang so lange, bis beim Öffnen des Bremsentlüftungsnippels keine Luftblasen mehr austreten und der Bremsdruck am Bremshebel hart und definiert fühlbar ist. Der Bremsdruck wird nun sofort aufgebaut.

Der Bremssattel

Der Bremssattel setzt das durch die Handpumpe geförderte Volumen und die durch den Bremshebel eingebrachte Kraft in die Bremskraft um. Der Durchmesser der Handpumpe ist immer kleiner gewählt als der Kolbendurchmesser des Bremskolbens.
So entsteht eine hydraulische Übersetzung, die es ermöglicht, die Handkraft so zu verstärken, dass sie ausreicht, um die Bremsbeläge ausreichend stark an die Bremsscheibe zu pressen.

Die Funktionsweise ist recht schnell erklärt:
Wird der Bremssattel mit Druck beaufschlagt, wird der Bremskolben nach außen geschoben, bis er den Belag an die Bremsscheibe presst.
Abgedichtet wird der Bremskolben durch die Rechteckmanschette.

Auch die Rechteckmanschette wird verschoben. Die Verformung wird nach dem Bremsvorgang für die Rückstellung des Bremskolbens benötigt.

Schäden am Bremssattel
Die meisten Schäden entstehen entweder durch innere oder durch äußere Korrosion. Die innere Korrosion entsteht durch den zunehmenden Wasseranteil der Bremsflüssigkeit. Entsteht eine einzige raue Stelle in einem Bremsgerät, wird eine Dichtmanschette hier sehr leicht beschädigt. Der regelmäßige Bremsflüssigkeitswechsel verhindert größere Wasseransammlungen in der Bremsflüssigkeit.
Die äußere Korrosion kann durch den Einsatz falscher Materialien (Stahl-Schrauben) oder auch schon durch fehlende oder beschädigte Abdichtungen entstehen. Es lässt sich leicht ein ganzer Bremssattel einsparen, wenn man darauf achtet, dass die Staubmanschetten und auch die Dichtmanschetten an den Lagerungen und auf dem Entlüftungsnippel in Ordnung sind.

Montagearbeiten am Bremssattel

Für die Montage und Demontage der Bremsanlage sollte immer ein spezielles »Bremsenmontagefett« verwendet werden. Es handelt sich um eine Paste, die speziell für die Montage der Bremsgeräte an Fahrzeugen entwickelt worden. Den meisten Zubehörhändlern ist es als »ATE-Fett« bekannt. Obwohl es eigentlich nichts mit Fett zu tun hat.

Auspressen eines festgerosteten Bremssattelkolbens
Natürlich ist es fraglich, inwieweit diese Reparatur sinnvoll ist. Muss ein Sattel aber wieder in Betrieb kommen, ist die Demontage meist unabdingbar. Am leichtesten lässt sich ein festgerosteter Kolben mit einer Fettpresse ausdrücken.

- Lösen Sie die Bremsleitung (Schlauch) am Bremssattel.
- Lösen Sie den Entlüftungsnippel des betroffenen Bremssattels und drehen Sie ihn wieder leicht an.
- Demontieren Sie den betroffenen Bremssattel.
- Verschließen Sie die Bremsleitung mit einem Gummistopfen, um zu vermeiden, dass die Bremsflüssigkeit heraustropft, Schäden anrichtet und die Handbremspumpe leer läuft.
- Schließen Sie die Fettpresse an das Gewinde für die Bremsleitung an. Oftmals passt schon das Gewinde für den Fettnippel, der auf der Fettpresse verschraubt ist. Ist das nicht der Fall, muss dieser Anschluss entsprechend adaptiert werden.
- Blockieren Sie nun den beweglichen Bremskolben mit einer Schraubzwinge und drücken Sie den festgerosteten Kolben mit der Fettpresse langsam aus. Achten Sie darauf, dass zum Ende des Pressvorgangs beide Kolben gleichmäßig und gerade aus den Zylindern ausgepresst werden.
- Reinigen Sie die Teile des Bremssattels gründlich und prüfen Sie alle Bestandteile auf eventuelle Schäden.
- Montieren Sie den Bremssattel wieder vollständig. Setzen Sie alle Bauteile mit »ATE Bremsenmontagepaste« wieder zusammen.
- Montieren Sie den Bremssattel wieder und entlüften Sie die Bremsanlage.

Anschluss der Fettpresse mit einem Adapter am Bremsleitungsanschluss des Bremssattels.

Zuerst wird der Kolben herausgedrückt und anschließend tritt Fett an der Stelle aus. Achten Sie darauf, dass hier durch das austretende Fett keine Staubmanschette beschädigt wird.

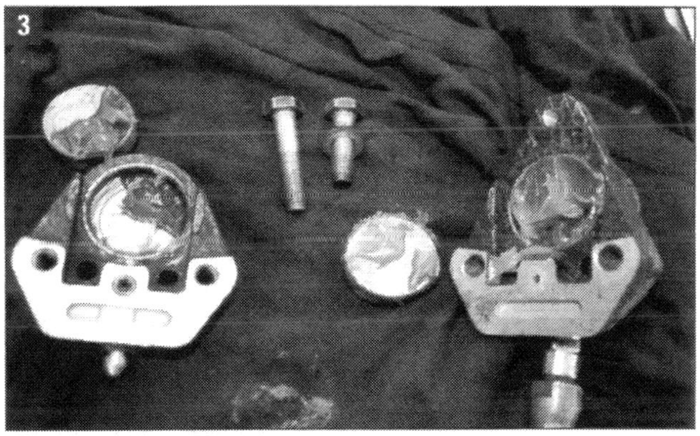

Nach der Demontage steht Reinigung und Prüfung der Bauteile an. Sehen Sie sich auch die Rechteckmanschette und die Staubmanschetten genau an. Liegen Schäden vor, muss erneuert werden.

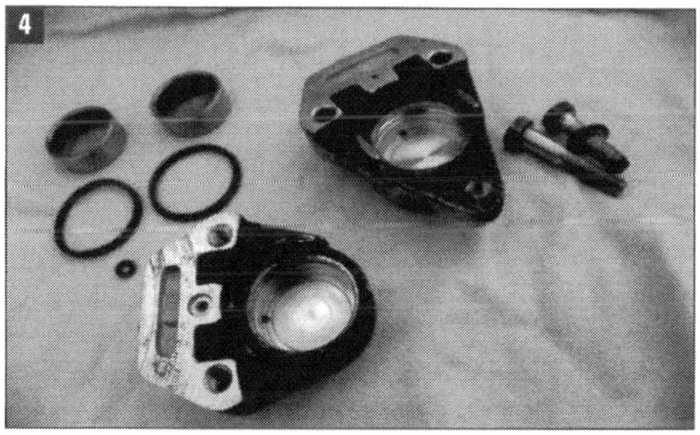

Erst wenn alle Teile intakt, gereinigt und vollständig vorliegen, sollten Sie mit der Montage des Bremssattels beginnen.

Bremszüge

Bremszug vorne Zugumsetzungssystem

Bei einigen Modellen, wie beispielsweise der »Sfera« oder der »TPH«, wird die hydraulische Bremsanlage vorne mit einem Seilzug angesteuert. Genauer gesagt wird der Bremshebel zur Zugbetätigung verwendet. Im Bereich des Frontschildes findet sich ein Geberzylinder, der die Zugbewegung dann in einen hydraulischen Druck umwandelt.

De- und Montage Bremszug am Bremshebel

- Demontieren Sie die Außenspiegel.
- Bauen Sie die Lenkerverkleidung vorne ab.
- Demontieren Sie die Beinschildverkleidungen außen.
- Demontieren Sie die Beinschildverkleidungen innen.

Bremszug für das Vorderrad

- Lösen Sie die Einstellschraube (1) am Lenkrohr und entspannen Sie den Bowdenzug (Bilder auf den nächsten Seite).
- Entfernen Sie die Sicherung am Bolzen (2) und ziehen Sie den Bolzen heraus.
- Hängen Sie den Bowdenzug am Griff aus.
- Nehmen Sie den Bowdenzug heraus.

Piaggio-Zugumsetzungssystem: A Geberzylinder, 1 Einstellschraube, 2 Bolzen mit Sicherungsclip oder Splint. Schmieren Sie bei der Montage den Umlenkhebel und den Lagerbolzen mit säurefreiem Fett nach

Bremszug am Hinterrad

- Demontieren Sie das Trittbrett.
- Demontieren Sie die Einstellschraube (3) am Hinterrad.
- Lösen Sie die Sicherungsschraube (4) durch die Felge hindurch.
- Hängen Sie den Bowdenzug am Griff aus.
- Nehmen Sie den Bowdenzug heraus.

Weiter für beide Züge

Die Montage erfolgt in umgekehrter Reihenfolge.

- Achten Sie auf die richtige Lage des Bowdenzugs.
- Stellen Sie den Bowdenzug nach dem Hebelspiel ein.

Bremszug einstellen

- Stellen Sie die Zugspannung mit der entsprechende Einstellschraube (3 oder 1) so ein, dass Sie am Hebel etwa 8 mm Spiel zum Hebelträger am Lenker erkennen können, bis Sie merklichen Bremsdruck ausüben.
- Betätigen Sie die Bremse mehrfach und kontrollieren Sie die Einstellung.

Der Bowdenzug für die hintere Bremse ist mit einem Sicherungsblech verschraubt und wird so in Position gehalten. 3 Einstellschraube (meist mit Kontermutter), 4 Sicherungsschraube für den Bowdenzug der hinteren Bremse

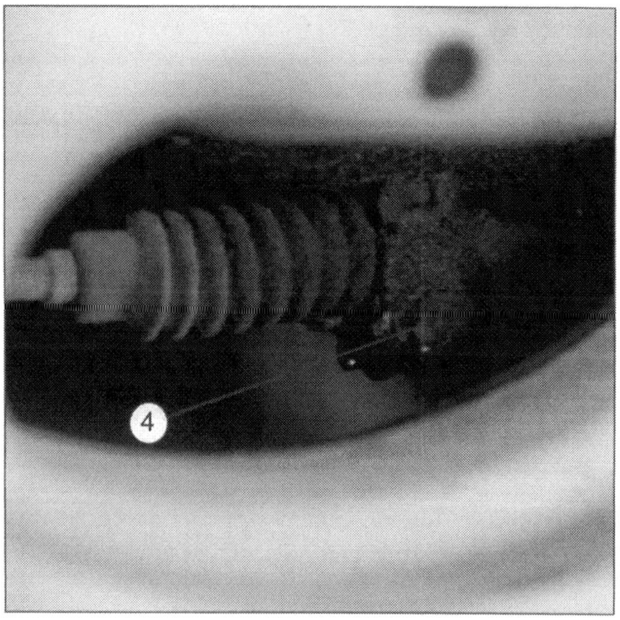

Vor der Demontage reinigen und anschließend leicht einfetten. 4 Sicherungsschraube für den Bowdenzug der hinteren Bremse

Bremsscheibe

Die Bremsscheibe unterliegt neben den Umwelteinflüssen wie Wasser und Salz auch einem Verschleiß. Die Aufgabe der Geschwindigkeitsreduzierung wird durch Reibung mit den Belägen erzeugt. Die optische Beurteilung des Zustandes der Bremsscheibe ist von großer Wichtigkeit. Durch eine wellige Bremsscheibe und daraus resultierenden unterschiedlichen Dicken im Profil wird auch die Wärmeleitung unterschiedlich ausfallen. Es können so leicht so genannte Hitzerisse entstehen, die im Extremfall zu einem schlagartigen Zerbersten der Bremsscheibe führen können.

Bremsscheibe demontieren

- Demontieren Sie den Bremssattel.
- Demontieren Sie das Vorderrad.
- Schlagen Sie kurz mit einem Hammer auf die Befestigungsschrauben der Bremsscheibe, um eventuell vorhandene Korrosion aufzubrechen.
- Drehen Sie die Schrauben vorsichtig mit einem genau passenden Schlüssel heraus.
- Reinigen Sie die Anlagefläche der Bremsscheibe auf der Felge gründlich.

Sollte die Bremsscheibenreibfläche deutliche Wellen oder sogar Risse aufweisen, ist die Bremsscheibe sofort zu tauschen. Der Roller darf in diesen Fällen nicht weiter betrieben werden.

- Entfetten Sie die neue Bremsscheibe gründlich mit Bremsenreiniger.
- Montieren Sie die neue Bremsscheibe grundsätzlich mit neuen Befestigungsschrauben.
- Ersetzen Sie die Bremsbeläge.
- Pumpen Sie den Bremssattel bei und fahren Sie die ersten Meter sehr vorsichtig, bis die Bremse wieder ihre volle Leistung erreicht hat.

Die weitere Montage erfolgt sinngemäß in umgekehrter Reihenfolge.

Am einfachsten lässt sich die Scheibendicke mit einer Bügelmessschraube erfassen. Mit etwa 3 mm ist die Verschleißgrenze erreicht.

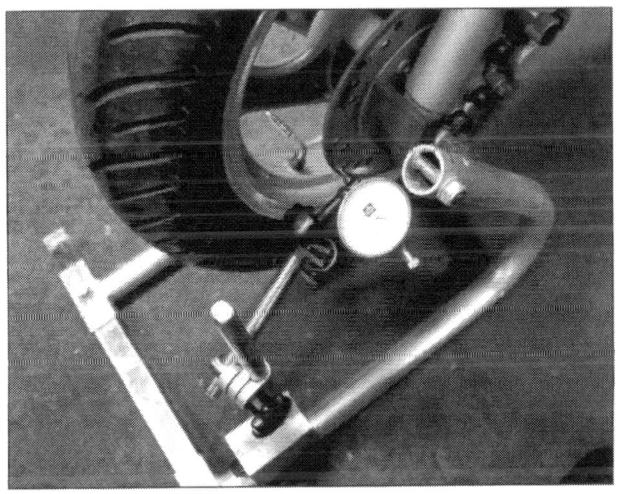

Messung des Seitenschlags der Bremsscheibe: Ein Seitenschlag von 3/100 mm ist noch in der Toleranz.

Bremsscheibendicke messen

Ein sicherer Indikator für den Verschleiß der Bremsscheibe ist die Materialdicke. Dieses Maß wird meist von den Fahrzeugherstellern angegeben. Wird das geforderte Mindestmaß unterschritten, muss die Bremsscheibe ersetzt werden. Sie kann mit einer geringeren Materialstärke den geforderten Ansprüchen nicht mehr sicher gerecht werden, kann reißen und sich verziehen.

Bremsscheibenschlag messen
Um beurteilen zu können, ob die Bremsscheibe gerade läuft, muss der Bremsscheibenschlag gemessen werden. Auch hier wird durch den Hersteller ein maximales Maß vorgegeben. Wird diese Maß überschritten, muss die Bremsscheibe getauscht werden. Anderenfalls würden der Bremssattel oder die Sattellagerung recht schnell verschleißen, da sie für die stetige Bewegung nicht ausgelegt sind.

Bremsbelag Scheibenbremsanlage vorne wechseln

Die Bremssysteme unterscheiden sich zwar deutlich von Modell zu Modell, der Belagwechsel läuft aber grundsätzlich ähnlich ab. Wenn zu wenig Platz für die Demontage zur Felge verbleibt, muss der Bremssattel vom Gabelholm demontiert werden. Hierzu wird die Bremsleitung NICHT gelöst.

- Ziehen Sie die Kunststoffabdeckung hinten ab.
- Entfernen Sie den Sicherungsring des Belagsicherungsbolzens und nehmen Sie die Andruckfeder heraus.
- Drücken Sie die Beläge mit einem geeigneten Werkzeug zurück und nehmen Sie den Belagsatz heraus.
- Kontrollieren Sie die Dichtmanschetten auf eventuelle Beschädigungen und legen Sie die neuen Bremsbeläge ein.

Die weitere Montage erfolgt in umgekehrter Reihenfolge.

Bremsbelag Scheibenbremsanlage hinten wechseln

Die Scheibenbremsanlagen hinten unterscheiden sich bei den einzelnen Piaggio-Modellen kaum voneinander. Das System ist nur bei den sportlicheren Varianten verbaut. Wenn zu wenig Platz für die Demontage zur Felge verbleibt, muss der Bremssattel vom Gabelholm demontiert werden. Hierzu wird die Bremsleitung NICHT gelöst.

- Ziehen Sie die Kunststoffabdeckung hinten ab.
- Entfernen Sie den Sicherungsring des Belagsicherungsbolzens und nehmen Sie die Andruckfeder heraus.
- Drücken Sie die Beläge mit einem geeigneten Werkzeug zurück und nehmen Sie den Belagsatz heraus.
- Kontrollieren Sie die Dichtmanschetten auf eventuelle Beschädigungen und legen Sie die neuen Bremsbeläge ein.

Die weitere Montage erfolgt in umgekehrter Reihenfolge.

Die Trommelbremse

Beläge wechseln

Um die Bremsbeläge für das hintere Rad zu wechseln, muss das Hinterrad demontiert werden.

- Demontieren Sie die Auspuffanlage.
- Lösen Sie die Zentralmutter für das Rad. Diese Arbeit wird wesentlich erleichtert, wenn eine zweite Person die hintere Bremse fest betätigt. So lässt sich die Achsmutter leicht mit einer passenden Ratsche mit Nuss lösen.
- Nehmen Sie nun das Hinterrad ab.
- Demontieren Sie die hinteren Bremsbeläge. Auch hier lassen sich die Bremsbeläge am einfachsten von der Ankerplatte abnehmen, indem man sie anhebt und »zusammenklappt«.

Die Montage der Beläge und des Rades erfolgt dann wieder in umgekehrter Reihenfolge.

- Nachdem die Bremsbeläge montiert und der Bremszug eingestellt wurden, muss der Handbremshebel mehrfach betätigt werden, um die Bremsbeläge und die Mechanik der Bremsanlage zu setzen und die Bremse so wieder in Betrieb zu setzen.

- Ist die Bremstrommel etwas eingelaufen, kann es erforderlich sein, die Bremse nach einigen Kilometern nachzustellen. Der Hebelweg und die Funktion der Bremse sollten auf alle Fälle vor der Fahrt kontrolliert werden.

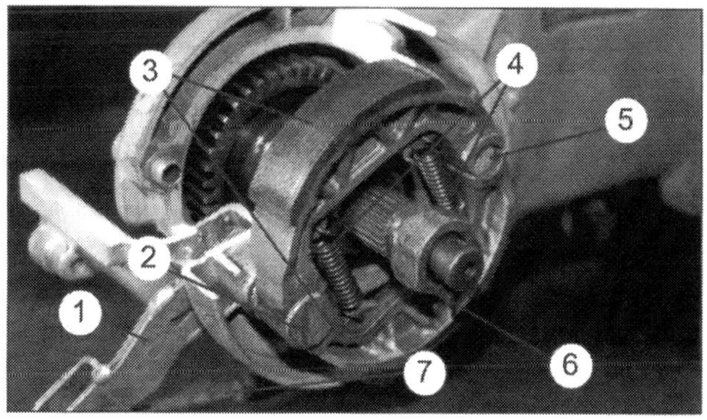

1 Bremshebel Trommelbremse, 2 Bremsnocken, 3 Bremsbeläge, 4 Belagfedern zur Rückstellung, 5 Gegenlager auf der Ankerplatte, 6 Achswelle mit Mutter, 7 Bremszug

BREMSSYSTEM

	Störung	Was kann das sein?	Was muss ich tun?
A	**Scheibenbremse hat zu wenig Leistung (vorne oder hinten)**	**1** Wasseranteil in der Bremsflüssigkeit zu hoch	Bremsflüssigkeit wechseln (lassen).
		2 Lufteinschluss im System	Bremsanlage entlüften (lassen).
		3 Bremsbeläge verölt	Bremsbeläge wechseln, Undichtigkeit an Bremsanlage, Motor oder Vorderradgabel beheben (lassen).
		4 Bremsscheibe beschädigt	Bremsscheibe prüfen, gegebenenfalls erneuern (lassen).
		5 Handbremspumpe defekt	Handbremspumpe prüfen, gegebenenfalls erneuern (lassen).
		6 Bremssattel beschädigt	Bremssattel prüfen, gegebenenfalls erneuern (lassen).
B	**Scheibenbremse macht Geräusche (vorne oder hinten)**	**1** Bremsbeläge abgenutzt	Bremsbeläge prüfen, gegebenenfalls erneuern.
		2 Bremsbeläge verglast/zu alt	Kühler prüfen, gegebenenfalls erneuern.
		3 Bremssattel beschädigt/fest	Bremssattel prüfen, reparieren und gegebenenfalls erneuern (lassen).
		4 Bremsscheibe Schlag/Beschädigung	Bremsscheibe prüfen, gegebenenfalls erneuern.

STÖRUNGSBEISTAND

BREMSSYSTEM

Störung	Was kann das sein?	Was muss ich tun?
C **Scheibenbremse baut den Bremsdruck schlecht ab (vorne oder hinten)**	**1** Ausgleichsbohrung in Handbremszylinder zugesetzt	Handbremszylinder reinigen und prüfen, Bremsflüssigkeit wechseln (lassen).
	2 Bremsleitung defekt	Bremsleitung prüfen (lassen) und gegebenenfalls erneuern.
	3 Bremssattel beschädigt/fest	Bremssattel prüfen, gegebenenfalls erneuern (lassen).
D **Trommelbremse hinten hat zu wenig Leistung**	**1** Bremszugspiel ist zu groß	Bremszug einstellen und auf Leichtgängigkeit prüfen.
	2 Bremsbeläge verschlissen	Bremsbeläge erneuern (lassen).
	3 Bremstrommel (in der Felge) verschlissen	Hinterradfelge erneuern.
E **Trommelbremse hinten macht Geräusche**	**1** Bremstrommel (in der Felge) verschmutzt	Hinterradfelge demontieren, Bremse reinigen, Bremsbeläge prüfen.
	2 Bremstrommel (in der Felge) verschlissen	Hinterradfelge erneuern.
	3 Bremsrückstellfedern gebrochen	Hinterradfelge demontieren, Bremsrückstellfedern prüfen.
	4 Bremshebelwelle ausgeschlagen	Bremshebel ersetzen, Lagerung überarbeiten.
F **Trommelbremse hinten öffnet sehr schlecht**	**1** Bremshebelwelle festoxidiert	Bremshebel ersetzen, Lagerung überarbeiten.
	2 Bremszug festgerostet	Bremszug ersetzen, Bremse einstellen.
	3 Bremsbeläge verschlissen	Bremsbeläge erneuern (lassen).
	4 Bremsrückstellfedern gebrochen	Hinterradfelge demontieren, Bremsrückstellfedern prüfen.

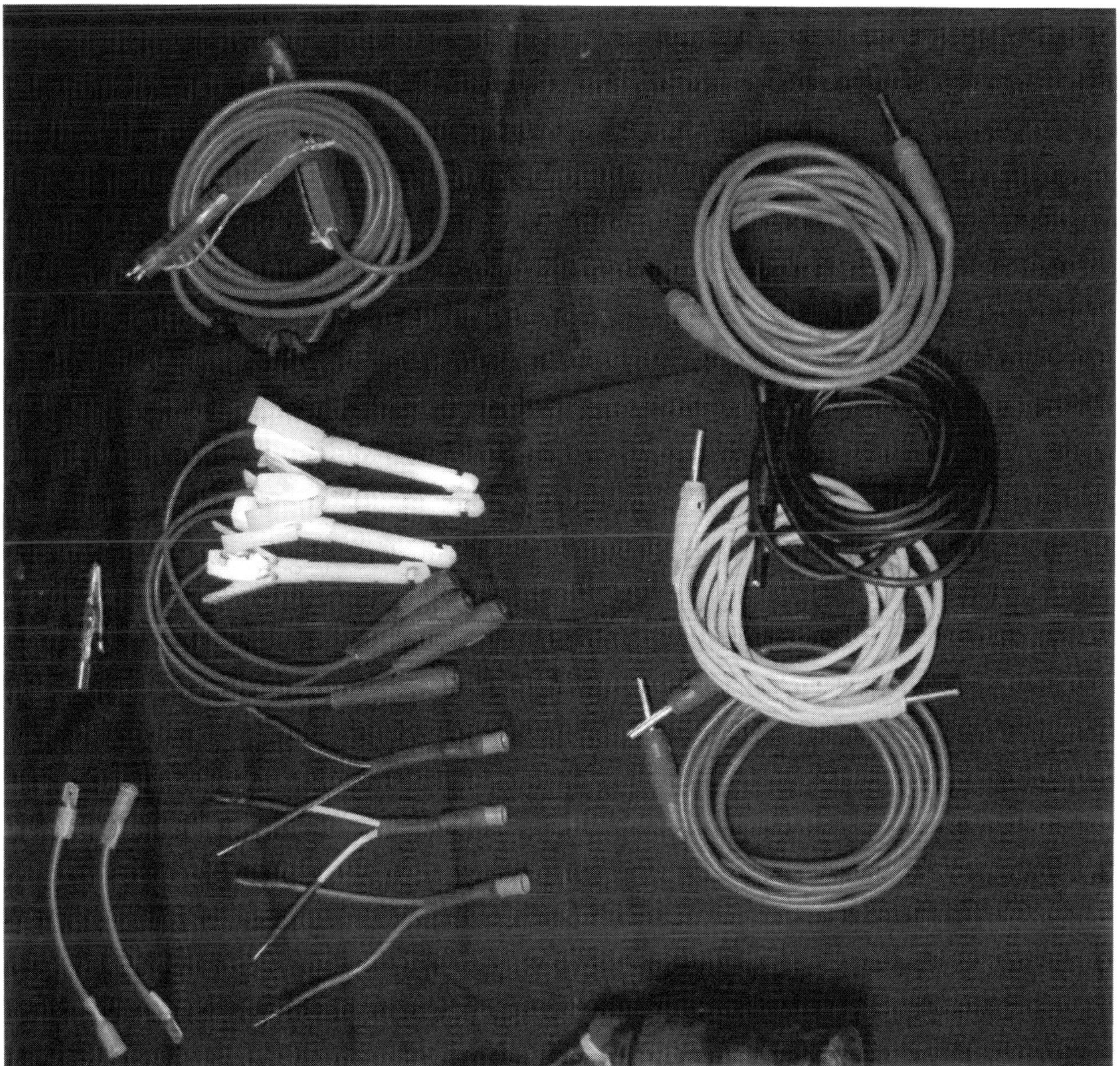

Arbeiten an der elektrischen Anlage

Sicherlich ist es auch möglich so lange Teile zu tauschen, bis sich der Fehler schließlich findet. Nachgewiesen wird er so aber nicht. Reparatur oder zufällig wieder in Funktion? Bauteile kennen lernen, Bauteile prüfen lernen: Der Umgang mit Bauteilen in der Fehlersuche hat immer mit der Messtechnik zu tun, das werden wir an den Bauteilen der elektrischen Anlage angehen.

Bauteilübersicht

Gilera Runner 50 ccm Purejet: 1 Blinker hinten, 2 Rücklicht, 3 Sicherungen, 4 Batterie, 5 Diagnosestecker, 6 Blinkrelais, 7 Zündschloss, 8 Lenkerschalter links, 9 Tachometereinheit, 10 Lenkerschalter rechts, 11 Hupe, 12 Frontscheinwerfer, 13 Blinker links, 14 Blinker rechts, 15 Raddrehzahlgeber

Piaggio TPH 125: 1 Blinker hinten, 2 Rücklicht, 3 Batterie, 4 Blinkrelais und Diode, 5 Sicherungen, 6 Zündschloss, 7 Griffeinheit und Bremslichtschalter rechts, 8 Tachometereinheit, 9 Blinker links, 10 Blinker rechts, 11 Frontscheinwerfer, 12 Hupe

Scheinwerferbirnen wechseln

Glühlampenwechsel für Fern- und Abblendlicht

- Demontieren Sie die beiden Befestigungsschraube (1) im Beinschild innen.
- Stecken Sie einen Schraubendreher in die Verschraubung (1) des Scheinwerfers hinein.
- Schieben Sie mit dem Schraubendreher den Scheinwerfer nach vorne und nehmen Sie den Scheinwerfer heraus.
- Verdrehen Sie die Birnenfassung etwa 1/8 gegen den Uhrzeigersinn und nehmen Sie die Fassung mit der montierten Glühlampe aus dem Scheinwerfer heraus.
- Drehen Sie die Glühlampe um etwa 1/8 gegen den Uhrzeigersinn und nehmen Sie diese aus der Fassung heraus.

Die Montage erfolgt in umgekehrter Reihenfolge.

- Achten Sie auf die korrekte Einbaurichtung der Glühlampe und prüfen Sie die Lichtfunktion und Einstellung vor der Endmontage der Verkleidungsteile.

Glühlampenwechsel für Standlicht

- Demontieren Sie den Scheinwerfer vorne, wie bereits beschrieben.
- Ziehen Sie die Standlichtfassung aus dem Scheinwerfer heraus.
- Ziehen Sie die Glühlampe aus der Fassung heraus.

Die Montage erfolgt in umgekehrter Reihenfolge.

- Achten Sie darauf, dass die Gummifassung wieder richtig im Scheinwerfer einrastet und abdichtet.

1 Befestigungsschrauben, 2 Einstellschraube für die Lichteinstellung

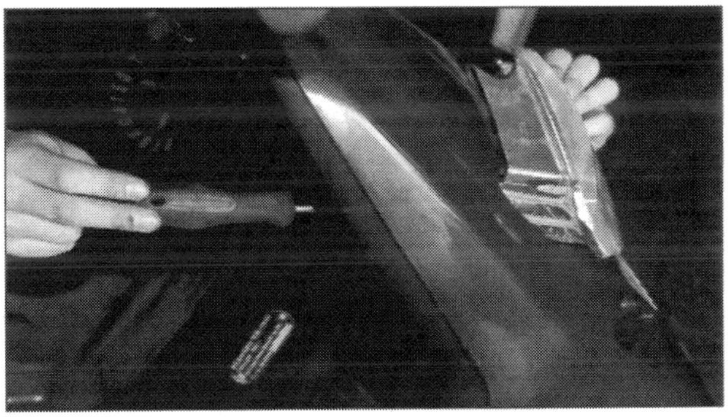

Scheinwerferschrauben herausdrehen und Scheinwerfer mit dem Schraubendreher nach vorne schieben.

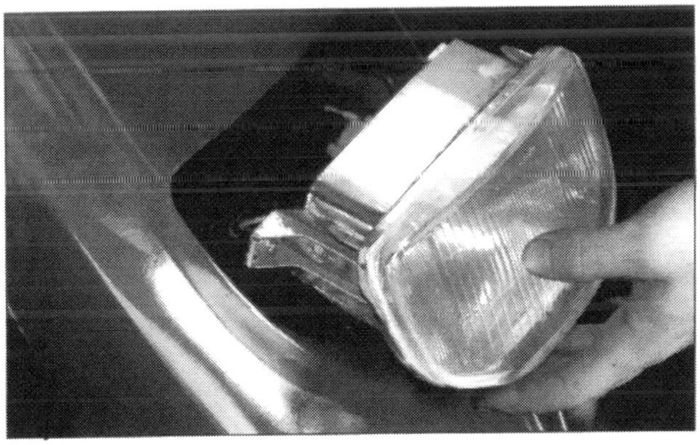

Scheinwerfer herausnehmen.

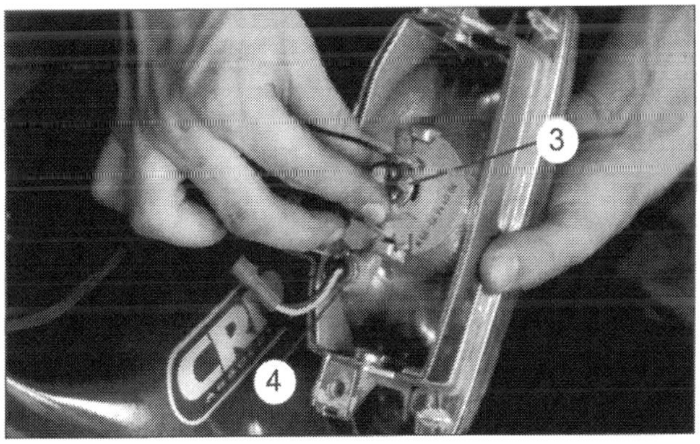

3 Lampenfassung Fahrlicht, 4 Lampenfassung Standlicht

Für die sportlichen Varianten der Piaggio-Modellreihe ist der Zugang zu den Scheinwerfern etwas aufwändiger. Auch ist die Arbeit nicht einfach einzusehen. Wir werden Ihnen den Glühlampenwechsel exemplarisch an unserem Gilera Runner vorstellen und Ihnen Tipps für den Blick um die Ecke geben, die Sie in der Praxis umsetzen können.

Glühlampenwechsel für Fern- und Abblendlicht

- Demontieren Sie die Frontschildabdeckung außen.
- Greifen Sie in die Wartungsöffnung hinein und ziehen Sie die Gummiabdeckkappe von dem Scheinwerfer ab, an dem der Glühlampenwechsel erfolgen soll.
- Drehen Sie die Glühlampenfassung um 1/8 Umdrehung im Uhrzeigersinn los.
- Ziehen Sie die Fassung mit der montierten Glühlampe aus dem Scheinwerfer heraus.
- Ziehen Sie die Glühlampe aus der Fassung heraus.

Die Montage erfolgt in umgekehrter Reihenfolge.

- Achten Sie auf die korrekte Einbaurichtung der Glühlampe und prüfen Sie die Lichtfunktion und Einstellung vor der Endmontage der Verkleidungsteile.

Kleine Finger gefragt: Der Zugang zum Fronscheinwerfer erlaubt entweder gucken oder arbeiten. Beides zusammen geht nicht.

PRAXISTIPP – Glühlampeneinbau

Die Bewegung der Glühlampenfassung, den korrekten Sitz in der Führung im Scheinwerfer und wie weit denn nun wirklich gedreht werden muss, bis die Glühlampenfassung herausgenommen werden kann oder wieder richtig eingebaut ist, können Sie durch das Scheinwerferglas mit Blick auf die entsprechende Glühlampe gut beobachten!

Glühlampenwechsel für Standlicht

1 Rastnase der Fassung, 2 Arretierung im Scheinwerfer, 3 Glaskolben der Glühlampe

- Demontieren Sie die Frontschildabdeckung außen.
- Greifen Sie in die Wartungsöffnung hinein und ziehen Sie die Standlichtfassung aus dem Scheinwerfer heraus, an dem der Glühlampenwechsel erfolgen soll.
- Ziehen Sie die Glühlampe aus der Fassung heraus.

Die Montage erfolgt in umgekehrter Reihenfolge.

- Achten Sie darauf, dass die Gummifassung wieder richtig im Scheinwerfer einrastet und abdichtet.

Achtung: Die Glühlampe nicht mit bloßen Fingern am Glaskolben anfassen. Die Fettrückstände können im Betrieb verdampfen und den Glaskolben überhitzen. Dieser kann dann platzen und den Scheinwerfer beschädigen.

Verwenden Sie für die De- und Montage der Glühlampe die Glühlampenverpackung, einen sauberes Papiertuch oder ein Stück Pappe.

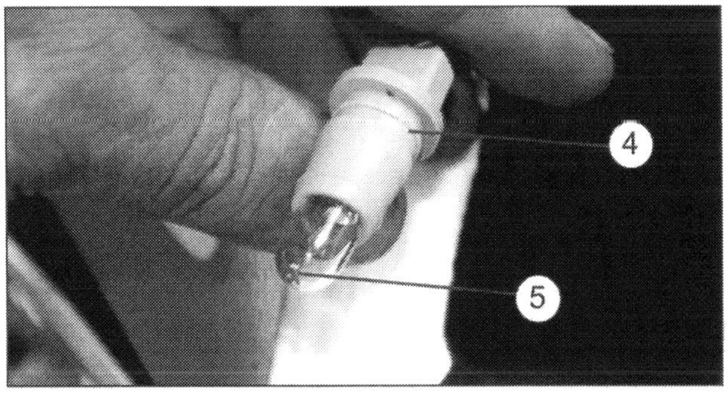

4 Gummifassung fürs Standlicht, 5 Glühlampe Standlicht

Scheinwerfer einstellen

Die optimale Lichteinstellung ist für einen Motorroller wichtig, um bei Nacht eine möglichst gute Ausleuchtung der Fahrbahn zu realisieren und für den Gegenverkehr auch am Tage möglichst früh erkennbar zu sein. Bei zulassungspflichtigen Fahrzeugen ist die Einstellung der Scheinwerfer ein Prüfpunkt bei der zweijährigen Hauptuntersuchung.

Vorbereitung am Fahrzeug

- Sorgen Sie dafür, dass die Einstellschraube am Scheinwerfer gängig ist.
- Die Einstellschraube befindet sich an der Rückseite des Scheinwerfers. Bei klassischen Bautypen ist sie durch das Beinschild oder durch den Handschuhkasten erreichbar.
- Beladen Sie das Fahrzeug so, wie Sie es normalerweise im Alltag bewegen. Fahren Sie häufiger mit Sozius, stellen Sie Ihren Scheinwerfer auf die dafür erforderliche Höhe ein. Sie nehmen dann lieber im Solobetrieb eine etwas geringere Leuchtweite in Kauf.

Einstellen an der Hauswand

Dieser Arbeitsschritt lässt sich am besten bei Dämmerung durchführen. Natürlich reicht es auch aus, die Scheinwerferhöhe einzumessen. Es muss keine reale Markierung an der Hauswand angebracht werden. Hier reicht auch ein DIN-A4-Blatt mit einer Hilfslinie aus.

- Stellen Sie den Roller gerade und mit 5 m Abstand vor einer Hauswand auf.
- Messen Sie die Scheinwerferhöhe vom Boden ausgehend ab und merken Sie sich diese Maß.
- Markieren Sie diese Höhe an der Wand.
- Schalten Sie das Abblendlicht ein.
- Stellen Sie Ihren Scheinwerfer so ein, dass die Hell/-Dunkelgrenze sich 6 cm unter der Scheinwerferhöhe auf der Wand abzeichnet.

Einstellen mit dem Lichttestgerät

- Stellen Sie das Einstellrad auf 1% bis 1,2%.
- Stellen Sie das Einstellgerät gerade vor das Lichteinstellgerät.
- Schalten Sie das Abblendlicht ein.
- Stellen Sie Ihren Scheinwerfer so ein, dass die Hell-/-Dunkelgrenze sich auf der Hilfslinie abzeichnet.

Die Einstellung der Seitenkorrektur, wie beim Auto, ist für die Motorroller nicht vorgesehen.

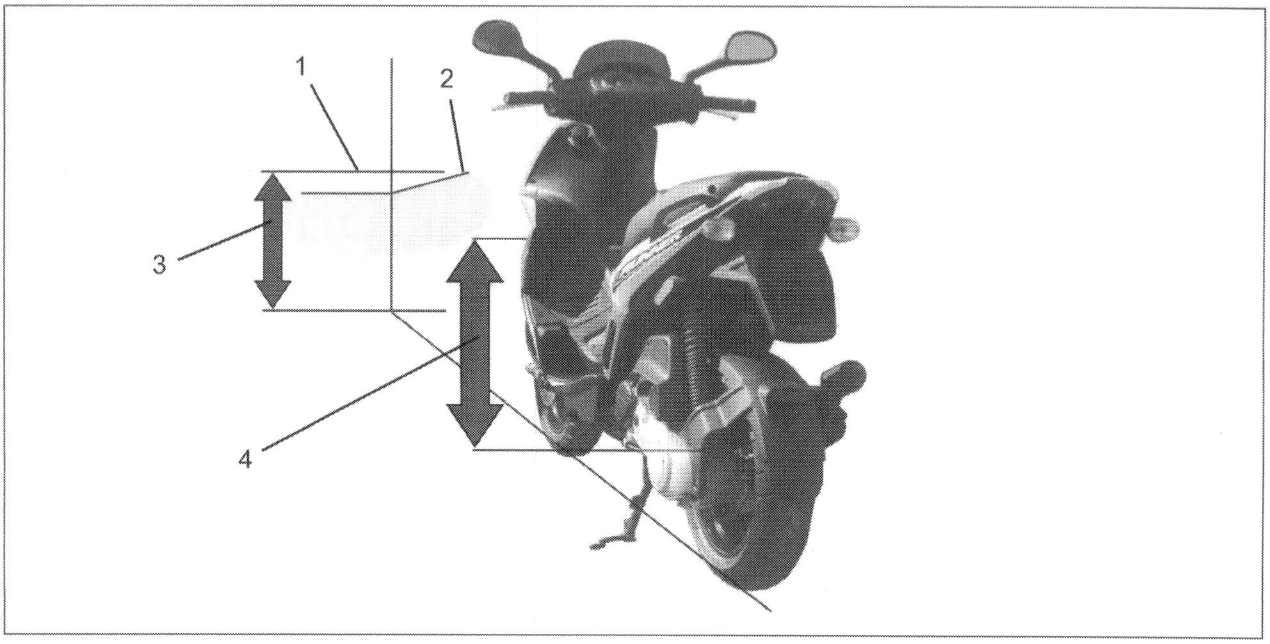

1 Linie für die Hell-/Dunkelgrenze 6 cm unter der Scheinwerferhöhe, 2 asymmetrische Abweichung, 3 übertragene Scheinwerferhöhe, 4 Scheinwerferhöhe am Fahrzeug

Blinklampen

Auch wenn sich die Karosserieform und der Anbauort von Modell zu Modell ändern, sind selbst über einen Produktionszeitraum vom 1 1/2 Jahrzehnten die Montagearbeiten noch fast unverändert. Lediglich die Frontblinker unseres Sportrollers fallen etwas aus dem Rahmen.

Demontage der Blinklampen Standard

- Drehen Sie die Befestigungsschraube (1) aus dem Blinkerglas heraus.
- Nehmen Sie das Blinkerglas ab, indem Sie das Glas wie gezeigt an der geschraubten Seite aufklappen.
- Drücken Sie die Blinkerlampe leicht nach innen und drehen Sie sie gegen den Uhrzeigersinn etwa 1/8 Umdrehung.
- Nehmen Sie die Blinkerlampe heraus.

Die Montage erfolgt sinngemäß in umgekehrter Reihenfolge.

Demontage der Blinklampen Verkleidung

- Drehen Sie die Befestigungsschraube (2) aus dem Blinkergehäuse vom Radkasten her heraus.
- Nehmen Sie das Blinkergehäuse (3) nach vorne heraus. Drehen Sie die Fassung (4) etwas gegen den Uhrzeigersinn und nehmen Sie sie aus dem Blinkergehäuse heraus.
- Drücken Sie die Blinkerlampe leicht nach innen und drehen Sie sie gegen den Uhrzeigersinn etwa 1/8 Umdrehung.
- Nehmen Sie die Blinkerlampe heraus.

Die Montage erfolgt in umgekehrter Reihenfolge.

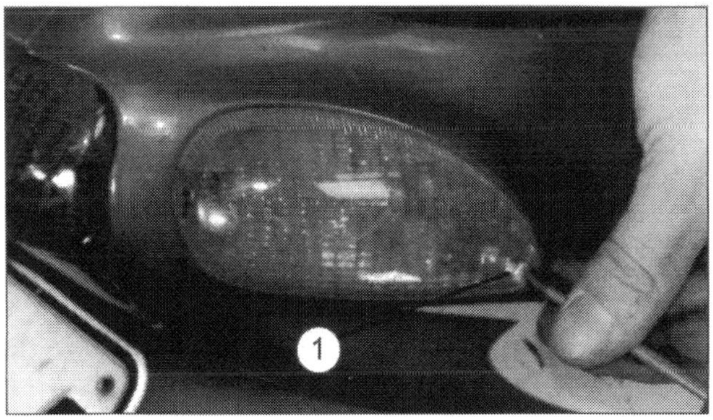

Oftmals fast dasselbe: Lösen der Blechschraube (1) am Blinker beim Piaggio TPH hinten rechts.

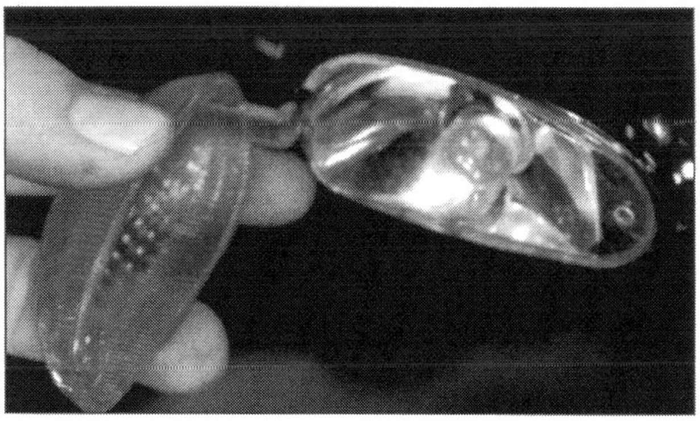

Abnahme des Blinkerglases am Piaggio TPH vorne links.

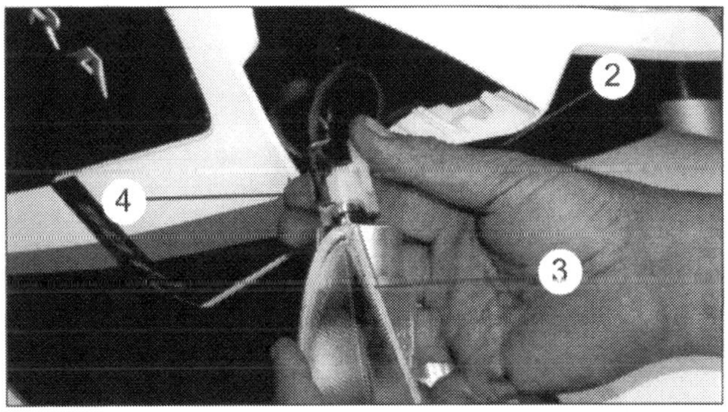

Blinkerlampengehäuse (3) mit Fassung (4) beim Gilera Runner. Die Schraube (2) findet sich im Radkasten.

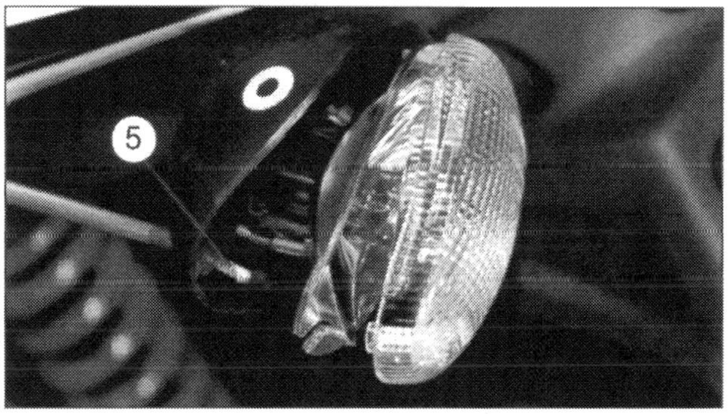

Beim Gilera Runner. Nur die Verschraubung (5) ist hier von hinten in das Blinkerglas eingebracht.

Rücklampen

Demontage der Kennzeichenleuchte

- Drehen Sie die Befestigungsschraube (1) aus der Kennzeichenleuchte (2) heraus.
- Klappen Sie die Kennzeichenleuchte unten an den Verschraubungen vor.
- Nehmen Sie die Kennzeichenleuchte heraus.
- Schieben Sie Fassung (3) aus der Verkleidung (4).
- Nehmen Sie die Soffitte (Glühlampe in Langform) aus der Fassung heraus.

Die Montage erfolgt in umgekehrter Reihenfolge.

- Achten Sie auf den Zustand der Kontaktzungen und der Steckkontakte.

Lösen der Befestigungsschrauben (1) und Herausziehen der Kennzeichenleuchte (2).

Herausziehen der Fassung (3) aus der Verkleidung (4).

Demontage der Rücklichtlampe

- Drehen Sie die Befestigungsschraube (6) aus dem Rücklichtglas (7) oder dem Rücklicht (5) heraus.
- Nehmen Sie das Rücklichtglas oder das Rücklicht ab.
- Beim Runner halten Sie jetzt das Rücklicht komplett in den Händen. Der Lampenträger muss nun von hinten abgeschraubt werden.
- Drücken Sie die Birne der Rücklampe leicht nach innen und drehen Sie sie gegen den Uhrzeigersinn etwa 1/8 Umdrehung.
- Nehmen Sie die Birne der Rücklampe heraus.

Die Montage erfolgt in umgekehrter Reihenfolge.

- Achten Sie auf den Zustand der Kontaktzungen und der Steckkontakte.

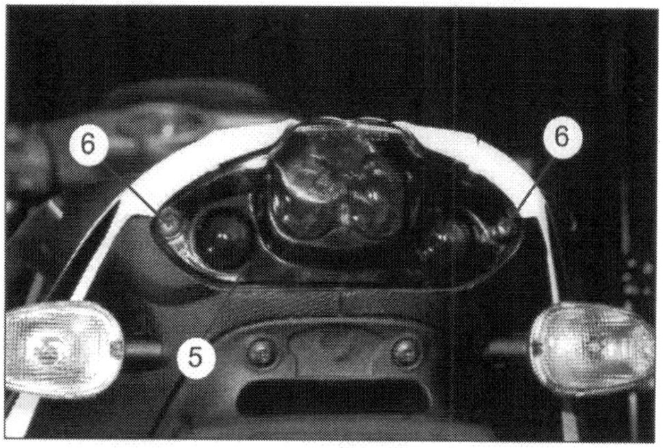

5 Rücklicht, 6 Verschraubungen am Runner

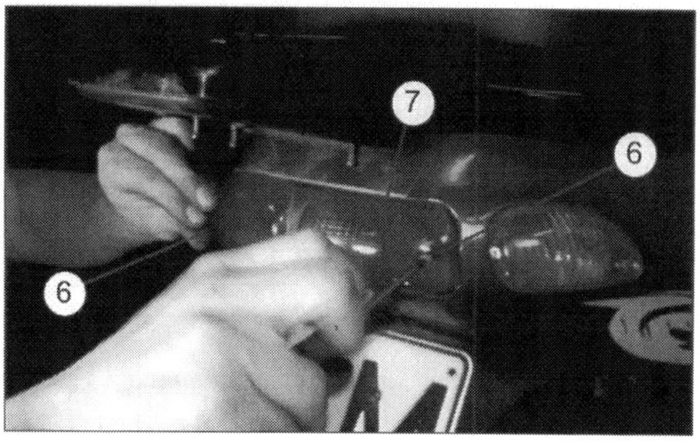

6 Verschraubungen am TPH, 7 Rücklichtglas

Schalter am Lenker

Demontage der Schaltereinheiten im Lenker

Die Schaltereinheiten sind in die Verkleidung eingelassen und mit seitlichen Nasen gehalten. Diese müssen von hinten eingedrückt werden, um den Schalter dann nach außen herauszunehmen.

- Demontieren Sie die Lenkerverkleidung vorne.
- Drücken Sie die Rastnase (4) des Schalters (5) ein.
- Schieben Sie den Schalter nach vorne heraus.

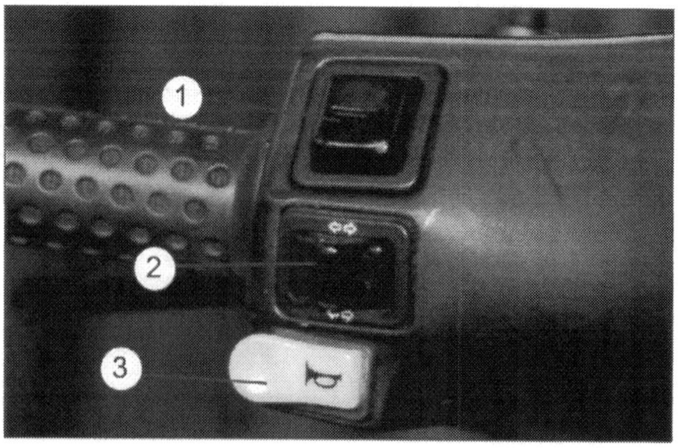

1 Lichtumschalter (Auf- und Abblendlicht), 2 Blinkerschalter, 3 Hupentaster

- Ziehen Sie den Steckkontakt (7) ab.

Die Montage erfolgt in umgekehrter Reihenfolge.

- Achten Sie auf den Zustand der Steckkontakte.

Lichtumschalter (1) prüfen
Der Lichtumschalter ist ein Wechselschalter. Er hat die Aufgabe, das Fahrlicht wahlweise von Abblendlicht auf Fernlicht umzuschalten. Geprüft werden die Schaltkontakte auf Leistungsverlust durch eine Spannungsverlustmessung.

- Bauen Sie den Lichtumschalter aus.

- Belassen Sie den Stecker am Lichtumschalter aufgesteckt.

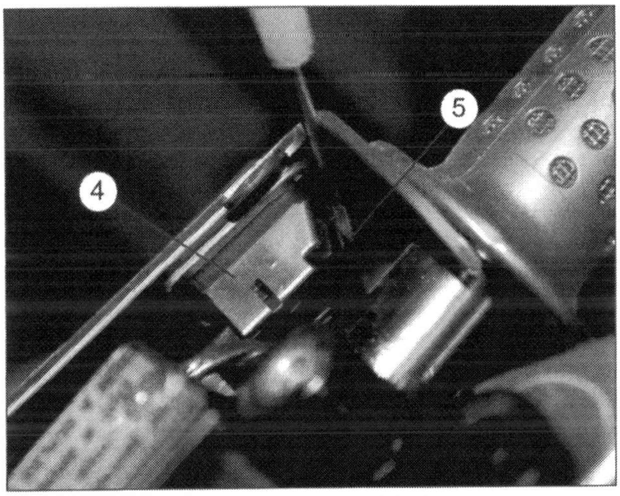

4 Schaltergehäuse, 5 Rastnase des Schalters

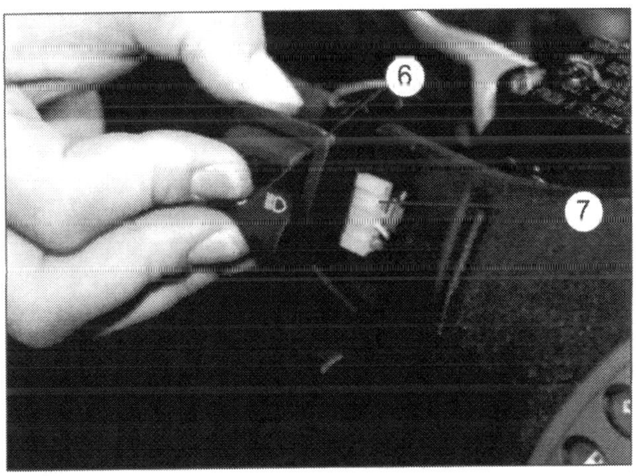

6 Lichtumschalter, 7 Steckkontakte Lichtumschalter

- Lassen Sie den Motor laufen und schalten Sie das Licht ein.

- Stellen Sie Ihr Multimeter auf einen Messbereich bis 20 V DC ein. Bei einigen Varianten wird die Beleuchtung auf Wechselspannung betrieben. Hier muss der Messbereich auf 20 V AC eingestellt werden.

- Schließen Sie den COM-Anschluss des Multimeters an die Fahrzeugmasse an.

- Schließen Sie den Messanschluss des Multimeters an das Spannungsversorgungskabel an. Bei Rollern mit Wechselspannungslichtanlage handelt es sich oft um das graue Kabel, bei Batterielichtanlagen zumeist um das rote oder das orange Kabel.

- Sie sollten nun etwa 12 V ablesen können (KL 15 geschaltetes Plus nach dem Zündschloss).

- Schließen Sie den Messanschluss des Multimeters an einen der beiden Schalteranschlüsse an. Sie sollten nun, je nachdem welche Schaltposition Sie betätigt haben, 12 V für Fernlicht oder Abblendlicht ablesen können.

- Schließen Sie den Messanschluss des Multimeters an den anderen der beiden Schalteranschlüsse an.

- Sie sollten nun wiederum etwa 12 V ablesen können.

- Messen Sie nun zwischen der Spannungsversorgung und dem jeweiligen Schaltabgang des Schalters die Spannung, messen Sie den Spannungsverlust über dem Schalter. Sie sollten bei dieser Messung annähernd »0 V« ablesen können. Ist das nicht der Fall, muss der Lichtumschalter ersetzt werden.

Blinkerschalter (2) prüfen
Der Blinkerschalter ist ein dreistufiger Schalter, der in der Mitte (Stufe 2) eine Nullstellung hat. Der Wechsel erfolgt für die erste und dritte Stufe zwischen dem Schalterpol »KL 49a« und wahlweise dem Anschluss »L« oder »R« für die Fahrtrichtungsanzeige links oder rechts.

- Bauen Sie den Blinkerschalter aus.

- Belassen Sie den Stecker am Blinkerschalter aufgesteckt.

- Schalten Sie die Zündung ein.
- Stellen Sie Ihr Multimeter auf einen Messbereich bis 20 V DC ein.
- Schließen Sie den COM-Anschluss des Multimeters an die Fahrzeugmasse an.
- Schließen Sie den Messanschluss des Multimeters an das Spannungsversorgungskabel an.
- Sie sollten nun beim Aufleuchten der Blinkerlampen etwa 12 V ablesen können (KL 49a Ausgang Blinkrelais).
- Schließen Sie den Messanschluss des Multimeters an einen der beiden Schalteranschlüsse an. Sie sollten nun, je nachdem welche Schaltposition Sie betätigt haben, 12 V für Blinker rechts oder angeschlossen am anderen Schalterpol Blinker links ablesen können.
- Sollten die stetig wechselnden Ein- und Ausschaltungen des Blinkrelais die Messung erschweren, können Sie das Blinkrelais überbrücken.
- Ziehen Sie das Blinkrelais ab.
- Überbrücken Sie bei einem zweipoligen Relais die beiden Anschlüsse und bei dreipoligen Relais den Anschluss »KL 49« und den Anschluss »KL 49a«.

Hupentaster (3) prüfen (Bild auf Seite 236 unten)
Der Hupentaster ist ein Taster mit einer Schließerfunktion. Wird der Taster betätigt, ist der Schaltkontakt geschlossen. Ein Übergangswiderstand wird nur unter Belastung messbar.

- Bauen Sie den Hupentaster aus.
- Belassen Sie den Stecker am Hupentaster aufgesteckt.
- Schalten Sie die Zündung ein.
- Stellen Sie Ihr Multimeter auf einen Messbereich bis 20 V DC ein.
- Schließen Sie den COM-Anschluss des Multimeters an die Fahrzeugmasse an.
- Schließen Sie den Messanschluss des Multimeters an einen der Schaltkontakte an.
- Sie sollten nun auf einem Kontakt 12 V messen können (KL 15 geschaltetes Plus). Der andere zeigt erst dann 12 V an, wenn der Taster betätigt wird.
- Schließen Sie den Messanschluss des Multimeters an den Schalteranschluss an, der erst bei Betätigung eine Spannung anzeigt.
- Den COM-Anschluss des Multimeters schließen Sie nun an den anderen Anschluss des Hupentasters an. Sie müssten nun 12 V ablesen können.
- Betätigen Sie den Hupentaster. Die Spannung müsste nun auf 0 V fallen. Sie messen nun den Spannungsabfall über dem Schalter. Bildet sich hier ein Übergangswiderstand, hat das zur Folge, dass eine Spannung über dem Widerstand messbar ist. Dieser Spannungsabfall sorgt dann für eine Unterversorgung der Hupe.
- Lesen Sie einen Spannungsabfall über 1,2 V ab, sollten Sie den Hupentaster ersetzen.

Lichtschalter (Aus/Standlicht/Fahrlicht) prüfen
Der Lichtschalter ist ein so genannter Serienstufenschalter. In der Stufe 1 sind alle Verbindungen offen. In Stufe 2 wird der Kontakt zwischen dem Regler und dem Standlicht geschlossen. Auf Stufe 3 bleibt der Schaltkontakt »Standlicht« bestehen und ein weiterer Schaltkontakt verbindet den Regler mit dem Fahrlicht. Hier wird dann mit dem Lichtumschalter zwischen Auf- und Abblendlicht gewählt. Neuere Fahrzeuge sind nicht mehr mit diesem Schalter ausgestattet. Die Vorschrift, bei Tag mit Licht zu fahren, macht das Abschalten des Lichtes und damit auch den Lichtschalter unsinnig.

- Bauen Sie den Lichtumschalter aus.
- Belassen Sie den Stecker am Lichtumschalter aufgesteckt.
- Lassen Sie den Motor laufen und schalten Sie das Licht ein.
- Stellen Sie Ihr Multimeter auf einen Messbereich bis 20 V DC ein. Bei einigen Varianten wird die Beleuchtung auf Wechselspannung betrieben. Hier muss der Messbereich auf 20 V AC eingestellt werden.
- Schließen Sie den COM-Anschluss des Multimeters an die Fahrzeugmasse an.

- Schließen Sie den Messanschluss des Multimeters an das Spannungsversorgungskabel an. Bei den meisten Piaggio-Rollern handelt es sich um das schwarz/gelbe Kabel.
- Sie sollten nun etwa 12 V ablesen können (KL 15 geschaltetes Plus nach dem Zündschloss oder eben eine Wechselspannung vom Regler).
- Schließen Sie den Messanschluss des Multimeters an einen der beiden Schalteranschlüsse an. Sie sollten nun, je nachdem welche Schaltposition Sie betätigt haben, 12 V für Standlicht oder Fahrlicht ablesen können.

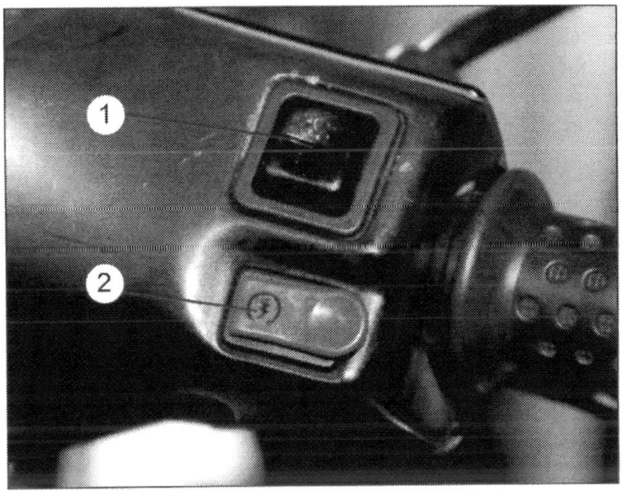

1 Lichtschalter, 2 Startertaster

> **PRAXISTIPP**
>
> **Übergangswiderstand finden**
>
> Mit der Spannungsverlustmessung über den Schaltkontakten können Sie einen lastabhängigen Widerstand am Schalter feststellen. Schließen Sie das Multimeter über dem Schaltkontakt am angeschlossenen Schalter an. Das bedeutet den COM-Anschluss z. B. an den Schalter Eingang und den Messanschluss des Multimeters am Schalterausgang. Betätigen Sie nun den Schalter, müsste die Spannung auf »0 V« fallen. Sie messen nun den Spannungsabfall über dem Schalter. Bildet sich hier ein Übergangswiderstand, hat das zur Folge, dass eine Spannung über dem Widerstand messbar ist. Dieser Spannungsabfall sorgt dann für eine Unterversorgung des jeweiligen Verbrauchers. Anzustreben ist immer ein Spannungsabfall um »0 V«. Akzeptabel sind noch gemessene »1,2 V« Spannungsabfall.

Startertaster prüfen

Der Startertaster ist ein Taster mit einer Schließerfunktion. Wird der Taster betätigt, ist der Schaltkontakt geschlossen. Ein Übergangswiderstand wird oft nur unter Belastung messbar.

- Bauen Sie den Startertaster aus.
- Belassen Sie den Stecker am Startertaster aufgesteckt.
- Schalten Sie die Zündung ein.
- Stellen Sie Ihr Multimeter auf einen Messbereich bis 20 V DC ein.
- Schließen Sie den COM-Anschluss des Multimeters an die Fahrzeugmasse an.
- Schließen Sie den Messanschluss des Multimeters an einen der Schaltkontakte an.
- Ziehen Sie einen der Handbremshebel.
- Sie sollten nun auf einem Kontakt 12 V messen können (KL 54 Bremslicht). Der andere zeigt erst dann »12 V« an, wenn der Taster betätigt wird.
- Schließen Sie den Messanschluss des Multimeters an den Schalteranschluss an, der erst bei Betätigung eine Spannung anzeigt.
- Den COM-Anschluss des Multimeters schließen Sie nun an den anderen Anschluss des Startertasters an. Sie müssten nun »12 V« ablesen können.
- Betätigen Sie den Startertaster. Die Spannung müsste nun auf »0 V« fallen. Sie messen nun den Spannungsabfall über dem Schalter. Bildet sich hier ein Übergangswiderstand, hat das zur Folge, dass eine Spannung über dem Widerstand messbar ist. Dieser Spannungsabfall sorgt dann für eine Unterversorgung des Startrelais.
- Lesen Sie einen Spannungsabfall über »1,2 V« ab, sollten Sie den Startertaster ersetzen.

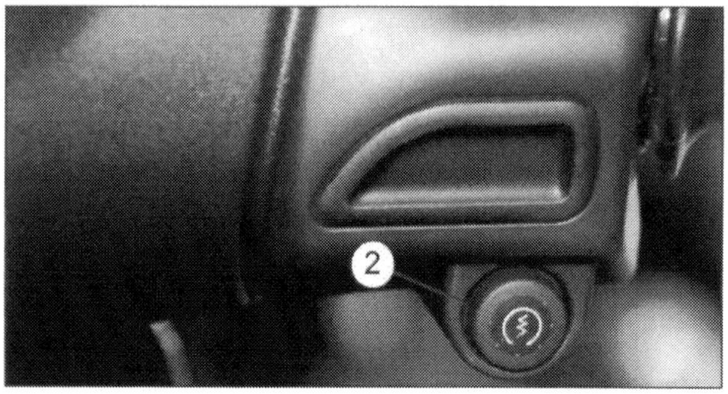

2 Startertaster, der Lichtschalter ist bei den neuen Modellen entfallen.

Der Startertaster beim Ausbau.

Bremslichtschalter

Bremslichtschalter demontieren

Die Bremslichtschalter sind nach wie vor in den Bremsgriffträgern am Lenker montiert. Lediglich die Ausführung der Steckkontakte und das Material, aus dem sie hergestellt werden, haben sich verändert.

- Demontieren Sie die Lenkerverkleidung vorne.
- Ziehen Sie den Steckkontakt (1) ab. Bei neueren Modellen drücken Sie die Rastnase (2) des Schalters (3) ein und ziehen dann den Steckkontakt ab.
- Drehen Sie den Schalter heraus.

Die Montage erfolgt in umgekehrter Reihenfolge.

- Achten Sie auf den Zustand der Steckkontakte.
- Fetten Sie die Betätigungsstifte und den Übergang zum Gehäuse leicht ein.

Bremslichtschalter prüfen

Der Bremslichtschalter ist eigentlich aus der Funktion heraus ein Öffner. Da er aber betätigt wird, wenn die Bremse in Ruhestellung ist und die Funktion des Bremslichtschalters im Zusammenhang mit der Betätigung der Bremse gesehen wird, betrachten wir die Funktionsprüfung wie bei einem Schließer.

- Belassen Sie den Stecker am Bremslichtschalter aufgesteckt.
- Schalten Sie die Zündung ein.
- Stellen Sie Ihr Multimeter auf einen Messbereich bis 20 V DC ein.
- Schließen Sie den COM-Anschluss des Multimeters an die Fahrzeugmasse an.

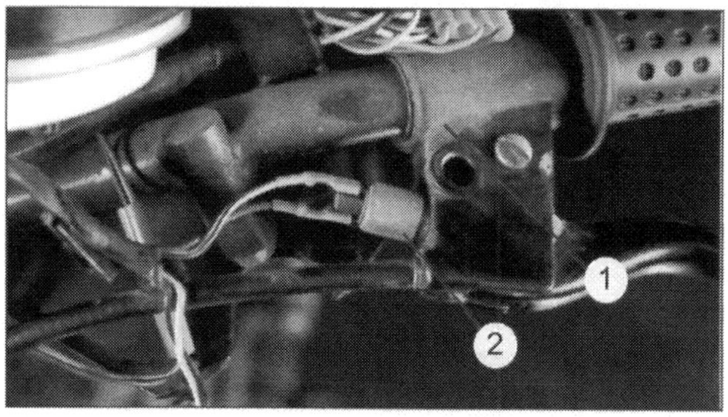

Alte Bremslichtschaltervariante: Messing, Kunststoff und einzelne Steckkontakte: 1 Bremsgriffträger, 2 Bremslichtschalter

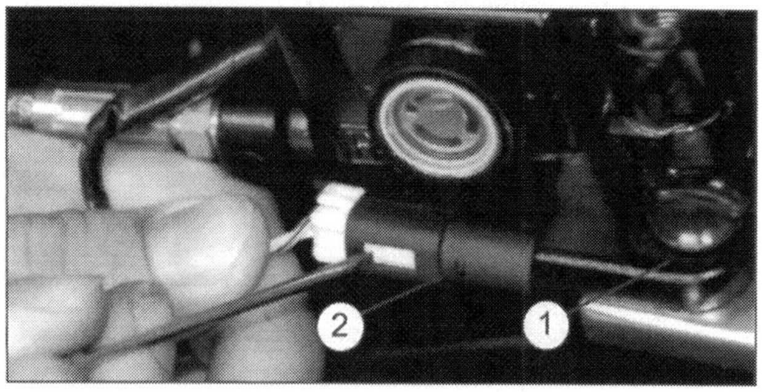

Neue Bremslichtschaltervariante: Viel Kunststoff und ein Kombisteckkontakt: 1 Bremsgriffträger, 2 Bremslichtschalter

- Schließen Sie den Messanschluss des Multimeters an einen der Schaltkontakte an.
- Sie sollten nun auf einem Kontakt »12 V« messen können (KL 15 geschaltetes Plus). Der andere zeigt erst dann »12 V« an, wenn der Taster betätigt wird.
- Schließen Sie den Messanschluss des Multimeters an den Schalteranschluss an, der erst bei Betätigung eine Spannung anzeigt.
- Den COM-Anschluss des Multimeters schließen Sie nun an den anderen Anschluss des Bremslichtschalters an. Sie müssten nun »12 V« ablesen können.
- Betätigen Sie den Bremslichtschalter. Die Spannung müsste nun auf »0 V« fallen. Sie messen nun den Spannungsabfall über dem Schalter. Bildet sich hier ein Übergangswiderstand, hat das zur Folge, dass eine Spannung über dem Widerstand messbar ist. Dieser Spannungsabfall sorgt dann für eine Unterversorgung des Starterrelais und des Bremslichtes.

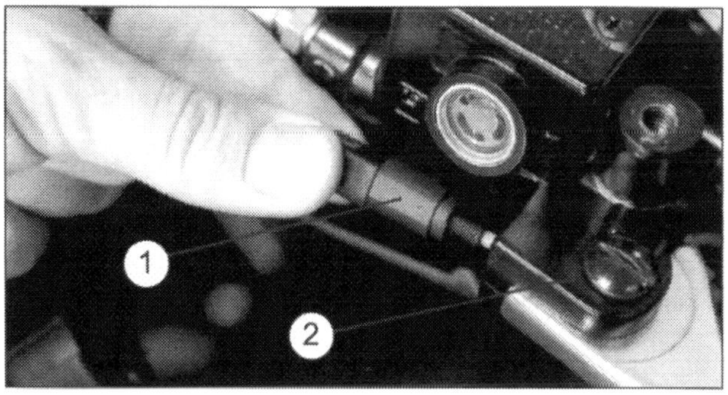

1 Bremslichtschalter mit Gewinde, 2 Bremsgriffträger

- Lesen Sie einen Spannungsabfall über »1,2 V« ab, sollten Sie den Bremslichtschalter ersetzen.

Blinkrelais

Das Blinkrelais unterbricht den Strom zum Betrieb der Blinkleuchten in regelmäßigen Abständen. Die Blinkfrequenz sollte etwa 90 +/- 30 Impulse in der Minute betragen. Das Relais arbeitet in der Regel lastabhängig. Bei hoher Belastung wird die Blinkfrequenz langsamer und bei niedriger Belastung merklich höher. Die in den Rollern verbauten Blinkrelais sind für eine Last von 22 W ausgelegt. Das entspricht der Leistung der beiden Blinklampen einer Seite von etwa 10 W, zuzüglich der Leistung der Blinkerkontrollleuchte von etwa 2 W. Beim Umbau auf LED-Blinker wird die Leistungsaufnahme deutlich geringer ausfallen. Das kann zu einer erhöhten Blinkfrequenz führen. Diese Reaktion kann mit einem elektronischen Blinkgeber oder dem Dazuschalten eines Widerstandes bereinigt werden. Die Berechnung des Widerstandes werden wir Ihnen als Tabelle zur Verfügung stellen.

Demontage des Blinkrelais

- Demontieren Sie das Beinschild außen.
- Markieren Sie sich den Anschluss »L« auf dem Blinkrelais um späteres falsch Einstecken der Kabel zu vermeiden. Bei den neueren Modellen ergibt sich dieses Problem aufgrund der verbauten Steckerkonsolen nicht.
- Ziehen Sie die Steckkontakte vom Blinkrelais ab.
- Ziehen Sie das Blinkrelais aus dem Gummihalter heraus.
- Nehmen Sie das Blinkrelais heraus.

Die Montage erfolgt in umgekehrter Reihenfolge.

- Achten Sie auf den Zustand der Steckkontakte.

Prüfung des Blinkrelais

Das Blinkrelais kann nur im angeschlossenen Zustand überprüft werden. Das kann wie in diesem Absatz beschrieben am Fahrzeug oder, wie auf der nächsten Seite beschrieben, mit einem »Hilfsanschluss« erfolgen.

- Demontieren Sie das Beinschild außen
- Schalten Sie die Zündung ein.
- Markieren Sie sich den Anschluss »L« auf dem Blinkrelais um späteres falsch Einstecken der Kabel zu vermeiden. Bei den neueren Modellen ergibt sich dieses Problem aufgrund der verbauten Steckerkonsolen nicht.

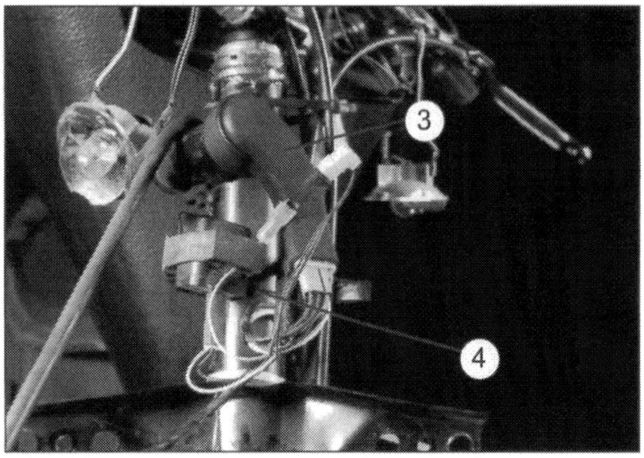

3 Zündschloss, 4 Blinkrelais

- Ziehen Sie die Stecker am Blinkrelais ab.
- Schalten Sie die Zündung ein.
- Stellen Sie Ihr Multimeter auf einen Messbereich bis 20 V DC ein.
- Schließen Sie den COM-Anschluss des Multimeters an die Fahrzeugmasse an.
- Schließen Sie den Messanschluss des Multimeters an den Steckkontakt »B« an. Sie sollten nun auf dem Kontakt »12 V« messen können (KL 15 geschaltetes Plus).
- Schließen Sie den COM-Anschluss des Multimeters an den Steckkontakt für »L« an.
- Den Messanschluss des Multimeters belassen Sie nun an dem Anschluss »B« des Blinkrelais. Sie müssten nun »12 V« ablesen können, wenn Sie den Blinker betätigt haben. Können Sie in der zweiten Messung keinen Messwert erzielen, der annähernd die geforderten »12 V« erreicht, aber am Anschluss »B« liegen »12 V« an, so dürfte der Fehler im Bereich des Blinkerschalters, der Verkabelung oder der Blinkerlampen liegen. Liegen in der zweiten Messung (B gegen L) auch »12 V« an, ist das Blinkrelais defekt und muss ersetzt werden.

Überbrücken des Blinkrelais

- Demontieren Sie das Beinschild außen.
- Markieren Sie sich den Anschluss »L« auf dem Blinkrelais um späteres falsch Einstecken« der Kabel zu vermeiden. Bei den neueren Modellen ergibt sich dieses Problem aufgrund der verbauten Steckerkonsolen nicht.
- Ziehen Sie die Stecker am Blinkrelais ab.
- Überbrücken Sie die Anschlüsse B und L mit einer Stecksicherung mit 10 A.
- Schalten Sie die Zündung ein.

Bei eingeschalteter Zündung muss nun die eingeschaltete Seite der Blinkleuchten dauerhaft leuchten. Die Fehlersuche fällt dann gerade über die Spannungsmessung deutlich leichter.

Leistungswiderstand für den Betrieb von LED-Blinkern

Die Strom sparenden LED-Blinker haben aufgrund der geringen Stromaufnahme den Nachteil, dass ein herkömmliches Blinkrelais keine erforderliche Blinkfrequenz modulieren kann. Die Blinkfrequenz ist von der Leistungsaufnahme der Glühlampen abhängig. Um die Leistungsaufnahme zu simulieren, müssen entsprechende Verbraucher verbaut werden, die den Strom aufnehmen, der vorher von der Glühlampe aufgenommen wurde. Wir geben Ihnen hier eine kleine Tabelle an die Hand, die es Ihnen ermöglicht, entsprechende Widerstände im Elektronikhandel zu kaufen und nachzurüsten. Die Widerstände werden parallel zu einer Blinkerlampe je Seite angeschlossen.

Nachrüstung	Widerstand nachrüsten 20 W
nur hinten	14,4 Ω (etwa 15 Ω)
nur vorne	14,4 Ω (etwa 15 Ω)
hinten und vorne	7,2 Ω (etwa 8 Ω)

Diode Ölkontrolle

Die Sperrdiode neben dem Blinkrelais bei älteren Modellen riegelt den Stromkreis der Ansteuerung des Startrelais zur Ölkontrollleuchte ab. Wird der Starter betätigt, leuchtet für den Zeitraum, in dem der Starterknopf betätigt wird, zur Funktionskontrolle die Ölkontrollleuchte auf. Ohne diese Diode könnte das Startrelais bei leerem Öltank nicht mehr abschalten und der Startermotor würde weiter laufen.

Demontage der Diode

- Demontieren Sie das Beinschild außen.
- Markieren Sie sich die Anschlüsse für die Diode.
- Ziehen Sie die Steckkontakte ab und nehmen Sie die Diode aus der Gummilagerung neben dem Blinkrelais heraus.

Die Montage erfolgt in umgekehrter Reihenfolge.

- Achten Sie auf den Zustand der Steckkontakte.

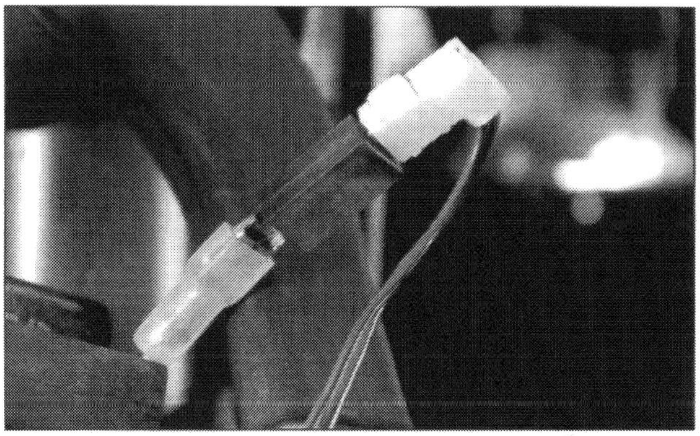

Sperrdiode am Lenkrohr: Das Bauteil wird für die neuen Modelle nicht mehr benötigt. Die Trennung übernimmt das Motorsteuergerät.

Hupe

Die Hupe arbeitet ähnlich wie ein Lautsprecher, nur dass bei einem einstellbaren Abstand innerhalb des Gehäuses die Spannung zur Spule unterbrochen wird, wenn die Spule mit der Membran angezogen wird. Dieser Stromkreisunterbrecher ist der Schwachpunkt in der Konstruktion. Liegt Kontaktbrand vor, wird der Stromkreis zur Spule nicht mehr geschlossen und die Hupe funktioniert nicht mehr. Oftmals lässt sie sich noch einmal aktivieren, wenn man bei betätigtem Schalter und eingeschalteter Zündung kurz und fest mit einem Schraubendrehergriff auf das Hupengehäuse schlägt. Dieser Reparaturerfolg (wenn er denn erreicht wird) ist aber nur von kurzer Dauer. Die Hupe sollte ersetzt werden.

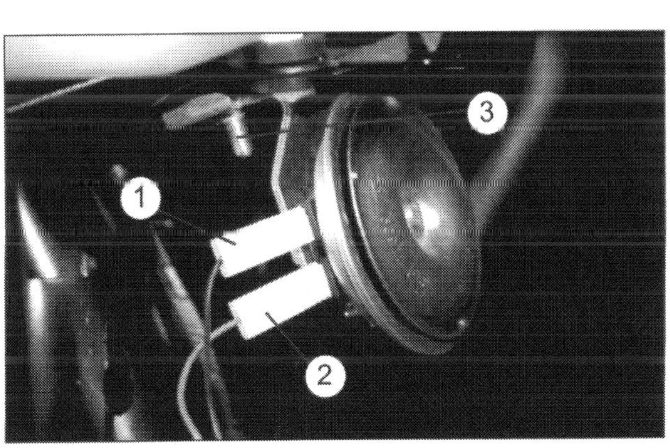

1 Schwarzer Anschluss Masse (KL 31), 2 Plus-Anschluss vom Hupentaster, 3 Befestigungsschraube der Hupe

Demontage der Hupe

- Demontieren Sie die mittlere Frontverkleidung.
- Ziehen Sie die Steckkontakte (1+2) der Hupe ab.
- Ziehen Sie den Kühlmittelvorratsbehälter etwas aus der unteren Halterung heraus.
- Drehen Sie die Schraube (3) heraus.
- Nehmen Sie die Hupe heraus.

Die Montage erfolgt in umgekehrter Reihenfolge.

- Prüfen Sie vor der Wiedermontage der Karosserie die Funktion der Hupe.

Widerstandsmessung an der Spule

- Demontieren Sie die mittlere Frontverkleidung.
- Ziehen Sie die Steckkontakte (1+2) der Hupe ab.
- Stellen Sie Ihr Multimeter auf einen Messbereich bis 200 Ω ein.
- Schließen Sie den COM-Anschluss des Multimeters an den einen Anschlusskontakt der Hupe an.
- Schließen Sie den Messanschluss des Multimeters an den zweiten Anschlusskontakt der Hupe an.
- Sie sollten nun etwa 3-10 Ω ablesen können.

Ist der Widerstandswert deutlich größer oder kleiner, sollte die Hupe ersetzt werden.

Spannungsmessung an den Anschlüssen

- Demontieren Sie die mittlere Frontverkleidung.
- Belassen Sie die Steckkontakte (1+2) der Hupe aufgesteckt.
- Stellen Sie Ihr Multimeter auf einen Messbereich bis 20 V DC ein.
- Schließen Sie den COM-Anschluss des Multimeters an den Anschlusskontakt 1 (schwarz) der Hupe an.
- Schließen Sie den Messanschluss des Multimeters an den zweiten Anschlusskontakt (blau) der Hupe an.
- Schalten Sie die Zündung ein und betätigen Sie den Hupentaster.

Sie sollten jetzt eine Spannung von etwa 12 V ablesen können. Ist das nicht der Fall, überprüfen Sie den Hupentaster und die Spannungsversorgung für den Hupentaster.

Einstellen des Schaltkontaktes in der Hupe

- Demontieren Sie die mittlere Frontverkleidung.
- Ziehen Sie den Kühlmittelvorratsbehälter etwas aus der unteren Halterung heraus.
- Drehen Sie die Schraube (3) heraus.
- Nehmen Sie die Hupe heraus.
- Lösen Sie die Kontermutter der Einstellschraube auf der Rückseite ganz leicht.
- Drehen Sie (oder besser bewegen Sie) die Einstellschraube einen Tick in Richtung »lose«.
- Betätigen Sie die Hupe erneut.
- Wiederholen Sie die letzten Schritte in der Drehbewegung »lose« und »fest« so lange, bis die Hupe sauber und laut klingt und bei Betätigung ohne Berührung oder Schlag hupt.

Die Montage erfolgt in umgekehrter Reihenfolge.

- Prüfen Sie vor der Wiedermontage der Karosserie die Funktion der Hupe.

Sicherungen

Die Sicherung ist eigentlich ein Draht, der bei einer ganz bestimmten Stromstärke durchbrennt. Je höher die Sicherung ausgelegt ist, umso dicker wird dieser Draht. Die Sicherung soll den »Schwachpunkt« in der Stromversorgung darstellen, um die restliche Verkabelung vor zu großen Strömen bei Kurzschluss zu schützen. Das Durchbrennen des Drahtes in der Sicherung wird durch zu hohe Ströme verursacht. Sie darf daher niemals durch eine stärkere Sicherung ersetzt werden, da sonst erhebliche Schäden an der elektrischen Anlage zu erwarten sind.

Einbaulage

Je nach Rollertyp finden sich die Sicherungen an unterschiedlichen Stellen. In der Regel werden Sie wie bei unserem TPH unter einem Deckel im Beinschild innen mit der Aufschrift »FUSE« (Sicherung) fündig. Der zweite Platz, an dem gesucht werden darf, liegt im Helmfach im Bereich der Batterie. Im Zweifelsfall schlagen Sie in der Bedienungsanleitung Ihres Rollers unter dem Stichwort »Sicherungen« im Inhaltsverzeichnis nach.

Durchgangsprüfung mit dem Multimeter

Die ausgebaute Sicherung kann mit dem Multimeter auf »Durchgang« geprüft werden. Hierzu wird mit dem Multimeter der Durchgang von Anschluss zu Anschluss geprüft.

- Legen Sie die Sicherung frei.
- Ziehen Sie die Sicherung aus dem Sicherungsträger heraus.
- Stellen Sie Ihr Multimeter auf einen Messbereich bis 200 Ω ein.
- Schließen Sie den COM-Anschluss des Multimeters an den einen Anschlusskontakt der Sicherung an.
- Schließen Sie den Messanschluss des Multimeters an den zweiten Anschlusskontakt der Sicherung an.
- Sie sollten nun etwa »0 Ω« ablesen können.

Die Messungen sollten einen Durchgang von etwa »0 Ω« ergeben. Wenn sich herausstellt, dass die Messung keinen Durchgang ergibt, ist die Sicherung zu ersetzen.

Spannungsmessung an den Anschlüssen

Bei eingebauter und angeschlossener Sicherung kann die Spannung an beiden Anschlüssen einzeln gegen Masse gemessen werden.

- Legen Sie die Sicherungen frei.
- Stellen Sie Ihr Multimeter auf einen Messbereich bis 20 V DC ein.
- Schließen Sie den COM-Anschluss des Multimeters an den Masseanschluss der Batterie an.
- Schalten Sie die Zündung ein und tasten Sie mit dem Messanschluss Ihres Multimeters nun die Anschlusspins der Sicherungen ab.

Ist die Sicherung in Ordnung, liegt am Sicherungseingang sowie am Sicherungsausgang eine Spannung von 12 V an. Messen Sie eine Spannung von 0 V, ist die Sicherung durchgebrannt und muss ersetzt werden.

Sicherung sicher verpackt: Version 1 neben der Batterie im Helmfach unter der Batterieabdeckung.

In einer Klappe (Version 2) im Helmfach mit der Aufschrift »Fuse«.

Zündschloss und Schlossschalter

Die Nähe zur automobilen Großindustrie kann Piaggio auch bei der Herkunft der Schließzylinderkonstruktion nicht leugnen. Hier darf noch repariert werden und es geht tatsächlich ohne viel Aufwand. Der Schlossriegel fällt auch um einige Nummern größer aus, als bei den Modellen der »hausexternen« Konkurrenz.

Schlossschalter wechseln

- Demontieren Sie die mittlere Frontverkleidung.
- Ziehen Sie den Stecker am Zündschloss ab.
- Stecken Sie den Zündschlüssel ins Schloss und drehen Sie das Zündschloss auf die Stellung »OFF«.
- Heben Sie die Klammer (1, Bild 2), etwas an und ziehen Sie den Schlossschalter nach vorne ab.

Die Montage erfolgt sinngemäß in umgekehrter Reihenfolge.

- Achten Sie darauf, dass die dreieckige Führung (1, Bild 4) im Schlossbolzen richtig in den Schlossschalter einrastet.

Schließzylinder wechseln

- Demontieren Sie die mittlere Frontverkleidung.
- Demontieren Sie die Beinschildverkleidung innen.
- Stecken Sie den Zündschlüssel ins Schloss und drehen Sie das Zündschloss auf die Stellung »OFF«.
- Heben Sie die Klammer (1, Bild 3) etwas an und ziehen Sie den Schlossschalter nach vorne ab.
- Ziehen Sie den Stecker am Zündschloss ab.
- Drehen Sie den Schließzylinder so, dass die Federklammer durch die Aussparung im Schlossträger passt (Bild 5).
- Heben Sie die Federklammer vorne (1, Bild 5) an und ziehen Sie sie heraus.
- Ziehen Sie nun den Schlosskörper und den Schließzylinder heraus. Nun ist es auch möglich, den Schließzylinder vom Schlosskörper zu trennen (Bild 6).

Die Montage erfolgt sinngemäß in umgekehrter Reihenfolge.

- Achten Sie auf den richtigen Sitz der vorderen Klammer (1, Bild 5).
- Achten Sie darauf, dass die dreieckige Führung im Schlossbolzen richtig in den Schlossschalter einrastet.

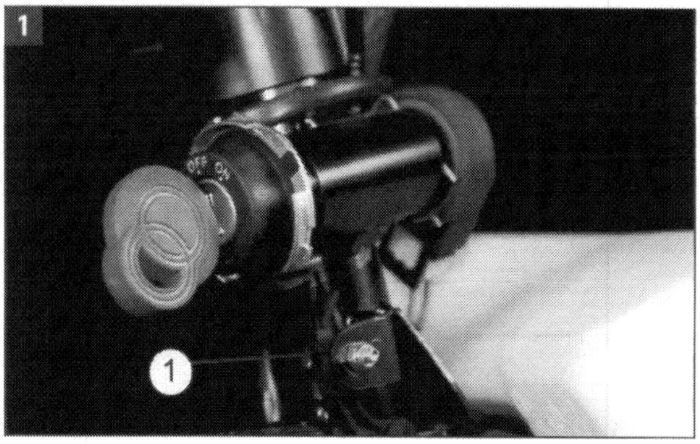

Montagestellung für das Zündschloss liegt etwa bei der Stellung »OFF«. Ist das Schloss verriegelt und der Schlüssel weg, sollten Sie es bei Ihrem Händler nach Herstellervorgaben anbohren lassen (1 Helmfachbetätigung).

1 Klammer zur Schlosssicherung. Heben Sie dieses Ende der Klammer etwas an und ziehen Sie den Schlossschalter heraus.

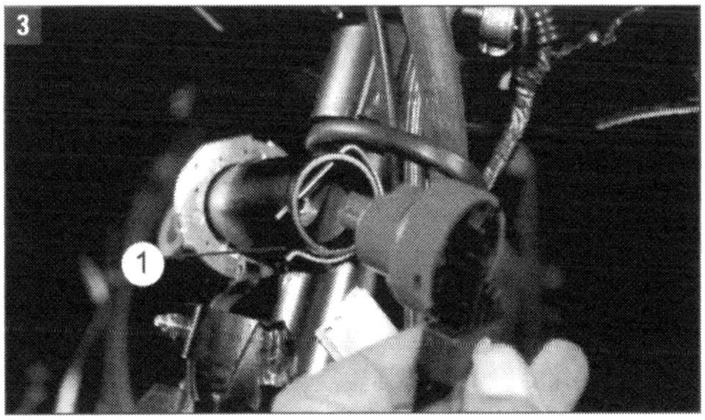

1 Klammer zur Schlosssicherung. Für den Einbau muss der Schlossschalter nur hineingedrückt werden. Er rastet hörbar ein.

1 dreieckige Führung im Schlossbolzen. Die richtige Montagestellung ist erreicht, wenn das Dreieck wie abgebildet Richtung Rahmen zeigt.

1 Federklammer zur Schließzylindersicherung. Die richtige Montagestellung ist erreicht, wenn Sie die Klammer durch die Aussparung im Schlossträger sehen können.

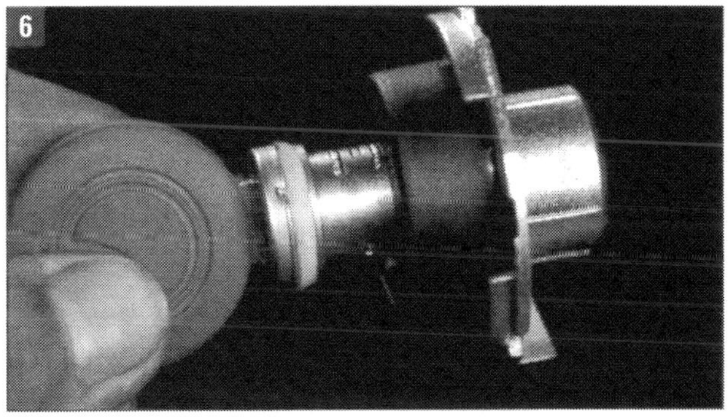

Schlosskörper und Schließzylinder können so auseinandergezogen werden.

Sitzbankauslösung (Hebel) wechseln

- Demontieren Sie die mittlere Frontverkleidung.
- Demontieren Sie die Beinschildverkleidung innen.
- Drehen Sie die Befestigungsschraube (1, Bild 1) heraus.
- Nehmen Sie den Hebel aus.
- Hängen Sie den Seilzug aus dem Hebel aus.

Die Montage erfolgt in umgekehrter Reihenfolge.

- Fetten Sie die Schraube und die Lagerung des Zuges im Hebel leicht mit säurefreiem Fett ein.

Zündschloss prüfen

- Demontieren Sie die mittlere Frontverkleidung.
- Belassen Sie den Stecker am Zündschloss aufgesteckt.
- Stecken Sie den Zündschlüssel ins Schloss und drehen Sie das Zündschloss auf die Stellung »OFF«.
- Stellen Sie Ihr Multimeter auf einen Messbereich bis 20 V DC ein.
- Schließen Sie den COM-Anschluss des Multimeters an die Fahrzeugmasse an.
- Schließen Sie den Messanschluss des Multimeters an das blaue Kabel (Pin 2) des Zündschlosses an.
- Sie sollten nun etwa 12 V ablesen können (KL 30 Batterie, Dauerplus nach der Sicherung).

- Schließen Sie den COM-Anschluss des Multimeters an das rote Kabel des Zündschlosses (Pin 1) an.
- Sie sollten nun wiederum etwa 12 V ablesen können.
- Schalten Sie die Zündung ein. Nun sollten Sie 0 V Spannungsabfall ablesen können. Ist das nicht der Fall, muss der Schlossschalter ersetzt werden.

Pin 1 Klemme 15 (geschaltetes Plus), Pin 2 Klemme 30 (Dauerplus nach der Sicherung)

Kabelbaum

Der Kabelbaum hat die Aufgabe, Strom und Spannungen für die unterschiedlichsten Aufgaben im Bordnetz des Motorrollers an bestimmte definierte Stellen zu leiten. Die Anbindung der einzelnen Bauteile untereinander bezeichnet man als physikalische Verdrahtung oder Verbindung. Im Wesentlichen gibt es kaum Probleme mit der Verdrahtung selbst. Wenn Kurzschlüsse mit Kabelschäden auftreten, sind diese in der Regel auf falsches Verlegen des Kabelbaumes oder Durchscheuern einer Isolierung zurückzuführen. Mit einfachen Grundregeln und gelegentlichen Kontrollen lassen sich diese Schadensbilder vermeiden.

- Achten Sie auf die korrekte Lage des Kabelbaumes am Rahmen und seine Befestigung mit Kabelbindern und Schellen.
- Bei Wartungsarbeiten sehen Sie sich Steckkontakte und Kabelführungen gerade zum Motor oder zu Anbauteilen am Rahmen genauer an.
- Sind Korrosionsspuren feststellbar, reinigen Sie den Kontakt gründlich und dichten die Steckverbindung zusätzlich mit Kettenfett ab.
- Prüfen Sie die Isolierung des Kabelbaums an beweglichen Stellen wie Motor und Lenkkopflager regelmäßig.
- Reparieren Sie beschädigte Stellen mit Isolierband oder besser noch mit dem Stoffpolsterband von VW.

Masseverbindungen

Wie bei den meisten Fahrzeugen ist auch beim Motorroller der Rahmen Masse führend ausgelegt. Das bedeutet, dass die Minusleitung der Batterie auch über den Fahrzeugrahmen oder den Motorblock realisiert wird.
Durch diesen Trick werden gerade bei Bauteilen, die mit hohem Strom betrieben werden, wie z. B. der Startermotor oder der Generatorregler, große Leitungsquerschnitte eingespart. Ein Nachteil allerdings liegt in der höheren Korrosionsanfälligkeit der Verbindungen an den Stahlrahmen des Rollers. Die wichtigsten Anschlüsse für die Masse sind die Motormasse, der Anschluss für den Generatorregler und der Anschluss an der Fahrzeugbatterie. Die Überwachung der Qualität der Anschlüsse ist sehr leicht im Rahmen der Inspektion möglich und kann mit dem Multimeter und in der Regel ohne größere Demontage von Karosserieteilen erfolgen. Der Motor ist ohnehin zugänglich, die Batterie ist mit wenigen Handgriffen freigelegt, lediglich der Generatorregler muss für die Prüfung zugänglich gemacht werden.

Prüfung der Masseverbindung Motor/Batterie über die Spannungsverlustmessung

- Stellen Sie Ihr Multimeter auf einen Messbereich bis 20 V DC ein.
- Schließen Sie den COM-Anschluss des Multimeters an die Fahrzeugmasse an.
- Schließen Sie den Messanschluss des Multimeters an die Motormasse an.
- Betätigen Sie den Starter und lesen Sie den Spannungsverlust am Multimeter ab.

Der Spannungsverlust sollte kleiner als 2 V ausfallen. Ist der Spannungsverlust deutlich größer, müssen die Anschlüsse zum Motor und zur Batterie geprüft und gereinigt werden.

Prüfung der Masseverbindung Batterie/Regler über die Spannungsverlustmessung

- Stellen Sie Ihr Multimeter auf einen Messbereich bis 20 V DC ein.
- Schließen Sie den COM-Anschluss des Multimeters an die Fahrzeugmasse an.
- Schließen Sie den Messanschluss des Multimeters an die Reglermasse an.
- Lassen Sie den Motor laufen und lesen Sie den Spannungsverlust am Multimeter ab.

Der Spannungsverlust sollte kleiner als 1 V ausfallen. Ist der Spannungsverlust deutlich größer, müssen die Anschlüsse zum Motor und zur Batterie geprüft und gereinigt werden.

Steckkontakte

Die Steckkontakte sind potenzielle Übergangswiderstände. Liegen hier Fehlfunktionen vor, können Sie dieselbe Messung, die wir bereits oben beschrieben haben, für den Anschluss über das Kabel im Steckkontakt durchführen. Auch hier schalten Sie den Verbraucher ein, der mit dem Anschluss verbunden ist, und lesen den Spannungsverlust am Multimeter ab. Das Messergebnis sollte kleiner als 1 V bis 2 V, je nach Größe des Verbrauchers, ausfallen.

Batterieladegeräte

Eine Daumenregel der Elektrotechnik besagt, dass 80% der Ladung in der ersten Phase der Ladung erzielt wird. Regulierte Ladegeräte schalten nach dem Erreichen von 14,4 V auf eine niedrigere Spannung zurück. So kann es Wochen dauern, bis die fehlenden 20% der Ladung erreicht werden. Die wichtigste Eigenschaft eines Ladegerätes besteht darin, während des Ladezyklus die richtige Ladespannung zu erreichen. Ist die Spannung zu hoch, kocht die Batterie. Als Folge von ausgetrockneten Zellen und Spaltkorrosion, die durch die Überhitzung bei der Ladung entstehen, wird die Batterie unbrauchbar. Ist die Spannung zu niedrig, wird die Batterie vollständig entladen und verliert mehr und mehr an Kapazität, bis sie schließlich nach und nach unbrauchbar wird.

Die Batterieladung

Ein Ladevorgang einer Batterie hat den Zweck, die aktiven Stoffe Schwefelsäure (H2SO4), Blei (Pb) und Bleioxid (PbO2) von dem bei der Entladung entstehenden Bleisulfat (PbSO4) zu regenerieren. Bleisulfat ist das Problem, welches auch mit der Bezeichnung Sulfatierung bezeichnet wird. Das Problem der Sulfatierung beginnt erst, wenn die Bleisulfatkristalle zu groß werden. Da die Batterien auf verschiedene Weisen hergestellt werden und die Art ihrer Verwendung auch verschiedene Ladekennlinien und Funktionen erforderlich macht, ist die Zahl der Ladealgorithmen recht hoch. Eine Ladekurve (oder besser ein Ladealgorithmus) beschreibt, wie die Batterie während des Ladevorgangs ihre Energie erhält. Wichtig ist es zu wissen, wie eine Batterie geladen werden muss, um ihren besten Ladezustand sicherzustellen und so die längstmögliche Lebensdauer und höchste Kapazität zu erzielen und zu erhalten.

Bau- und Eigenarten der Ladegeräte

Es besteht nicht nur in der Preisgestaltung ein großer Unterschied zwischen einem modernen, mehrstufigen, primär geschalteten Batterieladegerät und einem linearen Transformator-Ladegerät, dem oft recht billig vertriebenen Bautyp. Für einen Laien sind die inneren Werte nicht leicht zu erkennen. Die Verpackungen und Bezeichnung helfen oft nicht.

Das Linearladegerät

Obwohl das Batterieladegerät mit einem hohen Amperenennwert ausgewiesen wird, fällt dieser jedoch mit steigender Batteriespannung schnell ab. Das Ladegerät hat Schwierigkeiten beim Laden der Batterie, selbst wenn es mit hoher Spannung arbeitet. Zu diesem Punkt liefert das Ladegerät wesentlich mehr Wärme als Strom und lädt die Batterie kaum noch.

Das Ladegerät ohne Spannungskonstante

Ein Batterieladegerät, das keine konstante Spannung liefert, kann eine Batterie nicht vollständig laden. Stattdessen bringt es die Batterie in den Zustand, in dem sie Gase bildet und Flüssigkeit verliert. Oft ist das schon an der Gehäusetemperatur der Batterie während des Ladevorgangs zu erkennen.

Das Batterieladegerät mit primärem Schaltmodus

Ein klarer Vorteil liegt in der Eigenüberwachung der Ladegeräte, was einen Dauerbetrieb auch über mehrere Monate möglich macht. Ein gutes Dauerladegerät verwendet in der Regel sechs unterschiedliche Ladephasen, die neben der Vollladung auch Erhaltungsfunktionen beinhalten:

Phase 1 »Entsulfatierung« Das Ladegerät erkennt sulfatierte Batterien und regeneriert diese durch pulsierende Strom- und Spannungsversorgung. Die Nennspannung liegt hier bei etwa 14,4 V. Diese Phase dauert bis zu acht Stunden.
Phase 2 »Hauptladung« Laden mit Maximalstrom bis zum Erreichen von etwa 80% der Batteriekapazität. Das kann bis zu 20 Stunden dauern.
Phase 3 »Vollladen« Die Ladung erfolgt mit zunehmend geringerem Strom bis zu 10 Stunden und bis zum Erreichen von 100% der Batteriekapazität.
Phase 4 »Analyse« Das Ladegerät überprüft über etwa drei Minuten, ob die Batteriespannung auf 12 V abfällt.
Phase 5 »Halten« Die Ladespannung wird 10 Tage konstant auf etwa 13,6 V gehalten. Sinkt die Spannung, beginnt Phase 2 oder 3 automatisch.
Phase 6 »Pulsladen« Das Ladegerät überwacht die Batteriespannung und gibt, sobald erforderlich, einen kurzen Ladeimpuls ab. So wird die Batteriekapazität auf etwa 95% bis 100% in Startbereitschaft gehalten.

Elektrische Anlage

Störung	Was kann das sein?	Was muss ich tun?
A Unzureichende Fahrbahnausleuchtung	**1** Lichteinstellung falsch	Lichteinstellung überprüfen und gegebenenfalls korrigieren.
	2 Glühlampe defekt	Glühlampe überprüfen und gegebenenfalls erneuern.
	3 Glühlampe falsch eingebaut	Sitz der Glühbirne und der Fassung im Scheinwerfer überprüfen, eventuell Licht einstellen.
	4 Übergangswiderstand im Masseanschluss der Glühlampe **5** Fehler in der Spannungsversorgung der Glühlampe	Spannungsversorgung prüfen und Übergangswiderstände beseitigen.
B Standlicht geht nicht	**1** Glühlampe(n) defekt	Glühlampe überprüfen und gegebenenfalls erneuern.
	2 Sicherung defekt	Sicherung überprüfen und gegebenenfalls erneuern.
	3 Lichtschalter defekt	Lichtschalter überprüfen und gegebenenfalls erneuern.
	4 Regler defekt	Spannungsversorgung des Reglers überprüfen und Übergangswiderstände beseitigen, gegebenenfalls Regler erneuern.
C Glühlampen brennen häufig durch	**1** Glühlampen mit falscher Nennspannung	Glühlampe überprüfen und gegebenenfalls erneuern.
	2 Regler defekt	Spannungsversorgung des Reglers überprüfen, gegebenenfalls Regler erneuern.
D Blinker geht nicht	**1** Sicherung defekt	Sicherung überprüfen und gegebenenfalls erneuern.
	2 Glühlampe(n) defekt	Glühlampe überprüfen und gegebenenfalls erneuern.
	3 Zündschloss defekt	Schaltkontakt des Zündschlosses überprüfen und gegebenenfalls erneuern.
	4 Blinkerschalter defekt	Blinkerschalter überprüfen und gegebenenfalls erneuern.
	5 Blinkrelais defekt	Blinkerschalter überprüfen und gegebenenfalls erneuern.

Elektrische Anlage

Störung	Was kann das sein?	Was muss ich tun?
E Blinker geht zu schnell	**1** Glühlampe(n) defekt	Glühlampe überprüfen und gegebenenfalls erneuern.
	2 Blinkrelais defekt	Verkabelung, Anschlüsse mit dem Schaltplan prüfen, gegebenenfalls Blinkrelais erneuern.
	3 Glühlampen mit falscher Nennspannung	Glühlampe überprüfen und gegebenenfalls erneuern.
	4 LED-Blinkleuchten verbaut	Bauart der Glühlampen überprüfen und gegebenenfalls erneuern oder Blinkrelais wechseln.
F Hupe geht nicht	**1** Sicherung defekt	Sicherung überprüfen und gegebenenfalls erneuern.
	2 Hupentaster defekt	Hupentaster überprüfen und gegebenenfalls erneuern.
	3 Hupe defekt	Hupe überprüfen und gegebenenfalls erneuern.
G Anlasser geht nicht	**1** Hauptsicherung defekt	Hauptsicherung überprüfen und gegebenenfalls erneuern.
	2 Startrelais defekt	Relais überprüfen und gegebenenfalls erneuern.
	3 Beide Bremslichtschalter defekt	Bremslichtschalter überprüfen und gegebenenfalls erneuern.
	4 Starter defekt **5** Übergangswiderstand an der Verkabelung	Sicherung überprüfen und gegebenenfalls erneuern.

Verschlauchung und Verdrahtung

In diesem Kapitel stellen wir universelle Schaltpläne vor, die in den meisten Fällen bei den vorgestellten Motorrollern Anwendung finden. Sicherlich gibt es die eine oder andere Abweichung hinsichtlich der Kabelfarben oder der eingesetzten Stecker. Das Schaltprinzip verändert sich allerdings nicht.

Verschlauchung

Unterdruckverschlauchung, Gemischölführung am Einspritzmotormotor

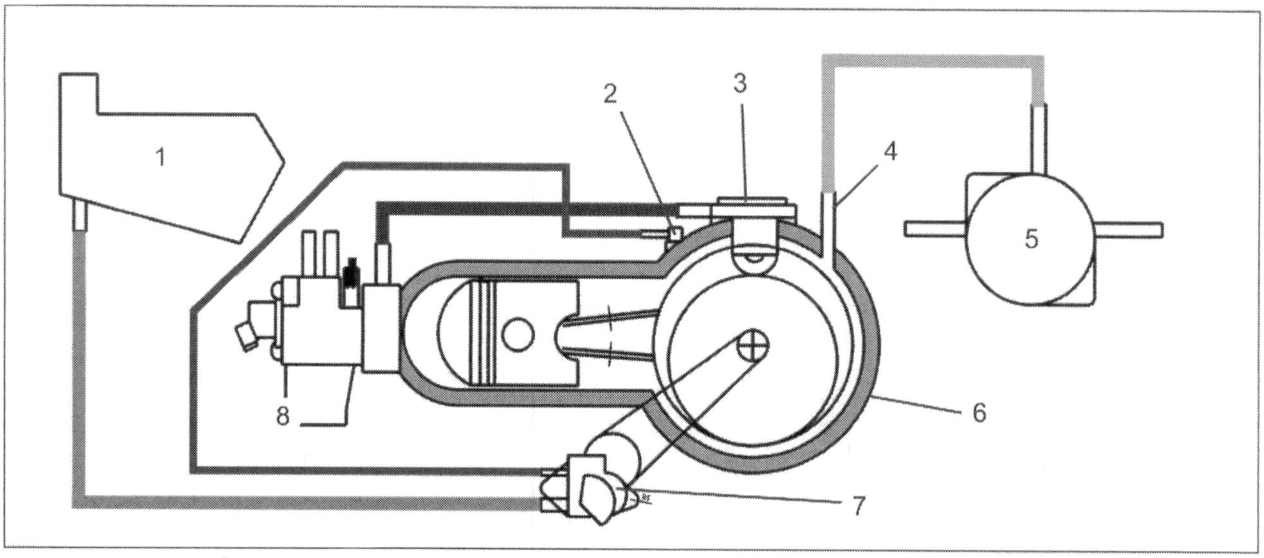

1 Gemischöltank, 2 Öldruckanschluss mit Rückschlagventil am Motorgehäuse, 3 Luftkompressor, 4 PRI-Unterdruckanschluss am Motorblock, 5 Benzinhahn am Kraftstofftank, 6 Motorgehäuse, 7 Gemischpumpe, 8 Einspritzgehäuse

Kühlwasserführung am wassergekühlten Motor

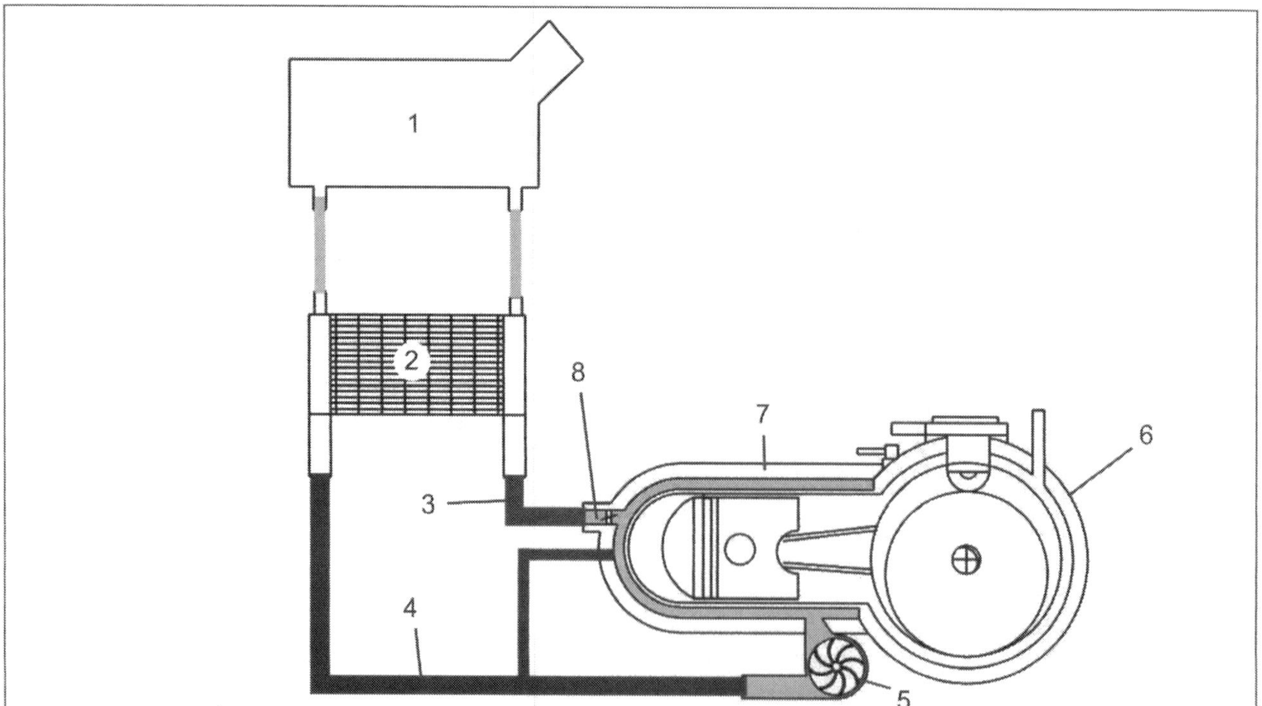

1 Ausgleichsbehälter, 2 Kühler, 3 Kühlschlauch Zylinderkopf Kühler rechts, 4 Kühlschlauch Wasserpumpe Kühler links, 5 Wasserpumpe, 6 Motorgehäuse, 7 Zylinderkopf, 8 Thermostat

Unterdruckverschlauchung, Gemischölführung und Kraftstoffleitungen am Vergasermotor

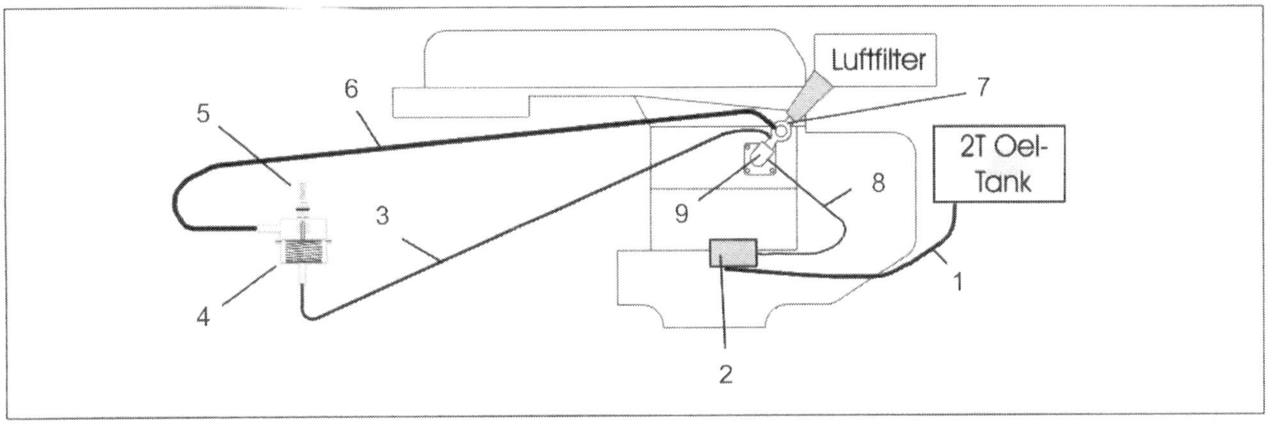

1 Ölzufuhr zur Gemischpumpe, 2 Gemischpumpe, 3 Unterdruckschlauch Benzinhahn, 4 Benzinhahn, 5 Anschluss zum Tank oder im Tank, 6 Benzinleitung (eventuell mit Filter), 7 Vergaser, 8 Öldruckleitung, 9 Ansaugstutzen

Kraftstoffleitungen am Einspritzmotormotor

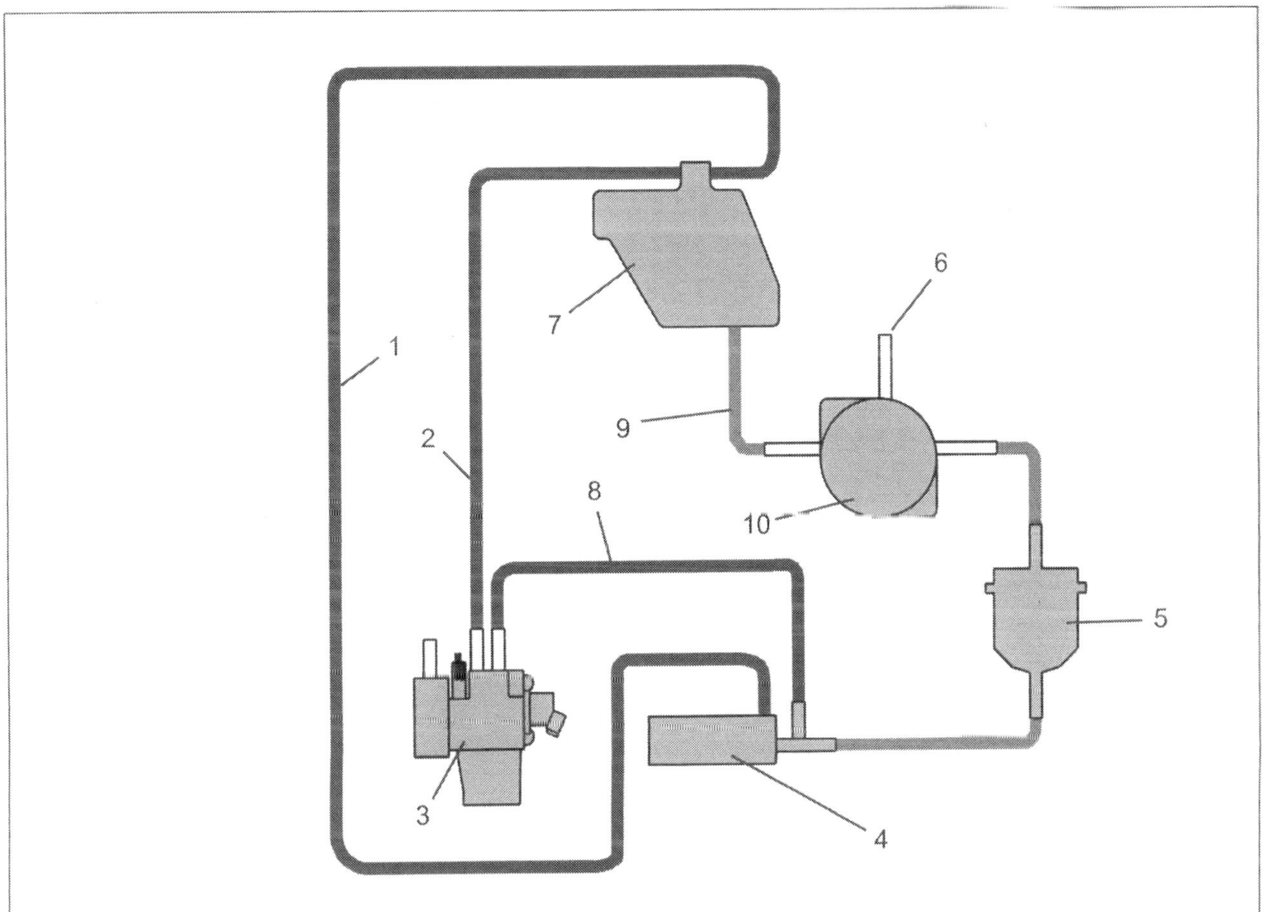

1 und 2 Rücklaufleitung zum Tank, 3 Einspritzgehäuse mit Druckregler, 4 Kraftstoffpumpe, 5 Kraftstofffilter, 6 Unterdruckanschluss zum Motorblock, 7 Kraftstofftank. 8 Druckleitung (Pumpe-Einspritzventil) 9 Zulaufleitung Kraftstoff, 10 Kraftstoffhahn

Schlauchführung am Zusatztank

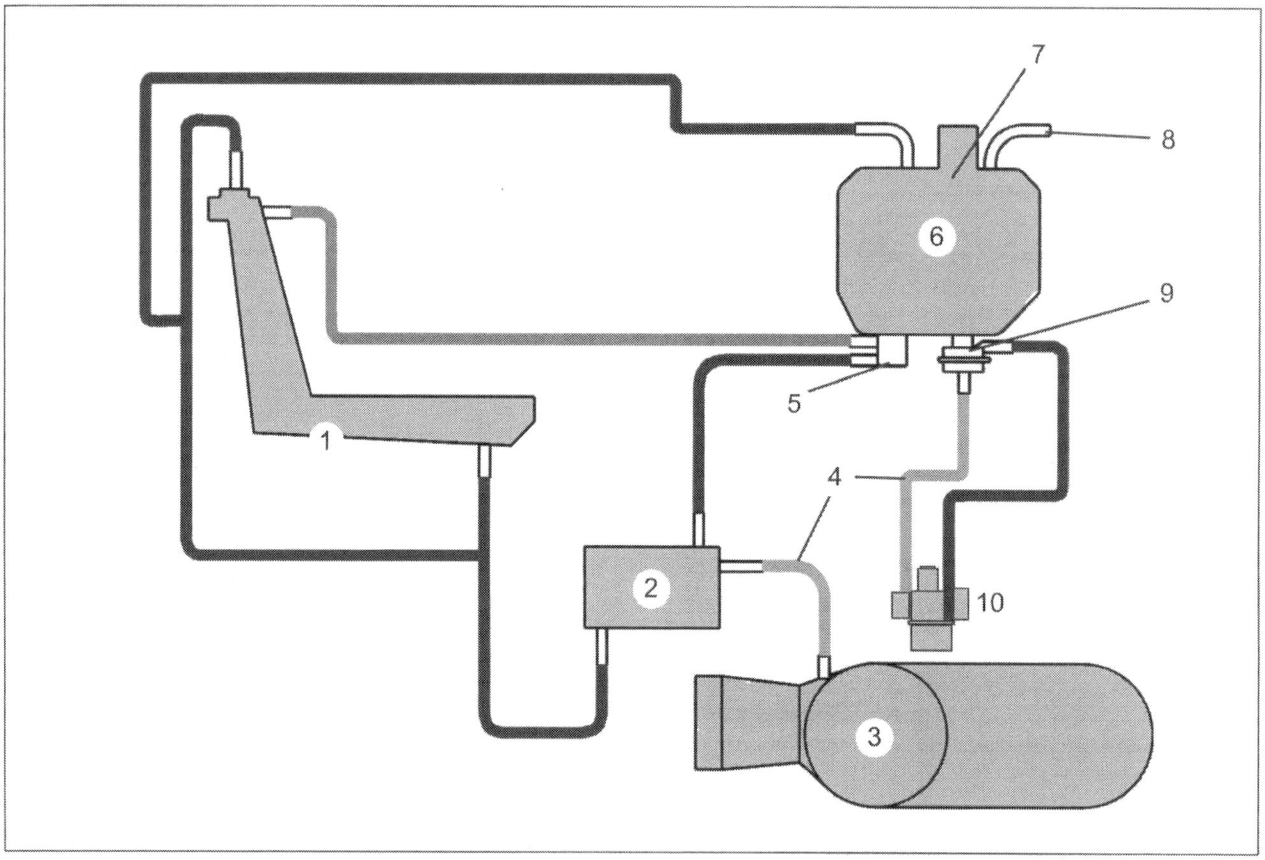

1 Zusatztank, 2 Kraftstoffpumpe, 3 Motor, 4 Unterdruckleitungen, 5 Anschluss für den Zusatztank, 6 Kraftstofftank, 7 Tankstutzen, 8 Entlüftungsanschluss, 9 Benzinhahn, 10 Vergaser

Anschlüsse am Benzinhahn Einspritzsystem

Der Kraftstoffhahn ist am Kraftstofftank verbaut und sperrt bei abgestelltem Motor den Zulauf zur Kraftstoffpumpe. Die Pfeile in der Skizze zeigen die Kraftstoffflussrichtung an.

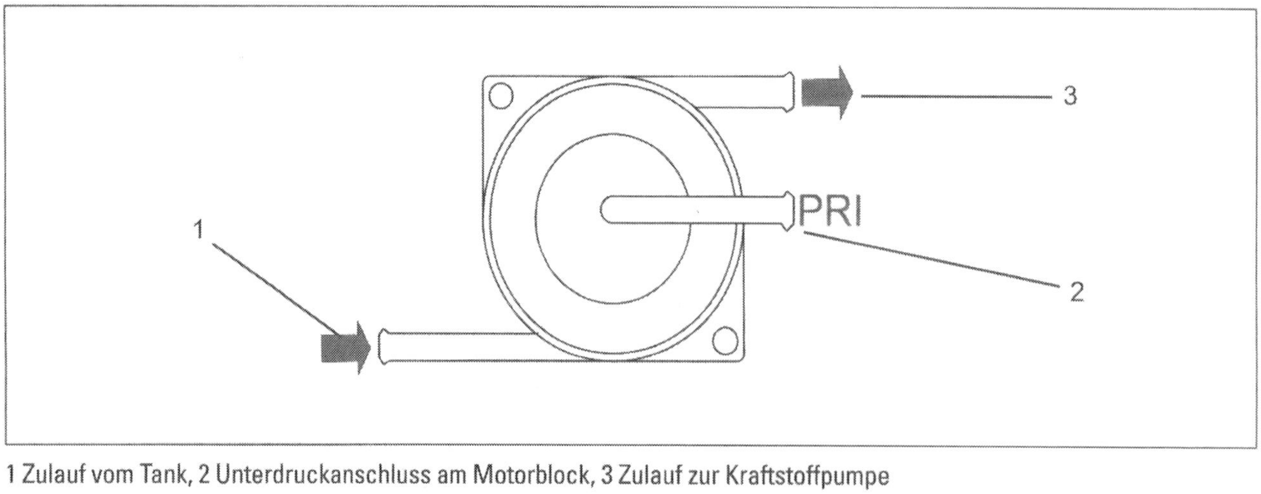

1 Zulauf vom Tank, 2 Unterdruckanschluss am Motorblock, 3 Zulauf zur Kraftstoffpumpe

Anschlüsse an der Kraftstoffpumpe am Zusatztanksystem

Der kleine Kraftstofftank im Heck wird für die Roller mit größerem Hubraum und etwas »mehr Durst« um einen Zusatztank im Bereich des Trittbrettes und der Fahrzeugfront erweitert. Der Kraftstoff aus diesem Tanksystem wird mit einer Membranpumpe in den Haupttank gefördert.

1 Zulauf vom Tank, 2 Unterdruckanschluss am Motorblock, 3 Zulauf zur Kraftstoffpumpe

Messleitung für die Einspritztechnik

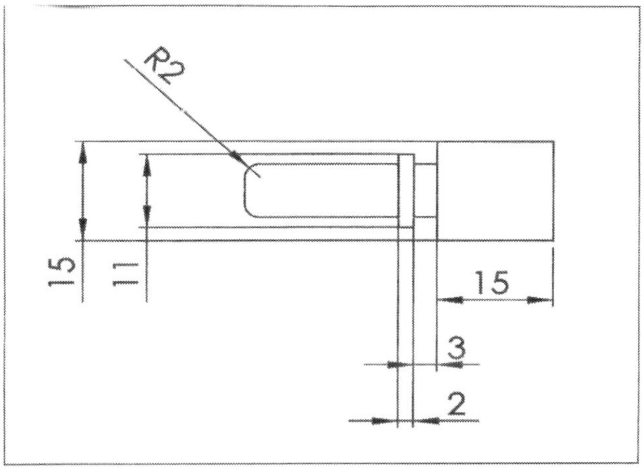

Blindstopfen um die Tankrücklaufleitung oder einen Messadapterschlauch für die Einspritzanlage zu verschließen.

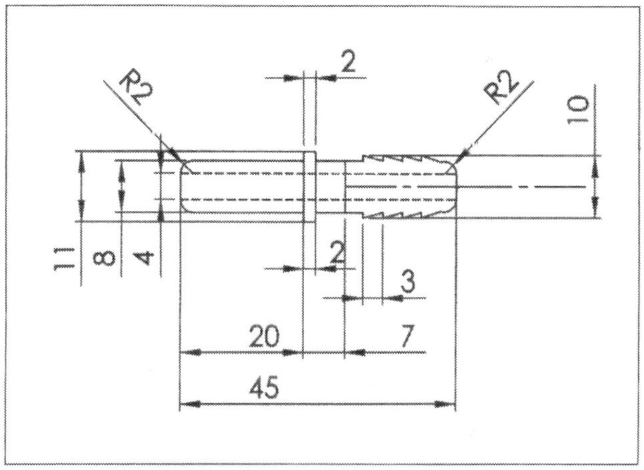

Anschlussstück um eine Druckmessuhr oder einen Schlauch in die Vorlauf- oder Rücklaufleitung anzuschließen.

Schaltpläne

Der Schaltplan ist in aufgelöster Darstellung ausgeführt. Im Gegensatz zu den Schaltplänen, die Sie in Ihren Originalunterlagen haben, werden die Bauteile nach Funktionen geordnet und nicht nach ihrer Einbaulage. Der Aufbau ist recht einfach und für die Fehlersuche ausgelegt. Oben finden Sie immer alle Plusführenden Anschlüsse, unten hingegen den Masseanschluss. Die unter dem Masseanschluss (31) angeordneten Zahlen geben den Strompfad an. Diese Angabe erleichtert Ihnen das Auffinden der Bauteile. Betrachten wir uns beispielsweise den Anlasser. Er hat das Kurzzeichen »M1«, wir finden ihn im Strompfad 19 und er ist am »Motor hinten oben« verbaut.

Kurzzeichen	M1
Bezeichnung	Startermotor/Anlasser
Strompfad	19
Wo verbaut?	Motor hinten oben

Suchen Sie sich nun den Strompfad 19 heraus. Sie stellen fest, dass der Anlassermotor durch das K1 (Starterrelais) angesteuert wird. Dieses wiederum ist an 30 (Dauerplus) angeschlossen. Sie sehen also im Schaltplan die Funktion der Bauteile, die Sie für die Prüfung brauchen. Wenn Sie mehr über das eine oder andere Bauteil wissen wollen, schlagen Sie im Kapitel »Arbeiten an der elektrischen Anlage« nach.

Genormte Anschlüsse

In der Fahrzeugtechnik haben sich genormte Bezeichnungen für bestimmte Anschlüsse durchgesetzt. In der Tabelle finden Sie die wichtigsten Anschlüsse und ihre Normkürzel abgestimmt auf die Arbeiten am Roller als Übersicht.

Klemme DIN Norm	Funktion / Aufgabe
15	Geschaltetes Plus
15a	Nebenfunktion geschaltetes Plus
15W	Wechselspannung bei laufendem Motor
49	Blinkrelais Eingang
49a	Blinkrelais Ausgang
L	Blinkleuchten links
R	Blinkleuchten rechts
1	Signaleingang Zündspule
4	Hochspannungsausgang Zündspule
30	Dauerplus
30a	Dauerplus abgesichert
31	Masse und Batterie minus
31b	Geschaltete Masse
50	Auslösung Anlasser
56	Fahrlicht
56a	Aufblendlicht
56b	Abblendlicht
58	Standlicht und Rücklicht

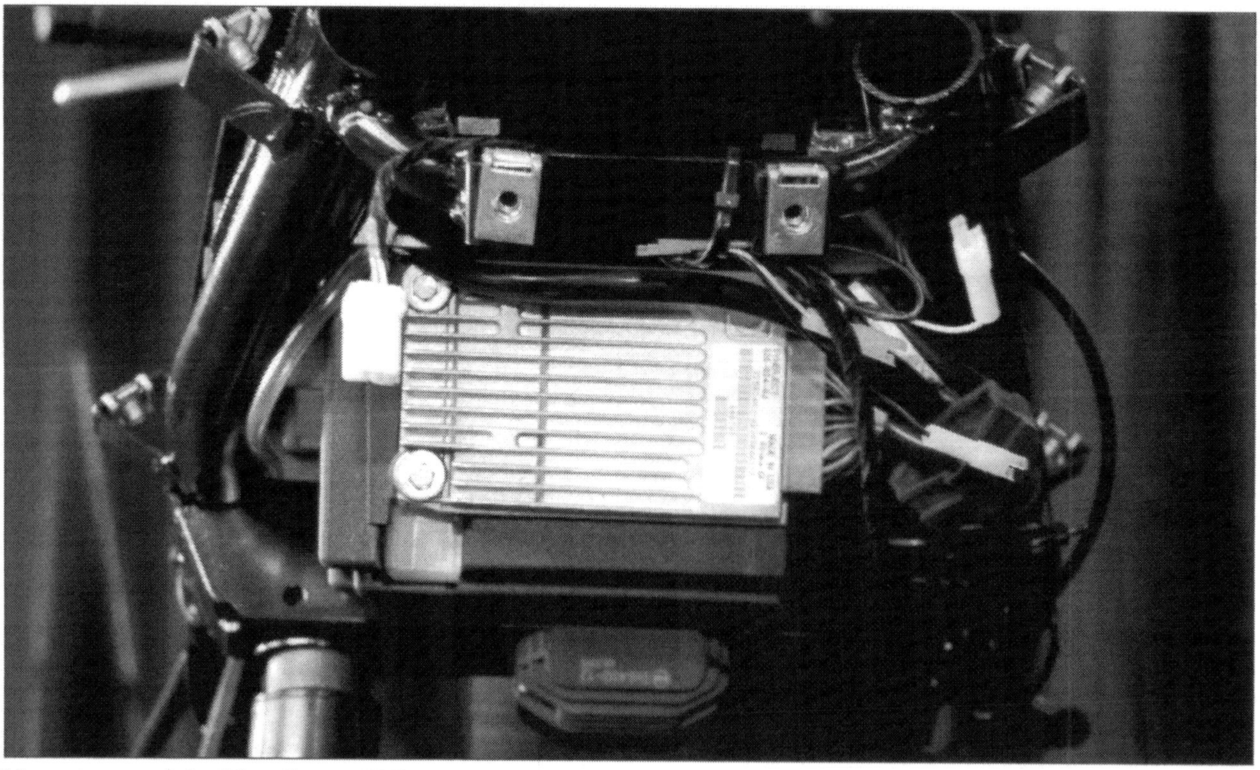

Motorsteuergerät im Gilera Runner 50 Purejet.

Bauweise vorerregte Batterieladespule

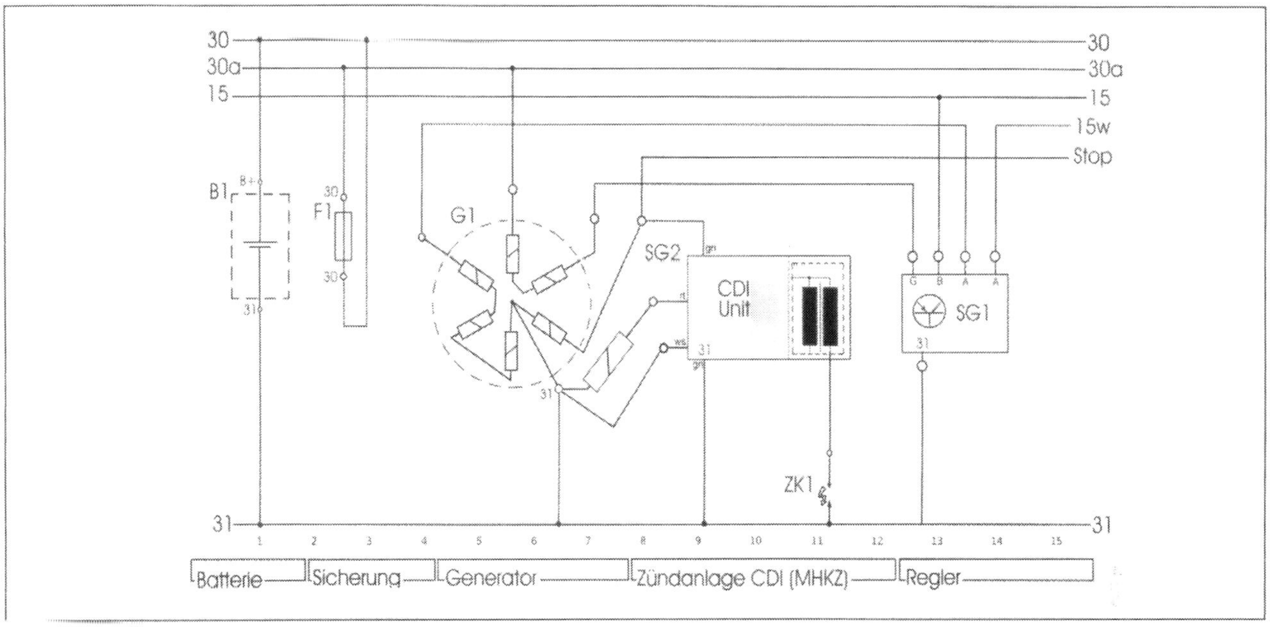

Kürzel	Bezeichnung	Kürzel	Bezeichnung	Kürzel	Bezeichnung
B1	Batterie	F1	Sicherung 10 A	G1	Vorerregter Generator
SG2	Zündsteuergerät mit Zündspule	SG1	Generatorregler	ZK1	Zündkerze

Bauweise potenzialfreie Batterieladespule (Wechselspannungsgenerator)

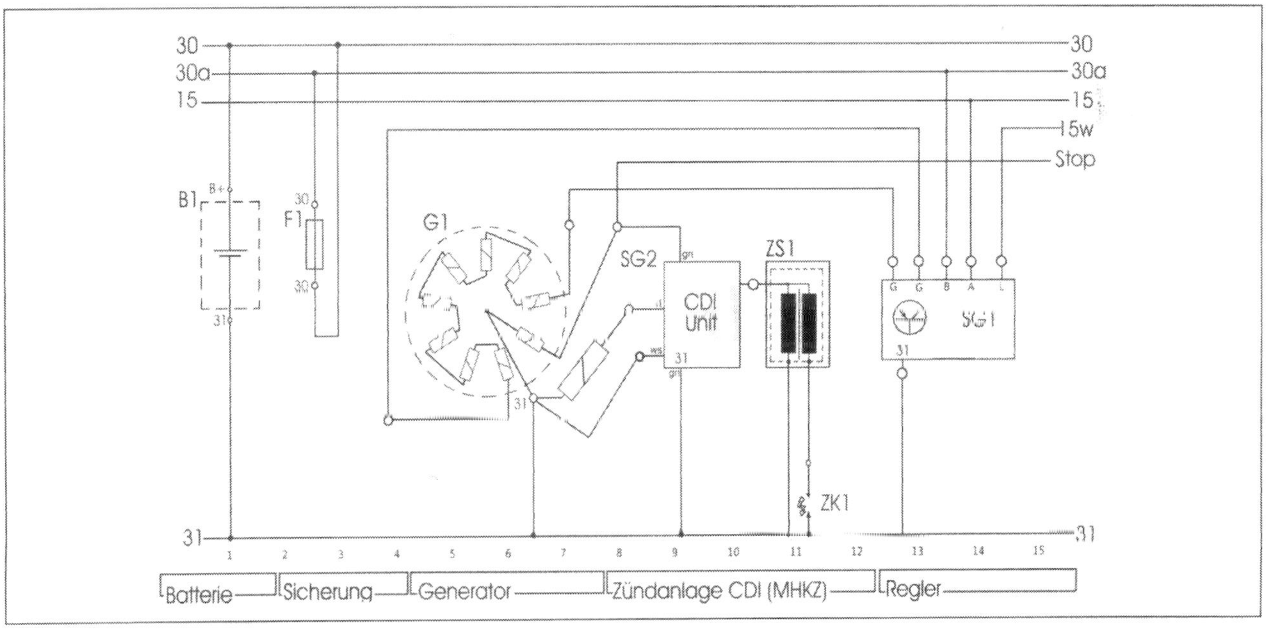

Kürzel	Bezeichnung	Kürzel	Bezeichnung	Kürzel	Bezeichnung
B1	Batterie	F1	Sicherung 10A	G1	Generator
SG2	Zündsteuergerät	SG1	Generatorregler	ZK1	Zündkerze
				ZS1	Zündspule

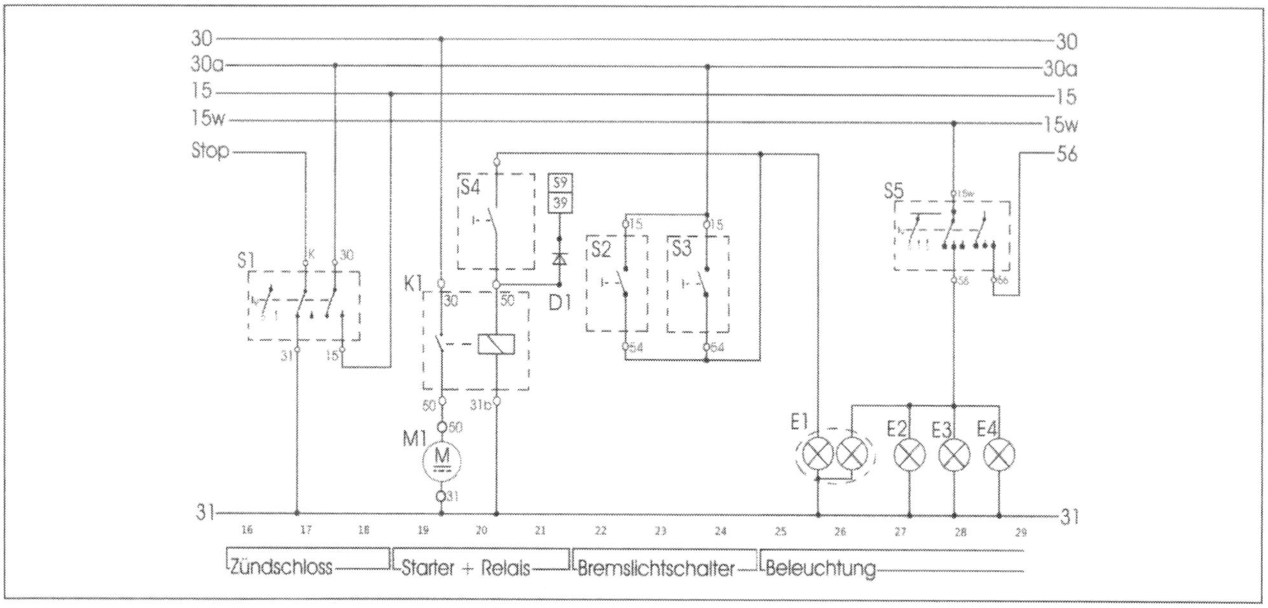

Kürzel	Bezeichnung	Kürzel	Bezeichnung	Kürzel	Bezeichnung
D1	Sperrdiode	E1	Rücklicht	E2	Tachobeleuchtung
E3	Tachobeleuchtung	E4	Tachobeleuchtung	K1	Startrelais
M1	Startermotor	S1	Zündschloss	S2	Bremslichtschalter vorne
S3	Bremslichtschalter hinten	S4	Starterknopf (Taster)	S5	Lichtschalter

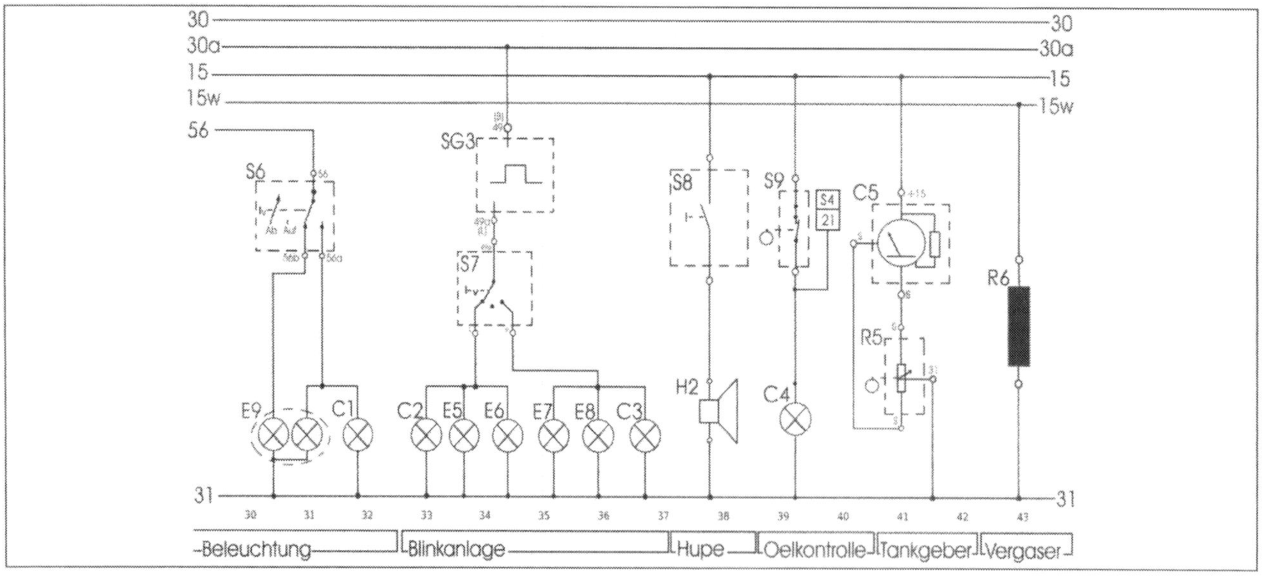

Kürzel	Bezeichnung	Kürzel	Bezeichnung	Kürzel	Bezeichnung
C1	Fernlichtkontrolle	C2	Blinkerkontrollleuchte links	C3	Blinkerkontrollleuchte rechts
C4	Zweitaktölkontrollleuchte	C5	Tankanzeige	E5	Blinkleuchte vorne links
E6	Blinkleuchte hinten links	E7	Blinkleuchte vorne rechts	E8	Blinkleuchte hinten rechts
E9	Rücklichtlampe 12 V 21/5 W	H2	Hupe	R5	Tanksensor
R6	Kaltstartventil Vergaser	S6	Lichtschalter	S7	Blinkerschalter
S8	Hupentaster	S9	Öltankgeber mit Schwimmer	SG3	Blinkrelais

Legende Schaltpläne Vergasermodelle

Kurzzeichen	Bezeichnung	Strompfad	Wo verbaut?
B1	Batterie	1	Im Helmfach
C1	Fernlichtkontrolle	32	Anzeige Cockpit
C2	Blinkerkontrollleuchte links	33	Anzeige Cockpit
C3	Blinkerkontrollleuchte rechts	37	Anzeige Cockpit
C4	Zweitaktölkontrollleuchte	39	Anzeige Cockpit
C5	Tankanzeige	41	Anzeige Cockpit
D1	Sperrdiode	21	Am Lenkrohr neben dem Blinkrelais
E1	Rücklicht	25	Karosserie hinten
E2	Tachobeleuchtung	27	Gehäuse Cockpit
E3	Tachobeleuchtung	28	Gehäuse Cockpit
E4	Tachobeleuchtung	28	Gehäuse Cockpit
E5	Blinkleuchte vorne links	34	Karosserie vorne oder in der Lenkerverkleidung
E6	Blinkleuchte hinten links	34	Karosserie hinten
E7	Blinkleuchte vorne rechts	35	Karosserie vorne oder in der Lenkerverkleidung
E8	Blinkleuchte hinten rechts	36	Karosserie hinten
E9	Rücklichtlampe 12 V 21/5W	30	Karosserie hinten
F1	Sicherung 10 A	2	Im Helmfach oder im Beinschild innen (Klappe)
G1	Vorerregter Generator	5	Motor seitlich rechts unter dem Rotor
G1	Generator	6	Motor seitlich rechts unter dem Rotor
H2	Hupe	38	Karosserie vorne
K1	Startrelais	19	Karosserie seitlich am Rahmen
M1	Startermotor	19	Motor hinten oben
R5	Tanksensor	41	Im Kraftstofftank
R6	Kaltstartventil Vergaser	43	Motorseite links am Vergaser
S1	Zündschloss	17	Am Lenkrohr im Beinschild innen
S2	Bremslichtschalter vorne	22	Am Bremsgriff rechts
S3	Bremslichtschalter hinten	24	Am Bremsgriff links
S4	Starterknopf (Taster)	20	Schaltereinheit rechts
S5	Lichtschalter	28	Schaltereinheit rechts
S6	Lichtschalter (Auf-/Abblendlicht)	30	Schaltereinheit links
S7	Blinkerschalter	34	Schaltereinheit links
S8	Hupentaster	38	Schaltereinheit links
S9	Öltankgeber mit Schwimmer	39	Im Öltank
SG1	Generatorregler	14	Im Beinschild vorne, am Rahmen oder unter dem Helmfach
SG2	Zündsteuergerät mit Zündspule	10	Unter der Fußraumverkleidung hinten im Bereich des Zylinderkopfes
SG2	Zündsteuergerät	10	Unter der Fußraumverkleidung hinten im Bereich des Zylinderkopfes
SG3	Blinkrelais	34	Im Variomatikdeckel an der Kupplungsglocke
ZK1	Zündkerze	11	Am Motorblock
ZS1	Zündspule	11	Unter der Fußraumverkleidung hinten im Bereich des Zylinderkopfes

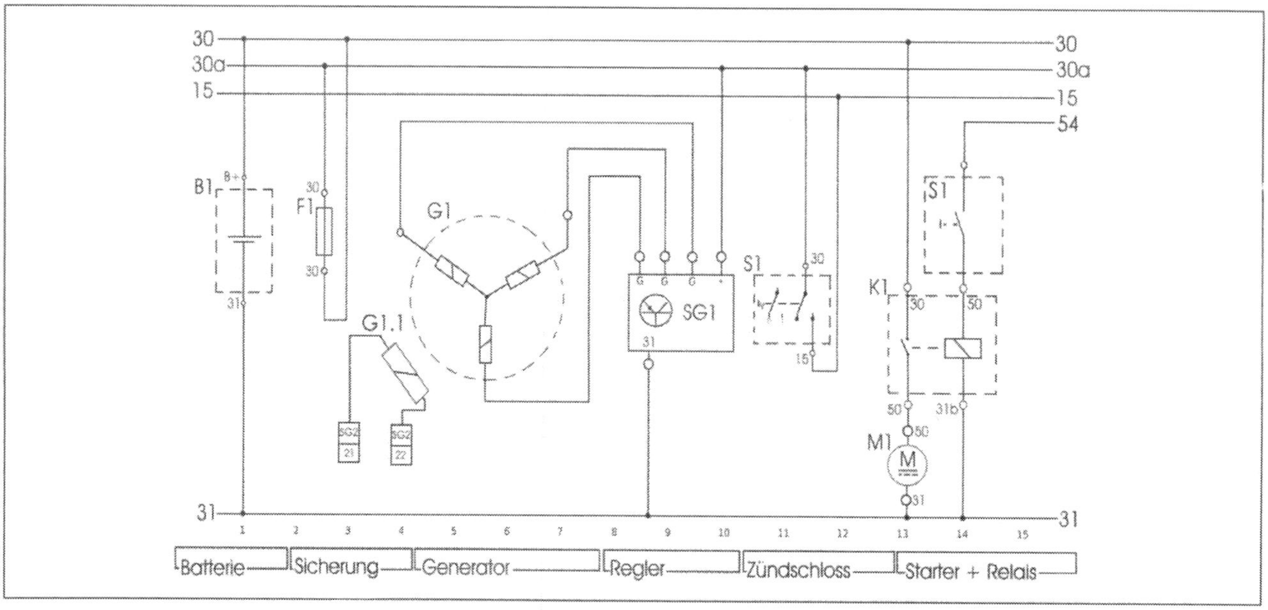

Kürzel	Bezeichnung	Kürzel	Bezeichnung	Kürzel	Bezeichnung
B1	Batterie	G1.1	Pick-up, OT-Geber	S1	Zündschloss
F1	Sicherung 20 A	K1	Startrelais	S1	Startertaster
G1	Drehstromgenerator	M1	Startermotor	SG1	Regler

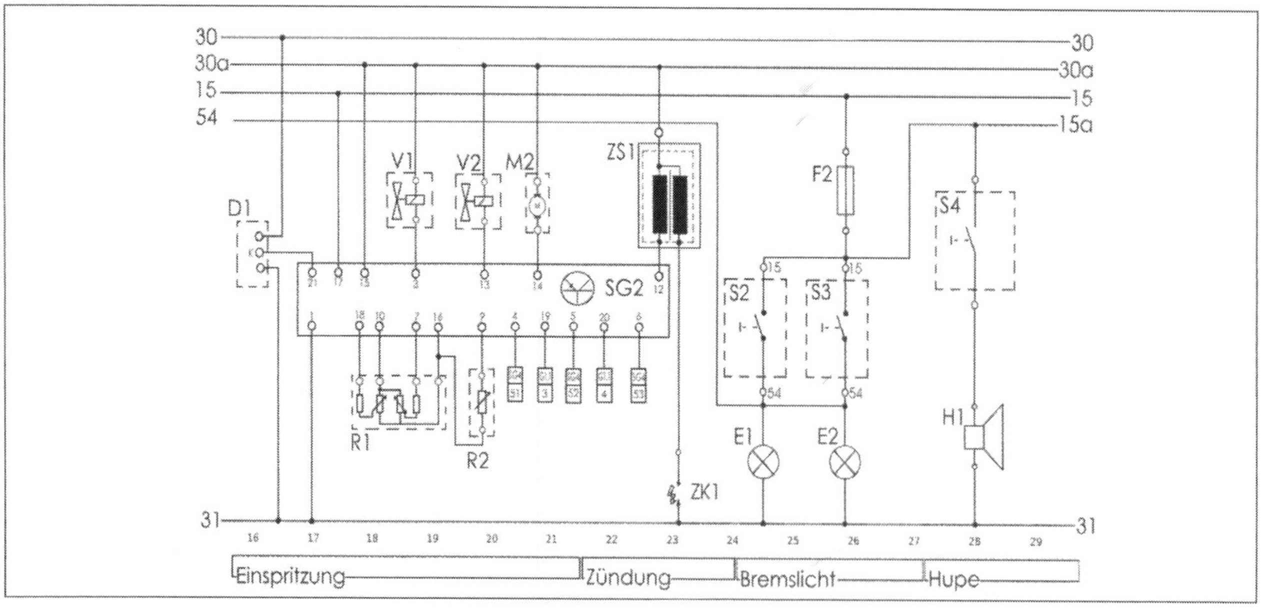

Kürzel	Bezeichnung	Kürzel	Bezeichnung	Kürzel	Bezeichnung
D1	Diagnoseanschluss (Fiat)	R1	Drosselklappenpoti	V1	Einspritzventil Kraftstoff
E1	Bremsleuchte 1	R2	Temperaturfühler Motor	V2	Einspritzventil Luft
E2	Bremsleuchte 2	S2	Bremslichtschalter vorne	ZK1	Zündkerze
F2	Sicherung 5 A	S3	Bremslichtschalter hinten	ZS1	Zündspule
H1	Hupentaster	S4	Hupentaster		
M2	Kraftstoffpumpe	SG2	Motorsteuergerät		

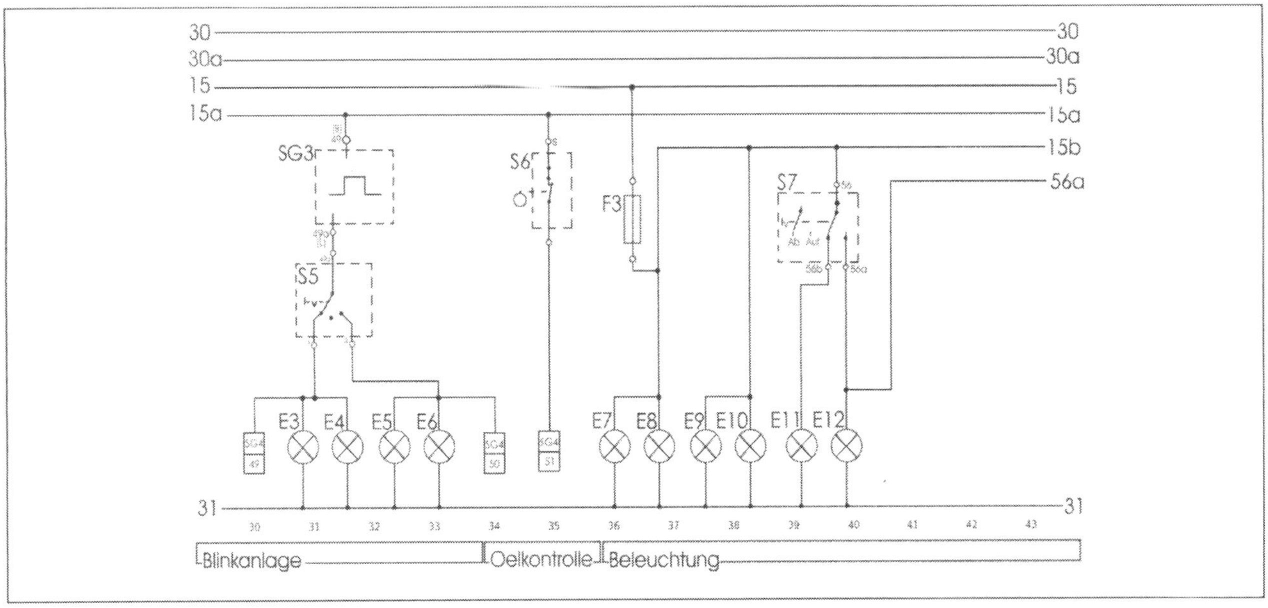

Kürzel	Bezeichnung	Kürzel	Bezeichnung	Kürzel	Bezeichnung
E10	Standlicht hinten links	E7	Standlicht vorne rechts	S6	Zweitaktöl-Schwimmerschalter
E3	Blinkleuchte vorne links	E8	Standlicht vorne links	S7	Auf/Abblendschalter
E4	Blinkleuchte hinten links	E9	Standlicht hinten rechts	SG3	Blinkrelais
E5	Blinkleuchte vorne rechts	F3	Sicherung 5 A		
E6	Blinkleuchte hinten rechts	S5	Blinkerschalter		

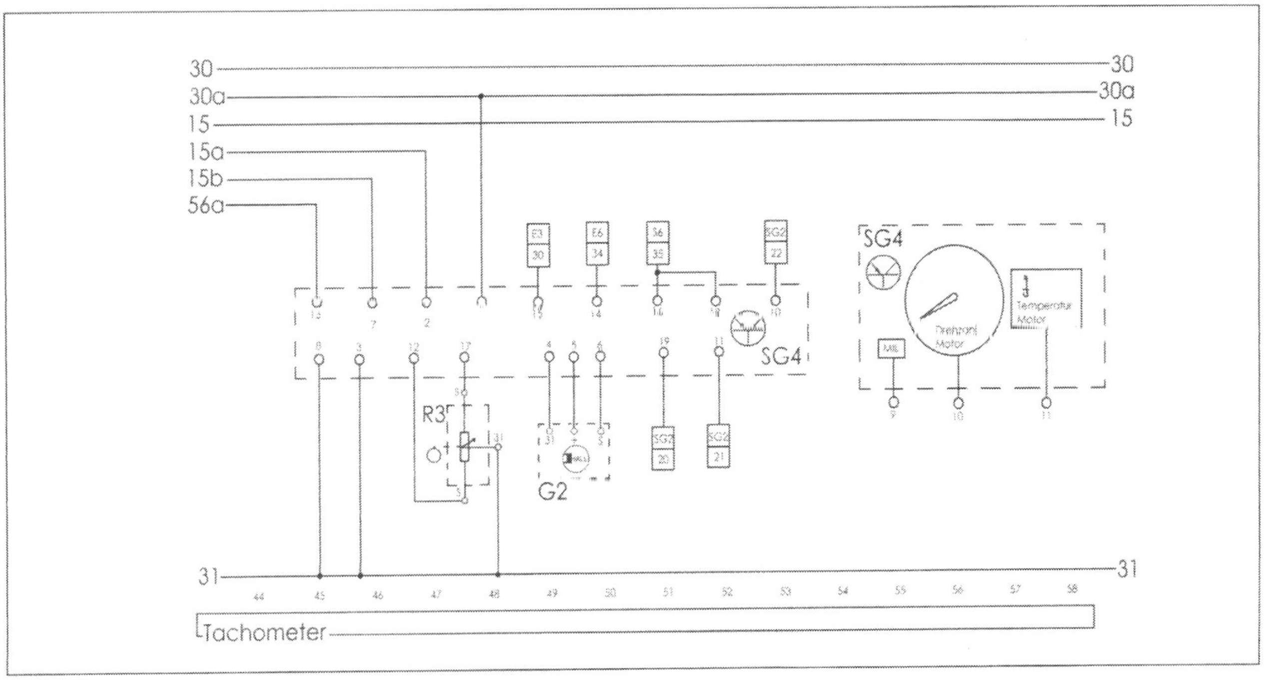

Kürzel	Bezeichnung	Kürzel	Bezeichnung	Kürzel	Bezeichnung
G2	Tachosignalgeber am Rad	R3	Kraftstofftankgeber	SG4	Tachometer Multifunktionsanzeige

Legende Schaltpläne Einspritzmodelle

Kurzzeichen	Bezeichnung	Strompfad	Wo verbaut?
B1	Batterie	1	Im Helmfach
D1	Diagnoseanschluss (Fiat)	16	Im Helmfach
E1	Bremsleuchte 1	24	Karosserie hinten im Rücklicht
E10	Standlicht hinten links	38	Karosserie hinten im Rücklicht
E2	Bremsleuchte 2	26	Karosserie hinten im Rücklicht
E3	Blinkleuchte vorne links	31	Karosserie vorne oder in der Lenkerverkleidung
E4	Blinkleuchte hinten links	32	Karosserie hinten
E5	Blinkleuchte vorne rechts	32	Karosserie vorne oder in der Lenkerverkleidung
E6	Blinkleuchte hinten rechts	33	Karosserie hinten
E7	Standlicht vorne rechts	36	Im Scheinwerfer vorne
E8	Standlicht vorne links	37	Im Scheinwerfer vorne
E9	Standlicht hinten rechts	38	Karosserie hinten im Rücklicht
F1	Sicherung 20 A	2	Im Helmfach oder im Beinschild innen (Klappe)
F2	Sicherung 5 A	26	Im Helmfach oder im Beinschild innen (Klappe)
F3	Sicherung 5 A	36	Im Helmfach oder im Beinschild innen (Klappe)
G1	Drehstromgenerator	6	Motor seitlich rechts unter dem Rotor
G1.1	Pick-up, OT-Geber	4	Motor seitlich rechts unter dem Rotor
G2	Tachosignalgeber am Rad	49	Am Vorderrad
H1	Hupentaster	28	Schaltereinheit links
K1	Startrelais	13	Karosserie seitlich am Rahmen
M1	Startermotor	13	Motor hinten oben
M2	Kraftstoffpumpe	21	Verkleidung unter dem Trittbrett unter dem Kühler
R1	Drosselklappenpoti	18	Im Drosselklappenteil
R2	Temperaturfühler Motor	20	Im Zylinderkopf
R3	Kraftstofftankgeber	47	Im Tank
S1	Zündschloss	11	Am Lenkrohr im Beinschild innen
S1	Startertaster	14	Schaltereinheit rechts
S2	Bremslichtschalter vorne	24	Bremspumpe rechts
S3	Bremslichtschalter hinten	26	Bremspumpe links
S4	Hupentaster	28	Schaltereinheit links
S5	Blinkerschalter	31	Schaltereinheit links
S6	Zweitaktölschwimmerschalter	35	Im Öltank
S7	Auf-/Abblendschalter	40	Schaltereinheit links
SG1	Regler	9	Im Beinschild vorne, am Rahmen oder unter dem Helmfach
SG2	Motorsteuergerät	22	Unter der Heckverkleidung unten hinter dem Rücklicht
SG3	Blinkrelais	31	Am Lenkrohr im Beinschild innen
SG4	Tachometer Multifunktionsanzeige	53	Am Lenker
V1	Einspritzventil Kraftstoff	19	Am Zylinderkopf
V2	Einspritzventil Luft	20	Am Zylinderkopf
ZK1	Zündkerze	23	Im Zylinderkopf
ZS1	Zündspule	23	Am Rahmen vor dem Zylinderkopf

FSC
www.fsc.org
MIX
Papier | Fördert gute Waldnutzung
FSC® C083411

Zeitfracht Medien GmbH
Ferdinand-Jühlke-Straße 7
99095 Erfurt, Deutschland
produktsicherheit@kolibri360.de